Dieter Spath / Wilhelm Bauer / Stefan Rief (Hrsg.)

Green Office

Dieter Spath / Wilhelm Bauer
Stefan Rief (Hrsg.)

Green Office

Ökonomische und ökologische Potenziale nachhaltiger Arbeits- und Bürogestaltung

GABLER

Bibliografische Information der Deutschen Nationalbibliothek
Die Deutsche Nationalbibliothek verzeichnet diese Publikation in der Deutschen Nationalbibliografie; detaillierte bibliografische Daten sind im Internet über <http://dnb.d-nb.de> abrufbar.

1. Auflage 2010

Lektorat: Maria Akhavan

Gabler Verlag ist eine Marke von Springer Fachmedien.
Springer Fachmedien ist Teil der Fachverlagsgruppe Springer Science+Business Media.
www.gabler.de

Umschlaggestaltung: KünkelLopka Medienentwicklung, Heidelberg
Druck und buchbinderische Verarbeitung: MercedesDruck, Berlin
Gedruckt auf säurefreiem und chlorfrei gebleichtem Papier
Printed in Germany

ISBN 978-3-8349-2390-5

Vorwort

Die Globalisierung und der permanente technologische Wandel besonders im Bereich der Informations- und Kommunikationstechnologie verändern Wertschöpfungsprozesse und führen zu neuen Formen der Arbeit und der Leistungserstellung in unseren Büros. Der wirtschaftliche Erfolg von hoch entwickelten und exportorientierten Industrienationen hängt zu einem großen Teil davon ab, neue innovative Produkte und Dienstleistungen zeitgerecht zu entwickeln und erfolgreich in regionalen und globalen Märkten platzieren zu können. Infolge dieser Entwicklung gewinnen Büro- und vor allem Wissensarbeit, also Tätigkeiten, bei denen Informationen zielgerichtet verarbeitet, verknüpft und zu neuem Wissen weiterentwickelt werden, massiv an Bedeutung.

Erfolgreiche Büro- und Wissensarbeit erfordert von den Menschen, die sie ausüben, ein hohes Maß an Flexibilität, Kommunikation, Motivation und Kreativität. Unsere Studien zeigen, dass gerade bei diesen anspruchsvollen und komplexen Tätigkeiten die anforderungsgerechte Gestaltung von Arbeits- und Büroumgebungen stark zum Erfolg der Büro- und Wissensarbeit beiträgt, sowohl auf der Ebene des Individuums als auch auf der Ebene der Organisation.

Über vierzig Prozent der erwerbstätigen Personen in Deutschland gehen Büroarbeit in ihren unterschiedlichsten Facetten nach. Sie arbeiten in Bürogebäuden, im Home Office, unterwegs in unterschiedlichsten Verkehrsmitteln, für kurze Zeiträume in Airport- oder Bahnhofslounges und mehr und mehr gemeinsam in den sich entwickelnden Co-Working-Zentren in den Metropolen dieser Erde. Neueste Entwicklungen in der Informations- und Kommunikationstechnologie erlauben immer vielfältigere Formen der Zusammenarbeit von Wissens- und Kompetenzträgern, ob stationär, mobil oder hybrid, die es effektiv und effizient zu gestalten gilt. Büroarbeit wird dabei immer vielfältiger und erlaubt es Organisationen, sich optimal für ihre spezifischen Anforderungen aufzustellen und ihren Mitarbeiterinnen und Mitarbeitern ihre Arbeit und ihr Leben zeitlich und räumlich autonomer zu gestalten.

Die Millionen von Menschen, die tagtäglich Büro- und Wissensarbeit nachgehen, nehmen für ihre Leistungserbringung aber auch in einem erheblichen Ausmaß Ressourcen und Energien für die Konditionierung, Ausstattung und den Betrieb von Bürogebäuden, ihre Mobilität und die Produktion und Nutzung von Informations- und Kommunikationstechnologien in Anspruch. Vor dem Hintergrund ständig – auch in der Krise – steigender Energie- und Rohstoffpreise und dem sich abzeichnenden Klimawandel ist es unserer Überzeugung nach dringend geboten, sich mit der Entwicklung von nachhaltigen Arbeits- und Bürokonzepten auseinanderzusetzen. Die Entwicklung von Green-Office-Konzepten ist aber nicht nur eine gesellschaftliche Notwendigkeit, sondern wird auch für die einzelne Organisation bereits in der kurz- und mittelfristigen Perspektive massiv an Bedeutung gewinnen. Nachhaltigkeit umfasst eben neben den ökologischen Wirkungen auch die ökonomische Dimension sowie soziale Kriterien. Zukünftig werden die Kosten für Energie- und Ressourcennutzung massiv zunehmen und damit die Kosten für den Betrieb von

Systemen im Vergleich zu den Erstellungskosten immer wichtiger. Lebenszyklusbetrachtungen und Betriebskosten werden entscheidend werden. Dies gilt für Bürogebäude in gleicher Weise wie für die Informations- und Kommunikationstechnik oder die Mobilitätssysteme.

Bedenkt man, dass der weltweite Trend zur Urbanisierung stark zunimmt und immer mehr Menschen in Büros und Verwaltungen tätig werden, wird die Bedeutung des Themas mehr als deutlich. Menschen in hochentwickelten Städten verbrauchen heute zehnfach mehr Energie als solche in ländlichen Regionen. Wir müssen demnach Quantensprünge in der Effizienzsteigerung unserer Systeme leisten. Dies gilt für die Gebäudetechnik, für die Informations- und Kommunikationstechnik, für die Mobilitätstechnologien und natürlich für die Energieerzeugung: Strom aus der Sahara, Strom aus Windparks in der Nordsee, Fahrzeuge mit Hybrid- oder Vollelektroantrieb, Telepräsenz statt Dienstreisen, Plus-Energie-Häuser. Diese wenigen Beispiele zeigen die ungeheuren Chancen und Möglichkeiten einer auf Innovation ausgerichteten Zukunftsgestaltung für die Städte der Zukunft.

In diesem Bewusstsein entwickeln wir am Fraunhofer-Institut für Arbeitswirtschaft und Organisation gemeinsam mit unseren Forschungspartnern im Verbundprojekt OFFICE 21 neue Konzepte und Lösungen, die dazu beitragen, Büro- und Wissensarbeit nachhaltig erfolgreich zu gestalten. Hierbei legen wir großen Wert auf eine ganzheitliche Perspektive, die die organisatorischen, technologischen und räumlichen Aspekte berücksichtigt und dabei alle drei Dimensionen der Nachhaltigkeit Wirtschaftlichkeit, Ökologie und Mensch integriert. Nachhaltige Arbeits- und Bürogestaltung im Sinne von Green-Office-Lösungen sehen wir als logische Konsequenz aus den Anforderungen an eine zukunftsorientierte Organisationsgestaltung. Green-Office-Lösungen haben das Potenzial, die Produktivität und den Erfolg eines Unternehmens deutlich zu steigern, seine Mitarbeiterinnen und Mitarbeiter zu motivieren und zu begeistern. Dies fördert die Bereitschaft, Verantwortung für eine lebenswerte und gesunde Umwelt zu übernehmen, neue Formen einer positiven Work-Life-Balance werden möglich.

Mit diesem Buch wollen wir Ihnen gemeinsam mit unseren Autoren und den Partnern des Verbundforschungsprojekts OFFICE 21 – denen unser besonderer Dank für ihr Engagement gilt – aufzeigen, welche ökologischen, ökonomischen und sozialen Potenziale bereits heute durch die Gestaltung nachhaltiger Arbeits- und Bürokonzepte realisiert werden können, und einen Ausblick auf zukünftige Entwicklungen geben.

Wir wünschen Ihnen viel Freude beim Lesen und zahlreiche Anregungen für die Umsetzung von Green-Office-Maßnahmen in ihrer eigenen beruflichen Praxis.

Stuttgart, im April 2010.

Dieter Spath, Wilhelm Bauer, Stefan Rief

Inhaltsverzeichnis

Green Office

Green Building

Green Interior

Green IT

Nutzerverhalten - Green Behaviour

Autoren und Organisationen

Green Office

1 Ökonomische und ökologische Potenziale nachhaltiger Arbeits- und Bürogestaltung

Wilhelm Bauer, Stefan Rief, Mitja Jurecic

Veränderte Anforderungen an Büro- und Wissensarbeit

Längst sind auch kleine und mittlere Betriebe in den Prozess der globalen und regionalen Vernetzung des Innovations-, Leistungserstellungs- und Produktionsprozesses maximal involviert. Die weltweite Außenhandelsquote als Indikator für länderübergreifende Transaktionen hat sich in den letzten 30 Jahren nahezu verdoppelt, das Exportvolumen der deutschen Wirtschaft ist zwischen 2000 und 2008 um ca. 60 Prozent angestiegen [3]. Hieraus entstanden und entstehen neue Arbeitsformen, die die Unternehmen vor große Herausforderungen stellen – sowohl bei ihrer externen Kooperationsfähigkeit als auch bei der internen Organisation von Arbeitsabläufen, Kommunikationsprozessen und Strukturen. Eine enge Kooperation mit Menschen aus anderen Kulturen wird notwendig. In ethnisch und kulturell gemischten Belegschaften und heterogenen Teams tätig zu sein, gehört schon heute für viele zum Arbeitsalltag und wird noch weiter zunehmen. Diese Entwicklung geht einher mit einer weiteren Zunahme des globalen und regionalen Warenverkehrs und der beruflichen Mobilität und damit auch weitreichenden Wirkungen auf Ressourcenverbrauch und Schadstoffemission.

In Mitteleuropa werden die zunehmende Alterung der Belegschaften, verstärkte Migration und insbesondere Nachwuchskräftemangel in den Betrieben und der Gesellschaft weiter an Bedeutung gewinnen. So wird geschätzt, dass sich der Anteil an Erwerbstätigen bis 2050 um etwa 30 Prozent verringern wird. Die Herausforderungen des demografischen Wandels lassen sich nur bewältigen, wenn möglichst alle gesellschaftlichen Gruppen über alle Lebensphasen hinweg am Arbeitsprozess beteiligt und die Beschäftigungsfähigkeit bis ins hohe Alter erhalten werden können. Daneben sind die Verwirklichung von Chancengleichheit zwischen den Geschlechtern und die Verbesserung der Vereinbarkeit von Familie und Beruf zu berücksichtigen.

Gleichzeitig tritt eine neue Generation von Beschäftigten massiv in das Erwerbsleben ein, die so genannten „Millenials“ oder auch „Generation Y“ genannt. Diese mit iPod, Web 2.0 Technologien (Blogs, Social Communities) und viel IT-Kompetenz ausgestatteten jungen Menschen haben signifikant andere Bedürfnisse und Vorstellungen vom Leben und Arbeiten. Sie haben eine schwächere Bindung an das Unternehmen, wollen flexibler arbeiten und stärker ergebnisorientiert geführt werden, haben eine ausgeprägte soziale Verantwortung, sind offen im Dialog und nehmen Arbeit insgesamt weniger „ernst“.

Es wird für Unternehmen und die Gesellschaft zwingend notwendig sein, sowohl stationäre als auch mobile Büro- und Wissensarbeit in einer Weise zu gestalten und adäquate räumlich-technologische Arbeitsumgebungen zu entwickeln, die den unterschiedlichen Anforderungen der Beschäftigen in ihren jeweiligen Lebenssituationen (Berufseinstieg, Elternzeit, Seniorenbetreuung, Teilzeit, Weiterqualifizierung etc.) entsprechen und zur Erhaltung ihrer physischen und psychomentalen Leistungsfähigkeit beitragen.

Der ungebrochene Trend zur Wissens- und Dienstleistungsarbeit verstärkt die Integration im Wertschöpfungsprozess (Kunden- und Lieferantenintegration) und wird dadurch interessante neue Arbeitsformen herausbilden. Dienstleistungen sind in hohem Maße kommunikative und teamorientierte Tätigkeiten. Entsprechend hoch ist die Bedeutung von Kompetenzentwicklung (vor allem Sozial- und Medienkompetenz) für den Innovationsprozess im Dienstleistungssektor.

Unternehmen werden zunehmend von den aktivierbaren Wissensressourcen und den Kompetenzen der Beschäftigten abhängig. Durch die neuen Technologien und die gesteigerte Innovationsdynamik ergeben sich fast unerschöpfliche Informationsangebote und ein erhöhter Wissensumsatz, aber auch ein schnellerer Wissensverfall und eine zunehmende Überforderung der Beschäftigten in der Bewältigung der Informationsflut. Für Unternehmen ist es deshalb wichtig, vorhandene Wissensbestände transparent und für spezifische Unternehmenszwecke gezielt verfügbar zu machen, um sie überhaupt in Innovation und Produktivität umzusetzen.

Die rasante Entwicklung hin zu flexibel vernetzten Arbeitsprozessen geht einher mit einer zunehmenden Mobilität der Arbeit, die – unterstützt durch hoch entwickelte Netzwerkinfrastrukturen – ein Arbeiten an fast jedem Ort möglich macht. Längst ist das Arbeiten von zu Hause für viele Menschen selbstverständlich. Mit der rasanten technologischen Weiterentwicklung und Diffusion von Informations- und Kommunikationstechnologien (Unified Communication and Collaboration, Web 2.0, Cloud Computing, Social Networks) werden für Unternehmen und Beschäftigte neue Möglichkeiten zur Gestaltung der Arbeitsorganisation (z. B. Work-Life-Balance, Co-Creation, Co-Working-Center), aber auch erhebliche Herausforderungen z. B. für den eigenverantwortlichen Umgang mit der Arbeit und der Arbeitszeit entstehen.

Die rasante Entwicklung in den BRIC-Staaten (Brasilien, Russland, Indien und China), die mit einer Vielzahl von jungen, gut ausgebildeten und hoch motivierten Menschen auf den globalen Markt drängen, wird zukünftig die Anforderungen an Innovationsgeschwindigkeit, Flexibilität, Leistungsfähigkeit und Kreativität in Europa weiter verstärken. Zahlreiche Untersuchungen – auch des Fraunhofer-Instituts für Arbeitswirtschaft und Organisation IAO – zeigen, dass vor allem für Büro- und Wissensarbeiter die Organisation und Gestaltung von räumlichen und technologischen Arbeitsumgebungen und Büros einen erheblichen Einfluss auf deren Leistung, Motivation und Wohlbefinden haben. Aus unternehmerischer Perspektive muss eine nachhaltige Gestaltung von Arbeits- und Büroumgebungen sowohl Wirkung im Sinne von höherer Produktivität entfalten können als auch den Anforderungen und den Bedürfnissen der Beschäftigten entsprechen. Aus einer volkswirtschaftlichen und gesellschaftlichen Perspektive müssen nachhaltige Arbeits- und Büroumgebungen neben ihrem Beitrag zur Innovationskraft, Leistungsfähigkeit und Gesunderhaltung eines Landes zukünftig auch ihren Beitrag zur Ressourcenschonung und Ökologie leisten.

Wachsende Weltbevölkerung mit zunehmendem Wohlstandsbedürfnis

Mehr als 6,8 Milliarden Menschen leben derzeit auf der Erde und ein Ende des Bevölkerungswachstums ist nicht in Sicht. Vor allem in den Entwicklungsländern wird die Zahl der Menschen weiterhin rasant zunehmen, auf voraussichtlich mindestens 9 Milliarden Menschen bis zum Ende dieses Jahrhunderts. Dagegen werden die entwickelten Länder in Europa und auch in Deutschland einen weiteren Bevölkerungsschwund zu verzeichnen haben (vgl. **Abbildung 1.1**).

Abbildung 1.1 Bevölkerungsentwicklung 1900 bis 2050 (eigene Darstellung). Quellen (eigene Darstellung): Statistisches Bundesamt, Statistisches Landesamt Baden-Württemberg, Foto: Bettina Stolze, www.pixelio.de

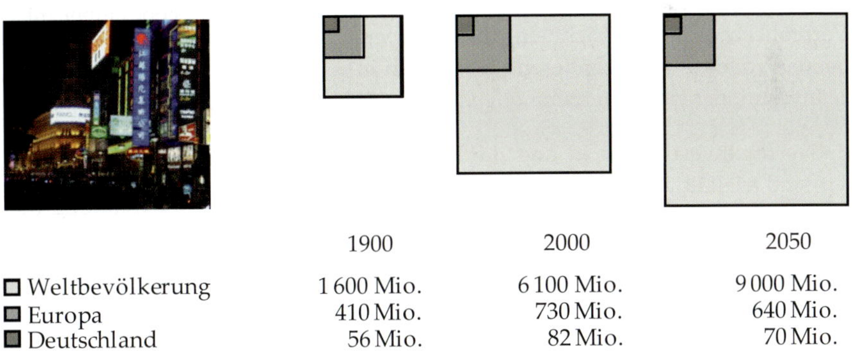

Derzeit leben auf der Erde mehr als eine Milliarde Menschen an der Schwelle zu einer Lebensform, wie wir sie in den entwickelten Ländern kennen. Mit einem starken Bedürfnis nach Wohlstand steigt damit der weltweite Ressourcenverbrauch rasant an, mit nachhaltigen Folgen für die Umwelt, mit zunehmenden Emissionen an CO_2 und wohl langfristig signifikant höheren Preisen für Energie und Rohstoffe. Es wird immer offensichtlicher, dass dieses Wohlstandsbedürfnis nur dann ökologisch, wirtschaftlich und sozial nachhaltig zu befriedigen sein wird, wenn wir wesentlich effizientere Wirtschaftsformen und revolutionär weniger Primärenergie verbrauchende technische Systeme für Produktion,

Logistik, Mobilität, Leben und Wohnen entwickeln können. Es bedarf eines noch radikaleren Umdenkens bei allen: in der Bevölkerung, in der Wirtschaft und in der Politik.

Nachhaltigkeitsorientierung von Organisationen

Vor dem Hintergrund der globalen Klimaerwärmung und der wirtschaftlichen Abhängigkeit von volatilen und steigenden Energie- und Rohstoffpreisen wird die zwingende Notwendigkeit, den Energie- und Ressourcenverbrauch drastisch zu senken, mittlerweile von immer weiteren Teilen der Gesellschaft nicht nur mitgetragen, sondern auch eingefordert.

Die Anstrengungen zur Reduktion des Energie- und Ressourcenverbrauchs betreffen alle wirtschaftlichen, gesellschaftlichen und politischen Bereiche. Zahlreiche Initiativen werden in diesem Kontext sowohl von den privaten Haushalten als auch von Verbänden und Unternehmen aller Sektoren der Wirtschaft und Industrie vorangetrieben.

Infolge dieser Entwicklungen haben zukunftsorientierte Unternehmen begonnen, Nachhaltigkeitsaspekte in ihre Wert- und Zielesysteme zu integrieren und ihr unternehmerisches Handeln an Prinzipien wirtschaftlicher, sozialer und ökologischer Nachhaltigkeit zu orientieren. Zunehmend wird mehr und mehr Entscheidungsträgern bewusst, dass es sich hierbei nicht nur um eine kurzfristige Modeerscheinung handelt, sondern die Entwicklung energieeffizienter und Ressourcen schonender Produkte und Dienstleistungen zu klaren Wettbewerbsvorteilen gegenüber Mitbewerbern führt. So zeigen verschiedene Studien, dass Verbraucher und Unternehmen durchaus bereit sind, höhere Investitionen für entsprechende Produkte zu akzeptieren [2; 8]. Auch in wirtschaftlich unsicheren Zeiten sinken die Investitionen der Unternehmen in Nachhaltigkeit im Vergleich nur gering [7].

Die Motive für Investitionen in und die Umsetzung von ökologisch nachhaltigen Maßnahmen sind vielfältig und reichen von der Erwartung von Umsatzsteigerungen über Kosteneinsparungen, die Verbesserung des Unternehmensimage bis hin zur Reduktion der Abhängigkeit von schwankenden Rohstoffpreisen und dem Wunsch, einen Beitrag zur Schonung der Umwelt zu leisten (vgl. **Abbildung 1.2**). In einer Studie des Fraunhofer IAO, die im Rahmen des Verbundforschungsprojekts OFFICE 21 durchgeführt wurde, gaben die befragten Geschäftsführer Kosteneinsparungen und Imagesteigerungen als die beiden wichtigsten Motive für die Umsetzung ökologisch nachhaltiger Maßnahmen an. Der Gesamtüberblick zeigt, welche Wichtigkeit die unterschiedlichen Motive insgesamt für die Befragten aufweisen. Die Untersuchung verdeutlicht, dass die Umsetzung überwiegend durch einen Mix unterschiedlicher Motive und Zielsetzungen getrieben wird, die es dann auch bei der Konzeption entsprechender Maßnahmen zu berücksichtigen gilt.

Abbildung 1.2 Motive für die Umsetzung ökologisch nachhaltiger Maßnahmen. Quelle: Fraunhofer IAO, Studie Green Office, 2010

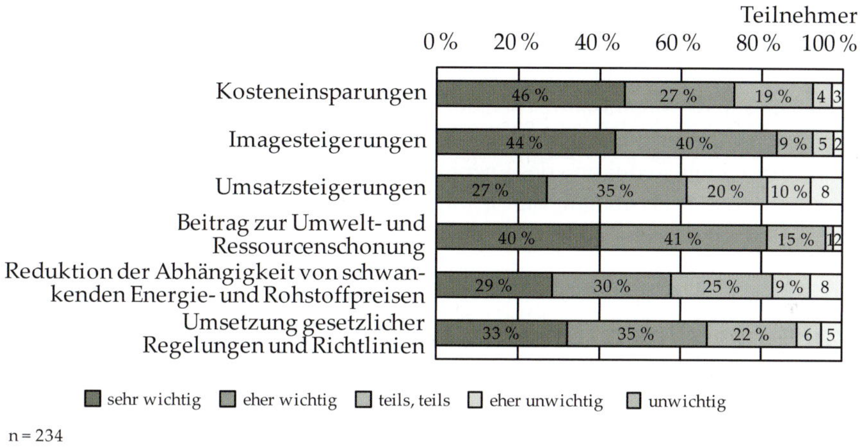

Aus unterschiedlichsten Beweggründen wurden und werden zahlreiche Initiativen und Maßnahmen von einzelnen Unternehmen, Organisationen und Verbänden entwickelt und umgesetzt, die bereits positive Beiträge zu einem nachhaltigen Umgang mit Ressourcen und der Schonung der Umwelt leisten. Im Fokus dieser Aktivitäten stehen häufig Ansätze zur Energieerzeugung, der Produktion und Herstellung von Gütern, der Mobilität von Personen und Gütern oder dem Umgang mit Abfällen.

Den direkten und indirekten Auswirkungen aus der Organisation und Gestaltung von Büroarbeit und ihren ökonomischen und ökologischen Potenzialen wird im Vergleich noch deutlich weniger Aufmerksamkeit geschenkt und dennoch ist auch hier der positive Gestaltungsspielraum enorm. So arbeiten nach Schätzungen allein in Deutschland über 17 Mio. Menschen in Büros [11]. Betrachtet man den gesamten Wirtschaftsraum der Europäischen Union, kommt man leicht auf eine dreistellige Millionensumme an Menschen, die tagtäglich Büroarbeit in ihren unterschiedlichsten Formen und Ausprägungen verrichten und dabei im Rahmen ihrer Leistungserbringung Energien für die Konditionierung, Beleuchtung und Ausstattung von Büros, die Nutzung von Informations- und Kommunikationstechnologien sowie Mobilität in Anspruch nehmen.

Aber nicht allein die enorme Anzahl von Personen, die als so genannte Büro- oder Wissensarbeiter täglich ihrer Arbeit nachgehen, und ihr hoher Anteil an der Gesamtheit der Erwerbstätigen, sondern auch der Einfluss der Organisation und Gestaltung von stationärer und mobiler Büroarbeit auf die unterschiedlichsten Komponenten (Verkehr, Energie, Produktivität, Gesundheit etc.) lassen eine Auseinandersetzung mit den Potenzialen einer nachhaltig gestalteten Büroarbeit wertvoll erscheinen. Über die hohe Anzahl an betroffenen Personen und entsprechende Skaleneffekte lassen sich sowohl in einer betriebswirtschaftlichen Unternehmenssicht als auch in einer volkswirtschaftlichen Gesamtbetrachtung hohe Optimierungserfolge erzielen.

Der Fokus der Auseinandersetzung mit dem Thema nachhaltige Arbeits- und Bürogestaltung soll dabei allerdings nicht nur auf die Aspekte einer energie- und ressourceneffizienten Gestaltung von Büroarbeit gelegt werden, sondern ebenso positive wirtschaftliche und soziale Aspekte integrieren. Eine verbesserte Kenntnis der Zusammenhänge und Optimierungspotenziale in der organisatorischen, technologischen und räumlichen Gestaltung von stationärer und mobiler Büro- und Wissensarbeit ist ein zentrales Handlungsfeld für die zwingend notwendige Reduktion des Energie- und Ressourcenverbrauchs, aber eben auch für die Produktivität, Flexibilität, den Erfolg und das Wohlergehen von Organisationen und ihren Mitarbeiterinnen und Mitarbeitern.

Gestaltungsfelder für ein „Green Office“

Bislang existiert für den Begriff „Green Office“ keine eindeutige Definition. Im vorliegenden Beitrag soll unter dem Begriff „Green Office“ eine organisationsindividuelle, gleichermaßen an ökonomischen, ökologischen und sozialen Zielsetzungen ausgerichtete Gestaltung von Arbeits- und Bürokonzepten verstanden werden, die sich aufeinander abgestimmter, vernetzter Maßnahmen aus den drei Gestaltungsfeldern Gebäude und Raum („Green Building“), Informations- und Kommunikationstechnologie („Green IT“) und Nutzerverhalten („Green Behaviour“) bedient (siehe **Abbildung 1.3**). Unter „Green Office“ werden also nicht nur Aspekte der Energie- oder Ressourceneffizienz verstanden. Im Folgenden werden die Begriffe „Green Office“ und „Nachhaltige Arbeits- und Bürogestaltung“ synonym verwendet.

Büroarbeit ist vielfältig und weist eine hohe Bandbreite unterschiedlicher Formen und Ausprägungen sowohl in Abhängigkeit der Organisation, ihrer Kultur, Struktur und Branche als auch bei den unterschiedlichen Tätigkeiten und Funktionen innerhalb der einzelnen Organisation auf. Das Spektrum reicht dabei von überwiegend stationär am eigenen Büroarbeitsplatz stattfindenden Tätigkeiten, über Arbeiten, die einen häufigen Wechsel zwischen unterschiedlichen Arbeitsplätzen (z. B. Büroarbeitsplatz, Besprechungsraum, Labor, Werkstatt, Frontoffice etc.) erfordern, bis hin zu Aufgaben, die ein höchstes Maß an zeitlicher und räumlicher Flexibilität und Mobilität erfordern.

Zur Entwicklung und Umsetzung einer nachhaltigen Arbeits- und Bürokonzeption im Sinne eines „Green Office“ ist es erforderlich, eine organisationsindividuelle Strategie zu entwickeln (Motivation, Zielsetzung, Kosten, Ausgangsituation), die einen integrierten Maßnahmenplan mit geeigneten, d. h. zielorientierten Maßnahmen aus den drei Gestaltungsfeldern Green Building, Green IT und Green Behaviour umfasst.

Abbildung 1.3 Gestaltungsfelder nachhaltiger Arbeits- und Bürokonzepte

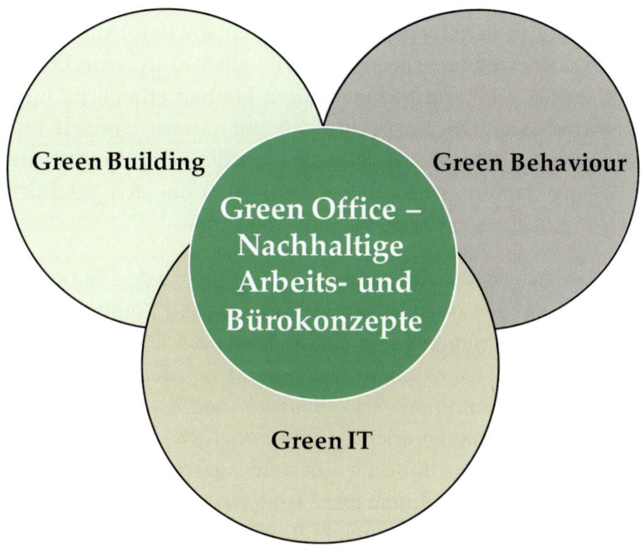

Die Entwicklung einer solchen Konzeption erfordert die Analyse des Status quo einer Organisation im Hinblick auf ihre Arbeitsorganisation, ihre Arbeitskultur sowie die bestehenden räumlichen und technischen Infrastrukturen. Die Potenziale einer ganzheitlichen Betrachtungsweise werden noch selten genutzt. Häufig werden isolierte Maßnahmen, die zwar an sich bereits positive Auswirkungen auf die Inanspruchnahme von Ressourcen, die Work-Life-Balance der Mitarbeiterinnen und Mitarbeiter, ihre Produktivität oder die Kostenstruktur haben können, eingesetzt, deren Wirkung in einer integrierten Gesamtkonzeption aber noch gesteigert werden könnte. Dies ist dabei meist mit keinem oder einem vergleichsweise geringen Mehraufwand möglich. So lassen sich etwa durch die Einführung flexibler, technologisch unterstützter Formen der Arbeitsorganisation sowohl Büroflächen, die gebaut und betrieben werden müssen, als auch Mobilitätskosten für das Unternehmen selbst und seine Mitarbeiterinnen und Mitarbeiter senken und zudem die Work-Life-Balance und Performance der Mitarbeiterinnen und Mitarbeiter verbessern. Diese Wirkungen können z. B. durch eine rein energetische Sanierung eines Bürogebäudes ohne eine Veränderung arbeitsorganisatorischer Strukturen nicht erreicht werden. Im Folgenden sollen die drei Gestaltungsfelder Gebäude und Raum, Informations- und Kommunikationstechnologie und Nutzerverhalten im Hinblick auf ihre Potenziale untersucht werden.

Gebäude und Raumgestaltung - Green Building

Betrachtet man den gesamten Energieverbauch, so lässt sich feststellen, dass die Anteile der in Deutschland benötigten Energien zu ähnlichen Anteilen für die Produktion, die Mobilität von Personen und den Transport von Waren sowie für die Erstellung und Nutzung von Gebäuden aufgewendet werden [5]. Vor allem durch die Erneuerung des Gebäudebestands und somit auch von Bürogebäuden können erhebliche Energien und Ressourcen eingespart und negative Auswirkungen auf unsere Umwelt (z. B. Wasserverbrauch, Bodenversiegelung, Abfall etc.) reduziert werden. Dies betrifft sowohl die Phase der Erstellung bzw. der Sanierung, aber vor allem auch die sich anschließenden Phasen der Nutzung und den Rückbau am Ende des Lebenszyklus.

Bereits seit einigen Jahren werden Konzepte (z. B. Geometrie des Baukörpers, Bauteilaktivierung etc.) und Technologien (Geothermie, Solarthermie, Photovoltaik etc.) für energieeffiziente Gebäude und Materialien (z. B. Smart Materials, Phase-Change-Materials etc.) erforscht und entwickelt, die inzwischen zunehmend bei der Erstellung und Sanierung von Gebäuden zum Einsatz kommen. Vor allem bei den so genannten Green Buildings stellen entsprechende Komponenten oder Teilkomponenten einen essenziellen Bestandteil dar, wobei der Begriff des Green Building über ein ausschließlich energieeffizientes Gebäude bzw. Bürogebäude deutlich hinausgeht und zusätzliche ökologische (z. B. Mikroklima, Flächeninanspruchnahme etc.), soziokulturelle (z. B. Innenraumhygiene, Nutzereinbindung etc.), technische und prozessuale Aspekte und Qualitäten umfasst.

Darüber hinaus existieren weitergehende spannende Entwicklungen und Beispiele für Gebäude unterschiedlicher Grade an Energieeffizienz wie so genannte Null-Energie-Gebäude [14], Energie-Plus-Gebäude, also Gebäude, die mehr Energie produzieren, als sie verbrauchen, oder so genannte Null-Emissionsgebäude, bei denen Heizung, Kühlung, Warmwasser, Elektrizität zu 100 Prozent regenerativ hergestellt werden. Insgesamt sind die eben beschriebenen Gebäudekonzepte im Bürobau noch eher selten anzutreffen – meist handelt es sich dabei um Projekte im Wohnungsbau. Vor allem im Zusammenspiel mit

aktuellen Visionen für eine elektromobile Gesellschaft könnten Energie-Plus-Gebäude für die dezentrale und vernetzte Erzeugung und Speicherung von Strom zukünftig stark an Bedeutung gewinnen.

Für die Bewertung der Nachhaltigkeit von Gebäuden und Bürogebäuden wurden in den letzten Jahren auf internationaler, europäischer und nationaler Ebene verschiedene Bewertungs- und Zertifizierungssysteme entwickelt, die zum einen potenziellen Mietern, Eigennutzern oder Investoren eine transparente Orientierung über den Grad der Nachhaltigkeit eines Gebäudes geben sollen, zum anderen als Leitlinie für den Neubau und die Sanierung z. B. von Bürogebäuden dienen. Besonders zu erwähnen sind im Zusammenhang mit Green Buildings die Systeme LEED (Leadership in Energy and Environmental Design) aus den USA, BREEAM (Building Research Establishment Environmental Assessment Method) aus Großbritannien und das Deutsche Gütesiegel für Nachhaltiges Bauen (DGNB). Allen Zertifizierungssystemen ist gemeinsam, dass unterschiedliche Stufen der Nachhaltigkeit eines Gebäudes erreicht werden können, die beim Deutschen Gütesiegel für Nachhaltiges Bauen von Bronze über Silber bis Gold reichen. Beim US-amerikanischen LEED Standard wird für die höchste erreichbare Kategorie ein „Platinum" vergeben.

Unabhängig von der Zertifizierung eines Bürogebäudes stellen die Energieeffizienz und die ökologische Qualität eines Bürogebäudes zentrale Handlungs- und Gestaltungsfelder für ein „Green Office" dar. So entspricht in einer Lebenszyklusbetrachtung etwa die Reduktion der Bewirtschaftungskosten eines Gebäudes um 30 bis 40 Prozent den gesamten Kosten für die Erstellung des Gebäudes [16]. Sinnvolle Lebenszyklusbetrachtungen sind gerade im Immobilien-Investorenmarkt noch nicht die Regel, sollten es aber dringend werden, auch weil sich bei den Nutzern und Nachfragern von Büroflächen eine veränderte Wahrnehmung und ein stark zunehmendes Interesse an ökologisch nachhaltigen Büroflächen entwickelt hat und weiter entwickeln wird. So geben über 70 Prozent der befragten Geschäftsführer der Green-Office-Untersuchung des Fraunhofer IAO an, dass ihr Unternehmen in einer perspektivischen Betrachtung von zwei bis drei Jahren die ökologische Nachhaltigkeit beim Bezug, der Modernisierung oder dem Neubau von Büroflächen als wichtig („sehr wichtig"/„eher wichtig") einschätzt. (siehe **Abbildung 1.4**). Wesentliche Ziele für moderne und nachhaltige Bürogebäude, die es zu verfolgen gilt, sind dabei:

- Deutliche Reduzierung des Energie- und Stoffeinsatzes beim Bau und im Betrieb
- Erhöhte und effiziente Nutzung nachwachsender bzw. ökologischer Materialien
- Energieeffiziente Bautechnik und -systeme
- Verstärkter Einsatz erneuerbarer Energieträger
- Intelligente Gebäudetechnik für energieeffiziente Nutzung und hohe Nutzungsqualität
- Hohe Anpassungsfähigkeit an sich ändernde Nutzungen und Arbeitsprozesse
- Berücksichtigung sozialer Aspekte und Erhöhung der Lebensqualität
- Smart-Building-Technologien in Verbindung mit hoher Gebäude-Nutzungsqualität

Das Gestaltungsfeld „Green Building" umfasst nicht nur Maßnahmen des Gebäudes selbst, sondern auch die Innenausstattung. So müssen etwa beim US-amerikanischen LEED Standard auch die Büromöbel erhöhten ökologischen Standards entsprechen, um keine negativen Auswirkungen auf die Zertifizierung des Gebäudes zu haben. Die bereits erwähnte Untersuchung des Fraunhofer IAO zeigt, dass knapp 60 Prozent der Befragten das Thema nachhaltige Innenausstattung als wichtig einschätzen und ca. 35 Prozent angeben, dass ihr Unternehmen bereit wäre, bis zu zehn Prozent höhere Investitionen für eine ökologisch orientierte Innenausstattung gegenüber einer konventionellen in Kauf zu nehmen. Diese Einschätzung umfasst auch Möblierungselemente, bei denen im Vergleich zu anderen Maßnahmen wie etwa energieeffizienten Beleuchtungssystemen die höheren Investitionskosten nicht direkt im laufenden Betrieb amortisiert werden können.

Abbildung 1.4 Wichtigkeit nachhaltiger Büroflächen bei Umzug oder Modernisierung aus Perspektive von Geschäftsführern. Quelle: OFFICE 21 Studie Green Office, Fraunhofer IAO, 2010

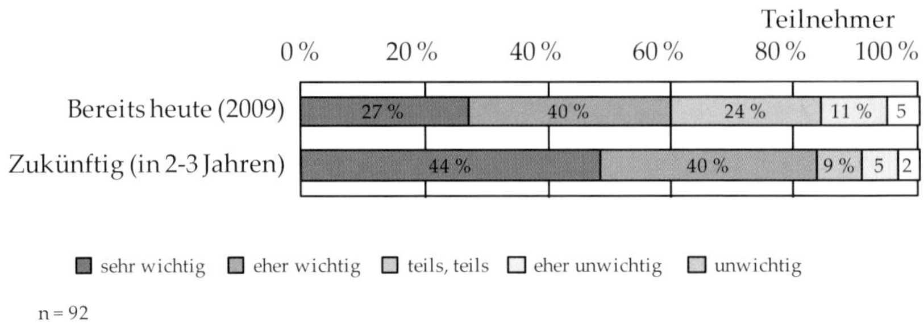

Im Lebenszyklus eines Bürogebäudes summiert sich der nutzerseitige Stromverbrauch auf einen Anteil von über 40 Prozent der gesamten aufgewendeten Energien für Erstellung, Nutzung und Rückbau eines Bürogebäudes [1]. Bis zu 50 Prozent der Stromkosten in Bürogebäuden werden durch die Beleuchtung verursacht. Moderne und energieeffiziente Beleuchtungsanlagen, welche auch die anteilige Nutzung von Tageslicht bei der Steuerung berücksichtigen, führen gegenüber alten und ineffizienten Anlagen zu beträchtlichen Einsparungen von bis zu 75 Prozent [6]. Einen weiteren großen Schritt hin zu einer effektiveren Beleuchtung von Arbeitsplätzen, Besprechungsräumen und Verkehrszonen im Büro verspricht eine Beleuchtung mit LED-Technologien, wie sie z. B. im LightFusion Lab des Fraunhofer IAO eingesetzt und auch in ihrer Wirkung auf den Menschen untersucht werden. Entsprechende Technologien werden inzwischen bereits in Großprojekten (z. B der Neubau der Fa. Unilever in der Hamburger Hafencity) umgesetzt. Die rasche Fortentwicklung dieser Technologien lässt eine deutliche Verbesserung der Energieeffizienz bzw. der Lichtleistung erwarten. Bereits heute sind unter dem Aspekt der Lebensdauer Beleuchtungssysteme auf Basis der LED-Technologie deutlich langlebiger und wartungsärmer als konventionelle Systeme.

Bei der Ausstattung von Büroräumen mit Trennwänden, Bodenbelägen (z. B. Teppichboden), Möblierungselementen, Materialien und Oberflächen erscheint es für den Nutzer derzeit noch schwierig, den Grad der Ökologie und Nachhaltigkeit unterschiedlicher Lösungskonzepte und Produkte einzuschätzen. Umfassende, transparente und leicht verständliche Systeme haben sich noch nicht in breiter Front am Markt durchgesetzt. So sind beispielsweise nur wenige Büromöbel mit dem im Konsumentenbereich viel stärker bekannten „Blauen Engel“ ausgestattet. Eine breite Einführung von Gebäudezertifizierungssystemen könnte eine entsprechende Entwicklung beschleunigen und die Kommunikation zu Aspekten der Nachhaltigkeit zwischen Herstellern und Nachfragern erleichtern. Nachhaltige Möblierungselemente und Ausstattungskomponenten für ein „Green Office“-Büro sollten nachfolgende Anforderungen möglichst weitgehend erfüllen:

- Gesundheitlich einwandfreie Materialien
- Ergonomische Gestaltung
- Geringer Energie- und Ressourceneinsatz bei Herstellung und Logistik
- Nutzung nachwachsender Rohstoffe
- Nutzung von Recyclingmaterialien
- Recyclingfähigkeit ohne Down-Cycling
- Hoher funktionaler und ästhetischer Nutzwert

Für die Auswahl, Bewertung und Entscheidung für unterschiedliche Systeme und Produkte ist darüber hinaus die Berücksichtigung weiterer Rahmenbedingungen wie z. B. die Nutzungsflexibilität und die Nutzungsdauer (z. B. Integration von Technologien mit stark divergierenden Erneuerungszyklen) zu betrachten. Von herausragender Bedeutung für die Bewertung der Nachhaltigkeit von Ausstattungs- und Möblierungselementen sind die durchgängige Verwendung von gesundheitlich vollkommen unbedenklichen Materialien und Fügetechniken sowie eine umfassende Recyclingfähigkeit, da potenzielle Energie- und Ressourceneinsparungen in der Nutzungsphase nur sehr eingeschränkt und indirekt (z. B. Flächeneffizienz, Reflexionsgrade etc.) möglich sind.

Das Gestaltungsfeld Gebäude und Raum nimmt aufgrund der enormen Ressourcen- und Energieeinsparungsmöglichkeiten (z. B. Passivhaus bis zu 80 Prozent der Primärenergie) und auch aufgrund der Wirkung der räumlichen Umgebungsfaktoren auf Gesundheit, Wohlbefinden und Produktivität des Menschen eine herausragende Position im Hinblick auf die Gestaltung einer nachhaltigen Arbeitsumgebung im Sinne eines „Green Office" ein. Allerdings werden „Green Buildings" auf mittlere Sicht noch einen geringen Anteil am Gesamtbestand der Bürogebäude und Büroflächen ausmachen. In der Breite werden die Potenziale von „Green Buildings" – auch aufgrund der mit einer Sanierung oder einem Neubau notwendigen personellen und finanziellen Ressourcen – erst in mittlerer bis längeren zeitlicher Perspektive flächendeckend wirksam werden. So liegt etwa die Erneuerungsrate des Gebäudebestands in Deutschland bei zwei bis drei Prozent, bei Büroflächen ggf. etwas höher, was bedeutet, dass die Umstellung der Gesamtheit aller Büroflächen auf „Green Building"-Standards oder gar noch höhere Standards wie Passivhäuser oder Energie-Plus-Gebäude noch einige Jahre in Anspruch nehmen wird, wobei der politische Wille, steigende Energiepreise und auch die immer deutlicher erkennbare Notwendigkeit eines nachhaltigeren Arbeits- und Lebensstils die Erneuerungsrate deutlich ansteigen lassen könnte. Die Entwicklung nachhaltiger Arbeits- und Bürokonzepte kann sich folglich nicht auf die Entwicklung von nachhaltigen Bürogebäuden beschränken.

Nachhaltige Konzepte für Informations- und Kommunikationstechnologien - Green IT

Mit etwa zwei bis drei Prozent und damit in etwa mit einem dem Flugverkehr entsprechenden Anteil am Gesamtenergieverbrauch schlägt die Nutzung von Informations- und Kommunikationstechnologien zu Buche [10]. Aufgrund der hohen Innovationszyklen und der kurzen Erneuerungsraten, die im Durchschnitt zwischen vier und fünf Jahren betragen, muss bei der Bewertung der Nachhaltigkeit von informations- und kommunikationstechnologischen Komponenten und Produkten neben der Energieeffizienz im Betrieb auch ihrer Produktion, den verwendeten Materialien und ihrer Rückführung in den Stoffkreislauf hohe Bedeutung beigemessen werden. Eine reine, vorwiegend auf Energieeffizienz in der Nutzung ausgelegte Bewertung greift zu kurz. Dennoch gilt es auch diese – wie bereits in der Vergangenheit – weiterhin zu steigern, was die entsprechenden Akteure der IT-Branche aufgrund der ständig steigenden Leistungsansprüche vor große Herausforderungen stellt.

Die deutsche Energieagentur geht davon aus, dass sich der Stromverbrauch für Bürogeräte durch eine konsequente Umrüstung auf energieeffiziente und Ressourcen schonende Bürogeräte und IuK-Technologien um 40 Prozent reduzieren lässt [4]. In Rechenzentren lassen sich durch Konsolidierung und Virtualisierung von Servern in Verbindung mit einer optimierten Raumkonditionierung sogar Energie- und Kosteneinsparungen von über 80 Prozent realisieren [15]. Bei der Bewertung der Energieeffizienz von informations- und kommunikationstechnischen Systemen in einer Arbeits- und Büroumgebung (Hard- und Software) gilt es, alle Komponenten der Kette, in welcher Informationen erzeugt, verarbeitet, ausgetauscht, gespeichert und aufbereitet werden, zu betrachten. So ist etwa bei Thin-Client-Lösungen oder Cloud-Computing-Konzepten auch die Ressourceninanspruchnahme durch zentrale oder dezentrale Server- und Storage-Lösungen zu berücksichtigen. Neben den zentralen Ausstattungselementen des Arbeitsplatzes (Thin Client, Notebook, Desktop, Display, Telefonie, Netzteile etc.) sind auch die Nutzung und die Eigenschaften von Peripheriegeräten (z. B. Druckern, Projektoren, Displays in Besprechungsräumen etc.) sowie die erweiterte Infrastruktur (Netzwerk, Server und Storage) und der Betrieb der Systeme mit einzubeziehen. Dennoch soll an dieser Stelle bewusst darauf hingewiesen werden, dass bereits die Einführung „isolierter" Maßnahmen wie z. B. die Nutzung energieeffizienter Arbeitsplatzrechner oder die Umstellung von Desktopgeräten auf mobile Geräte (Notebooks, Netbooks, Handys) der neuesten Generation zu erheblicher Stromeinsparung im Bereich von 50 Prozent und mehr führt (vgl. **Abbildung 1.5**).

Abbildung 1.5 Energieeinsparpotenzial und Materialverbrauch von IT-Arbeitsplätzen im Vergleich; Quelle: Deutsche Energie Agentur, Borderstep Institut [4]

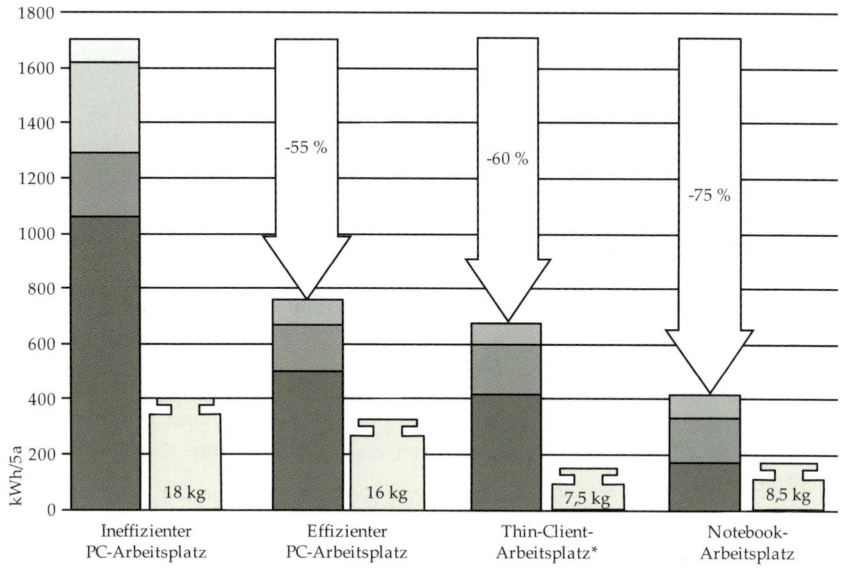

Je nach Ausstattung der IT-Arbeitsplätze sind allein durch die bewusste Entscheidung für energieeffiziente Geräte Energiekosteneinsparungen von bis zu 75 Prozent möglich. Zudem wird nur halb so viel Material eingesetzt.

* Inklusive Serveranteil

- Fax/Scanner
- Drucker
- Multifunktionsgerät
- Monitor
- PC/Thin Client/Notebook
- Materialverbrauch

Ein beträchtliches Potenzial zur Reduktion von Energie- und Ressourcenverbräuchen und einer damit einhergehenden Entlastung der Umwelt durch Informations- und Kommunikationstechnologien liegt in der indirekten Vermeidung (z. B. Smart Metering, Gebäudeautomation, Reduktion des Papierverbrauchs etc.).

Ein zukunftweisender Ansatzpunkt hierfür ist die Einführung und umfassende Nutzung von virtuellen Kollaborationstechnologien im Büro zur Reduktion von Geschäftsreisen und Pendelverkehren. So könnten bei einer angenommenen Reduktion der Geschäftsreisen in der Europäischen Union um ein Fünftel CO_2-Emissionen in Höhe von 24 Mio. Tonnen vermieden werden [4]. Eine weitere wirkungsvolle Maßnahme, die mit Hilfe der Informations- und Kommunikationstechnologie in nachhaltigen Büros eingeführt werden kann, ist die Echtzeitinformation von Büronutzern über ihren aktuellen Ressourcenverbrauch (Strom, Heiz- und Kühlenergie, Papier etc.) als Feedback und mittels gleichzeitiger

Sensibilisierung als Basis für eine Reduktion der Ressourceninanspruchnahmen durch den Einzelnen oder von Gruppen.

Die eigentliche Entwicklung von Green-IT-Konzepten für nachhaltige Arbeits- und Bürokonzepte geht somit weit über die häufig eingeschränkte Diskussion der Energieeffizienz hinaus und umfasst folgende Aspekte:

- Energieeffiziente Hard- und Softwarekomponenten für Arbeitsplatzsysteme, Peripheriegeräte und Infrastruktur (Server, Storage, Netzwerk)
- Ressourcen schonende, recyclingfähige Hardwarekomponenten für Arbeitsplatzsysteme, Peripheriegeräte und Infrastruktur (Server, Storage, Netzwerk) von der Produktion über den Betrieb bis zur Entsorgung
- Energieeffizientes Konzept für Administration und Betrieb (z. B. Fernwartung)
- Entwicklung und Einführung von energieeffizienten und Ressourcen schonenden arbeitsorganisatorischen Konzepten auf der Basis der Potenziale innovativer Informations- und Kommunikationstechnologien
- Entwicklung und Einführung von Systemen zum Monitoring und Feedback des individuellen Ressourcen- und Energieverbrauchs in Echtzeit als Impulsgeber für „grünes" Mitarbeiterverhalten

Die Erforschung, Entwicklung und Einführung von „Green Office Technologies" haben sowohl ein hohes ökologisches als auch ein hohes wirtschaftliches Potenzial. Weitere positive soziale und ökonomische Effekte können sich aus einer erhöhten Work-Life-Balance (z. B. Reduktion von belastenden Reisetätigkeiten) und einer damit einhergehenden Produktivitätssteigerung für die Organisation ergeben.

Nachhaltiges Verhalten - Green Behaviour

Parallel zur Entwicklung und Einführung technischer und technologischer Lösungen mit dem Ziel der Steigerung der Nachhaltigkeit von Büro- und Wissensarbeit stellt auch das Verhalten der Mitarbeiterinnen und Mitarbeiter von Organisationen ein einflussreiches Mittel für mehr Nachhaltigkeit dar. Um die Potenziale, die im individuellen und kollektiven Verhalten der Mitarbeiterinnen und Mitarbeiter verborgen liegen zu nutzen, ist es wichtig, eine Unternehmenskultur zu etablieren, in der die Prinzipien des nachhaltigen Handelns implizit (z. B. Führungsverhalten) und explizit (z. B. Corporate Social Responsibility Strategy) verankert sind. Zielführend wirkt die Aufnahme von entsprechenden Bewertungskriterien in Zielvereinbarungen, Leistungsbewertungen, das innerbetriebliche Vorschlagswesen und das Innovationsmanagement.

Zur Förderung eines entsprechenden Klimas in einer Organisation und der Sensibilisierung der Mitarbeiterinnen und Mitarbeiter – auch auf den Führungsebenen – ist es wesentlich, konkretes Wissen zu Nachhaltigkeitsthemen zu vermitteln. Beide Komponenten verstärken sich dabei wechselseitig, d. h. die Schaffung eines Klimas bzw. einer Kultur, in der nachhaltiges Mitarbeiterverhalten erfolgreich sein kann, wird auch durch die Vermittlung von konkreten Informationen und Wissen über Zielsetzungen, Auswirkungen und Handlungsalternativen befördert. Gleichzeitig werden in einem entsprechenden Klima derartige Informationen von den Mitarbeiterinnen und Mitarbeitern besser aufgenommen und umgesetzt. Informationsveranstaltungen, Broschüren und ein gut aufbereitetes Intranet oder auch die Einrichtung eines Sustainability Boards, das die Maßnahmen vorantreibt, sind wirkungsvolle Optionen. Themen für entsprechende Informationen sind zahlreich und können von umweltfreundlicher Mobilität über umweltinnovative Büroprodukte bis hin zur Gebäudenutzung reichen. Neben der Nutzung von Expertenwissen ist die Einbindung der Mitarbeiterinnen und Mitarbeiter in die Entwicklung, Aufbereitung und Kommunikation entsprechender Informationen und Maßnahmen von essenzieller Bedeutung für eine erfolgreiche Implementierung eines Green-Behaviour-Konzeptes (vgl. **Abbildung 1.6**). Die Maßnahmen dürfen dabei in keinster Weise auf einer abstrakten Ebene bleiben, sondern müssen den Rahmenbedingungen der Organisation, den Arbeitsprozessen und den Arbeitsanforderungen der Mitarbeiterinnen und Mitarbeiter gerecht werden.

Abbildung 1.6 Wirkungskreis zum umweltfreundlichen Verhalten (eigene Darstellung in Anlehnung an Kuckartz [12])

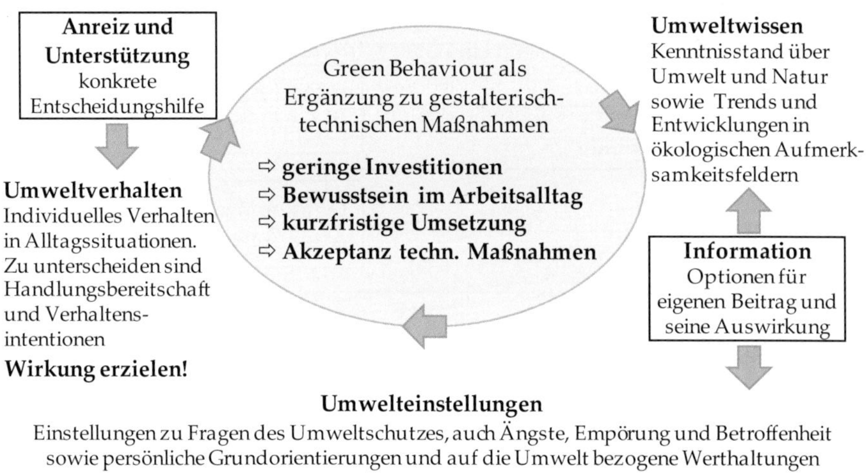

Neben Information und Sensibilisierung sind auch Wettbewerb, Erfolg und Freude essenzielle Mittel, um ein umweltgerechtes Verhalten und nachhaltige Arbeitsformen im Büro wirksam zu etablieren. Zu häufig werden geeignete Maßnahmen (z. B. Videokonferenzen, Webkonferenzen etc.) von den Beschäftigten mit rein ökonomischen Zielsetzungen und Verzicht (z. B. Verschärfung von Reiserichtlinien) in Verbindung gebracht. Daher müssen positive Elemente wie Freude und Modernität (z. B. Spaß an neuen Technologien), der Gewinn an persönlichem Gestaltungsspielraum oder Autonomie (z. B. Steigerung der persönlichen Produktivität, Work-Life-Balance, Freiheit etc.) assoziiert werden. Welche einfachen Mittel ausreichen können, um positive Assoziationen zu erzeugen, zeigt ein Beispiel eines skandinavischen Baukonzerns, wo an einem Standort comic-hafte Illustrationen (z. B. ewige Wartezeit, typische Beklemmung im Aufzug, gesteigerte Fitness etc.) die Mitarbeiterinnen und Mitarbeiter anregen, häufiger Treppen anstatt Aufzüge zu nutzen. In diesem Beispiel werden gegenüber früher über 20 Prozent des Stroms für die entsprechenden Aufzuganlagen eingespart. Zugegeben handelt es sich hierbei um eine im Vergleich ihrer Wirkung auf Ökonomie, Ökologie oder Gesundheit nur minimale Maßnahme, sie zeigt aber, welche Reduktionspotenziale – hier ein Fünftel – tatsächlich im Nutzerverhalten verborgen liegen. Zudem ist die beschriebene Maßnahme in ein ganzes System von Maßnahmen eingebunden, deren Wirkung regelmäßig gemessen und zurückgespiegelt werden. Ein weiteres Beispiel zum hohen Wirkpotenzial des Nutzerverhaltens in Verbindung mit einer entsprechenden Rückspiegelung an die Mitarbeiterinnen und Mitarbeiter zeigt das Monitoring des Papierverbauchs im Office Innovation Center am Fraunhofer IAO auf. Die Auswertung und Rückspiegelung des Papierverbrauchs durch ein regelmäßiges Auslesen der Druckaufträge führte, ohne weitere intensivierende Begleitmaßnahmen zu einem Rückgang von über fünfzehn Prozent (vgl. **Abbildung 1.7**).

Abbildung 1.7 Beispiel - Monitoring des Papierverbrauchs, Quelle: Fraunhofer IAO, 2009

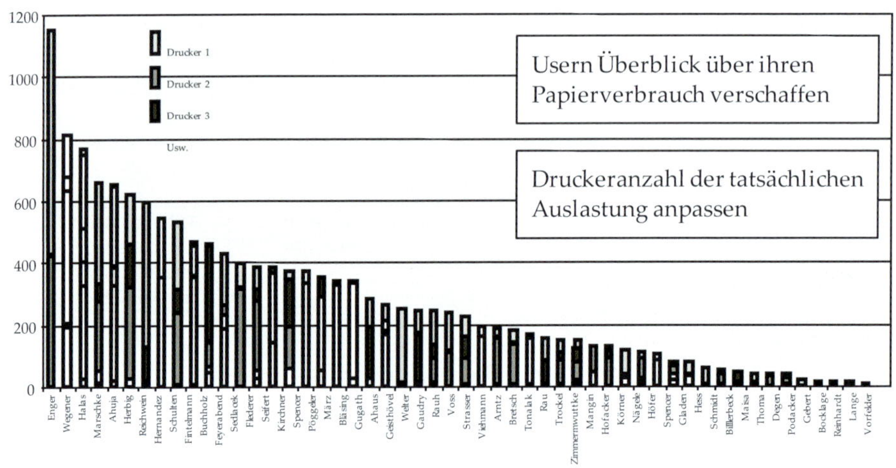

Zur Erzeugung von umweltgerechtem, nachhaltigem und verantwortungsvollem Nutzerverhalten im Büro ist es wichtig, dass die Beschäftigten sich gegenseitig Hinweise und Feedback zu ihrem Verhalten geben und damit das Büro als Ganzes zu einem lernendem System wird. Denn das Verhalten von Menschen ändert sich nicht schlagartig durch punktuelle Information oder Einzelerfahrung, sondern durch wiederkehrendes Feedback und multiple Lernerfahrungen und Erfolgserlebnisse.

Die Nutzung von informationstechnischen Systemen zur Messung, grafischen Aufbereitung und Rückspiegelung von persönlichen und kollektiven Verbräuchen (z. B. Strom, Papier, Mobilität) stellt ein wirkungsvolles und mächtiges Mittel zur Unterstützung von nachhaltigem Mitarbeiterverhalten dar.

Experimentelle Studien aus übertragbaren Bereichen (z. B. Studentenwohnheime) zeigen darüber hinaus auf, dass flankierende, wettbewerbliche Maßnahmen zu noch höheren Reduktionen von bis zu 50 Prozent führen können [13].

Die Rückspiegelung der Auswirkung des eigenen und kollektiven Handelns und das damit bei Mitarbeiterinnen und Mitarbeitern ausgelöste Interesse und die Kommunikation über ein entsprechendes Thema (z. B. Vergleich und Interpretation von Messergebnissen) und in Teilen auch die Freude am Wettbewerb – ohne dass dieser explizit ausgeschrieben sein muss – stellen wichtige Faktoren für den Erfolg von Green-Behaviour-Maßnahmen dar. Die durch Feedback ausgelöste Kommunikation kann dabei auch zu neuen und kreativen Ideen sowohl im Hinblick auf weitere Green-Behaviour-Maßnahmen als auch im Hinblick auf die Optimierung von Kernkompetenzen, Produkten, Dienstleistungen und Prozessen einer Organisation führen. Green Behaviour kann auch Stimulanz für Innovationen und neues Denken in der Organisation sein.

Zusammenfassung

Die drei Gestaltungsfelder eines „Green Office" Gebäude und Raum, Informations- und Kommunikationstechnologie sowie Mitarbeiterverhalten divergieren entlang der beiden Dimensionen Aufwand (konzeptionell, finanziell, zeitlich) und Wirkung (ökologisch, ökonomisch, sozial). Dies bedeutet, dass es für die Umsetzung eines Green Office zum einen gilt, eine Zielsetzung im Hinblick auf Wirkung, Breite und Umsetzungsdauer zu entwickeln und diese zum anderen mit den aktuellen Rahmenbedingungen der Organisation in Einklang zu bringen. Es gilt also, die geeigneten Maßnahmen aus den drei Gestaltungsfeldern einzusetzen, um die Ziele zu erreichen. Diese können von Unternehmen zu Unternehmen stark variieren. So kann die Entwicklung eines grünen Bürogebäudes für eine Organisation eine erhebliche Herausforderung darstellen, die aber in einer längeren Perspektive enorme Ressourceneinsparungen und zahlreiche weitere positive Effekte haben kann. Dennoch wird eine solch umfassende Maßnahme in der organisatorischen Praxis nur dann sinnvoll sein, wenn diese von weiteren treibenden prozessualen oder ökonomischen Veränderungen (z. B. Einführung neuer Arbeitsformen, Konsolidierung von Standorten, Veränderung der Mitarbeiterzahl etc.) flankiert wird. Derzeit ist das Angebot an nachhaltigen bzw. grünen Büroflächen noch gering. Es ist aber zu erwarten, dass die investorengetriebene Entwicklung entsprechender Büroflächen zunehmen wird und hier ein vermehrtes Angebot durchaus auf eine vermehrte Nachfrage treffen wird. In der Folge wird es auch kleineren und mittleren Unternehmen oder Unternehmen, die sich nicht mit der Entwicklung einer Immobilie auseinandersetzen wollen, möglich sein, grüne bzw. nachhaltig gestaltete Bürokomplexe zu mieten. Die Entwicklung der Energie- und Rohstoffpreise wird diese Entwicklung positiv beeinflussen. Es ist zu hoffen, dass die Rate für die Erneuerung von Büroflächen nach Nachhaltigkeitsstandards deutlich zunehmen wird, vor allem weil nach Green-Building-Prinzipien entwickelte und sanierte Bürogebäude in einem erheblichen Maß zur Entlastung der Umwelt beitragen und zu einer insgesamt geringeren Abhängigkeit von volatilen Energiepreisen und Märkten führen können.

Die Entwicklungen im Gestaltungsfeld „Green IT" können aufgrund der hohen Erneuerungsrate von vier bis fünf Jahren im Vergleich zum Handlungsfeld „Green Building" viel schneller voranschreiten und in der Breite der Organisation wirksam werden. Allerdings stellt die hohe Innovations- und damit auch Erneuerungsrate von informations- und kommunikationstechnologischen Produkten und Komponenten und den damit verknüpften Ressourcenbedarfen für Produktion, Distribution und Rückführung der Produkte in den Wertstoffkreislauf aus ökologischer Perspektive eine ernst zu nehmende Herausforderung dar. Umso mehr gilt es, mit Green-IT-Konzepten nicht nur die Geräte an sich effizienter zu gestalten, sondern diese so intelligent einzusetzen, dass durch ihre Nutzung (z. B. Feedbacksysteme, Verkehrsführung etc.) hohe Kompensationen in anderen Bereichen entstehen.

Durchdachte Green-IT-Lösungen erlauben bereits heute ohne aktives Eingreifen der Nutzer eine Reduktion von Stromkosten und umweltschädlichen Emissionen (z. B. Servervirtualisierung). Sie ermöglichen aber darüber hinaus ganz andere Formen der Zusammenarbeit (z. B. über Telepräsenzsysteme) und tragen damit zur Reduktion von Reiseaufwendungen (Reisekosten, unproduktive Arbeitszeit) sowie zur Reduktion der durch Mobilität verursachten Emissionen bei.

Die Potenziale von Green-Behaviour-Konzepten liegen vor allem in der Kurzfristigkeit und den hohen Wirkungsgraden, die mit einem vergleichsweise geringen Investitionsaufwand erreicht werden können. Ein weiterer positiver Effekt der entsprechenden Maßnahmen ist zudem in einer veränderten Kultur im Umgang mit weiteren Ressourcen einer Organisation zu sehen sowie in einer neuen Offenheit gegenüber Nachhaltigkeitsthemen im Unternehmen, die sich in weiteren Innovationen von Prozessen, Dienstleistungen und Produkten niederschlagen kann. Green Behaviour kann damit zu einem Innovationstreiber im ganzen Unternehmen werden.

Zusammenfassend kann darauf hingewiesen werden, dass vor allem die eher technischen und technologischen Maßnahmen aus den beiden Gestaltungsfeldern Gebäude und Raum sowie Informations- und Kommunikationstechnologie durch die Einführung neuartiger, auf Nachhaltigkeit ausgerichteter Anreiz- und Belohnungssysteme und einer entsprechenden Unternehmenskultur flankiert werden sollten, um die maximale Wirtschaftlichkeit und ökologische Wirksamkeit von technik- und technologiegetriebenen Maßnahmen zu unterstützen.

Maßnahmen zur Gestaltung nachhaltiger Arbeits- und Bürokonzepte

Die Gestaltung von nachhaltigen Arbeits- und Bürokonzepten ist weder Selbstzweck noch Wunschtraum, sie kann bewusst und zielgerichtet geplant und betrieben werden und mit entsprechend aktivierten Mitarbeiterinnen und Mitarbeitern zu einer ganz neuen und nachhaltigen Arbeitskultur beitragen. Bereits heute existieren zahlreiche ausgereifte Konzepte, um die Nachhaltigkeit von Büroarbeit zu steigern und damit die Produktivität und Wirtschaftlichkeit des Unternehmens, die Work-Life-Balance und das Wohlbefinden der Mitarbeiter sowie die ökologische Bilanz zu verbessern. **Abbildung 1.8** zeigt die wesentlichen Maßnahmen im Überblick.

Abbildung 1.8 Maßnahmen für nachhaltige Arbeits- und Bürokonzepte

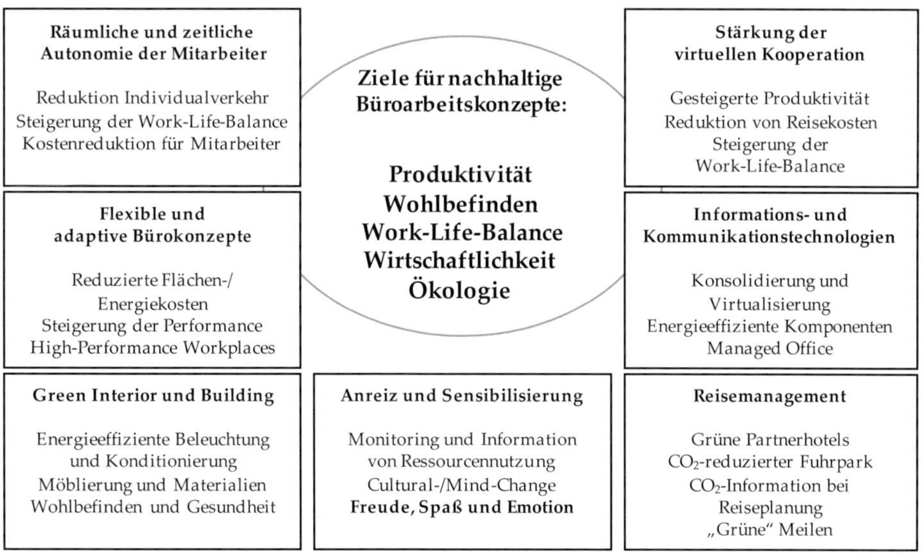

So tragen Arbeitskonzepte, die den Mitarbeiterinnen und Mitarbeitern eine höhere zeitliche und räumliche Autonomie in der Gestaltung ihrer persönlichen Arbeitsorganisation zugestehen, dazu bei, den Individualverkehr – in erste Linie durch Wegfall der Wege vom und zum Büro – zu reduzieren. Für Mitarbeiterinnen und Mitarbeiter unproduktive Zeiten der An- und Abreise werden reduziert, sie sparen Mobilitätskosten und gleichzeitig kann die Work-Life-Balance (z. B. Vereinbarkeit von Beruf und Familie) erhöht werden. Eine in 2009 vom Fraunhofer IAO im Rahmen des Verbundforschungsprojektes OFFICE 21 durchgeführte empirische Studie [9] zeigt zudem deutlich, dass die Performance, die

Arbeitszufriedenheit und das Wohlbefinden von Wissensarbeitern höher liegt, wenn ihnen inhaltliche, zeitliche und räumliche Freiheitsgrade und Wahlmöglichkeiten in der Arbeitserbringung eingeräumt werden.

Die räumliche und zeitliche Autonomie von Büro- und Wissensarbeitern kann zudem durch die Einführung und intensivierte Nutzung von Systemen zur virtuellen Kommunikation und Kooperation (Webkonferenzen, Videokonferenzen, Telepräsenz etc.) erhöht werden. Je nach Arbeitsanforderungen (z. B. Reisefrequenzen, Distanzen etc.) und technologischer Ausgestaltung kann die Nutzung entsprechender Lösungen dazu beitragen, unproduktive Reisezeiten und Reisekosten zu reduzieren, die Kommunikations- und Entscheidungsgeschwindigkeit der Organisation zu erhöhen und zugleich zu einer verbesserten Vereinbarkeit von Beruf, Freizeit und Familie von vielreisenden Personengruppen beitragen. Ergänzend können Reisen, die aus verschiedensten Gründen (Geschäftsanbahnung, Konfliktlösung, Produktpräsentation etc.) nicht technologisch substituierbar sind, mittels eines an Nachhaltigkeitsprinzipien orientierten Reisemanagements in ökologischer Hinsicht optimiert werden. Hierzu zählt die bewusste Auswahl von Leistungsanbietern (z. B. Hotels, Fluglinien, Mietwagenfirmen etc.), die Maßnahmen zur Reduktion und/oder Kompensation des Ressourcenverbrauchs durchführen, aber ebenso die bewusste Wahl und Bereitstellung von Reisemitteln (z. B. Car-Sharing).

Eine Steigerung der Autonomie und Flexibilität der Mitarbeiterinnen und Mitarbeiter erfordert auch ein Überdenken der räumlichen Bürostrukturen einer Organisation. Hohe Mitarbeitermobilität, flexible Arbeitszeitmodelle und dynamisch wechselnde Organisationsanforderungen können durch adaptive und flexible Raum- und Arbeitsplatzkonstellationen unterstützt werden. Die Gestaltung der räumlich-funktionalen Arbeitsumgebung unterstützt die optimale Arbeitsleistung, indem sie beispielsweise spontane und geplante Kommunikation und Interaktionen unterstützt, Rückzug und Konzentration ermöglicht und indem sich dynamische Organisationsveränderungen in Echtzeit räumlich abbilden lassen. Am Arbeitsplatz an sich tragen innovative Multi-Display-Lösungen inkl. Kamera dazu bei, die Produktivität von wissensarbeitsspezifischen Recherche- und Informationssynthesetätigkeiten zu erhöhen und webbasierte Konferenzen mit verteilten Teilnehmern spontan und effizient durchführen zu können. Die Qualität der Arbeitsplatzausstattung kann in hochflexiblen Büroumgebungen zu Lasten ihrer Anzahl erhöht werden. Nachhaltige Büros tragen dazu bei, Flächen synergetisch und effizient zu nutzen, um Ressourcen, Energie und Kosten für Erstellung und Betrieb zu reduzieren – ohne dabei die Motivation und Freude der Mitarbeiterinnen und Mitarbeiter an ihrem Büro zu schmälern. Dadurch werden nachhaltige Büros nicht rein aus Flächeneffizienz getrieben, sondern stellen ein Gleichgewicht aller drei Nachhaltigkeitsaspekte dar.

Um die eben beschriebenen Konzepte verwirklichen zu können und die Potenziale tatsächlich freizusetzen, ist ein enges Zusammenarbeiten der Verantwortlichen im Unternehmen in einem multidisziplinären Team notwendig. Hierzu gehören neben dem oberen Management vor allem das Real Estate Management, das IT-Management und das Personalmanagement (vgl. **Abbildung 1.9**).

Die Zeit ist reif für nachhaltige Arbeits- und Bürokonzepte. Green Offices sind eine logische Folge von Megatrends, neuen Technologien und veränderten Anforderungen an die Gestaltung von Arbeit und Büroarbeit und die Berücksichtigung von Umweltinteressen.

Abbildung 1.9 Multidisziplinäre Zusammenarbeit als Erfolgsvoraussetzung

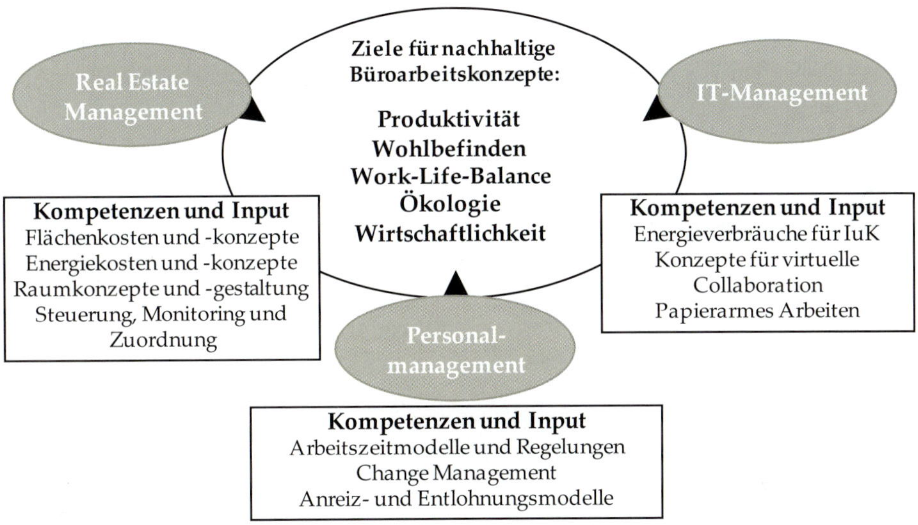

Ausblick - Zentrum für Virtuelles Engineering

Mit der Entwicklung des Zentrums für Virtuelles Engineering ZVE entsteht am Fraunhofer-Institut für Arbeitswirtschaft und Organisation IAO eine Arbeits- und Forschungsumgebung für Wissens- und Büroarbeit der nächsten Generation. In dem von innen nach außen und entlang der zukünftigen Arbeitsprozesse und Arbeitsanforderungen entwickelten Gebäudekomplex werden über neunzig Arbeitsplätze auf Büro- und Laborflächen entstehen. Die Wissenschaftler und Wissenschaftlerinnen des IAO werden dort gemeinsam mit Partnern aus der Wirtschaft neue Methoden und Werkzeuge zum virtuellen Engineering und zum digitalen Produktdesign entwickeln und testen. In realen Projekten, z. B. im Bereich der Elektromobilität oder der Konzeption und Realisierung von innovativen Gebäude- und Raumstrukturen, finden diese Ergebnisse dann ihre Anwendung.

In dieser von Erkenntnissen aus dem Verbundprojekt OFFICE 21 konsequent nach Kriterien der Nachhaltigkeit gestalteten Arbeitsumgebung und Forschungsplattform werden ab 2011 Wissenschaftler des IAO und gemischte Projektgruppen aus Wirtschaft und Forschung in physischer Co-Location und in verteilten virtuellen Teams in einer hochflexiblen Arbeitsumgebung Innovationen für die Zukunft entwickeln. In dem die Kriterien der

Deutschen Gesellschaft für Nachhaltiges Bauen (DGNB) berücksichtigenden Gebäudekomplex entsteht ein Green Office mit neuartigen Arbeitsplatz- und Raumkonzepten, die spezifisch nach neuesten arbeitswissenschaftlichen Erkenntnissen gestaltet werden und unterschiedliche Grade von Kontemplation, Konzentration und Kommunikation zulassen.

Abbildung 1.10 Zentrum für Virtuelles Engineering - Haus der Wissensarbeit am Fraunhofer IAO in Stuttgart. Quelle: Fraunhofer IAO

Multi-Display-Settings am Arbeitsplatz sichern ein produktives und konzentriertes Arbeiten oder die spontane, webbasierte visuell geprägte Zusammenarbeit in verteilten Teamkonstellationen. Flexibel nutzbare Arbeitsplatzzonen und digital „unterstützte" Projekträume (Hot-White-Rooms) ermöglichen die visuelle Kommunikation und Zusammenarbeit von real anwesenden Personen und zeitweise zugeschalteten Kompetenzträgern, die z. B. zuvor in virtuellen Communities von Peers (Social Networks) identifiziert wurden. Smart-Metering-Systeme geben den Nutzern Feedback über ihre aktuelle Ressourceninanspruchnahme (Strom, Papier, Mobilität etc.) auf individueller und kollektiver Ebene. Die Verwendung gesunder Materialien für den Innenausbau in der Breite ist selbstverständlich. Darüber hinaus wird aber ein Green Office LAB entstehen, in dem neue nachhaltige und ökologisch orientierte Produktkonzepte wie z. B. IuK-Geräte, Beleuchtungsanlagen, Ausbaumaterialien und Möbelelemente in der Praxis ausprobiert und gemeinsam mit den entsprechenden Herstellern zu „grünen" Produkten und Dienstleistungen weiterentwickelt werden. Das Green Office LAB versteht sich als „Living Lab" mit dem Ziel, Konzepte und Produkte weiterzuentwickeln und vorauszudenken und darüber hinaus der Wirtschaft und Öffentlichkeit als Kompetenzplattform für die Entwicklung ökologisch, wirtschaftlich und sozial ausgereifter Arbeits- und Bürokonzepte zu dienen.

Literatur

[1] Bauer, M./ Mösle, P./ Schwarz, M. (2007): Green Building – Konzepte für nachhaltige Architektur, München, Callwey Verlag.

[2] Bundesverband Informationswirtschaft, Telekommunikation und neue Medien (BITKOM, Hrsg., 2009): Geschäftsbericht 2009, Berlin.

[3] Bundeszentrale für Politische Bildung (2009): Deutschland und die Weltwirtschaft, in: www.bpb.de/wissen/9WBD1R,0,0,Deutschland_und_die_Weltwirtschaft.html, Zugriff 16.04.2010.

[4] Deutsche Energie-Agentur (dena, 2009): Green IT: Potenzial für die Zukunft, Berlin.

[5] Deutsche Energie-Agentur (dena, 2006): Green Building. Energieeffizienz in Nichtwohngebäuden, Berlin.

[6] Deutsche Energie-Agentur (dena, 2007): Stromsparende Beleuchtung, Pressemeldung vom 02.04.2007, Berlin.

[7] Ernst & Young (2009): Neue Chancen in schwierigen Zeiten, EYGM Limited.

[8] Fraunhofer-Institut für Arbeitswirtschaft und Organisation IAO (2010): Studie „Green Office", Stuttgart.

[9] Fraunhofer-Institut für Arbeitswirtschaft und Organisation IAO (2009): Studie „Information Work 2009", Stuttgart.

[10] Gartner, Inc. (2007): Gartner Estimates ICT Industry Accounts for 2 Percent of Global CO2 Emissions, Pressemitteilung vom 26.04.2007, http://gartner.com/it/page.jsp?id=503867.

[11] Kern, P./Schmauder, M. (2005): Einführung in den Arbeitsschutz für Studium und Betriebspraxis, München/Wien, S. 171.

[12] Kuckartz, U. (2008): Umweltbewusstsein und Umweltverhalten, in: Bundeszentrale für politische Bildung (Hrsg.): Informationen zur politischen Bildung, Heft 288.

[13] Petersen, E. J./Shunturov, V./Janda, K. et al. (2005): Does providing dormitory residents with feedback on energy and water use lead to reduced consumption, Oberlin College, Muncie, Indiana.

[14] Schäfer, S. (o. J.): Erstes Nullenergie Bürogebäude der Schweiz – High Eco and Low Cost, in: http://www.minergie.ch/tl_files/download/Artikel_Erstes_Nullenergie_Buerogebaeude_der_Schweiz_energiefachbuch.pdf, Zugriff 19.02.2010.

[15] Schütze, S. (2008): IT of the Future Leading the Industry with Sustainable Energy-efficient Computing, Vortrag Green Office, Stuttgart.

[16] Sedlbauer, K. (2009): Zukunft des Deutschen Gütesiegels für nachhaltiges Bauen – Allgemeine Perspektiven und Visionen, Vortrag im Rahmen des Consens 2009, 23.-24.06.2009, Stuttgart, in: www.dgnb.de/fileadmin/downloads/Consense-2009/ZukunftDeutschesGtesiegelNachhaltiges BauenKompatibilittsmodus.pdf, Zugriff: 29.03.2010.

Green Building

2 Nachhaltiges Bauen und Bewirtschaften

Peter Mösle, Michael Bauer, Peter Tzeschlock, Heinzpeter Kärner

Green Building Zertifizierungssysteme

Zu den wesentlichen Herausforderungen der Gegenwart und der Zukunft gehören ein verantwortungsvoller Umgang mit der Natur, eine umweltfreundliche, ressourcen- und klimaschonende Energieversorgung und ein ausreichender Zugang zu sauberem Trinkwasser. Auch in der Immobilienwirtschaft vollzieht sich derzeit ein Wertewandel, in dem Nachhaltigkeitskriterien weiter an Bedeutung gewinnen. Sie beeinflussen sehr stark Investitionsentscheidungen, da Objekteigenschaften aus dem Bereich des nachhaltigen Bauens heute schon den Wert von Gebäuden mitbestimmen. Für den Gebäudesektor werden nicht nur 30 bis 40 Prozent der weltweiten Energieressourcen aufgewendet, sondern auch 15 bis 20 Prozent der weltweiten Wasserressourcen und 40 bis 50 Prozent der auf unserer Erde zur Verfügung stehenden Rohmaterialien. Neue und effizientere Technologien und Materialien werden zukünftig den Immobilienmarkt mitbestimmen, um den Bedarf für Energie, Trinkwasser und Rohmaterialien zu verringern, ohne dabei den Komfort und den Lebensstandard einzuschränken. Vor diesem Hintergrund stellt sich die Frage, wie sich auf freiwilliger Basis mit, den Märkten überlassenen, Systemen eine Verbesserung der gebauten Umwelt erreichen lässt.

In den vergangenen Jahren wurden regionale, nationale und internationale Zertifizierungssysteme entwickelt, die Aspekte des nachhaltigen und energiesparenden Bauens berücksichtigen. Sie dienen als Leitfaden für die Planung und Ausführung sowie als Nachweis für die erzielten Objekteigenschaften. Die englischsprachigen Zertifizierungssysteme aus Großbritannien, BREEAM, und den Vereinigten Staaten von Amerika, LEED, werden auch international angewandt. Andere Systeme wie CASBEE aus Japan und DGNB aus Deutschland finden bisher im Wesentlichen in ihren jeweiligen Ländern eine größere Beachtung.

Grundsätzliches Ziel aller Zertifizierungssysteme ist, über individuell festgelegte Kriterien die lokalen und/oder globalen Auswirkungen auf die Umwelt, auf den Menschen und auf die sozialen und ökonomischen Werte zu bewerten und messbar zu machen. Auf dieser Basis werden über geeignete Indikatoren, die die Auswirkungen beschreiben und messbar machen, Anforderungen an die Gebäude und deren Umfeld gestellt. Diese Anforderungen sollen höher sein, als dies der übliche Standard der Technik und des Bauens jeweils widerspiegelt.

In **Abbildung 2.1** sind die wesentlichen Green Building Labels gegenübergestellt, die national und international anerkannt sind. Am weitesten verbreitet sind zurzeit LEED aus den USA sowie BREEAM aus Großbritannien. In Deutschland liegt seit 2009 ein deutsches Zertifizierungssystem DGNB (Deutsches Gütesiegel Nachhaltiges Bauen) vor. Die meisten Zertifizierungssysteme werden durch lokale, in den jeweiligen Ländern organisierte Councils publiziert. Das World Green Building Council fungiert dabei als Dachorganisation, so ist z. B. die Deutsche Gesellschaft für Nachhaltiges Bauen der offizielle Vertreter für Deutschland im World Green Building Council.

Abbildung 2.1 Weltkarte mit den wesentlichen Green Building Labels. Quelle: Drees&Sommer Advanced Building Technologies, Peter Mösle

Das System BREEAM

Das britische BREEAM-System (Building Research Establishment Environmental Assessment Method) ist seit 1990 am Markt und damit das älteste Zertifizierungssystem. Je nach Nutzungsart (Büro, Wohnen, Retail etc.) werden die Kriterien zusammengestellt und in folgende Kategorien eingeordnet (vgl. auch **Abbildung 2.2**):

- Kategorie 1: Management (Prozesse in Planung und Bau)
- Kategorie 2: Health & Wellbeing (Gesundheit und Behaglichkeit)
- Kategorie 3: Energy (Energie während der Nutzung)
- Kategorie 4: Transport (Infrastruktur im und zum Gebäude)
- Kategorie 5: Water (Wasserbedarf während der Nutzung)
- Kategorie 6: Materials & Waste (Baumaterialien, Müll)

- Kategorie 7: Land Use (Inanspruchnahme von Naturraum)
- Kategorie 8: Pollution (Schadstoffemissionen während der Nutzung)

Abbildung 2.2 BREEAM - Verteilung der Kategorien. Quelle: Drees&Sommer Advanced Building Technologies, Peter Mösle

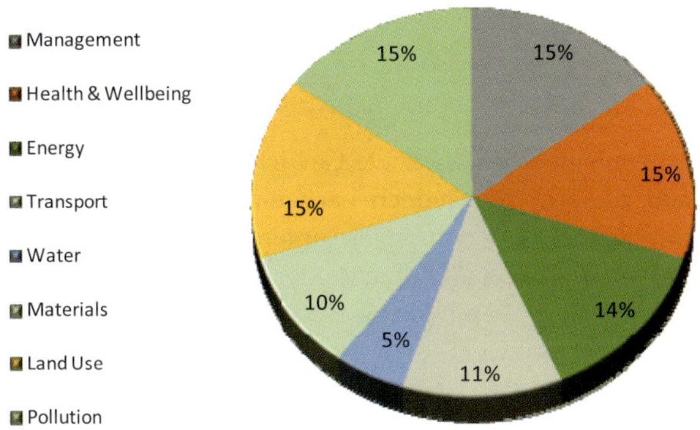

Abbildung 2.3 BREEAM - Systemvarianten. Quelle: Drees&Sommer Advanced Building Technologies, Peter Mösle

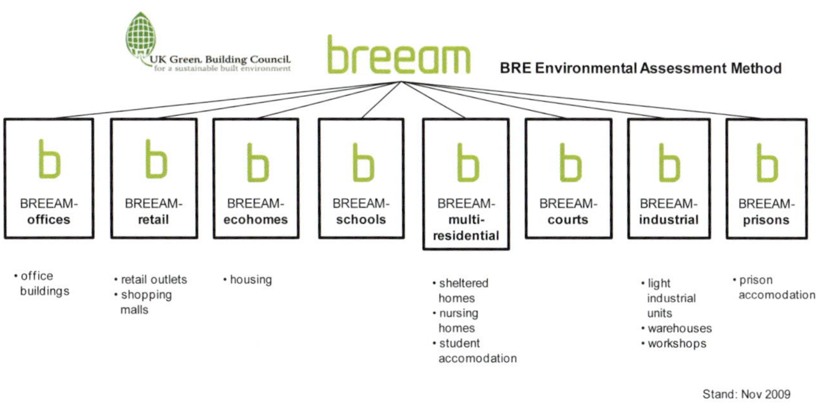

Das BREEAM-System besitzt zum heutigen Stand die vielfältigsten Systemvarianten in Anwendung nach Nutzungsart (vgl. **Abbildung 2.3**). Für ausgewählte Kriterien, wie z. B. Energie- und Wasserbedarf, sind Mindeststandards vorhanden. Es befindet sich eine Variante „BREEAM International" am Markt, für die für viele Länder in Europa die Nachweise nach lokalen länderbezogenen Normen zu erstellen sind. Das Zertifikat wird nach Fertigstellung des Gebäudes übergeben.

Die Gebäudeeigenschaften, Planungs- und Bauprozesse sowie die Standortmerkmale werden innerhalb eines Punktesystems bewertet. Das Kernsystem BREEAM International vergibt folgende Zertifizierungsgrade:

- BREEAM Outstanding: bei 85 % Erfüllungsgrad der gewichteten Punkte
- BREEAM Excellent: bei 70 % Erfüllungsgrad der gewichteten Punkte
- BREEAM Very Good: bei 55 % Erfüllungsgrad der gewichteten Punkte
- BREEAM Good: bei 45 % Erfüllungsgrad der gewichteten Punkte
- BREEAM Pass: bei 30 % Erfüllungsgrad der gewichteten Punkte

Die Kategorien besitzen eine übergeordnete Gewichtung für die Auszeichnung. Innerhalb der Kategorien sind die Kriterien jedoch nach einem 1-Punkte-System aufgebaut (vgl. **Abbildung 2.4**). Manche Kriterien besitzen unterschiedlich hohe Anforderungsniveaus (z. B. Trinkwassereinsparung von 20 Prozent oder 40 Prozent gegenüber einer definierten Referenz), sodass eine höhere Bepunktung für solche Kriterien erfolgt. Somit findet die Gewichtung der Kriterien auf zwei Stufen im System statt. Ein Ausgleich durch z. B. gute Standortqualitäten zugunsten von ökologischen oder sozialen Qualitäten ist damit nicht möglich.

Abbildung 2.4 BREEAM - Bewertungsstruktur. Quelle: Drees&Sommer Advanced Building Technologies, Peter Mösle

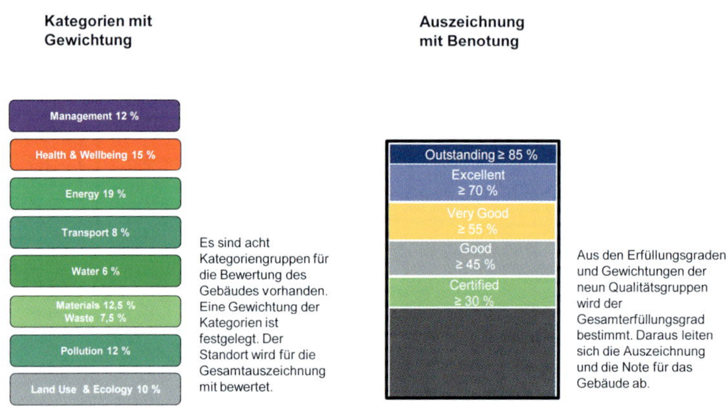

Das System LEED

Das amerikanische LEED-System (Leadership in Energy and Environmental Design) beschreibt einen freiwilligen internationalen Standard zur Bewertung von umweltfreundlichen Gebäuden. Es wurde vom U.S. Green Building Council entwickelt.

Abbildung 2.5 LEED – Verteilung der Kategorien. Quelle: Drees&Sommer Advanced Building Technologies, Peter Mösle

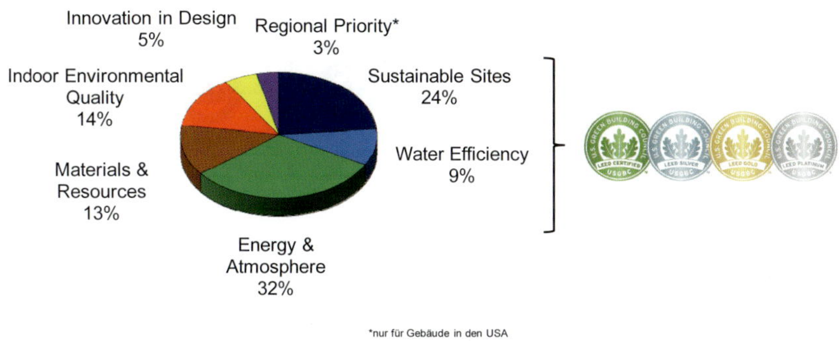

Seit 1998 am Markt, ist es heute das weltweit am weitesten verbreitete Zertifizierungssystem. Für die im Wesentlichen angewandte Nutzungsart des „LEED New Construction and Major Renovation" sind die Einzelkriterien in sieben Kategorien unterteilt (vgl. auch **Abbildung 2.5**):

- Kategorie 1: Sustainable Sites (Standort und Außenraum)
- Kategorie 2: Water Efficiency (Wasserbedarf während der Nutzung)
- Kategorie 3: Energy & Atmosphere (Energiebedarf während der Nutzungsphase)
- Kategorie 4: Materials & Resources (verwendete Baumaterialien)
- Kategorie 5: Indoor Environmental Quality (Gesundheit und Behaglichkeit)
- Kategorie 6: Innovation in Design Process (Besonderheiten und LEED AP)
- Kategorie 7: Regional Priority (Förderung lokaler, umweltrelevanter Aspekte)

LEED besitzt eine hohe Anzahl von Systemvarianten (vgl. **Abbildung 2.6**). Um jede Art von Immobilie auszeichnen zu können, darf die Variante „New Construction & Major Renovation" für jede Art von Gebäude angewandt werden. Für viele Anwendungen ist dies jedoch nicht zielführend, da der Kriterienkatalog eher auf den Anforderungen von Bürogebäuden aufgestellt wurde.

Generell sind acht Mindestanforderungen zu beachten, die in allen Fällen für eine Zertifizierung einzuhalten sind. So sind z. B. Aspekte im Hinblick auf den Energie- und Wasserbedarf des Gebäudes sowie auf die umweltrelevanten Punkte während der Erstellung auf der Baustelle zu beachten. Das Zertifikat wird nach Fertigstellung überreicht.

Abbildung 2.6 LEED - Systemvarianten. Quelle: Drees&Sommer, Peter Mösle

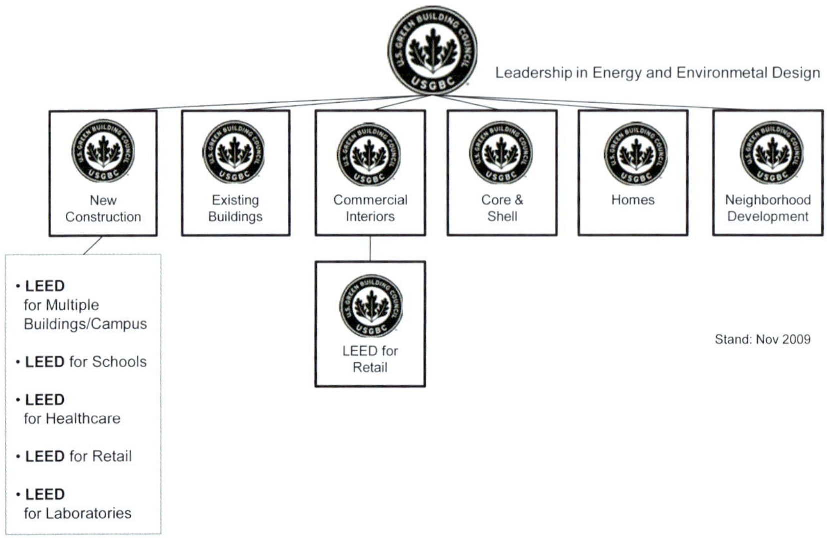

Die Gebäudeeigenschaften, Planungs- und Bauprozesse sowie die Standortmerkmale werden innerhalb eines Punktesystems bewertet (vgl. **Abbildung 2.7**). Die Systemvariante LEED New Construction 3.0 ist die am weitesten verbreitete Anwendung von LEED. Auf Basis von insgesamt maximal 110 erreichbaren Punkten werden im Rahmen des Bewertungsverfahrens folgende Zertifizierungsgrade vergeben:

- LEED Platin: ab 80 Punkte (Erfüllungsgrad ca. 78 %)
- LEED Gold: 60-79 Punkte (Erfüllungsgrad ca. 58 %)
- LEED Silber: 50-59 Punkte (Erfüllungsgrad ca. 48 %)
- LEED Zertifiziert: 40-49 Punkte (Erfüllungsgrad ca. 38 %)

Die Kategorien besitzen im Unterschied zu DGNB und BREEAM keine übergeordnete Gewichtung für die Auszeichnung. Die Kriterien sind nach einem 1-Punkte-System aufgebaut. Manche Kriterien besitzen jedoch unterschiedlich hohe Anforderungsniveaus (z. B. Trinkwassereinsparung von 20 Prozent, 30 Prozent oder 40 Prozent gegenüber einer definierten Referenz), sodass eine höhere Bepunktung für solche Kriterien erfolgt. Dadurch findet eine Gewichtung der Kriterien im System statt, ein Ausgleich durch z. B. gute Standortqualitäten zugunsten von ökologischen oder sozialen Qualitäten ist damit möglich.

Abbildung 2.7 LEED - Auszeichnungsprinzip. Quelle: Drees&Sommer Advanced Building Technologies, Peter Mösle

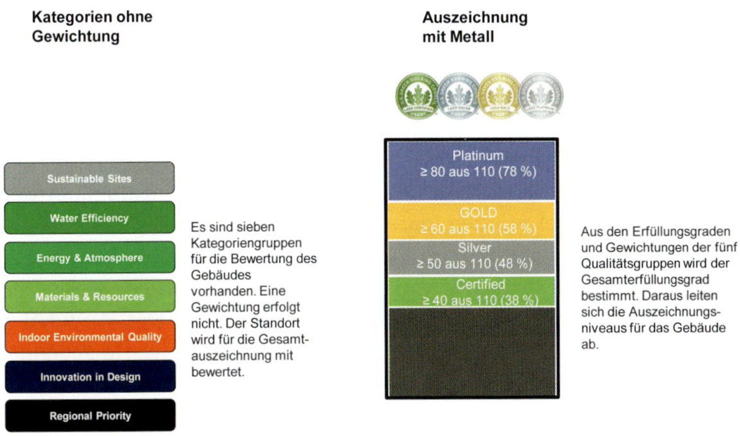

Das System DGNB

Die Deutsche Gesellschaft für Nachhaltiges Bauen (DGNB) wurde 2007 gegründet. Zusammen mit dem Bundesministerium für Verkehr, Bau und Stadtentwicklung (BMVBS) hat sie das deutsche Zertifizierungssystem Deutsches Gütesiegel für Nachhaltiges Bauen (DGNB) konzipiert und entwickelt.

Abbildung 2.8 DGNB - Kategorien. Quelle: Drees&Sommer Advanced Building Technologies, Peter Mösle

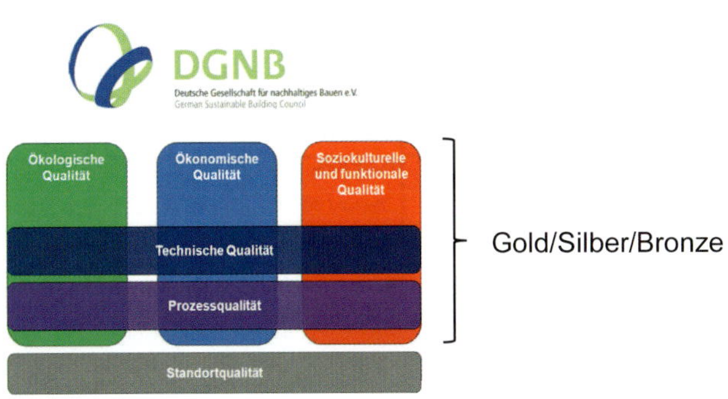

Das System baut auf europäische und internationale Normungen auf. Dort wird gefordert, dass die Bewertung anhand der drei Säulen der Nachhaltigkeit „Ökologie", „Ökonomie" und „Soziales" erfolgt (vgl. **Abbildung 2.8**). Übergeordnete technische Aspekte werden in einer Querschnittskategorie „Technische Qualität" zusammengeführt. Die prozessbezogenen Kriterien aus Planung, Bau und Betrieb sind in einer eigenen Kategorie „Prozessqualität" eingeordnet. Die Auszeichnung erfolgt ausschließlich für die Gebäude- und Prozesseigenschaften. Die Standortqualität wird nach DGNB zwar mit einer separaten Note bewertet, diese geht jedoch nicht in die Gesamtauszeichnung ein.

Für alle diese Kategorien stehen Einzelaspekte mit messbaren Indikatoren zur Verfügung, die je nach Nutzungsart unterschiedliche Zielwerte besitzen. Es ist bei der Erstellung der Indikatoren darauf geachtet worden, dass – soweit möglich – der gesamte Lebenszyklus pro Kriterium in Betracht gezogen wird. Neben den Themenfeldern Ressourcen und Komfort spielen auch zum ersten Mal in einem Label lebenszyklusbasierte Kostenthemen sowie eine komplette Ökobilanz für das Gebäude eine große Rolle. Des Weiteren sind in den meisten Fällen die Einzelaspekte so ausgewählt, dass zwar Zielwerte genannt werden, es jedoch nicht vorgeschrieben ist, welche Techniken und Konzepte zur Zielerreichung umzusetzen sind (Performance-Orientierung). Damit wird die Innovationskraft für neue Lösungen nicht gehemmt und der Freiheitsgrad für den Planer bleibt erhalten.

Das DGNB-System ist im Jahr 2009 mit der Systemvariante Neubau Büro in den Markt eingeführt worden. Zurzeit sind vielfältige Entwicklungen für Systemvarianten in Bearbeitung (siehe **Abbildung 2.9**).

Abbildung 2.9 DGNB - Systemvarianten. Quelle: Drees&Sommer, Peter Mösle

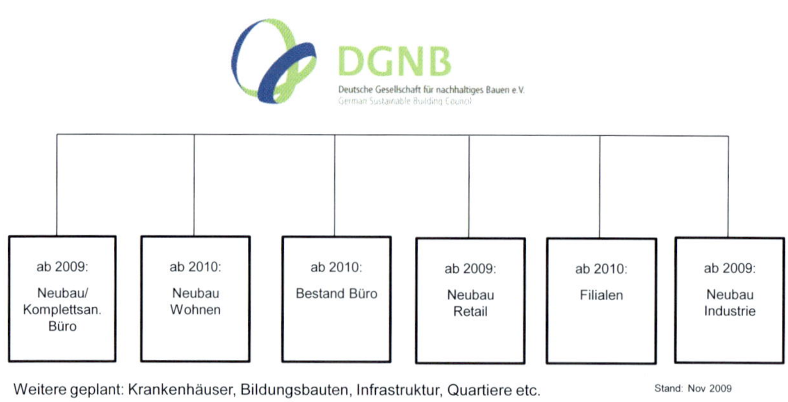

Die Version 2009 der DGNB sieht Mindestanforderungen für die Zertifizierung vor. Diese sind in drei Prinzipien unterteilt:

- Einhaltung gesetzlicher Anforderungen.
- Jedes Kriterium wird mit einer Punkteskala von 1 bis 10 Punkten bewertet. Ein Punkt wird vergeben, wenn ein minimaler Wert oder eine minimale Dokumentation erfolgt. Falls ein Projekt diesen Grenzwert unterschreitet, ist eine Zertifizierung nicht möglich.
- Ziel des DGNB-Systems ist es, eine hohe Gebäudequalität über möglichst viele Eigenschaften zu erreichen. So ist eine Gesamtauszeichnung mit der ermittelten Gesamtnote nur möglich, wenn die Einzelnoten in allen fünf Qualitätsgruppen nur eine ganze Note geringer sind als die Gesamtnote.

Abbildung 2.10 DGNB - Ablauf der Zertifizierung und Vermarktung. Quelle: Drees&Sommer Advanced Building Technologies, Peter Mösle

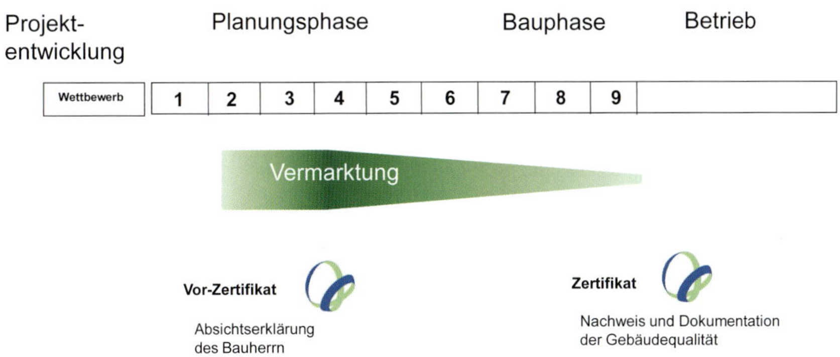

Das Zertifikat wird nach Fertigstellung des Gebäudes übergeben. Um einem Projektentwickler, Investor und Bauherrn jedoch schon weit vor der Fertigstellung zu ermöglichen, mit dem Gebäudekonzept zu werben, wird zusätzlich ein Vor-Zertifikat vergeben (vgl. **Abbildung 2.10**). Dies kann im Prinzip schon zu Beginn der Planung beantragt werden, da im Wesentlichen unterschriebene Absichtserklärungen des Bauherrn und Auditoren bei der Zertifizierungsstelle einzureichen sind. Die Gebäudeeigenschaften sowie die Planungs- und Bauprozesse werden innerhalb eines Punktesystems bewertet. Auf Basis der maximal erreichbaren Punkte werden folgende Zertifizierungsgrade vergeben:

- DGNB Gold: bei 80 % Erfüllungsgrad der gewichteten Punkte (Note 1,5)
- DGNB Silber: bei 65 % Erfüllungsgrad der gewichteten Punkte (Note 2,0)
- DGNB Bronze: bei 50 % Erfüllungsgrad der gewichteten Punkte (Note 3,0)

Das Schulnotensystem wurde zum besseren Verständnis ergänzt. Die Gewichtung der einzelnen Kriterien erfolgt in drei Stufen. Jedes Kriterium wird innerhalb einer Güteskala von 1 bis 10 Punkten bewertet. Innerhalb jeder Qualitätsgruppe erfolgt die Gewichtung jedes Kriteriums zusätzlich durch einen Bedeutungsfaktor. Die dritte Gewichtungsstufe wird über die definierte Gewichtung der Qualität an der Gesamtauszeichnung festgelegt (siehe **Abbildung 2.11**).

Abbildung 2.11 DGNB - Auszeichnungsprinzip. Quelle: Drees&Sommer Advanced Building Technologies, Peter Mösle

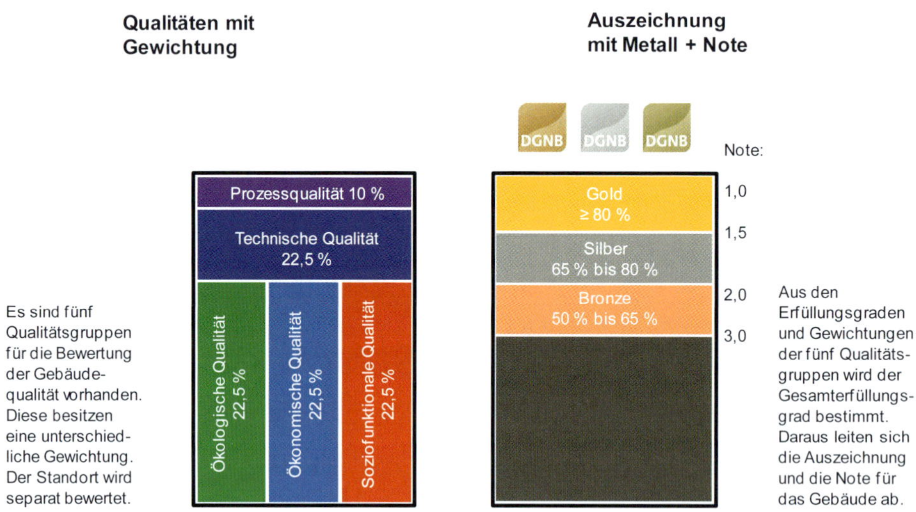

Qualitativer Vergleich der Systeme

Immer mehr Unternehmen entscheiden sich dazu, ein Green Building Zertifizierungssystem bei der Entwicklung und dem Kauf von Immobilien zu verwenden. Welches Label sich für das Unternehmen am besten eignet, ist meist abhängig von unterschiedlichen Faktoren:

- Welche Aspekte der Nachhaltigkeit sind im Label adressiert und am besten auf das Projekt und das Unternehmen übertragbar?
- Welche Güte haben dabei die verwendeten Aspekte?
- Wie leicht lässt sich das Label national und international anwenden?
- Sind unterschiedliche Gebäudetypologien durch das Label zertifizierbar?

- Welcher Mehrwert wird durch die Verwendung des Zertifizierungssystems erreicht? Welche Gebäudedokumentation liegt nach Fertigstellung des Gebäudes vor?

Ein Detailvergleich der energetischen Anforderungen für Bürogebäude zeigt, dass bei allen Labels innovative und energiesparende Konzepte nachgewiesen werden müssen, um die maximale Punktzahl bei der Energieperformance zu erreichen. Obwohl die Einzelanforderungen an die Gebäudehülle bei LEED sehr viel niedriger sind als nach den deutschen Mindestvorgaben, werden beim Zusammenspiel der Systeme zur Raumkonditionierung beachtenswerte Anforderungen gestellt, wenn die höchste Auszeichnung erreicht werden soll. Zudem erfolgt bei LEED der Nachweis über eine detaillierte Gebäude- und Anlagensimulation des gesamten Gebäudes, wobei auch der Nutzerstrom der IT-Ausstattung mit einbezogen wird (vgl. **Abbildung 2.12**).

Abbildung 2.12 Energetischer Vergleich. Quelle: Drees&Sommer Advanced Building Technologies, Peter Mösle

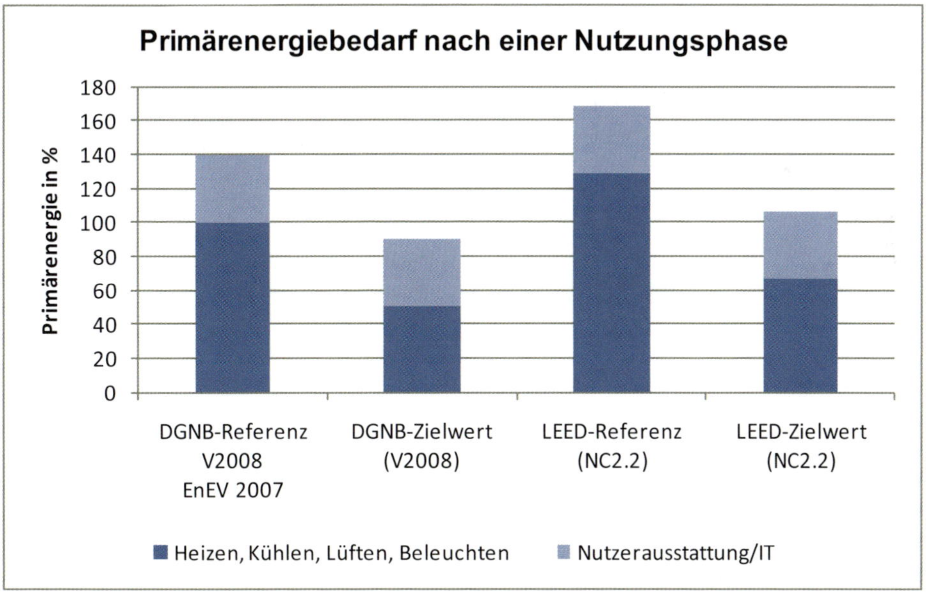

Bei den Anforderungen an die Luftqualität werden in allen Systemen sowohl die Schadstoffemissionen aus den Materialien wie Teppichen, Lacken, Farben und Klebern als auch die Lüftungsart im Hinblick auf Luftwechselrate und Lüftungseffektivität betrachtet (vgl. **Abbildung 2.13**). Während bei LEED vor allem der VOC-Gehalt, d. h. der Gehalt flüchtiger organischer Verbindungen beschränkt wird, ist im deutschen Label zusätzlich der Einsatz zertifizierter Produkte (z. B. „Blauer Engel"), die Einhaltung der Empfehlungen des Gefahrstoff-Informationssystems (GISCODE), der Gefahrstoffverordnung und weiterer Regelungen zur Vermeidung von Gefahrstoffen zu berücksichtigen.

Dies sind zwei Einzelbeispiele aus den umfänglichen Zertifizierungssystemen, die zeigen, dass übergeordnet die Kriterien durchaus ähnlich sind. In ihren Indikatoren und in ihrer Umsetzung durch Berechnung, Dokumentation oder Messung sind jedoch noch sehr wohl geringe bis große Qualitätsunterschiede vorhanden.

Abbildung 2.13 Grenzwerte Schadstoffe und Raumbelastungen

Schadstoff	DGNB	LEED	BREEAM
Raumbelastung			
TVOC*-Grenzwert	300 µg/m³	500 µg/m³	-
Formaldehyd	120 µg/m³	60 µg/m³	-
Partikel < 10 µm	-	50 µg/m³	-
Kohlenmonoxid (CO)	-	9 ppm	-
4-Phenylcyclohexene (4-PCH)	1 µg/m³	6.5 µg/m³	-
Materialdeklaration			
Gefahrstoffe im Produkt	Empfehlung der Giscodes, Biozidrichtlinie, VOC-Gehalt < 250 g/l sind einzuhalten	VOC-Gehalt < 250 g/l, Harnstoff-formaldehydfreie Holzwerkstoffe sind einzuhalten	Einhaltung der EU-Grenzwerte für VOC, Formaldehyd

* TVOC: Total Volatile Organic Compounds

Bei einem übergeordneten, inhaltlichen Vergleich der Systeme ergeben sich klare Vorteile für das deutsche Zertifizierungssystem, da dort sowohl die höchste Themenvielfalt als auch meistens die höchste Anforderungstiefe gefordert wird (vgl. **Abbildung 2.15**). Sehr wohl sind jedoch auch Aspekte vorhanden, die bisher nicht im DGNB vorgesehen sind und bereits bei LEED oder BREEAM integriert sind, so z. B. die Beschränkung des Nutzerstrombedarfs. Zur Visualisierung der Gegenüberstellung wird die Höhe der Anforderung mittels Farbabstufungen bewertet (dunkel: hohe Anforderung, hell: geringe Anforderung, weiß: nicht enthalten, vgl. **Abbildung 2.14**).

Abbildung 2.14 Vergleich der Zertifizierungssysteme pro Kategorie am Beispiel Büro- und Verwaltungsgebäude (Neubau). Quelle: Drees&Sommer Advanced Building Technologies, Peter Mösle

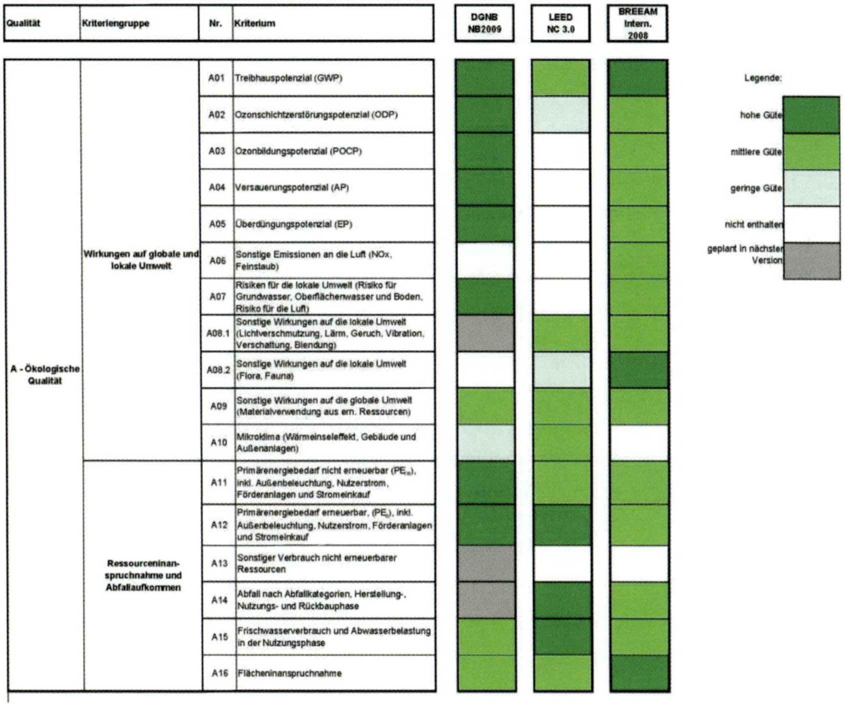

Abbildung 2.15 Vergleich der Auszeichnungshöhe der Labels. Quelle: Drees&Sommer Advanced Building Technologies, Peter Mösle

GOLD	Platin	Outstanding
		Excellent
SILBER	GOLD	Very Good
BRONZE	SILBER	Good

Wissen im Zertifizierungsprozess

Der Ablauf einer Zertifizierung ist bei den meisten Labels vergleichbar: In der Regel sind die Zertifizierungssysteme auf einer Wertanalyse aufgebaut. Sie beschreiben die zu bewertenden Kriterien und Indikatoren und geben vor, welche Dokumente und Nachweisführungen für die einzelnen Punkte erforderlich sind. Im Laufe der Planung und Ausführung des Projekts ist die Umsetzung dieser Punkte mit Dokumenten und Berechnungen zu belegen.

Zu Beginn einer jeden Zertifizierung muss das Projekt bei der jeweiligen Zertifizierungsstelle registriert werden – dies übernimmt normalerweise ein so genannter Auditor (DGNB), LEED Accredited Professional oder BREEAM Licenced Assessor. Dieser hat sich für das System im Vorfeld durch Schulungen und Prüfungen gemäß den individuellen Anforderungen der Zertifizierungsstelle qualifiziert. In den meisten Systemen kann nur eine akkreditierte Person das Projekt registrieren und ein Zertifikat beantragen.

Wenn das Green-Building-Ziel feststeht, ist es Aufgabe des Auditors, das Umsetzen der Kriterien in den Planungs- und Realisierungsprozess zu integrieren. Dafür sollten regelmäßige Planungsbesprechungen stattfinden, um die Zielerreichung möglichst effizient zu steuern. Die Planungszeit muss insgesamt so gesteuert und organisiert werden, dass am Ende dieser Phase die erforderlichen Kriterien erreicht und durch entsprechende Dokumentationen und Berechnungen belegt sind. Je integraler die Nachweise und Dokumente in den Planungsprozess eingebettet werden, umso kostengünstiger ist die Nachweisführung. Da die Zertifizierungssysteme alle bautechnischen Gewerke und Prozesse betreffen, sollte ein Auditor idealerweise über umfangreiches Wissen in folgenden Bereichen verfügen:

- Wissen zum Zertifizierungssystem (typisches Wissen eines Auditors)
- Systembezogenes Fachwissen, d. h. Planungs-Know-how aus den Bereichen Bauökologie, Energiedesign und Facility Management
- Planungs- und baupraktisches Fachwissen, d. h. Gebäudetechnik, Fassadenkonstruktion, Bauphysik
- Management- und Kostenwissen, d. h. Terminmanagement, Bauablauf, Bauüberwachung etc.

Vom Auditor wird grundsätzlich Systemwissen erwartet (vgl. **Abbildung 2.16**). Er muss die einzelnen Bewertungspunkte, das Anforderungsniveau und die Nachweismethoden kennen (Baustein A). Zusätzlich ist für eine Zertifizierung darüber hinausgehendes Fachwissen zwingend erforderlich. Für das deutsche Label bedeutet dies vor allem Know-how über die Berechnung von Lebenszykluskosten (LCC) und die Ökobilanzierung von Gebäuden (LCA), aber auch über Themen wie Bauökologie und Facility Management (Baustein B). Zu einem nachhaltigen Gebäudekonzept und einem guten Zertifizierungsergebnis führt aber erst planungs- und baupraktische Fachkompetenz, vor allem in den Bereichen Bauphysik, Fassadentechnik, Energiedesign und Gebäudetechnik (Baustein C), um auf der richtigen Wellenlänge mit dem Planungsteam arbeiten zu können. Um schließlich die Kosten transparent zu machen und den Zertifizierungsprozess erfolgreich in den Planungs- und Bauablauf zu implementieren, ist Managementkompetenz gefragt. Dabei spielt das klassische Projektmanagement in Form von Kosten-, Termin- und Qualitätsmanagement eine entscheidende Rolle (Baustein D).

Abbildung 2.16 Bausteine des Green-Building-Wissens. Quelle: Drees&Sommer Advanced Building Technologies, Peter Mösle

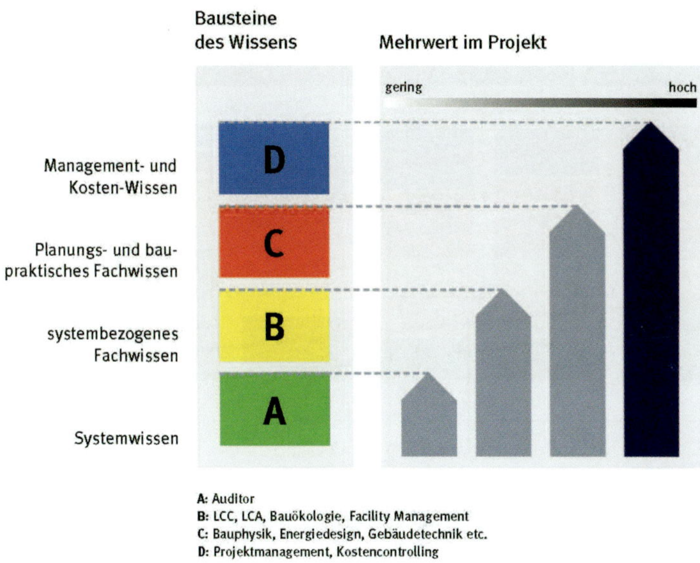

Diese „Bausteine des Wissens" sichern eine erfolgreiche und wirtschaftliche Durchführung des Zertifizierungsprozesses, wobei je nach Planungs- und Bauphase ein anderes Wissen im Vordergrund steht (vgl. **Abbildung 2.17**). Der übliche Einstieg in eine mögliche Zertifizierung ist eine Vorbewertung des Projektstatus, ein so genanntes Pre-Assessment. Für das Pre-Assessment müssen zum einen Systeminhalte und Bewertungskriterien bekannt sein (Baustein A), zum anderen müssen auch die Lebenszykluskosten und die Berechnungen zur Ökobilanz abgeschätzt werden können (Baustein B). Um eine verantwortungsvolle Entscheidung darüber zu treffen, inwieweit das Projekt für eine Zertifizierung geeignet ist, sollten auch die damit verbundenen Kosten abgeschätzt werden. Dafür ist Kostenwissen in Bezug auf bauliche Investitionen, auf zusätzlichen Nachweis- und Planungsaufwand sowie hinsichtlich eventuell erhöhtem Management- und Beratungsbedarf unabdingbar (Baustein D). Ein wirklicher Mehrwert entsteht aber erst dann, wenn bereits im Rahmen des Pre-Assessments Hinweise gegeben werden können, welches Optimierungspotenzial der aktuelle Projektstatus – beispielsweise hinsichtlich Energieperformance – beinhaltet. Dies kann der Auditor nur dann, wenn er auch über einen weiteren Wissensbaustein verfügt: das grundlegende Fachwissen über Bauphysik, Energiedesign und Gebäudetechnik (Baustein C). Fällt aufgrund des Pre-Assessments die Entscheidung für eine Zertifizierung, beginnt die zweite Phase. Hierbei werden baupraktisches Wissen und Managementkompetenz immer wichtiger. Bei Fertigstellung des Objektes erfolgt ein abschließender Projektaudit, für den zwingend das Systemwissen im Vordergrund steht.

Abbildung 2.17 Kompetenzbedarf über die Leistungsphasen eines Projektes. Quelle: Drees&Sommer Advanced Building Technologies, Peter Mösle

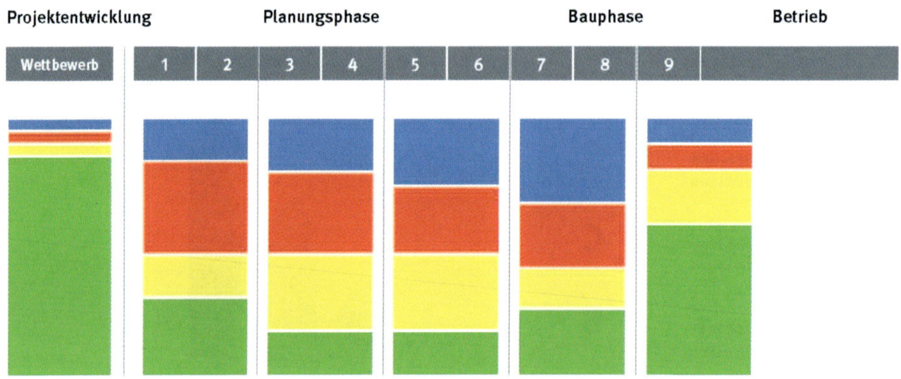

Nachhaltige Bewirtschaftung

Lebenszykluskostenberechnung war gestern – Nachhaltigkeitsmanagement und Life Cycle Engineering sind die entscheidenden Disziplinen der Bewirtschaftung von Immobilien von heute für morgen. Sie erweitern den quantitativen Blickwinkel der Lebenszykluskosten um qualitative Aspekte zu einer ganzheitlichen Betrachtung. In der Gebäudebewirtschaftung hat sich ein Paradigmenwechsel vom reinen Kostenfokus hin zur nachhaltigen Wertschöpfung vollzogen.

Bedeutung der Nachhaltigkeit im Immobilienbereich

Der vorliegende Beitrag verdeutlicht Ansatzpunkte und Wirkungen des Nachhaltigkeitsmanagements auf den Gebäudebetrieb und das Management sowie die Vermarktbarkeit von Immobilien (d. h. auch von Büroimmobilien und Büroflächen etc.). Bei Bestandsgebäuden fokussiert die so genannte Betriebszertifizierung auf betriebsbezogene Faktoren.

Kosten und Renditen managen durch Fokus auf Lebenszykluskosten

Zugegebenermaßen ist die obige These bewusst etwas provokant formuliert: Nach wie vor stellt die Betrachtung der Lebenszykluskosten von Immobilien eine wichtige und zentrale Disziplin im Facility Management dar. Immobilien stellen nicht nur große Werte dar, sie binden auch viel Kapital und verursachen Kosten. Belastbare Informationen als Grundlage für immobilienstrategische Entscheidungen sind deshalb unabdingbar. Ziel ist es oft, Immobilienkosten zu senken und damit Renditen zu steigern bzw. finanzielle Spielräume für Unternehmen zu erhalten. Und das bei gleichzeitiger Werterhaltung sowie optimierter Bewirtschaftung. Nur wenn die Bewirtschaftungskosten transparent sind, führt diese Strategie wirklich zum Erfolg. Denn nur, was man messen und beziffern kann, lässt sich auch verbessern. Transparenz schaffen ist also von zentraler Bedeutung. Mit modernen Techniken und Tools lassen sich Kosten und Maßnahmen vorausschauend über den gesamten Lebenszyklus einer Immobilie planen und ermitteln. Bereits in der Planungsphase können die zukünftigen Lebenszykluskosten berechnet werden. Dies macht es möglich, Planungs- und Ausführungsalternativen zu bewerten und erfolgreich strategische Entscheidungen zu treffen, denn in der Nutzungsphase treten die Nutzungskosten als Vielfaches der Erstinvestition auf. Auch bei der Planung von Instandhaltungsmaßnahmen oder Erneuerungsinvestitionen sind die Lebenszykluskosten der Ausgangspunkt für nachhaltig rentable Investitionen.

Nachhaltigkeitsmanagement als integraler Ansatz im Facility Management

Diese zwar ganzheitliche, aber rein monetäre Betrachtung wird im integralen Ansatz des Facility Managements um wesentliche Kriterien der Nachhaltigkeit erweitert. Das schließt neben der oben bereits erwähnten ökonomischen Dimension noch die Dimension Ökologie sowie den Faktor Mensch ein. Facility Management auf Basis von Nachhaltigkeitsindikatoren umfasst generell drei Hauptdimensionen: ökologische Nachhaltigkeit (Energieeffizienz, Schutz der Umwelt und natürlicher Ressourcen), ökonomische Nachhaltigkeit (Kosteneinsparungen, Werterhalt und Renditesteigerung) sowie sozio-kulturelle Nachhaltigkeit (Gesundheit, Komfort und Behaglichkeit der Nutzer, Arbeitsplatzfunktionalität, Standort).

Der Beratung zum Facility Management kommt dabei die zentrale Funktion des Nachhaltigkeitsmanagements zu. Nachhaltigkeit spielt eine immer größere Rolle im Immobilienumfeld. Das zeigt sich auch in der neuen, 4. Auflage des Leistungsbilds Facility Management Consulting der AHO-Schriftenreihe Nr. 16 „Untersuchungen zum Leistungsbild und zur Honorierung für das Facility Management", in der einerseits die Nachhaltigkeit in allen Anwendungsbereichen deutlicher betont wird und die andererseits sogar einen eigenen Anwendungsbereich „Nachhaltigkeitsmanagement" aufweist [1]. Themen aus den Gebieten Green Building und Nachhaltigkeit von Immobilien und der Immobilienbewirtschaftung spielen in der Fachliteratur eine große Rolle. Auch aktuelle Marktstudien verdeutlichen die große und zunehmende Bedeutung des Themas.

Markttrends zum Thema Green Building

Das Thema nachhaltiges Bauen gewinnt in der Immobilienbranche immer mehr an Bedeutung. Dies ist das Fazit einer Marktstudie für die Drees & Sommer AG, an der 274 überwiegend deutsche Investoren und Bauherren teilgenommen haben [7]. Bereits die mit 12 Prozent hohe Rücklaufquote ist ein erstes Indiz für den hohen Stellenwert des Themas. 88 Prozent der Befragten halten nachhaltiges Bauen für ein wichtiges Zukunftsthema. 94 Prozent der Befragten halten übergreifendes, ganzheitliches Know-how für die wichtigste Kompetenz, die ein Dienstleister für nachhaltiges Bauen besitzen muss. 71 Prozent der Befragten gehen davon aus, dass nur nachhaltige Gebäude in Zukunft gewinnbringend vermarktet werden können. Dies zeigt, dass wirtschaftliche Vorteile die wichtigste Motivationsquelle für Investitionen in Green Buildings sind.

Ökonomische Faktoren sind Hauptargument für nachhaltiges Bauen

Die wirtschaftlichen Vorteile liegen vor allem in den geringeren Betriebskosten und, je nach Nutzung, in der verbesserten Leistungsfähigkeit der Mitarbeiterinnen und Mitarbeiter aufgrund der hohen Behaglichkeit. Nutzer, Eigentümer und Mieter profitieren direkt von diesen Vorteilen. Für Investoren, Bauträger und Projektentwickler sind sie gewichtige Argumente, um am Markt höhere Kaufpreise bzw. Mieten für Green Buildings verlangen zu können.

Massiver Einfluss auf Bestandsgebäude

Auch Bestandsgebäude müssen nachziehen und nachhaltig betrieben werden, um wettbewerbsfähig zu bleiben. Dies funktioniert ausschließlich über betriebsbedingte Faktoren (beispielsweise Nutzung von ökologisch verträglichen und abbaubaren Reinigungsmitteln, Abfallvermeidung und Recycling etc.).

Große Investitionsbereitschaft vorhanden

Die Investitionsbereitschaft in Green-Building-Projekte ist hoch. So wollen 65 Prozent der Investoren, Bauträger und Projektentwickler in den kommenden zwei Jahren in nachhaltige Gebäude investieren. Die Absicht, das gesamte Portfolio unter Nachhaltigkeitsaspekten zu optimieren, liegt bei dieser Gruppe bei 18 Prozent.

Ganzheitliches Angebot entscheidend

Als erste Ansprechpartner für Green-Building-Dienstleistungen nennen die Befragten Architekten, TGA-Planungsbüros (Technische Gebäudeausstattung) und Projektmanagementbüros. Ein umfassendes und ganzheitliches Angebot steht auf der Wunschliste der Befragten an erster Stelle: Wie oben bereits erwähnt, sieht die absolute Mehrheit aller Befragten ein übergreifendes und ganzheitliches Know-how in nachhaltigem Bauen und Betreiben als die wichtigste Kompetenz, die ein Dienstleister besitzen muss.

Nachhaltigkeitsmanagement im Gebäudebetrieb

In Anbetracht der Nachhaltigkeitsdiskussion gewinnen Hintergrundprozesse bei der Gebäudeerstellung und im Betrieb zunehmend an Bedeutung. Durch eine (möglichst frühzeitige) strategische Einflussnahme können die Wirtschaftlichkeit von Gebäuden gezielt gesteigert und auftretende Umweltwirkungen über den Lebenszyklus minimiert werden. Nachhaltigkeitsmanagement ist ein zentrales Leistungsbild des Facility Management Consultings und betrachtet Gebäude und deren Bewirtschaftung integral und über den gesamten Lebenszyklus (vgl. **Abbildung 2.18**). Die Ermittlung und Analyse der Lebenszykluskosten können dazu einen wesentlichen Baustein liefern.

Abbildung 2.18 Dimensionen des Nachhaltigkeitsmanagements. Quelle: Drees&Sommer Advanced Building Technologies, Heinzpeter Kärner

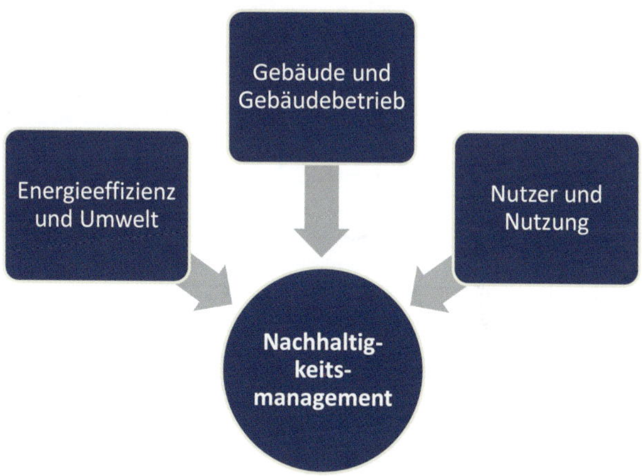

Die fünf Kernbereiche des Nachhaltigkeitsmanagements

Nachhaltigkeitsmanagement gliedert sich in fünf Kernbereiche (vgl. **Abbildung 2.19**): Cost Performance (z. B. Betriebskosten, Lebenszykluskosten etc.), Building Performance (z. B. Energieausweis, Green Building Label, Mietermanagement etc.), Eco Performance (z. B. Energieeffizienz, Nachhaltigkeit, Umweltverträglichkeit etc.), Socio Performance (z. B. Komfort etc.), und Management Performance (z. B. Betreiberorganisation etc.).

Abbildung 2.19 Ansatzpunkte des Leistungsbilds Nachhaltigkeitsmanagement. Quelle: Drees&Sommer Advanced Building Technologies, Heinzpeter Kärner

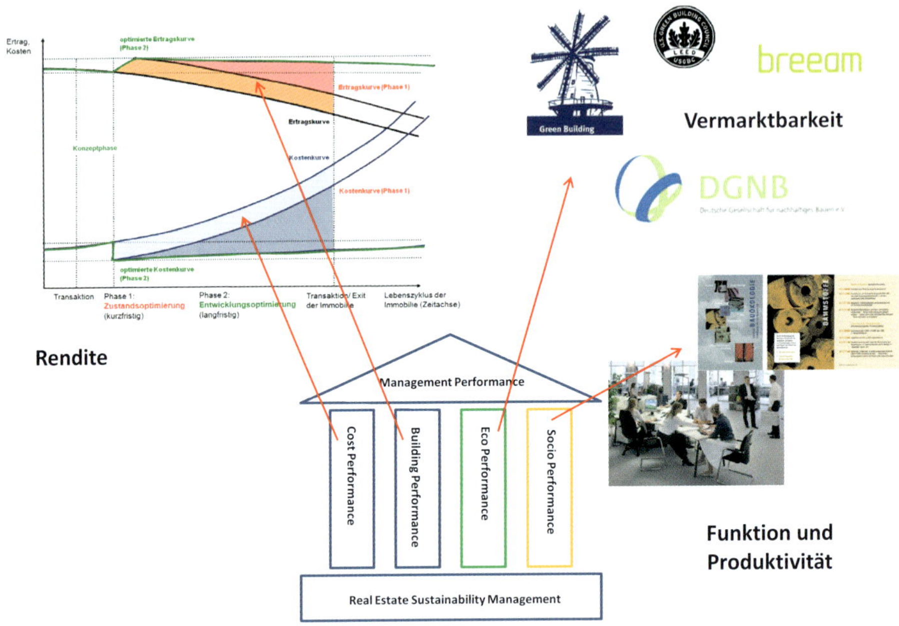

Der reine Kostenfokus der Lebenszykluskostenberechnung bildet zwar eine zuverlässige und gute Basis, reicht nicht mehr aus und muss um Aspekte der Nachhaltigkeit erweitert werden, um langfristig Renditen zu sichern. Oder aus einem anderen Blickwinkel betrachtet: Im Sinne einer nachhaltigen Entwicklung tritt der Erhalt wertvoller Bausubstanz gegenüber Neubaumaßnahmen zunehmend in den Vordergrund. Der Erfolg einer Bestandserhaltung hängt wesentlich von frühzeitiger Mängelbehebung sowie Nutzerfreundlichkeit, Umweltfreundlichkeit und Wirtschaftlichkeit des Gebäudebetriebs ab. Die Beratung zum Facility Management kann hier einen wichtigen Beitrag leisten. Nachhaltigkeitsmanagement als integrale Aufgabe verstanden, umfasst vier wesentliche Dimensionen – die drei Nachhaltigkeitsdimensionen und die Dimension der Integralität der Betrachtung.

Den Wirkungszusammenhang und den Einfluss des Nachhaltigkeitsmanagements auf die erzielbare Rendite von Immobilien verdeutlicht die nachfolgende **Abbildung 2.20** anhand einiger ausgewählter Dimensionen. Je früher im Lebenszyklus der Immobilien Nachhaltigkeitskriterien in die relevanten Entscheidungen einfließen, desto größer ist der Hebel, der sich daraus ergibt.

Abbildung 2.20 Wirkungszusammenhang der Nachhaltigkeitsdimensionen (Skizze). **Quelle: Drees&Sommer Advanced Building Technologies, Heinzpeter Kärner**

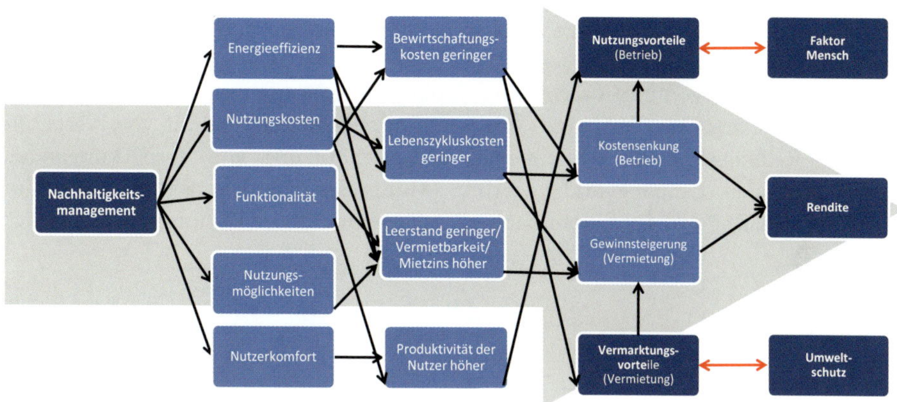

Nachhaltigkeitsmanagement umfasst fachübergreifende Koordinations-, Moderations- und Beratungsleistungen des Facility Management Consultings zur Berücksichtigung und Gewährleistung der Nachhaltigkeit sowohl für Neubauten als auch im Bestand. Dabei nimmt das Facility Management eine integrative Rolle ein [1].

Nachhaltige Qualität ist das Ziel

Das Ziel nachhaltiger Gebäude – so genannte Green Buildings – liegt hauptsächlich in der Qualität, wobei diese in einer umfassenden Perspektive verstanden wird. Nachhaltige Gebäude sind wirtschaftlich effizient, umweltfreundlich und ressourcensparend. Sie weisen viele Vorteile gegenüber konventionellen Gebäuden auf, wie z. B.:

- geringere Lebenszykluskosten und Versicherungsbeiträge
- höherer Immobilienwert
- höhere Produktivität der Nutzer (Funktionalität)
- verbessertes Image und dadurch Vorteile bei der Vermarktbarkeit
- reduzierte Risiken
- positiver Einfluss auf die Gesundheit und Behaglichkeit der Bewohner und Nutzer (Komfort)
- optimales Einfügen in das sozio-kulturelle Umfeld
- langfristiger Werterhalt für Investoren, Eigentümer und Nutzer gleichermaßen

Beispiele zur Sicherstellung einer nachhaltigen Bewirtschaftung

In der Planungsphase befassen sich die Leistungen der planungs- und baubegleitenden Facility-Management-Beratung mit der Erschließung/Logistik des Gebäudes. Die Aufgabenstellung umfasst dabei auch das Sicherheitsgefühl der Nutzer der Tiefgarage sowie die Anordnung öffentlicher und nicht öffentlicher Bereiche (Arbeitsplatz, Kantine). In der Nutzungsphase tragen nachhaltige Bewirtschaftungskonzepte und Facility-Management-Organisationen wesentlich zur Nachhaltigkeit bei (z. B. die richtigen Abfall- und Entsorgungskonzepte). Diese müssen rechtzeitig implementiert werden und betrachten das Abfallaufkommen nach Art und Menge (Mülltrennung, Wiederverwendung von Wertstoffen/ Recycling, Reduzierung der Abfallmenge, Mehrfachnutzung von Verpackungen etc.), Entsorgungszyklen, Umgang und Lagerung (Müllpressen) und notwendige Müllräume (Flächen und z. B. lichte Durchfahrtshöhen sind bereits in der Planung zu berücksichtigen).

Fazit

Das Thema Nachhaltigkeit spielt sowohl in unserer Gesellschaft als auch im Immobiliensektor eine immer größere Rolle. Dem Facility Management Consulting kommt beim Management der Erfüllung von Nachhaltigkeitskriterien bei Gebäuden eine zentrale Rolle zu. Je früher Nachhaltigkeitskriterien im Immobilienlebenszyklus Berücksichtigung finden, desto größer ist der daraus resultierende Hebel. Gebäude, die nach Nachhaltigkeitskriterien errichtet und/oder betrieben werden, sind zukunftssicher und weisen viele Vorteile auf. Die Vorteilskategorien sind dabei nicht nur rein monetär (Kostenreduzierung, Renditesteigerung, Werterhalt), sondern umfassen neben den ökonomischen auch ökologische (Umwelt- und Ressourcenschonung) und sozio-kulturelle Vorteile (Beachtung des Faktors Mensch und des Umfelds). Green Buildings – also unter Nachhaltigkeitsaspekten gebaute und betriebene Gebäude – verstehen sich nicht nur als kurzfristiger Modetrend, sondern sind wichtige Aufgabe und Verpflichtung unserer Gesellschaft. Nachhaltige Gebäude zeichnen sich durch geringere Betriebskosten aus (so 83 Prozent der Befragten). Nachhaltigkeit gewinnt beim Betreib und bei der Vermarktung von Gebäuden zunehmend an Bedeutung (so 88 Prozent der Befragten) und wird Grundbedingung der Vermarktbarkeit in Zukunft (so 71 Prozent der Befragten), wie eine aktuelle Marktstudie verdeutlicht [5].

Green-Building-Zertifikate sind Gütesiegel im Sinne von Auszeichnungen über erfüllte Nachhaltigkeitskriterien (DGNB, LEED, BREEAM etc.). Je nach Ausprägung decken sie jeweils Teilbereiche der Nachhaltigkeit ab und haben dabei unterschiedliche Schwerpunkte und Intentionen. Trotz der Unterschiede weisen alle Zertifikate Mindestanforderungen und Grundvoraussetzungen, aber auch Gestaltungsspielräume auf. Im Rahmen des Nachhaltigkeitsmanagements kann die Beratung zum Facility Management das Gebäude im gesamten Lebenszyklus begleiten und die Erfüllung der Ansprüche der Nachhaltigkeit unterstützen bzw. auch der Ansprüche des gewünschten Zertifikats (Objektzertifikat, Betriebszertifikat) und dessen Auszeichnungsebenen.

Ein Beispiel eines nachhaltigen Bürogebäudes und für erfolgreiches Nachhaltigkeitsmanagement ist das Bürogebäude von Drees & Sommer in Stuttgart-Vaihingen. Es erhielt 2009 den Goldstatus des Zertifikats „Deutsches Gütesiegel Nachhaltiges Bauen". Das Gebäude ist Referenzprojekt für thermische Behaglichkeit, minimale Energiekosten und die Nutzung von Geothermie. **Abbildung 2.21** gibt einen Überblick über die wesentlichen Maßnahmen.

Abbildung 2.21 Nachhaltigkeitsmaßnahmen bei einem Bürogebäude. Quelle: Drees&Sommer Advanced Building Technologies, Heinzpeter Kärner

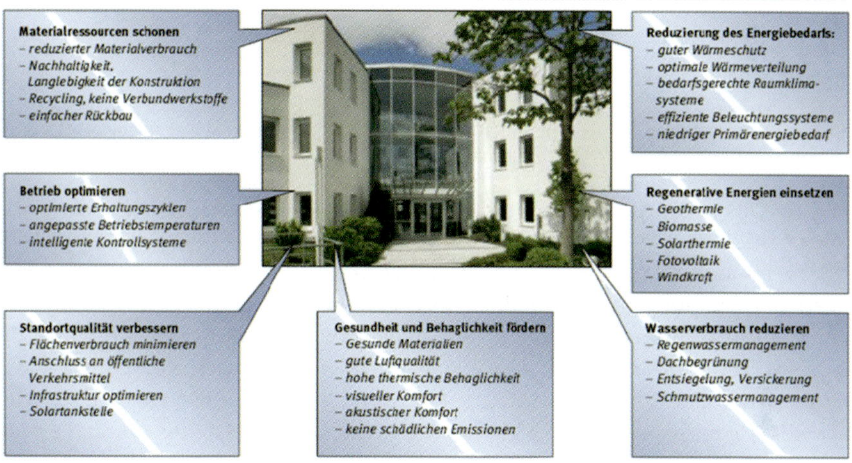

Literatur

[1] AHO (Hrsg., 2010): Untersuchungen zum Leistungsbild und zur Honorierung für das Facility Management Consulting, 4. vollst. erw. u. überarb. Auflage, Berlin, Bundesanzeiger Verlag.

[2] Bauer, M./ Mösle, P./ Schwarz, M. (2007): Green Building – Konzepte für nachhaltige Architektur, München, Callwey Verlag.

[3] BRE Environmental Assessment Method (BREEAM), in: http://www.breeam.org (Stand Mai 2009).

[4] DGNB, in: http://www.dgnb.de (Stand Mai 2009).

[5] Drees & Sommer (Hrsg., 2009): Green Building – ein Zukunftsthema der Immobilienbranche, Ergebnisse einer Marktstudie, Stuttgart.

[6] LEED – Leadership in Environmental and Energy Design, in: http://www.usgbc.org/Default.aspx (Stand Februar 2009).

[7] Weisser, Dirk (2009): Marktstudie zum Thema Green Building für die Drees & Sommer AG. Freie wissenschaftliche Arbeit zur Erlangung des Grades des Master of Business Administration, Fachhochschule Reutlingen, European School of Business (ESB), Reutlingen.

3 Nachhaltige Gebäudehüllen - Anforderungen und Lösungsansätze für Büros

Winfried Heusler

Einführung

Global betrachtet führten Bevölkerungs- und Wirtschaftswachstum, Industrialisierung und Urbanisierung, steigender Wohlstand mit erhöhtem individuellen Wohnflächenbedarf sowie wachsende Anforderungen an Qualität und Komfort zu einer Verknappung von Rohstoffen und Energie sowie zu einer intensiven Diskussion über veränderte meteorologische Bedingungen auf der Erde. Der größte Teil der Energieerzeugung wird derzeit aus nicht erneuerbaren Ressourcen wie Erdöl, Erdgas, Kohle und Uran gedeckt. Diese Rohstoffe sind aber nur noch begrenzt verfügbar. Vor diesem Hintergrund lassen sich die in die öffentliche Diskussion eingebrachten Lösungsansätze zwei unterschiedlichen Strategien zuordnen: der Suffizienz- und der Effizienzstrategie. Suffizienz setzt beim Verhalten des Einzelnen an. Demnach soll durch einen genügsamen persönlichen Lebensstil der Verbrauch an Ressourcen auf ein zukunftsverträgliches Maß reduziert werden.

Dagegen meint Effizienz die optimale Umwandlung und Nutzung der begrenzten natürlichen Ressourcen. Hierfür bietet sich ein breites Spektrum von Einzeltechnologien an, die sich vier verschiedenen Basisstrategien zuordnen lassen: Substitution, Steigerung der Ressourceneffizienz (Energie und Material), Kreislaufwirtschaft und Verlängerung der Nutzungsdauer. Daneben werden aber auch produktbezogene, verfahrensbezogene und organisatorische Innovationen benötigt. Innerhalb des Bauwesens liegen zwei wesentliche Lösungsansätze in ressourceneffizienten Gebäuden und in einem möglichst hohen Anteil erneuerbarer Energien. Spätestens seit der Wirtschaftskrise spricht man aber über einen umfassenderen Klimawandel, der neben ökologischen auch ökonomische und soziale Aspekte betrifft (vgl. **Abbildung 3.1**).

Nachhaltige Gebäudehüllen sind ein integraler Bestandteil nachhaltiger, klimagerechter Gebäude im Umfeld einer hoffentlich nachhaltigen Stadt- und Regionalplanung (**Abbildung 3.2**). So gilt es bei der Konzeption und Planung von Gebäudehüllen, den gesamten Lebenszyklus des Gebäudes zu betrachten. Es geht dabei zunächst um die für das Bauen benötigten Roh- und Baustoffe sowie um die Herstellung und Montage der einzelnen Bauteile. Berücksichtigt werden müssen aber auch der Betrieb des Gebäudes einschließlich Reinigung, Wartung und Instandhaltung, bis zur Renovierung sowie der Abbruch des Gebäudes mit möglichem Recycling der Baustoffe.

Abbildung 3.1 Lebenszyklusanalyse als Schlüssel einer nachhaltigen Gebäudeplanung (Balkenlänge steht für die Bedeutsamkeit des Einzelpunkts). Quelle: Schüco

Abbildung 3.2 Nachhaltige Gebäudehüllen – integraler Bestandteil nachhaltiger Gebäude. Quelle: Schüco

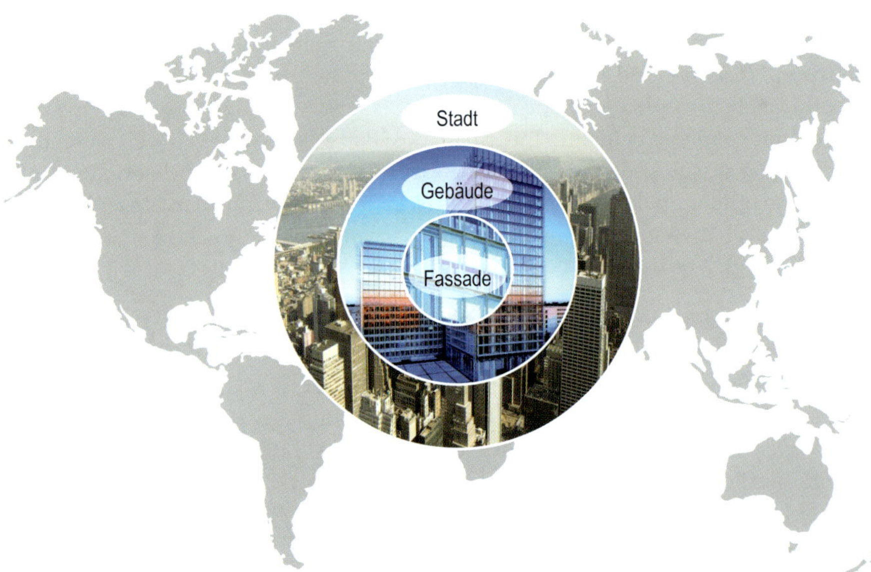

Themenrelevanz und Herausforderungen

Themenrelevanz

Das stetig steigende Wissen um den globalen Klimawandel führte in den vergangenen 20 Jahren in immer mehr Ländern zu einem wachsenden Interesse am Thema Nachhaltigkeit (vgl. **Abbildung 3.1**). So vereinbarten die Vertragsstaaten im Protokoll der Klimakonferenz von Kyoto, welches im Dezember 1997 unterzeichnet wurde, ihre Emissionen an sechs Treibhausgasen bis zum Jahre 2012 um mindestens 5 Prozent unter das Niveau von 1990 zu senken. Exakt zehn Jahre später war die UN Klimaschutzkonferenz auf Bali der Auftakt einer Serie von internationalen Konferenzen. Als deren Abschluss sollte im Dezember 2009 in Kopenhagen ein Nachfolgeabkommen für das 2012 auslaufende Kyoto-Protokoll vereinbart werden. Derzeit wird die Verabschiedung der Nachfolgeregelung auf der UN-Klimakonferenz in Mexiko im November 2010 angestrebt.

Daneben befassen sich zwischenzeitlich auch Normungsgremien mit dem Thema Nachhaltigkeit. So wurde 2008 die ISO 15392 „Sustainability in Building Construction – General Principles" publiziert. Demzufolge unterstützt eine nachhaltige Entwicklung im Bausektor nicht nur die Minimierung negativer Einwirkungen auf die Umwelt, sondern auch wirtschaftliche und soziale Verbesserungen auf lokaler, regionaler und globaler Ebene. Seit einigen Jahren verbreitet sich weltweit der Trend zur Zertifizierung nachhaltiger Gebäude. Nachhaltigkeitszertifikate dienen dem Gebäudeeigentümer und Gebäudenutzer als Nachweis dafür, dass in der Planung und Ausführung des Bauwerks den Zielvorstellungen des nachhaltigen Bauens entsprochen wird. Will man ein derartiges Zertifikat mit praxisgerechten und bezahlbaren Gebäudehüllen erlangen, so setzt dies bereits im Planungsprozess eine ganzheitliche Betrachtungsweise und in der späteren Ausführung ausgereifte Produkte voraus.

Allgemeine Herausforderungen

Unter dem Begriff „Nachhaltigkeit" lassen sich alle wesentlichen aktuellen und künftigen Herausforderungen im Umfeld des Bauwesens einordnen. Der Aspekt „Ökologie" berücksichtigt die Schonung von Ressourcen sowie den Schutz der natürlichen Umwelt. Dabei geht es um Primärenergie und Trinkwasser, um Schadstoffemissionen (speziell CO_2) sowie um die Gesundheit gefährdende Stoffe. Die Normen DIN EN ISO 14040 und DIN EN ISO 14044 geben den Ablauf und die erforderlichen Elemente von Ökobilanzen vor. Die Normenreihe ISO 14 000 und darin vor allem die Reihe ISO 14 020 stellen zentrale Regeln bereit, wie produktbezogene Umweltinformationen entwickelt und genutzt werden können.

Vordergründig werden unter den „ökonomischen Aspekten" nur die Investitionskosten betrachtet. Diese setzen sich aus den Planungs-, Material-, Fertigungs-, Montage- und Inbetriebnahmekosten zusammen. Bei einer langfristigen Betrachtung treten jedoch die Baunutzungskosten (Betriebs- und Bauunterhaltungskosten) in den Vordergrund (vgl. **Abbildung 3.3**).

Abbildung 3.3 Investitions- und Baunutzungskosten bei Gebäuden: Wie langfristig denkt der Bauherr? [1]. Quelle: Schüco

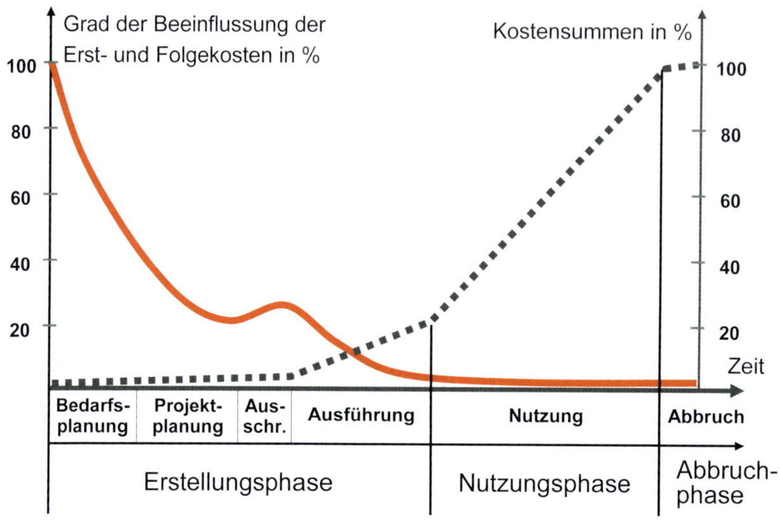

Abbildung 3.4 Optimierung der Instandhaltungsstrategie bei Gebäudehüllen. Quelle: Schüco

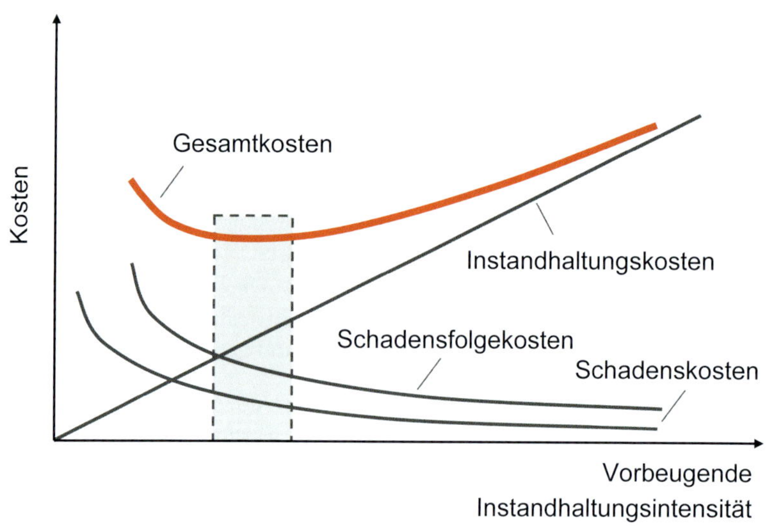

Den Betriebskosten werden die Energiekosten für Raumkonditionierung und Beleuchtung (Wärme, Kälte und Strom) sowie die Kosten für die Bedienung, Reinigung und Instandhaltung (Inspektion, Wartung und Instandsetzung) zugerechnet. Die Herausforderung besteht häufig darin, das Optimum zwischen Vorleistungen und Folgekosten zu finden. **Abbildung 3.4** zeigt dies am Beispiel der vorbeugenden Instandhaltung. Der Zusammenhang gilt sinngemäß auch für energiesparende Maßnahmen.

Die „soziokulturellen Aspekte" beinhalten sowohl eine Außen- als auch eine Innenperspektive. Entscheidend sind neben der Gestalt und Ästhetik des Gebäudes auch der Raum- und Bedienkomfort der Nutzer sowie die Gesundheit. Die Bedeutung dieser Kriterien wird zumindest bei Büro- und Verwaltungsgebäuden in Zukunft wachsen, wenn auf breiterer Front bekannt wird, dass die thermische Behaglichkeit, die Frischluftzufuhr, die Nutzung von Tageslicht und der akustische Komfort einen direkten Einfluss auf die Leistungsfähigkeit und Fehlzeiten von Mitarbeiterinnen und Mitarbeitern haben.

Spezifische Herausforderungen

Bei der Planung, beim Bau und beim Betrieb nachhaltiger Gebäude geht es insbesondere darum, die Verschwendung von Energie, Material, Geld und Zeit zu minimieren. Verschwendung bezeichnet in **Ökonomie** oder **Ökologie** einen unnötigen und nicht nutzbringenden Verbrauch dieser **Ressourcen**. Grundsätzlich lassen sich sieben Arten von Verschwendung unterscheiden (vgl. **Abbildung 3.5**).

Abbildung 3.5 Arten der Verschwendung (Ansatz von Toyota). Quelle: Schüco

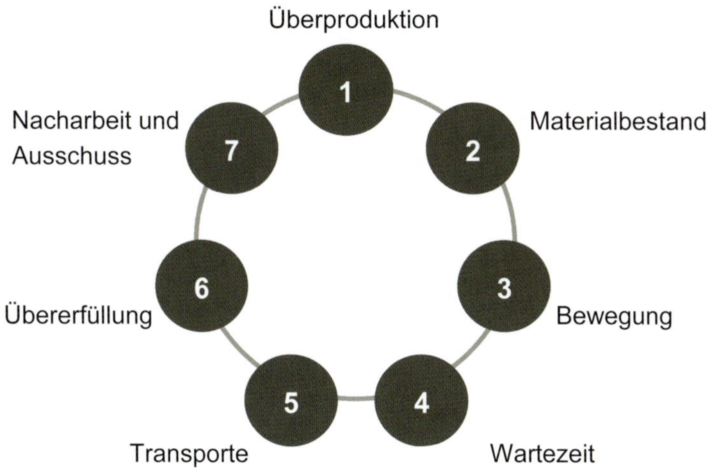

Die wohl größte Herausforderung besteht darin, den effizienten Einsatz der oben genannten Ressourcen über den gesamten Lebenszyklus des Gebäudes zu optimieren. Mit wachsendem Bestreben von Bauherren, einzigartige Gebäude zu fordern, steigt die Variantenvielfalt und damit die Komplexität des Optimierungsprozesses. Obwohl der Anteil der Gebäudehülle an den Investitionskosten des Gebäudes üblicherweise nur etwa zwanzig Prozent beträgt, sind ihre Auswirkungen auf die ökologischen, ökonomischen und soziokulturellen Eigenschaften des Gebäudes sowie die Wechselwirkungen vielfältig. Sie beeinflusst nicht nur das äußere Erscheinungsbild des Gebäudes, sondern auch die Gebrauchstauglichkeit und Dauerhaftigkeit des Gebäudes sowie den Schutz von Leben und Sachwerten. Darüber hinaus hängt die Dimensionierung bzw. sogar die prinzipielle Notwendigkeit von Anlagen der technischen Gebäudeausrüstung ganz wesentlich von der energetischen Qualität der Gebäudehülle ab.

Der Energieverbrauch, den ein Gebäude über seinen gesamten Lebenszyklus verursacht, ist ein wesentliches Schlüsselkriterium, wenn es um Nachhaltigkeit beim Bauen geht. Im Zuge der Energieverbrauchsminimierung darf jedoch der Raumkomfort nicht außer Acht gelassen werden. Die menschliche Leistungsfähigkeit und das Wohlbefinden stehen nämlich in engem Zusammenhang mit dem Raumkomfort. In einer traditionellen, vereinfachten Betrachtungsweise ist das Thema Energieeinsparung mit einer Verschlechterung des Raumkomforts verbunden.

Abbildung 3.6 Energie- und Komfortstandards unterschiedlicher Gebäudekonzepte. Quelle: Schüco

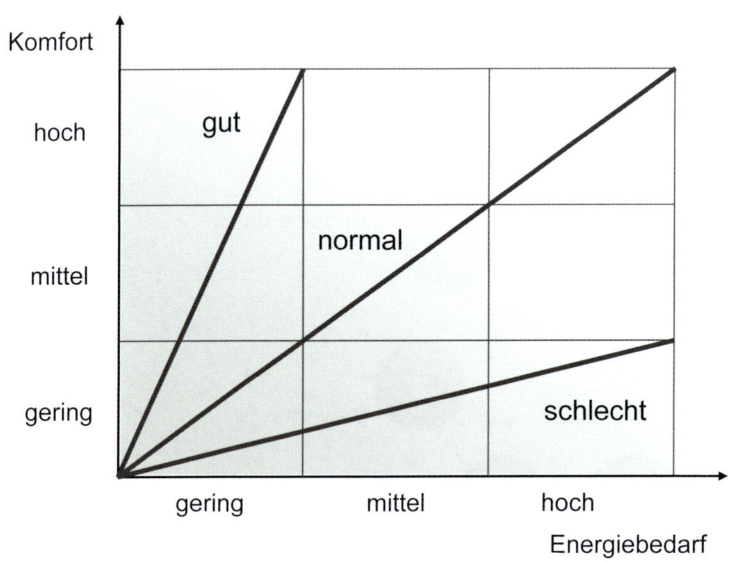

Wenn man mehr oder weniger vorbildliche Projekte analysiert, kommt man jedoch zur Erkenntnis, dass sich bei gleichem Energiebedarf je nach Konzept und Betriebsweise unterschiedliche Komfortstandards erreichen lassen (vgl. **Abbildung 3.6**). Schlechte Konzepte verursachen trotz eines enormen Energiebedarfes einen inakzeptablen Raumkomfort. Das Gleiche gilt für „suboptimale" Betriebsweisen. So darf die Bedeutung der „Betriebskompetenz" des Betreibers und der Nutzer nicht unterschätzt werden. Das innovativste Konzept bringt keinen Fortschritt, wenn es nur in der Theorie funktioniert.

Darstellung und Bewertung unterschiedlicher Lösungsansätze

Die Antwort auf die oben genannten Herausforderungen sind Gebäudehüllen, die über ihren gesamten Lebenszyklus betrachtet eine optimale Ressourceneffizienz aufweisen. Erforderlich sind hierfür auch hocheffiziente Planungs-, Bau- und Betriebsprozesse.

Lösungsansätze zur Steigerung der Energieeffizienz

Bei Lösungsansätzen zur Steigerung der Energieeffizienz geht es darum, die Verschwendung von Energie zu minimieren. Entscheidend ist hierbei in der Regel der Energieverbrauch während der Nutzungsphase des Gebäudes. Einen wesentlichen Beitrag liefert ein standort- und nutzungsgerechter Baukörper in Verbindung mit der dazugehörigen Gebäudehülle [2]. Dazu müssen frühzeitig die makro- und mikroklimatischen Randbedingungen geklärt werden. Mit Hilfe energieeffizienter Gebäudehüllen lassen sich einerseits Niveaudifferenzen zwischen dem lokalen Außenklima und einem behaglichen Raumklima abbauen (d. h., der Durchgriff des Außenklimas ins Gebäudeinnere wird minimiert). Andererseits können damit Schwankungen des Wetters gedämpft bzw. geglättet werden (d. h., Extremwerte werden gekappt).

In Regionen mit gemäßigtem Klima werden als wichtigste Funktionen der Gebäudehülle meist die Sicherstellung einer ausreichenden Wasserdichtigkeit sowie ein zweckgemäßer Wärmeschutz genannt. Zur Minimierung der Wärmeverluste der Gebäudehülle bedarf es einer Gesamtoptimierung von Rahmen, Verglasung und nichttransparenten Bereichen der Gebäudehülle mittels Maßnahmen zur Reduzierung von Wärmeleitung, Konvektion und langwelligem Strahlungsaustausch [3]. Als spezieller Lösungsansatz werden häufig zweischalige Gebäudehüllen vorgeschlagen. Deren Einfluss auf die Wärmeverluste wird aber meist überschätzt (vgl. **Abbildung 3.7**).

Wesentlich bessere Ergebnisse lassen sich durch eine außen angeordnete, bewegliche, temporäre Wärmedämmung (idealerweise unter Verwendung von Vakuumpaneelen) erzielen (vgl. **Abbildung 3.8**). Je besser die Wärmedämmung der Gebäudehülle, desto wichtiger wird das Thema Lüftungswärmeverluste. Unkontrollierte Fugenlüftung sollte grundsätzlich unterbunden werden. Wenn man sich nicht auf den energiebewussten Nutzer verlassen will, empfiehlt es sich darüber hinaus, eine unkontrollierte Fensterlüftung zu vermeiden.

Abbildung 3.7 Minimierung der Transmissionswärmeverluste durch Doppelfassaden: Einfluss der Dichtigkeit der Außenfassade und des Wärmeschutzes der Innenfassade. Quelle: Schüco

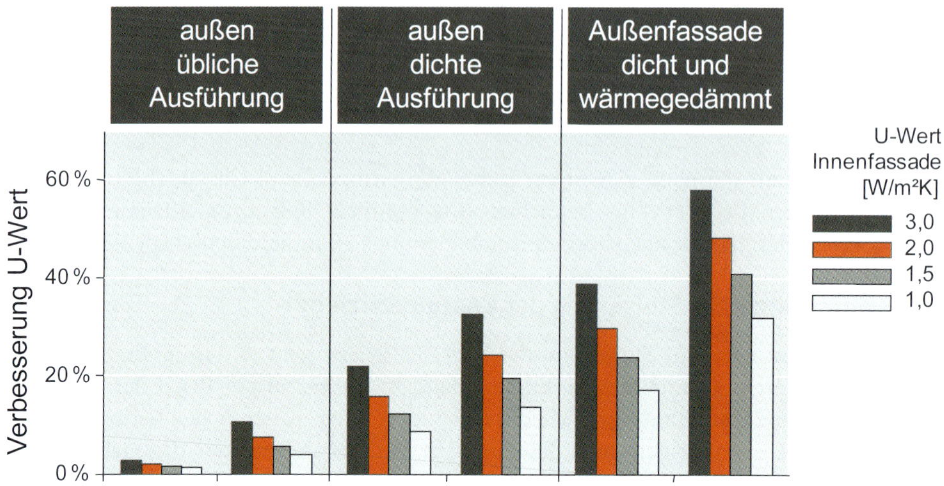

Abbildung 3.8 Energieoptimierte Fassade mit temporärer Wärmedämmung aus verschiebbaren Vakuumpaneelen (SCHÜCO 2°-Konzept auf der Messe Bau 2009 in München). Quelle: Schüco

Als Alternative bietet sich die bedarfsgerechte, kontrollierte Lüftung mit motorisch betätigten Fenstern oder Lüftungsklappen an. Durch mechanische Lüftungsanlagen mit effizienten Wärmetauschern zur Wärmerückgewinnung lassen sich die Lüftungswärmeverluste weiter senken. Wenn diese darüber hinaus mit Luftfiltern und ggf. zusätzlichen Schalldämmmaßnahmen ausgestattet sind, führt dies zu einer Verbesserung der Zuluftqualität und der akustischen Qualität (Schallschutz) der Gebäudehülle. Derartige Anlagen verursachen jedoch erhöhte Investitions- und Betriebskosten. Die einzelnen Vor- und Nachteile sind gegeneinander abzuwägen. Dabei sind auch makro- und mikroklimatische Gesichtspunkte zu beachten. Das Mikroklima ergibt sich aus den lokalen Bedingungen des Standortes und seiner unmittelbaren Umgebung (Vegetation, Nachbarbebauung, Verkehr, Lage am Hang, im Tal oder in der Ebene). Durch die spezielle städtebauliche Situation entstehen typische lokale Luftströmungen sowie Schall-, Staub- und Schadstoffemissionen, die sich beispielsweise negativ auf das Thema Lüftung auswirken können.

Die Optimierung des Energieverbrauches darf nicht bei den Wärmeverlusten enden. Bei der passiven Solarenergienutzung wirkt das Gebäude selbst als Sonnenkollektoranlage. Transparente und transluzente Flächen der Gebäudehülle fangen die Sonnenenergie ein. Bei Gebäuden mit hohen inneren Wärmelasten und großen Glasflächen führt die Solarstrahlung in den Sommermonaten aber zur Überhitzung, wenn keine weiterführenden Maßnahmen ergriffen werden. Ein guter Sonnenschutz reduziert die in den Raum eindringende Sonnenstrahlung und damit bei nicht klimatisierten Gebäuden die Raumerwärmung. Bei klimatisierten Gebäuden verringern sich einerseits die maximale Kühlleistung und die Investitionskosten, andererseits der Kühlenergieverbrauch und die Betriebskosten. Für konzeptionelle Überlegungen zum Thema Sonnenschutz steht heute eine Vielzahl möglicher Lösungen und Optimierungsansätze zur Verfügung [4].

In vielen Klimaregionen führen anpassungsfähige Gebäudehüllenbauteile und Anlagenkomponenten mit dynamisch regelbaren Funktionen zu einer Steigerung der Energieeffizienz. Sie reagieren dynamisch auf wechselnde Außen- und Innenbedingungen. Einerseits geht es um berechenbare bzw. weitgehend vorhersehbare Einflüsse wie jahres- und tageszeitliche Schwankungen der meteorologischen Randbedingungen (z. B. bedingt durch den charakteristischen Sonneneinfallswinkel) sowie Nutzungszeiten des Gebäudes (z. B. Tageszeit und Wochentag). Andererseits sollten aber auch die nicht vorhersehbaren Faktoren des Wetters (z. B. wechselnde Bewölkung) und der Raumnutzung (z. B. spontane Anwesenheit einzelner Nutzer) berücksichtigt werden. Mit motorisch betätigten Fenstern oder Lüftungsklappen lässt sich nachts eine beschleunigte und verstärkte Auskühlung der Gebäudespeichermassen erzielen. Die Bauweise und die Zugänglichkeit der Gebäudespeichermassen stellen nicht nur hier, sondern auch bei den nutzbaren solaren Gewinne und der Raumüberhitzung bzw. der abzuführenden Kühllast entscheidende Faktoren dar. Auch neuartige dezentrale, mechanische Zuluftgeräte mit regenerativen Wärmetauschern, die mit Phasen-Wechsel-Materialien („PCM") ausgestattet sind, dämpfen die tages- und jahreszeit- sowie wetterabhängigen Schwankungen der Außenlufttemperatur (vgl. **Abbildung 3.8**). Eine Kälteanlage wird entbehrlich, wenn deren Speicherfähigkeit ausreichend groß ist und die lokalen klimatischen Randbedingungen auch während Hitzeperioden die nötigen Temperaturschwankungen zwischen Tag und Nacht aufweisen.

Tageslichtsysteme verfolgen das Ziel, die Raumausleuchtung durch gleichmäßige Verteilung des einfallenden Tageslichtes im Raum zu optimieren. Hierbei ergibt sich auch eine Senkung der Kühllast, da der Überschuss an Tageslicht in Gebäudehüllennähe und die dadurch verursachte Wärme abgebaut werden. Starre Systeme stützen ihre Funktion auf den im Tages- und Jahresverlauf in definierter Weise variablen Sonnenstand. Bewegliche Systeme können auch bewölkungsbedingte Einflüsse berücksichtigen [5].

Die Energieeffizienz hängt auch von der Betriebsweise der Komponenten der Gebäudehülle und der Gebäudetechnik sowie von deren Zusammenspiel ab. Beispielsweise lässt sich die Nutzbarkeit von Tageslicht nur dann vollständig ausschöpfen, wenn das Blend- und Sonnenschutz-, das Ergänzungsbeleuchtungs- sowie das Heiz- und Kühlsystem über eine gute Regelfähigkeit und eine intelligente Regelungseinrichtung verfügen. Dabei kann die Energieeffizienz erheblich gesteigert werden, wenn nicht nur allgemeingültige, zum Teil überzogene, sondern projektspezifisch konkretere Anforderungen an den Raumkomfort gestellt werden. Idealerweise werden für jede Gebäudezone die relevanten Komfortgrenzen einzeln definiert. Je großzügiger diese gesetzt werden, desto größer ist der Spielraum für energieeffiziente Maßnahmen. So kann die Effizienz der passiven Klimatisierung durch Nachtauskühlung gesteigert werden, wenn am Morgen niedrigere und am Spätnachmittag höhere Raumlufttemperaturen zulässig sind. Letzteres wird beispielsweise möglich, wenn in Büros an heißen Sommertagen nachmittags die Kleiderordnung gelockert wird. Das Energieeinsparpotenzial steigt zudem, wenn man außerhalb der tatsächlichen Betriebs- und Nutzungszeiten (messbar z. B. über Anwesenheitssensoren) geringere oder keine Anforderungen an den Raumkomfort stellt und stattdessen die zulässigen raumklimatischen Bedingungen nur noch mit Blick auf den Schutz der Bausubstanz eingrenzt.

Wenn die Gebäudehülle bezüglich der Energieeffizienz optimiert ist, lohnt es sich darüber nachzudenken, wie man den verbleibenden Energiebedarf mit regenerativen Energien decken kann. Es geht dabei insbesondere um zwei unterschiedliche Formen der aktiven Solarenergienutzung: die elektrische und die thermische. Die elektrische Nutzung der Solarstrahlung erfolgt über die gebäudehüllen-integrierte Photovoltaik („BIPV"). Diese ist mittlerweile dem Experimentierstadium entwachsen [6]. Heute reicht das Spektrum vom Einsatz in Fassaden (**Abbildung 3.9**) und Dächern bis hin zu (beweglichen) Sonnenschutzeinrichtungen. Die thermische Nutzung der Solarstrahlung zur Raumheizung oder Brauchwassererwärmung kann mit unterschiedlichen Medien, nach unterschiedlichen Prinzipien und auf unterschiedlichen Temperaturniveaus realisiert werden [3], mittels Luft- bzw. Wasser-Kollektoren oder mittels Wärmeabsorber und Wärmepumpe. Die Leistungsfähigkeit kann durch Wärmespeicher gesteigert werden. Eine speziell für Bürogebäude sehr interessante Möglichkeit ist die solare Kälteerzeugung zur Raumkühlung. Gekühlt wird, wenn die Sonne scheint. Nachfrage und Angebot stimmen überein. Die Kernkomponente einer derartigen Anlage ist eine Ad- oder Absorptionskältemaschine. Mit deren Hilfe lässt sich Kühlwasser für eine Kühldecke oder Lüftungsanlage erzeugen. Die Maschine wird im Gegensatz zu herkömmlichen Kompressionskältemaschinen nicht (elektro-)motorisch, sondern thermisch – mittels Warmwasser aus hocheffizienten Sonnenkollektoren – angetrieben. Die durch die Kältemaschine produzierte Abwärme lässt sich über einen Kühlturm oder über Erdreichsonden abgeben.

Abbildung 3.9 Photovoltaik als Gestaltungselement (E^2-Fassade). Quelle: Schüco

Lösungsansätze zur Steigerung der Materialeffizienz

Bei Lösungsansätzen zur Steigerung der Materialeffizienz geht es insbesondere darum, die Verschwendung von Materialien zu minimieren. So werden materialeffiziente Gebäudehüllen bezüglich der Aspekte Minimierung des Materialaufwandes für deren Bau sowie Erhöhung der Haltbarkeit und Steigerung der Recyclingfähigkeit der Komponenten optimiert. In jedem Fall werden durch an die geplante Nutzungsdauer und die klimatischen Bedingungen angepasste Bauweisen und Baumaterialien alle späteren Phasen des Gebäudelebenszyklus positiv beeinflusst. Eine zusätzliche Steigerung der Materialeffizienz lässt sich durch Produktionsprozesse erzielen, bei denen Verschwendung gezielt minimiert wird. Ansatzpunkte bieten die Reduzierung von Ausschuss und die Verwertung von Produktionsabfällen. Weiteres Potenzial findet man bei der Lagerhaltung, bei der Verpackung und bei den Transportprozessen. In der Bauphase können Überschüsse an Baumaterialien mittels genauer Planung und Organisation verringert werden. Durch geeignete Maßnahmen zur Sicherung der Qualität in der Entwicklung, Planung, Fertigung und Baustellenmontage lässt sich darüber hinaus eine aus Baumängeln resultierende Materialverschwendung minimieren.

Eine besonders wirksame, in der Baupraxis jedoch noch bei weitem nicht ausgeschöpfte Methode zur Steigerung der Materialeffizienz ist der Leichtbau. Dabei spielen innovative Verfahren und neue Werkstoffe, die sich häufig neben höherer Materialeffizienz auch durch bessere technische Eigenschaften wie Korrosionsbeständigkeit, Festigkeit und leichte Verarbeitbarkeit auszeichnen, eine wesentliche Rolle. Besondere Impulse für den Leichtbau liefert die Bionik. Die wesentlichen Grenzen sind die Wirtschaftlichkeit sowie die Betriebsfestigkeit und Betriebssicherheit. Die im heutigen Leichtbau üblichen Methoden sind der Werkstoff-, der Struktur- und der Systemleichtbau [7]. Unter Werkstoffleichtbau versteht man die für eine spezielle Anwendung optimierte Wahl von Werkstoffen mit einem günstigen Verhältnis von spezifischem Gewicht zu nutzbarer Festigkeit, Dehnung oder Steifigkeit. Üblich sind dabei auch Kombinationen unterschiedlicher Werkstoffe. Der Strukturleichtbau beschäftigt sich mit der Art, Anzahl, Anordnung und Fügung von Bauteilen, aus denen eine tragende Struktur gebildet wird. Unter Systemleichtbau versteht man das Prinzip, in einem Bauteil neben der Lastabtragung auch noch andere Funktionen zu vereinigen. Dann erfordert die optimale Werkstoffauswahl umfassendes Wissen bezüglich der verschiedenen werkstoffbedingten, die unterschiedlichen Funktionen beeinflussenden Einflussgrößen. Dabei müssen die Werkstoffkennwerte aller funktionsrelevanten Komponenten in ihrer Gesamtheit und zusammenwirkend betrachtet werden. Idealerweise werden bereits im Entwurf sowohl die Einzelteile als auch die Gesamtkonstruktion analysiert und optimiert. Ein höherer Materialaufwand lässt sich ggf. rechtfertigen, wenn dadurch erhebliche Vorteile (z. B. ökologische oder ökonomische) in der Herstellungs- oder Nutzungsphase bewirkt werden.

Lösungsansätze zur Steigerung der Prozesseffizienz

Im Sinne der Kundenorientierung liegen die Lösungsansätze zur Steigerung der Prozesseffizienz nicht in der Minimierung der äußeren Vielfalt durch Standardisierung, sondern vielmehr in der intelligenten Beherrschung der Vielfalt.

Bei der Herstellung von Gebäudehüllen ist zwischen projektneutralen und projektspezifischen Arbeitsschritten zu unterscheiden (vgl. **Abbildung 3.10**). Projektneutrale Schritte sollten in einer standardisierten Serienproduktion mit Hilfe hoch spezialisierter, monofunktionaler Anlagen, Geräte oder Maschinen erfolgen. Projektspezifisch individuelle Arbeitsschritte mit ihren kleinen Losgrößen erfordern eine wesentlich höhere Flexibilität. Diese wird erreicht durch den Einsatz moderner, an die wechselnden Anforderungen anpassbarer Arbeitsplätze und Maschinen sowie durch möglichst qualifiziertes Personal. So sind in der Bearbeitung von Halbzeugen (z. B. Profile und Bleche) heute multifunktionale und teilautomatisierte Maschinen sowie immer häufiger computergesteuerte Bearbeitungszentren üblich. Optimale Ergebnisse lassen sich nur erzielen, wenn sowohl in der Produktentwicklung als auch in der Projektierung werkstoff- und fertigungsgerecht konstruiert wird. Dabei müssen die Wechselwirkungen zwischen Material und Form sowie Herstell- und Verarbeitungsverfahren gründlich durchdacht werden. Auch der Transport der Einzelteile, Module und Baugruppen innerhalb der Werkstatt und zur Baustelle sowie die Arbeitsgänge auf der Baustelle lassen sich rationalisieren. Dabei kommen beispielsweise neuartige Hebezeuge zur Anwendung.

Abbildung 3.10 Steigerung der Prozesseffizienz bei der Herstellung von Gebäudehüllen durch Arbeitsteilung und Vorfertigung. Quelle: Schüco

Projektbezug (d. h. individuelle Ausführung)		
	nein	a) Grundstoffgewinnung und -aufbereitung b) Baurohstoffaufbereitung und -herstellung c) Einzelteilherstellung d) Einzelteilveredlung e) Vormontage
	ja	f) Halbzeugbearbeitung g) Modulmontage h) Baugruppenmontage i) Baustellenmontage

Abbildung 3.11 Systemtechnik: Gewerke übergreifender Systembaukasten mit optimierten Schnittstellen minimiert die innere Komplexität und maximiert die äußere Flexibilität. Quelle: Schüco, Foto: Winfried Heusler

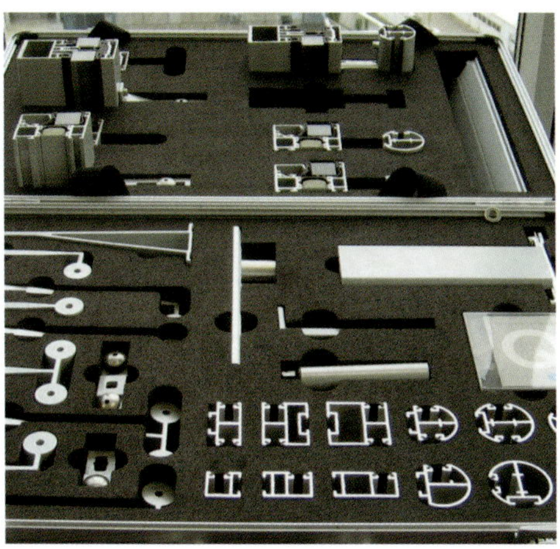

- einfache Verarbeitbarkeit
- kompatible Schnittstellen
- große Kombinationsvielfalt

- reduzierter Planungsaufwand
- rationelle Fertigung u. Montage
- vereinfachte Qualitätssicherung

Durch projektneutral standardisierte Einzelteile (vgl. **Abbildung 3.11**) und das Prinzip der Vormontage lassen sich die projektspezifischen Tätigkeiten, die Komplexität und das Fehlerrisiko reduzieren. Zudem bringt die Verlagerung von Arbeitsschritten von der Baustelle in die Werkstatt (insbesondere in der Bau- und Demontagephase) Vorteile bezüglich der Minimierung von ungeplanter Improvisation und Verschwendung. Die reduzierte Witterungsabhängigkeit bietet eine wesentliche Grundlage für gleich bleibende Qualität. So werden bei der Modul- und Baugruppenmontage in der Werkstatt Einzelteile sowie ggf. vormontierte Module zusammengebaut. Auf der Baustelle lassen sich Rohbautoleranzen durch justierbare Verbindungen mit lösbaren Verbindungs- bzw. Befestigungsmitteln (z. B. Fassadenbefestigung) ausgleichen.

Bei der Modul- und Baugruppenentwicklung sollte auch dem möglicherweise unterschiedlichen Alterungsverhalten sowie den Wartungs-, Instandhaltungs- und Modernisierungszyklen der einzelnen Komponenten Rechnung getragen werden (vgl. **Abbildung 3.12**). Entscheidend ist hier die Lösbarkeit der angewandten Fügeverfahren. Vorteilhaft sind form-, form/kraft-, kraft- und stoffschlüssige Verbindungen, die so gestaltet sind, dass die Lösbarkeit ohne den Einsatz von Spezialwerkzeugen oder technologischen Vorbereitungsprozessen möglich ist. Das bedingt eine gute (visuelle) Erkennbarkeit und Zugänglichkeit der Verbindungsstellen sowie das Unterbinden von Korrosion an den Verbindungsstellen.

Abbildung 3.12 Ansatzpunkte zur Optimierung der Betriebs- und Modernisierungskosten (in Anlehnung an Harlfinger [8]). Quelle: Schüco

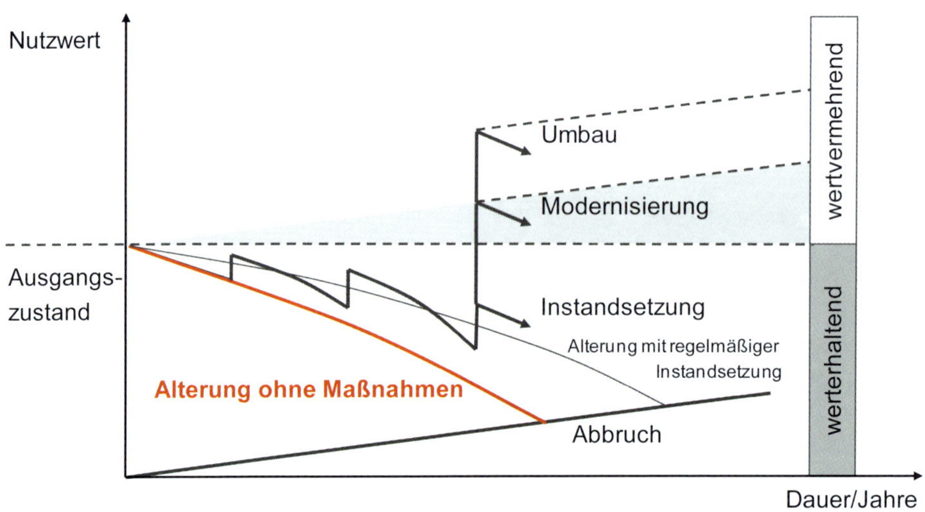

Zukunftsperspektive

Auch in der Zukunft werden Bauherren und Nutzer von Gebäuden mit ihrem Gebäude nur dann wirklich zufrieden sein, wenn ihre Anforderungen konsequent umgesetzt werden. In der Baupraxis wird die Bedeutung individueller Lösungen und der Nachhaltigkeit – nicht nur in der westlichen Welt – weiter ansteigen. Gefragt sind Innovationen, die konsequent an den Bedürfnissen der Bauherren und Gebäudenutzer ausgerichtet sind.

Innovationsmanagement

Zur Steigerung der Nachhaltigkeit von Gebäudehüllen bieten sich unterschiedliche Entwicklungsstrategien an, die jedoch im Idealfall nicht alternativ, sondern komplementär zueinander anzuwenden sind. Einerseits ist dies die kreative Weiterentwicklung und konsequente Anwendung der vorgestellten Konzepte, Produkte, Methoden, Technologien und Werkzeuge (in der Regel Basistechnologien, die bereits im Bauwesen oder in der Automobilindustrie angewendet werden). Daneben brauchen wir andererseits auch neue Technologien, Materialien und Oberflächen. Dies sind in der Regel Schrittmacher- oder Schlüsseltechnologien aus anderen Branchen [9]. Zusätzliche Chancen verspricht die Anwendung innovativer Methoden und Tools aus anderen Branchen. So sind wichtige Hinweise für die recyclinggerechte Gestaltung von Produkten in der VDI-Richtlinie 2243 „Konstruieren recyclinggerechter technischer Produkte“ niedergelegt. Hier werden Gestaltungsempfehlungen für die Entwicklung und Konstruktion technischer Produkte aus den Anforderungen von Recyclingprozessen abgeleitet und vermittelt. Die dort dargestellten Regeln sind auch bei der Anpassung der Gebäudehülle an sich wandelnde Nutzerbedürfnisse sowie bei der Aufrüstbarkeit, also der Möglichkeit zum Austausch von Elementen mit dem Ziel der Effizienzverbesserung [10], hilfreich. Dieser auch als „Upgrading“ bezeichnete Vorgang beinhaltet die Integration anderer oder zusätzlicher Funktionen, die ursprünglich nicht vorgesehen waren. Gerade im Bauwesen mit seinen meist langlebigen Bauteilen muss die Anpassbarkeit an technische, funktionelle und gestalterische Entwicklungen gewährleistet sein. Hilfreich sind diesbezüglich die konstruktive Unterteilung in Komponenten mit hoher Lebenserwartung und solche mit Veränderungs- und Ergänzungscharakter sowie die Trennung von Funktions- und Designelementen. Von besonderer Bedeutung sind dann die Art und Anzahl der Verbindungen und die Anordnungen der Komponenten zueinander. Durch konsequente Anwendung derartiger Methoden im Gebäudebestand – anstelle von Neubau – könnten ca. zwei Drittel der Rohstoffe (Bau- und Nutzungsphase) eingespart werden [9].

Grundsätzlich gilt es, die in **Abbildung 3.13** dargestellten typischen Innovationshemmnisse zu eliminieren. Optimierungspotenzial steckt im Wesentlichen in der Marktnähe und Qualifikation der am Innovationsprozess Beteiligten sowie in „handwerklichen“ Dingen wie der Prozessqualität. Weitere Hemmnisse resultieren aus mangelnder Liquidität in der Branche und Nachfrage am Markt. Wenn an der Planung und Ausführung innovativer Gebäudehüllen konzeptbedingt unterschiedliche Disziplinen und Gewerke beteiligt sind, weisen diese – sei es berechtigter- oder unberechtigterweise – häufig auf eine Reihe weiterer Probleme im Umfeld der Innovation hin:

- Es herrscht ein Defizit an Informationen über verfügbare Systeme und an Kostentransparenz.
- Viele bemängeln die aus ihrer Sicht zu hohen Investitionskosten.
- Es gibt technische Fragen zur Haltbarkeit bzw. Lebensdauer und zur Sicherheit sowie zur optimalen konstruktiven Integration.
- Häufig besteht Aufklärungsbedarf beim Thema Gewährleistung.
- Als problematisch sehen andere den Erfahrungsmangel, die traditionelle Rollenverteilung, unzureichende Zusammenarbeit und fehlende Standards.

Abbildung 3.13 Innovationshemmnisse im Produktlebenszyklus: Großes Optimierungspotenzial. Quelle: Schüco

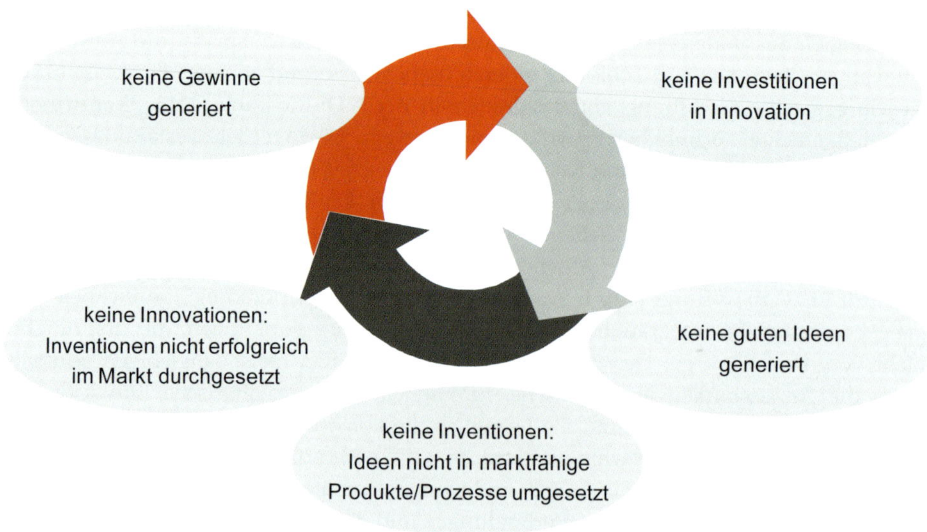

Diese Aussagen weisen auch auf eine gewisse Skepsis gegenüber Innovationen hin. So bemängelt Pink [11] angesichts der rasanten Anwendungs- und Materialentwicklung in anderen Branchen das zögerliche Verhalten bei Baudienstleistungen und Bauprodukten. Nach seiner Meinung steckt im Umfeld der Architektur die große ungenutzte Chance im Dialog zwischen Architekten, Ingenieuren und Bauherren sowie zwischen Wissenschaft und Industrie, insbesondere in einem branchenübergreifenden Dialog. Entscheidend sind die intensive Auseinandersetzung mit den individuellen Bauherrn- und Nutzerbedürfnissen sowie die frühzeitige Einbindung von Fachleuten. Dies verhindert kostenintensive Entwürfe und Produkte ohne nachvollziehbaren Nutzen und daraus resultierende spätere Enttäuschungen.

Besondere Aufmerksamkeit sollte der Tatsache gewidmet werden, dass viele Produkte, die für den deutschen Markt entwickelt wurden, sich für Entwicklungs- und Schwellenländer nicht besonders gut eignen. Deren funktionelle oder qualitative Vorteile werden auf diesen Märkten häufig nicht geschätzt, sie sind unter den dortigen Rahmenbedingungen gelegentlich gar nicht sinnvoll einsetzbar oder schlichtweg zu teuer. Es geht also darum, marktspezifische Lösungen zu entwickeln. Diese sollten sich an dem regionalen Klima und den jeweiligen Gesellschafts-, Wohn- und Arbeitsformen sowie an den Fähigkeiten und Kenntnissen der lokalen Baupraktiker orientieren.

Nutzwertmaximierung

In Zeiten des Überangebotes ist das Unternehmen, das die Wünsche seiner Kunden am besten erfüllt, am erfolgreichsten. Entscheidend ist letztendlich der individuelle Nutzwert der Gebäudehülle (**Abbildung 3.14**) aus der Perspektive des Bauherrn oder Nutzers.

Abbildung 3.14 Value Engineering (Nutzwertanalyse): Sorgfältige Abwägung der Kundenwünsche im Entwicklungs- und Planungsprozess mit dem Ziel der Effizienzsteigerung. Quelle: Schüco

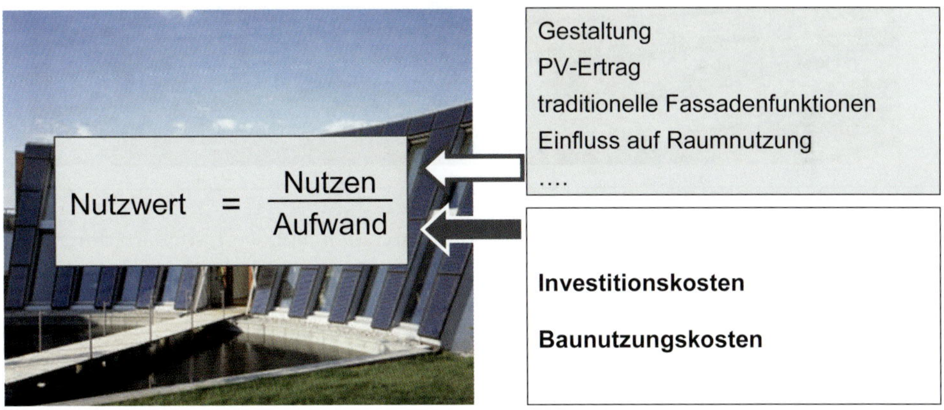

Je nachdem, ob der Entscheider mehr kosten- oder nutzengetrieben handelt, spielt der Nenner oder der Zähler in **Abbildung 3.14** die größere Rolle. Wir sollten deshalb für unterschiedliche Marktsegmente unterschiedliche Lösungen anbieten.

Wahrscheinlich liegt auch künftig der einzig mögliche Lösungsansatz für die Bedürfnisse rein kostenorientierter Kunden in der konsequenten Standardisierung von Gebäuden (**Abbildung 3.15** links). Die Mehrheit der Mitteleuropäer zeichnet sich heute aber durch ein Bedürfnis nach Individualität aus. Hier dürfte es vorteilhafter sein, die Standardisierung auf einzelne Bauteile, idealerweise ohne Einschränkung der gestalterischen Freiheit zu beschränken (**Abbildung 3.15** rechts). Es geht dann um marktgerecht verstandene und nachhaltige Systemtechnik [7]. Je nachdem, wie gestaltungsorientiert und geometrisch flexibel der Systemlösungsansatz gelingt, eignet sich dieser auch für das Premiumsegment. Innerhalb dieses Marktsegmentes lassen sich beispielsweise bei der Photovoltaik zwei unterschiedliche Grundausrichtungen identifizieren: die mehr PV-leistungsorientierte und die eher gestaltungsorientierte. Maximale Leistung und zeitlose Gestaltung unter einen Hut zu bringen stellt eine gemeinsame Herausforderung für Architekten und Ingenieure dar. Wenn das Ziel Leistung im Vordergrund steht, besetzt bzw. dominiert die Photovoltaik den Entwurf. Wenn sie sich im Entwurf ein- oder unterordnet, geht dies heute meist auf Kosten der Leistung. Beispielsweise reduziert sich der Wirkungsgrad von Solarmodulen, wenn diese in eine Warmfassade integriert und nicht hinterlüftet werden.

Abbildung 3.15 Kostensenkung durch Standardisierung „im Großen" oder „im Detail": links Luxusvillen von der Stange (Dubai), rechts individuelle Lösungen (Hamburg). Quelle: Schüco, Foto links: Winfried Heusler

Die Einstellung zur Technik wird aber nicht nur durch den Nutzwert, sondern durch zwei weitere Faktoren bestimmt [12]: durch die emotionale Beurteilung der Technik und durch die persönliche Nähe zur Technik. „Nicht-Verstehen erzeugt Unsicherheit, Unsicherheit erzeugt Unwillen, Unwissen und Unwille erzeugen Feindbilder und/oder Ängste" [13]. Dies bewirkt, dass neue Technologien, die als risikoreich eingeschätzt werden, eher skeptisch oder gar ablehnend betrachtet werden. Technik, die man schnell „begreift" und von der man unmittelbar profitiert, wird hingegen bereitwillig angenommen. Daran sollten auch Unternehmen in der Baubranche ihr Innovationsmanagement ausrichten.

Kundenzufriedenheit

Die für die Kundenzufriedenheit relevanten Merkmale lassen sich nach dem Kano-Modell [14] in drei Kategorien differenzieren (**Abbildung 3.16**). Basisfaktoren sind selbstverständlich und werden in der Regel gar nicht ausgesprochen. Fehlen diese Faktoren, so löst dies beim Kunden starke Unzufriedenheit aus. Dagegen werden Leistungsfaktoren detailliert spezifiziert und explizit gefordert. Bei hoher Ausprägung werden sie mit entsprechender Kundenzufriedenheit honoriert. Das wirkliche Differenzierungsmerkmal drückt sich in den unausgesprochenen Begeisterungsfaktoren aus. Kunden lassen sich durch Produktmerkmale, die sie nicht erwarten, die jedoch ihren Bedarf besonders treffen, begeistern.

Abbildung 3.16 Kategorisierung der für die Kundenzufriedenheit relevanten Merkmale von Produkten nach dem Kano-Modell [14]. Quelle: Schüco, Foto: Winfried Heusler

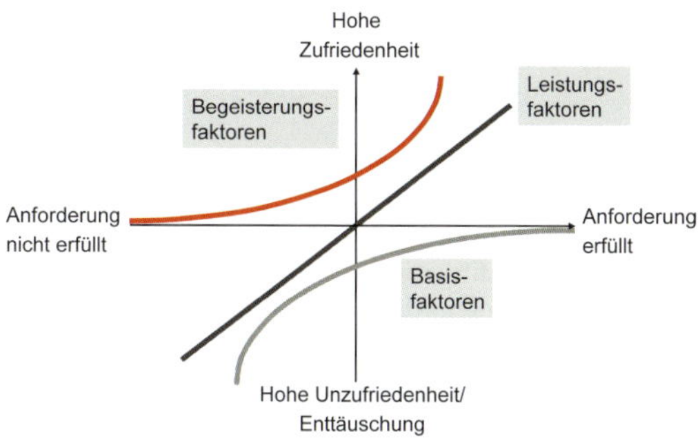

Was macht es aus, dass manche Sportwagen für mehr als den zehnfachen Preis eines Kleinwagens gekauft werden? Und wie sieht eine Fassade aus, die zum dreifachen des üblichen Marktpreises gekauft wird? Die technische und wirtschaftliche Qualität sind hier wahrscheinlich nicht entscheidend. Sie stellen für potenzielle Mieter bestenfalls Leistungsfaktoren dar. Bei genauer Beobachtung des Marktes lassen sich durchaus Ansatzpunkte identifizieren. So versuchen sich einige Vermieter, wie eingangs bereits erwähnt, derzeit von ihren Wettbewerbern durch Nachhaltigkeitszertifikate für ihre Immobilien abzugrenzen. Je mehr Gebäude aber zertifiziert sind, desto geringer ist das Differenzierungspotenzial. Begeisterungsfaktoren werden also mehr oder weniger schnell zu Leistungsfaktoren, die wiederum nach einiger Zeit zu Basisfaktoren abqualifiziert werden können. Neue Begeisterungsfaktoren lassen sich hinter dem Raum- und Bedienkomfort sowie insbesondere hinter der Individualqualität vermuten. Letztere beinhaltet aber Faktoren, welche rein emotionalen Ursprungs, trendgebunden und schwer vorhersagbar sind. Vorhersehbar ist dagegen, dass viele in Deutschland davon profitieren werden, wenn es gelingt, die Begeisterungsfähigkeit für Innovationen im Bauwesen zu wecken und nicht deren Risiken, sondern deren Chancen in das öffentliche Interesse zu rücken [15].

Literatur

[1] Diederichs, C. J. (1986): Kostenermittlung im Hochbau durch Kalkulation von Leitpositionen – Rohbau und Ausbau, in: Schriftenreihe „Bau- und Wohnungsforschung" des Bundesministeriums für Raumordnung, Bauwesen und Städtebau, Bonn.

[2] Heusler, W. (2007): Energieeffiziente Fassaden – Besonderheiten in unterschiedlichen Klimazonen; in: VDI (Hrsg.): Jahrbuch 2008 Bautechnik. Düsseldorf: VDI-Verlag GmbH.

[3] Heusler, W. (2002): Konzeption und Planung innovativer Außenwände, in: Cziesielski, E. (Hrsg.): Bauphysik Kalender 2002, Berlin, Ernst & Sohn Verlag.

[4] Heusler, W. (2004): Sommerlicher Wärmeschutz – Glasmodifikationen und Additivsysteme, in: VDI (Hrsg.): Innovative Fassaden II, Tagung Baden-Baden, März 2004, Tagungsband, VDI Berichte Nr. 1811, Düsseldorf, VDI Verlag GmbH.

[5] Heusler, W., Scholz C. (1992): Neue Tageslichtsysteme – Ergebnisse einer experimentellen Untersuchung, in: HLH 43 (1992) Nr. 8.

[6] Heusler, W., Scholz C. (1994): Photovoltaik – Integration in Fassaden, in: TAB, Technik am Bau Techn. Gebäudeausrüstung, Juni 1994, S. 37-42.

[7] Heusler, W. (2008): Fassaden – integraler Bestandteil nachhaltiger Gebäude, in: VDI (Hrsg.): Jahrbuch 2009 Bautechnik, VDI-Verlag GmbH, Düsseldorf

[8] Harlfinger, T. (2006): Referenzvorgehensmodell zum Redevelopment von Bürobestandsimmobilien, Diss., Universität Leipzig.

[9] Grunwald, A./ Schippl J. (2008): Roadmap Umwelttechnologien 2020, Zwischenbericht zum Forschungsprojekt des Bundesministeriums für Bildung und Forschung, Förderkennzeichen 01RI0718A.

[10] Lucas, R./ Röhr, A./ Scharp, M. (2007): Das Rohstoffsystem Kupfer – Status quo, Perspektiven und Handlungsbedarf aus Sicht einer nachhaltigen Ressourcenpolitik, Wuppertal Institut für Klima, Umwelt, Energie GmbH.

[11] Pink, T. (2008): Innovation oder Stagnation – Findet ein Technologietransfer in die Architektur statt? In: Tagungsunterlagen zum VDI-Fassadenkongress 2008.

[12] Zwick, M. M./ Renn, O. (1998): Wahrnehmung und Bewertung von Technik in Baden-Württemberg, Stuttgart, Akademie für Technikfolgenabschätzung in Baden-Württemberg.

[13] Jakobs, E.-M. (2005): Technikakzeptanz und Technikteilhabe, in: Technikfolgenabschätzung – Theorie und Praxis, Jg. 14, Nr. 3, S. 68-75

[14] Kano, N. (1984): Attractive Quality and Must-be Quality, in: Journal of the Japanese Society for Quality Control, H. 4.

[15] acatech – Deutsche Akademie der Technikwissenschaften (Hrsg., 2009): Jahresbericht 2008, München.

4 Beleuchtung von Büroumgebungen mit Tages- und Kunstlicht

Peter Dehoff

Ausgangssituation

Beleuchtung ist eine Grundvoraussetzung, damit Menschen am Arbeitsplatz ihre Tätigkeit ausführen können. Ein energieeffizientes und in allen Belangen nachhaltiges Bürogebäude achtet daher darauf, dass die Bedürfnisse und Anforderungen der Nutzer des Gebäudes, der Menschen an ihrem Arbeitsplatz sowie der Besucher geachtet werden.

Was ist „grün" bei der Beleuchtung? Eine Beleuchtungsanlage hat in Bürogebäuden eine Lebensdauer von mindestens 15 Jahren. Herstellung, Installation und Entsorgung der Leuchten sind ein wichtiger Faktor, der bedeutendste ist jedoch der Betrieb der Beleuchtung. 92 bis 96 Prozent des Energiebedarfs entfallen auf die Nutzungsphase. Ein „Green Office" achtet daher besonders auf den optimalen Gebrauch und Nutzen der Beleuchtung.

Die Funktionen der Beleuchtung sind:

- Die visuelle Funktion: die Beleuchtung, die die Voraussetzung für das störungsfreie Sehen und Erkennen von Sehaufgaben schafft.
- Die emotionale Funktion: die Beleuchtung, die das Umfeld und die Architektur in Szene setzt, den Raum schafft und für Akzeptanz und Wohlbefinden sorgt.
- Die biologische Funktion: die Beleuchtung, die im Unterbewussten in die Produktion und Hemmung von Hormonen eingreift, die den Menschen in seinem Wach- und Schlafrhythmus taktet und die schließlich nicht unwesentlichen Einfluss auf die Gesundheit hat.

Der Energiebedarf einer Beleuchtungsanlage ergibt sich aus:

- Energieeffiziente Produkte: Die Auswahl von Lampen, Vorschaltgeräten und Leuchten sowie von Jalousien und Lichtsteuerungskomponenten
- Optimierte Steuerung: Die Nutzung von Tageslicht und Präsenzmeldern, Dimmen und Abschalten sowie nutzungsangepassten Steuerungskurven
- Ein ausgeklügeltes Lichtkonzept: Die Planung einer Beleuchtungsanlage, unter Einbezug von Tageslicht und der Bedienung gemäß den vorliegenden Nutzungen

Die besondere Herausforderung eines „Green Office" liegt in der ganzheitlichen Integration der Beleuchtung (vgl. **Abbildung 4.1**). Nachhaltigkeit umfasst Ökologie, Ökonomie und Ergonomie.

Abbildung 4.1 Ganzheitliche Integration der Beleuchtung - Die Balance zwischen Umwelt, Energie und dem Ich. Quelle: Zumtobel Lighting

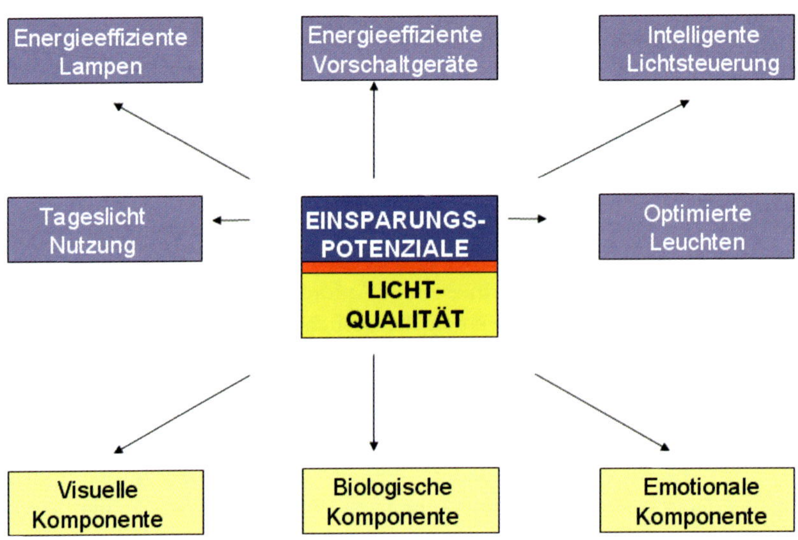

Themenrelevanz und Herausforderungen

„Mach das Licht aus", dieser Ruf erklingt wohl auch mit dem Hintergedanken: „Das kostet doch Geld." Und in der Tat, der Beleuchtung kommt bei den Kosten der Energie eine Bedeutung zu. Bei Bürogebäuden gibt es ausgesprochen unterschiedliche Energiekennwerte. Der Stromverbrauch macht dabei 70 bis 90 Prozent am Gesamtenergieverbrauch aus, wenn man die Primärenergie heranzieht. Auf die Beleuchtung entfallen davon 15 bis 40 Prozent. Das Optimierungspotenzial liegt bei 25 Prozent.

Im Dreiklang der Nachhaltigkeit stellt sich die Beleuchtung wie folgt dar:

Ökologie

Nach den Angaben der Internationalen Energieagentur (IEA) werden weltweit 19 Prozent der elektrischen Energie für die Beleuchtung aufgewendet, in Europa sind es 14 Prozent, in Deutschland 10 Prozent.

Moderne Lichttechnologie versucht, den Energiebedarf für Beleuchtung in allen Feldern zu reduzieren. Der relevante Energieverbrauch tritt beim Betrieb der Beleuchtungsanlage auf. Damit gilt es, ein optimales Betriebsverhalten zu finden.

„Die Beleuchtung von Räumen kann durch Tageslicht, durch Kunstlicht oder eine Kombination aus beidem erfolgen" [1]. Eine optimale Nutzung von Innenräumen schließt demnach schon vom Anspruch der Normen her die Beleuchtung mit Tageslicht ein. Dennoch ist eine künstliche Beleuchtung notwendig, da unsere Arbeitsplätze auch in den dunklen und tageslichtarmen Zeiten genutzt werden wollen. Diese künstlichen Lichtquellen werden mit Strom betrieben, sind also Energieverbraucher.

Ergonomie

Licht hat grundsätzlich einen guten Ruf, wenn es um die Steigerung der Energieeffizienz geht. Aber es besteht auch die Gefahr, dass dies zu Reduzierungen führt, die die Qualität der Beleuchtung einengen. Die Qualität der Beleuchtung ist ein entscheidender Faktor, um die Funktionen der Beleuchtung zu gewährleisten. Wenn der Mensch, der die Beleuchtung nutzt, in seiner Tätigkeit eingeschränkt wird, ist der Schaden oft nachhaltiger als der Effekt, der durch vermeintliches Energiesparen erreicht wird, wie z. B. in folgenden Fällen:

- Schadensquelle: Die Verringerung der Beleuchtungsstärken, sodass Sehaufgaben schlechter ausgeführt werden
- Schadensquelle: Wände und Decke bleiben dunkel, indem ausschließlich rein direkt strahlende Lichtsysteme eingesetzt werden, um das Licht auf die vermeintlich entscheidende horizontale Nutzebene zu bringen
- Schadensquelle: Störende Blendungen werden in Kauf genommen, um die Wirkungsgrade der Leuchten zu erhöhen

Im Gegensatz dazu liegt der entscheidende Vorteil einer effizienten Beleuchtung darin, den Nutzern bestmögliche Qualität zu der Zeit zur Verfügung zu stellen, zu der sie im Büro arbeiten, wie z. B.:

- Wählbare Beleuchtungsstärken je nach individuellem Wunsch und Bedarf zur Erfüllung von Sehaufgaben. Höhere Beleuchtungsstärken als in Normen ausgewiesen sind teilweise notwendig, besonders für ältere Mitarbeiterinnen und Mitarbeiter
- Helle Wände und Decken verbessern das Raumgefühl, steigern die Akzeptanz und helfen, munter zu bleiben

- Vertikale Lichtanteile erhellen Gesichter und erleichtern die Kommunikation
- Vermeiden von Störungen wie Blendungen, Reflexen, Spiegelungen und Flimmern unterstützt die Aufmerksamkeit und verhindert Beeinträchtigungen

Erwähnenswert ist, dass im Gegensatz zu früher die besondere Beachtung von Bildschirmarbeitsplätzen abgenommen hat. Moderne Bildschirme sind allgegenwärtig und weit weniger empfindlich für Reflexblendung als ältere Geräte.

Die Lichtqualität bezieht sich nicht ausschließlich auf die visuellen und emotionalen Funktionen der Beleuchtung, sondern auch auf die biologischen.

Neue Erkenntnisse auf dem Gebiet der biologischen Wirkung der Beleuchtung geben Impulse für eine deutliche Verbesserung der Beleuchtung. Der Mensch ist in seinem Wach- und Schlafrhythmus an den Hell-Dunkel-Verlauf des Tageslichtes angepasst. In den dunklen Stunden wird das Hormon Melatonin produziert, welches sich günstig auf den Schlaf auswirkt. Durch Licht am Tag wird dieses Hormon unterdrückt. Das gleichmäßige Schwingen der Melatoninausschüttung und -unterdrückung beeinflusst nachweislich die Gesundheit des Menschen. Die Signale zur Melatoninunterdrückung kommen von fotosensitiven Ganglienzellen in der Retina des Auges, die im blauwelligen Licht empfindlich sind.

Die Lichttherapie nutzt im Winter die künstliche Beleuchtung, um bei geringem Tageslicht den beschriebenen Melatonin-Rhythmus zu stärken. Sie wirkt sehr erfolgreich. Durch Verstärken des Blauanteils in der Beleuchtung wird die Lichtwirkung ebenfalls verstärkt. Sinnvoll ist allerdings, in den Abendstunden den Blauanteil zu verringern bzw. ganz zu vermeiden, um die nächtliche Melatoninausschüttung nicht zu behindern.

Alle Erkenntnisse können in der Bürobeleuchtung angewendet werden, um die Befindlichkeit der Mitarbeiterinnen und Mitarbeiter zu verbessern. Nachweisbar wurden Erfolge durch die Erhöhung der Beleuchtungsstärken erzielt. Eine Anpassung der Lichtfarbe kann diese Wirkungen weiter verstärken. Es erweist sich als günstig, in den Morgenstunden bis zum frühen Nachmittag mit tageslichtweißen Lichtfarben zu arbeiten. In den Nachmittags- und Abendstunden eigenen sich dann die warmen Lichtfarben bei gleichzeitig reduzierter Beleuchtungsstärke. Dies gilt nur bis zu dem Niveau, welches zur Erfüllung der Sehaufgaben vorgesehen ist. Um die Mittagszeit empfiehlt es sich, ähnlich wie bei den Helligkeiten im Außenraum, die Beleuchtungsstärke deutlich anzuheben, um die Aktivität zu steigern.

Ökonomie

Ökonomisch betrachtet rechnet sich eine Investition in eine gute Beleuchtung. Mitarbeiterinnen und Mitarbeiter finden die besseren Arbeitsbedingungen vor und sind daher produktiver. Eine von Anfang an gut geplante Beleuchtungsanlage ist letztlich auch im Betrieb effizienter. Es ist bekannt, dass die Folgen schlechter Beleuchtung durch Hilfsmaßnahmen beseitigt werden, etwa nachträglich verwendete Tischleuchten, die im Endeffekt die Energiekosten vervielfachen.

Darstellung und Bewertung unterschiedlicher Konzepte und Lösungsansätze

Die verschiedenen Aspekte der Beleuchtung beziehen sich auf die Wirkung des Lichts auf den Menschen, auf die Integration von Tageslicht und auf die Auswahl der optimalen Produkte bzw. Komponenten. Die Planung einer nachhaltigen Lösung wägt diese Aspekte ab.

Die wesentlichen Effekte zur Steigerung der nachhaltigen Effizienz werden erzielt durch:

- Optimale Planung anhand eines vorgedachten Konzeptes
- Nutzung von Lichtsteuerung für künstliche Beleuchtung und Jalousien
- Effiziente Produkte

Die Planung

Wann immer es möglich ist, sollte Tageslicht genutzt werden, um die Beleuchtungsaufgaben ausführen zu können. Die künstliche Beleuchtung muss dann den Anforderungen genügen, wenn kein Tageslicht zur Verfügung steht. Ein optimales Zusammenspiel von Kunst- und Tageslicht ist daher das Ziel einer nachhaltigen Lichtlösung. Die visuellen, emotionalen und biologischen Funktionen werden dabei im Einklang mit der Energieeffizienz berücksichtigt.

Tageslicht

Die optimale Nutzung von Tageslicht beginnt bei der Architektur des Gebäudes und der Gestaltung von Tageslichtöffnungen. Moderne Architektur nutzt die Energie des Tageslichtes, um die Räume zu beleuchten, schirmt jedoch die Sonnenstrahlung ab, um eine Erhitzung des Gebäudes zu vermeiden. Gleichwohl, im Winter, wenn die Sonne tiefer steht, kann eine Belichtung mit Sonnenlicht die Heizung ergänzen.

Angebracht ist die Verwendung von Jalousien, die das Tageslicht besser nutzen. Jalousien dienen als Sonnenschutz. Jedoch ist die geschlossene Jalousie häufig auch eine Abdunkelung, die im Raum eine künstliche Beleuchtung notwendig macht. Das lässt sich durch Tageslicht lenkende Jalousien, deren Kippwinkel je nach Sonnenhöhe eingestellt ist, verbessern.

Lichtsteuerung

Lichtsteuerung beschreibt die individuell oder über äußere Stellgrößen beeinflusste Veränderungen der Beleuchtung. Dabei können Leuchten einzeln oder in Gruppen gedimmt, ausgeschaltet oder auch in ihrer Farbe bzw. Farbtemperatur verändert werden (vgl. **Abbildung 4.2**).

Abbildung 4.2 Tageslichtabhängige Steuerung - Gebäude mit Tageslichtmesskopf. Quelle: Zumtobel Lighting

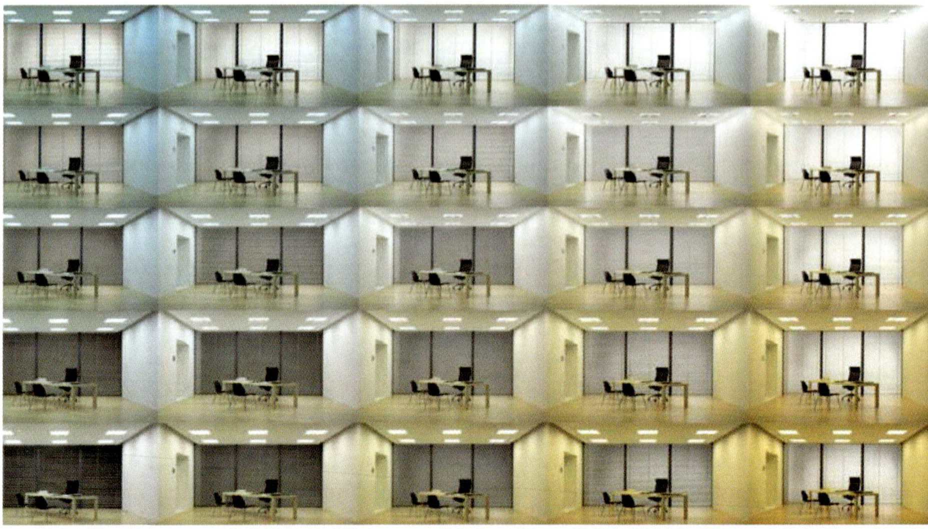

Zur Steigerung der Effizienz und Nachhaltigkeit einer Lichtlösung ist die Lichtsteuerung eine unbedingte Notwendigkeit, die zahlreiche Vorteile bieten kann:

- Tageslichtabhängige Steuerung: Fällt Tageslicht in den Raum, kann es zur Beleuchtung beitragen. Die künstliche Beleuchtung kann reduziert werden.
- Mit der Möglichkeit der individuellen Einflussnahme kann die Lichtsituation der persönlichen Bevorzugung angepasst werden. Es ist nicht das Ziel der tageslichtabhängigen Steuerung, immer automatisch ein konstantes Beleuchtungsniveau einzuhalten. Vielmehr ist es sinnvoll, bei genügendem Tageslicht die künstliche Beleuchtung so weit wie möglich zu reduzieren oder abzuschalten und erst wieder dann einzuschalten, wenn der Nutzer sich dafür entscheidet.
- Die Tageslichtverfügbarkeit muss bei der Planung abgeschätzt werden, um eine sinnvolle tageslichtabhängige Lichtsteuerung einsetzen zu können.
- Steuerung des Sonnenschutzes: Zur tageslichtabhängiges Lichtsteuerung sollte der Sonnenschutz integriert werden.
- Die Daten über den Tageslichtzustand können mit außenliegenden Messköpfen, die am besten unverschattet auf dem Dach montiert werden, erfasst werden. Im Innenraum werden die Jalousie und die künstliche Beleuchtung entsprechend gesteuert. In einfachen Anlagen können Sensoren im Innenraum die einfallende Tageslichtmenge erfassen und entsprechend auf die künstliche Beleuchtung einwirken.

- Präsenzabhängige Steuerung: Bei Abwesenheit sollte das Licht ausgehen. Einschalten kann der Nutzer bei Bedarf selbst. Auch in Fluren kann die präsenzabhängige Steuerung den Energiebedarf reduzieren.
- Konstantlicht: Die Planung sieht vor, dass Neuanlagen eine Reserve an Lichtmenge besitzen, da die Anlage im Laufe der Zeit altert und verschmutzt und damit die Lichtmenge abnimmt. Diese Anfangsreserve kann automatisch auf den Wartungswert der Beleuchtungsstärke reduziert werden.
- Szenenstellen: Individuelle Lichtstimmungen, erzeugt durch das Zusammenspiel mehrerer Leuchtengruppen.
- Biologische Wirkung: Die Veränderung der Beleuchtungsstärke und der Farbtemperatur hilft, die Beleuchtung den natürlichen Bedürfnissen anzupassen. Günstig ist, die Deckenhelligkeit für die Veränderung der Farbtemperatur einzusetzen (vgl. **Abbildung 4.3**).

Abbildung 4.3 Düstere Lichtstimmung bei reiner Direktbeleuchtung und motivierende helle Beleuchtung bei hellen Decken. Quelle: Zumtobel Lighting

Bewertung der Lichtqualität

Beleuchtung in ausgewogener Qualität ist das Ergebnis eines intensiven Planungsprozesses. Viele einzelne Faktoren sind zu beachten. Für die Bewertung der Lichtqualität wurde von Zumtobel in Zusammenarbeit mit Professor Schierz, TU Ilmenau, das ELI-Verfahren entwickelt (ELI = Ergonomic Lighting Indicator). Die Bewertung erfolgt anhand von fünf Kriterien. Jedes Kriterium definiert sich aus der Erfüllung von Unterkriterien, die im Einzelnen beschrieben sind (vgl. **Tabelle 4.1**).

Tabelle 4.1 ELI-Wertekriterien und eine Sammlung von Unterkriterien.

Wertungskriterium	Unterkriterien
Sehleistung	Wartungswert der Beleuchtungsstärke und Gleichmäßigkeit der Beleuchtung auf der Sehaufgabe, Beleuchtungsstärke im Umgebungsbereich, Farbwiedergabe, Schlagschatten etc.
Raumerscheinungsbild	Übereinstimmung mit dem architektonischen Konzept, Erfüllung der Erwartungshaltung, Orientierung, Führung und Gestaltung etc.
Sehkomfort	Plastische Erkennung, Blendungsbegrenzung, Lichtfarbe, Flimmern und Flackern, Dunkelzonen etc.
Vitalität	Aktivierung durch Lichtfarben und Lichtveränderungen, Unterstützung der circadianen Rhythmik, Farben etc.
Individualität	Einflussnahme auf die Lichtsituation, Anpassung an veränderte Gegebenheiten, Bezug zur Person etc.

Effizienzverbesserung von Lampen, Vorschaltgeräten und Leuchten

Die Lampenindustrie bietet eine Vielzahl von Lichtquellen an, um in unzähligen Anwendungsgebieten eingesetzt werden zu können. In Bürogebäuden ist heute und in den nächsten Jahren die Leuchtstofflampe der Standard. Glühlampen, von der EU-Kommission ohnehin mit einem Verbot belegt, sollten im Büro nicht mehr eingesetzt werden.

Die wichtigsten Kenngrößen für Lampen sind:

- Lichtausbeute, gemessen in Lichtstrom pro elektrische Leistung (lm/W)
- Lichtfarbe, gemessen in Kelvin, von warmweiß (3 000 K) über neutralweiß (4 000 K) zu tageslichtweiß (6 500 K)
- Farbwiedergabe, die Eigenschaft, Farben möglichst natürlich zu erkennen
- Lebensdauer, gemessen in Stunden, an deren Ende die Lampen einen markanten Lichtstromrückgang (z. B. auf 70 Prozent) und eine Ausfallwahrscheinlichkeit von 50 Prozent vorweisen
- Dimmbarkeit, Möglichkeit, den Lichtstrom der Lampe zu verringern

Stabförmige oder kompakte Leuchtstofflampen weisen sehr gute Eigenschaften auf. Sie werden schon heute fast ausschließlich am EVG (elektronischen Vorschaltgerät) betrieben. Ein kritischer Aspekt der Leuchtstofflampen ist ihr Gehalt an Quecksilber. Eine fachgerechte Entsorgung muss sichergestellt werden. Vorschaltgeräte sind dann besonders nachhaltig einsetzbar, wenn sie für das Dimmen der Leuchtstofflampen ausgelegt sind.

LED

Die LED bietet eine große Chance, die Energieeffizienz in der Beleuchtung weiter zu steigern. Die Erwartungen sind hoch. Die LED ist eine Halbleiter-Lichtquelle mit anderen Eigenschaften als die bekannten Entladungslampen oder Glühlampen. Neue Techniken müssen eingesetzt und verbessert werden. Die LED-Halbleitertechnik hat bekanntlich sehr hohes Steigerungspotenzial. Es steht daher außer Zweifel, dass die LED schon sehr bald eine bedeutende Rolle in der Beleuchtung spielen wird. Positiv ist die lange Lebensdauer, die zunächst geringeren Abfall erwarten lässt.

Heute sehr sinnvoll einsetzbar ist die Hybridleuchte (vgl. **Abbildung 4.4**), die die Leuchtstofflampe mit der LED kombiniert. Die Grundhelligkeit über den Indirektanteil im Raum bewirkt die Leuchtstofflampe, den zuschaltbaren Direktanteil für die Sehaufgabe erzeugt die LED.

Abbildung 4.4 Hybrid-Leuchte. Quelle: Zumtobel Lighting

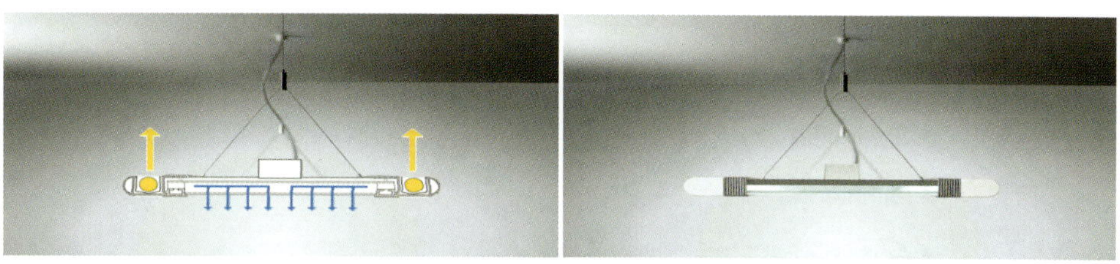

Ökonomische und ökologische Potenziale

Nachhaltigkeit durch Planung

Die Beleuchtungstechnik verfügt heute über eine Auswahl sehr effizienter Produkte und über hochwirksame Konzepte, um das Licht zu managen. Die richtige Steuerung erleichtert die Bedienung und reduziert den Energiebedarf entscheidend. Eine Übersicht über die Einsparpotenziale verschiedener Aspekte der Beleuchtung zeigt **Abbildung 4.5**.

Abbildung 4.5 Einsparpotenziale fördern und nutzen. Quelle: Zumtobel Lighting

Lichtquelle	Betriebsgeräte	Leuchten	Lichtmanagement	Beleuchtungskonzept
Verwendung von Lampen mit hoher Lichtausbeute	Verwendung von elektronischen Vorschaltgeräten	Optimierung und Innovation für mehr Energieeffizienz	Durch Lichtmanagement lässt sich bis zu 80 % Energie einsparen	Einsparungspotenzial von bis zu 20 % durch Beleuchtungskonzepte
▪ Leuchtstofflampen ▪ Kompaktleuchtstofflampen ▪ LED	▪ Effizienter Betrieb der Lampen bis 20 % ▪ Reduktion Eigenverbrauch bis 50 % ▪ Steigerung der Lampenlebensdauer bis 50 % ▪ Sofortstart ▪ Flimmerfrei ▪ Adressierbar	▪ 10-15 % Energieeinsparung durch Verbesserung der Wirkungsgrade mit Hilfe neuer Technologien	▪ Tageslichtabhängige Steuerung bis 60 % ▪ Tageslicht-Lenkjalousien bis 20 % ▪ Präsenzdetektor bis 30 % ▪ Zeitmanagement bis 15 % ▪ Maintenance Control bis 25 %	▪ Arbeitsplatzbezogene Beleuchtung

Energieeffizienz im Gebäude

Die Umsetzung der Gebäudeenergieeffizienzrichtlinie, die für Gebäude einen Energiepass fordert, zeigt für die Energieeffizienz in die richtige Richtung. Die Angabe des Energieverbrauchs in kWh/m² a lädt dazu ein, Beleuchtungsanlagen effizient zu betreiben. Lichtsteuern reduziert den Energieverbrauch.

Die Angabe erfolgt durch LENI (Lighting Energy Numeric Indicator), der in der europäischen Norm EN 15 193 zur Kennzeichnung des Energiebedarfs für Beleuchtung zum Energiekennwert des Gebäudes beiträgt.

Praxisbeispiele

Büro Hausladen

Abbildung 4.6 Büro Hausladen - das intelligente Lichtmanagementsystem ermöglicht bis zu 16 verschiedene Lichtstimmungen. Quelle: Zumtobel Lighting

Die neuen Räume des Ingenieurbüros, das vor allem auf die Aufgabenfelder Haustechnik, Bauphysik und Energietechnik spezialisiert ist, befinden sich im Dachgeschoss einer ehemaligen Scheune. Die Verbindung von energieeffizienter Architektur mit dem behutsamen Umgang der bestehenden Bausubstanz stand dabei im Vordergrund.

Bei der Beleuchtung stand schnell fest, dass das einfallende Tageslicht nicht ausreichen wird, um die notwendige Helligkeit an den Arbeitsplätzen zu garantieren. Mit der Prämisse „so viel Technik wie nötig, so wenig technischer Aufwand wie möglich" entschieden sich die Planer nach umfangreichen energetischen Berechnungen für das Lichtmanagementsystem. Durch intelligente Software, die über ein leicht zu bedienendes Touchpanel bereitsteht, können bis zu 16 verschiedene Lichtstimmungen ausgewählt werden. Vor allem aber steht das Lichtmanagementsystem für die dynamische Anpassung des Kunstlichts an die natürlichen Lichtverhältnisse. Das Lichtmanagementsystem kommt den biologischen, den emotionalen und den menschlichen Bedürfnissen am Arbeitsplatz nach und sorgt für ein positives Raumambiente.

LVM Münster

Abbildung 4.7 Arbeitsbereichsbezogene Beleuchtung, getrennter Direkt- und Indirektanteil. Quelle: Zumtobel Lighting

„Licht wird erst dann spannend, wenn man sich wohlfühlt. Deshalb haben wir bei diesem Projekt die gesamte Beleuchtung regelbar geplant", fasst Klaus Nordhorn vom Ingenieurbüro Nordhorn die Planungsziele zusammen. Um den Gebäudekomplex effizient steuern zu können, stand für die Bauherren die Steuerung über ein Lichtmanagementsystem von Anfang an fest. Einfach, präzise und sehr flexibel garantiert die intelligente Software die Steuerung aller Leuchten und Jalousien im Gebäude. Mit der Kombination aus Tageslicht- und Jalousiesteuerung lassen sich bis zu 60 Prozent Energie einsparen, bei gleichzeitig optimaler Lichtqualität. Das Lichtmanagementsystem passt das Kunstlicht dynamisch an die natürlichen Lichtverhältnisse an. Damit erhalten die rund 400 Mitarbeiterinnen und Mitarbeiter im neuen LVM-Gebäude bestmöglichen Lichtkomfort, der die biologischen und emotionalen Bedürfnisse am Arbeitsplatz berücksichtigt.

Die Pendelleuchten sind direkt über den Arbeitsplätzen montiert und konzentrieren das Licht optimal auf den jeweiligen Arbeitsbereich mit seinen spezifischen Sehaufgaben. Während präzise ausgerichtetes Direktlicht von den beiden äußeren Seiten der Leuchte für genügend Helligkeit im Arbeitsumfeld sorgt, erlaubt das seitlich einfallende Licht ausgewogene Schattigkeit. Das in der Mitte erzeugte Indirektlicht bringt eine Beleuchtungsstärke hervor, die das Wohlbefinden fördert.

Energy Base

Abbildung 4.8 Energy Base – Gebäudeansicht. Quelle: Zumtobel Lighting

Die Energy Base wurde nach dem Passivhausstandard errichtet. Gegenüber einem vergleichbaren Standardgebäude beträgt die Reduktion des Energiebedarfs bei Heizung, Lüftung, Klima und Beleuchtung 80 Prozent. CO_2-Emissionen konnten um 200t pro Jahr verringert werden. Auf einer Bruttogeschossfläche von 11 363 m² befinden sich Aufenthaltsräume, die großzügig mit Tageslicht versorgt werden. Die tageslichtabhängige Steuerung in Kombination mit dem gelochten Blend- und Sonnenschutz regelt die Lichtverhältnisse in Raum. Zusätzlich sorgen 500 Pflanzen „Zyperngras" für ein angenehmes Raumklima.

Sol 4 Wien

Abbildung 4.9 Sol 4 - Gebäudeansicht und Blick in den Luftraum. Quelle: Zumtobel Lighting

■ Durch und durch nachhaltig

In Teamwork plante die Solar 4 you Consulting GesmbH das innovative Kompetenzzentrum SOL 4 in Mödling. Mit Photovoltaikfassade und Solarzellen am Dach exerziert das Kompetenzzentrum in Mödling nachhaltiges Bauen im größten Passivhaus Österreichs. Die blau schillernde „Clip-On"-Fassade aus vorgefertigten, strohgedämmten Holzleichtbauteilen ist ein Prototyp.

Pylonleuchten betonen die Zufahrt an der Grasböschung im Süden, geparkt wird auf Ziegeln und Betonsteinen, der Eingang liegt unter dem auskragenden Obergeschoss im offenen Südosteck. Decken-, Bodenfluter und Wandleuchten betonen die aus roten Ziegeln gemauerte Vorzone, Glas-Platten die Portiersloge, zwei Glastüren führen ins zentrale Innenatrium. Als kommunikatives Herz durchzieht der glasgedeckte Luftraum mit umlaufenden Bürogalerien und Treppe alle Geschosse. Eine Öffnungsklappe sorgt für Frischluftspülung, über die schlanke Nirostascheibe am Lift flutet Wasser in ein Becken mit Steinen, das kontemplative Ruhe verströmt.

■ Energieeffiziente Beleuchtung – klar und funktionell

Das erste „Null-Heizenergie"-Büro Österreichs wurde von Solar 4 you und Dipl.-Ing. Ruth König in intensivem Teamwork mit mehreren Projektpartnern geplant, u. a. mit der Donauuniversität Krems, mit dem Ökobau-Cluster und Zumtobel. Handwerker wurden geschult, Nutzer und Fachplaner fein abgestimmt. So können z. B. die strikt getrennten Heizungs-, Klima-, Lüftungs-, Sanitär- und Lichtsysteme aufeinander reagieren. Energiekomponenten fördern effiziente Wärmenutzung, Jalousien schützen vor Blendung und verhindern Überhitzung. Ihre Lamellen sind im unteren Bereich blendschützend belegt, die reflektierende Oberseite mehrt das Licht im Raum. Sie werden von einem vielseitigen und professionellen Lichtmanagementsystem gesteuert, das mit 150 Modulen und wenig Energieverbrauch für die richtige Beleuchtung sorgt.

Die Kombination aus Wetterstation, Regen- und acht Tageslichtsensoren, die je nach Himmelsrichtung Energieeinstrahlung und Lichtintensität messen, schaffen an jedem Platz Tageslichtqualität. Über ein Steuerungsdisplay kann jeder sie so dimmen, wie er sie braucht. Gleichmäßig oder gezielt belichten verschiebbare Leuchtkörper an Deckenschienen die transparenten, lehmverputzten, flexibel teilbaren Büros. Reflektorlos pur harmonieren sie mit der unverputzten Atriumdecke und den schönen, großformatigen Lehmziegeln, mit denen das Sichtbetonskelett ausgefacht ist. Alle Materialien sprechen für sich: Erstmals wurde hier im Hochbau zementfreier Beton mit 75 Prozent geringerem CO_2-Ausstoß verwendet, der mit tragenden Mauern aus speicheroptimierten Ziegeln und Wärme dämmenden Mineralschaumplatten an Fassaden minimiert wurde und die Öko-Bilanz stark verbesserte.

Energie AG Linz, Power Turm

Abbildung 4.10 Energie AG Linz - Beleuchtung. Quelle: Zumtobel Lighting

Das 75 m hohe Gebäude der Energie AG Linz erreicht ebenfalls Passivhausstandard. Die 19 Geschosse werden mit 46 Tiefensonden à 150 m beheizt und gekühlt. Bei Kühlbetrieb wird die Wärme aus dem Gebäude in den Boden zurückgespeichert, während der Kühlbetrieb des Rechenzentrums mit Grundwasser erfolgt. 700 m^2 Photovoltaikfläche liefern Strom für IT und die tageslichtabhängig gesteuerte Beleuchtung.

5 Behaglichkeit und Raumklima

Michael Bauer, Peter Mösle

Wohlbefinden und gesundes Raumklima

Menschen in Industrienationen halten sich zum größten Teil ihres Lebens in Gebäuden auf. Die Gebäude sind daher ein wesentlicher Faktor für Lebenszufriedenheit und Gesundheit. Nur durch ein hohes Maß an Wohlbefinden kann eine hohe Arbeitsqualität und -leistung erzielt werden oder können kreative Ideen und Prozesse entstehen. Natürlich sind die Einflussgrößen auf das menschliche Wohlbefinden sehr vielfältig. Einige Kriterien sind physikalisch messbare Größen, wie die Luft- und Strahlungstemperatur, die Luftfeuchte und der Innenlärmpegel. Andere Kriterien sind nicht richtig messbar bzw. beeinflussbar wie der gesundheitliche Allgemeinzustand, das Alter, die gewählte Kleidung, die ethnische Herkunft und Erziehung oder ob der Kollege im 2-Personen-Büro sympathisch ist. Zudem existieren Einflüsse, deren Auswirkungen auf den Menschen erst dann spürbar werden, wenn der Mensch ihnen eine längere Zeit ausgesetzt ist. Dazu zählen hochemittierende Materialien (z. B. Klebstoffe) und elektromagnetische Strahlen, die zunehmend an Bedeutung gewinnen (**Abbildung 5.1**).

Abbildung 5.1 Einflusskriterien für das Behaglichkeitsempfinden in Räumen [1]

Wohlfühlen – Faktoren thermischer Behaglichkeit		
physikalische Faktoren	physiologische und intermediäre Bedingungen	
umschließende Flächentemperatur	Kleidung	Nahrungsaufnahme
Lufttemperatur	Tätigkeitsgrad	ethnische Einflüsse
relative Feuchte	individuelle Eingriffsmöglichkeit	Alter
Luftbewegung	Adaption und Aklimatisation	Geschlecht
Luftdruck	Tages- und Jahresrhythmus	körperliche Verfassung
Luftzusammensetzung	Raumbesetzung	Konstruktion des Gebäudes
elektromagnetische Verträglichkeit	psychosoziale Faktoren	
akustische Einflüsse		
optische Einflüsse		

Das thermische Empfinden des Menschen wird durch die Wärmebilanz am Körper beeinflusst. Für eine thermisch ausgeglichene Situation muss die im Organismus gebildete Wärme vollständig an die Umgebung abgegeben werden. Der menschliche Organismus besitzt die Fähigkeit, seine innere Kerntemperatur unabhängig von den Umgebungsbedingungen und bei unterschiedlichen körperlichen Aktivitäten relativ konstant zu halten. Hierzu kann der Mensch bei extremen Klimabedingungen oder Belastung seine Körperoberflächentemperatur nach unten oder oben verändern. Eine thermische Behaglichkeit ist daher nur gegeben, wenn entweder die Umgebungstemperatur oder die Kleidung den Klimabedingungen angepasst wird. So wird unangenehmes Schwitzen mit hoher Verdunstung weitestgehend vermieden, wenn eine Oberflächentemperatur der Haut von etwa 34 °C nicht überschritten wird und die Umgebungstemperaturen sich gleichzeitig unterhalb von rund 26 °C befinden.

Behaglichkeit und Leistungsfähigkeit

Die Arbeitsleistung eines Menschen und die notwendige Arbeitseffektivität sind in den letzten Jahren angestiegen. Bauherren und Mieter haben erkannt, dass angenehme Raumtemperaturen ein wesentliches Kriterium sind, um die Arbeitsmotivation und -produktivität hoch zu halten. Wenn in einem Unternehmen z. B. an 10 Prozent der Arbeitszeit ein nicht akzeptables Raumklima vorherrscht, führt dies zu einer ausgeprägten Minderung der Arbeitsmotivation und -leistung.

In **Abbildung 5.2** ist die geistige und körperliche Leistungsfähigkeit in Abhängigkeit von der Raumtemperatur aus verschiedenen Studien dargestellt. Es zeigt sich, dass ab Raumtemperaturen von 25 bis 26 °C die Leistungsfähigkeit spürbar sinkt. Ab 28 bis 29 °C vermindert sich die Arbeitseffektivität deutlich.

Abbildung 5.2 Leistungsfähigkeit des Menschen in Abhängigkeit von der Raumtemperatur [1]

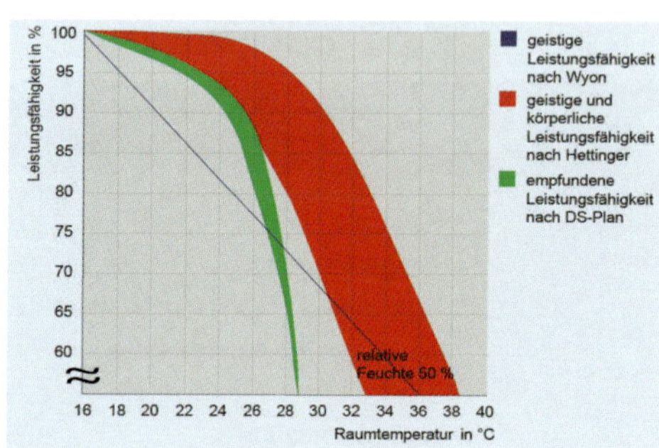

Empfundene Temperatur in Aufenthaltsräumen

Professor Fanger [ISO 7730] hat an der Universität von Dänemark in Kopenhagen ein Verfahren entwickelt, mit dem das mehrheitliche Wohlbefinden von Personen in Innenräumen ungefähr vorausgesagt werden kann. Basis des Verfahrens bilden die wesentlichen Einflussfaktoren auf das thermische Gleichgewicht am menschlichen Körper: Tätigkeit, Kleidung, Luft- und Strahlungstemperatur, Luftgeschwindigkeit und Luftfeuchte. Falls diese Größen bekannt sind, kann das Wärmeempfinden für Personen ungefähr vorausgesagt werden. Eine Zufriedenstellung aller Personen ist jedoch aufgrund der individuellen Wahrnehmung nicht möglich. Eine Untersuchung an über 1 300 Probanden hat gezeigt, dass mindestens immer 5 Prozent der Testpersonen das Raumklima als unbehaglich bewerteten. Für das Wärmeempfinden werden in der aktuellen internationalen und europäischen Normierung drei Kategorien der thermischen Behaglichkeit festgelegt. Die höchste Kategorie A (sehr gut) weist eine Wahrscheinlichkeit von 6 Prozent an Unzufriedenen auf, die mittlere Kategorie B (gut) enthält 10 Prozent Unzufriedene und in der Kategorie C (akzeptabel) werden sich mit hoher Wahrscheinlichkeit etwa 15 Prozent an unzufriedenen Personen befinden.

Die Temperatur ist die bestimmende Einflussgröße auf die individuelle thermische Behaglichkeit. Je nach Stimmungslage, Aufenthaltsdauer und Örtlichkeit wird die Situation von derselben Person unterschiedlich bewertet. So kann eine direkte Besonnung beim Entspannen im eigenen Wohnzimmer als angenehm empfunden werden, in Stresssituationen jedoch führt diese Wärmezufuhr zu Unbehagen. Der Mensch fühlt eine Temperatur, die sich aus der angrenzenden Lufttemperatur, der einzelnen Temperaturen der umgebenden Oberflächen sowie aus einer möglichen direkten Besonnung zusammensetzt. Die sich daraus für den Menschen einstellende Temperatur wird als Empfindungstemperatur bezeichnet.

Für Räume mit längerer Aufenthaltsdauer wird als Kriterium die mittlere Empfindungstemperatur ohne direkte Besonnung verwendet. Diese wird vereinfachend als Mittelwert aus den vorhandenen Oberflächentemperaturen der inneren Umfassungsflächen und der Raumlufttemperatur bestimmt. Die Oberflächentemperaturen werden auch als Strahlungstemperaturen bezeichnet. Die Verhältnisse aus Strahlungstemperatur und Lufttemperatur können durch die wärmedämmenden Eigenschaften des Fassadensystems, durch die vorhandene Gebäudemasse sowie durch die eingesetzten technischen Anlagen verändert werden. Die höchste Zufriedenheit wird bei einer empfundenen Raumtemperatur von 22 °C im Winter und von 25 °C im Sommer erzielt. Je nach Außenklima, physikalischen Materialeigenschaften der Bauteile und Art der technischen Anlagensysteme können die einzelnen Oberflächen des Raums unterschiedliche Temperaturen aufweisen. Es sollte darauf geachtet werden, dass diese Temperaturen nicht zu stark von der Raumlufttemperatur abweichen, da die thermische Behaglichkeit gerade durch die lokalen Oberflächentemperaturen beeinflusst wird. Unterschiedliche Oberflächentemperaturen werden mit der so genannten Strahlungsasymmetrie bewertet.

Raumluftfeuchte

Die Raumluftfeuchte hat nur einen geringeren Einfluss auf das Temperaturempfinden und die thermische Behaglichkeit in Räumen, solange sich die Lufttemperatur im üblichen Bereich befindet, der Aktivitätsgrad der Person gering ist und die Raumluftfeuchte zwischen 30 und 70 Prozent liegt. Demnach wird ein Raum bei einer um 10 Prozent höheren relativen Luftfeuchte als genauso warm empfunden wie bei einer um 0,3 K höheren Temperatur. Bei höheren Raumtemperaturen und Aktivitätsgraden ist der Einfluss der Luftfeuchte größer, da der Mensch dann vor allem durch Verdunstung (Schwitzen) Wärme abgibt. Durch eine hohe Luftfeuchte wird dieser Vorgang jedoch erschwert oder unmöglich gemacht, sodass die empfundene Temperatur ansteigt und Unbehagen verursacht.

Auch bei normalen Raumtemperaturen kann eine lang anhaltende, sehr geringe oder sehr hohe Raumluftfeuchte das Wohlbefinden des Menschen negativ beeinflussen. Raumluftfeuchten unter 30 Prozent führen zum Austrocknen und zu Reizungen der Schleimhäute in den Augen und Luftwegen, Raumluftfeuchten über 70 Prozent können durch Kondensation Schimmelbildung verursachen, die neben gesundheitlichem Unbehagen auch Bauschäden nach sich ziehen kann. Ob für die Regulierung der Raumluftfeuchte zusätzliche technische Maßnahmen getroffen werden müssen, ist abhängig von der Häufigkeit des Auftretens von zu geringen bzw. zu hohen Raumluftfeuchten.

Wenn keine sehr hohen Ansprüche an den Feuchtehaushalt gestellt werden, z. B. eine relative Mindestraumluftfeuchte von über 35 Prozent, so kann in Mitteleuropa in der Regel auf eine aktive Luftbefeuchtung verzichtet werden. Sehr trockene Außenluft kommt in diesen Regionen im Mittel zu weniger als 15 Prozent der Nutzungszeit vor. Es sollte jedoch vor allem in sehr dichten Gebäuden, in denen der Luftaustausch nur noch über die Lüftungsanlage funktioniert, darauf geachtet werden, dass ausreichend Feuchtequellen in der Nutzung vorgesehen werden und passive Maßnahmen wie die Feuchterückgewinnung durch Rotationsräder in Lüftungsgeräten ergriffen werden. In Nordeuropa hingegen kommt kalte und trockene Außenluft sehr viel häufiger vor, sodass es an solchen Standorten durchaus vorteilhaft sein kann, die Raumluft zu befeuchten.

Abhängig vom Standort ist im Sommer in Mittel- und Südeuropa die Außenluft sehr feucht. Je nach Gebäudetyp lassen sich Raumluftfeuchten auch in die verwendeten Materialien einspeichern, sodass bei geringem Vorkommen einer hohen Außenluftfeuchte keine gezielte maschinelle Entfeuchtung der Räume erforderlich wird. Falls die feuchte Außenluft jedoch über einen längeren Zeitraum anhält, ist zumindest eine Teilentfeuchtung der maschinell zugeführten Außenluft empfehlenswert.

Luftgeschwindigkeit und Draft-Risk

Eine lokale thermische Unbehaglichkeit wird vor allem dann empfunden, wenn der Energieumsatz des Körpers sehr gering ist. Dies ist meist bei sitzenden Tätigkeiten der Fall. Bei einem höheren Aktivitätsgrad wie beim Gehen oder anderen körperlichen Tätigkeiten ist das lokale Wärmeempfinden nicht so ausgeprägt. In diesem Fall ist die Gefahr von lokalem Unbehagen sehr viel geringer. Bei der Bewertung von Zugerscheinungen auf die thermische Behaglichkeit sind die Nutzungssituationen immer zuerst zu prüfen, bevor bauliche und technische Systeme dafür ausgelegt werden.

Für sitzende Personen in Büro-, Schul- und Konferenzräumen ist die Zugluft die häufigste Ursache für eine lokale Unbehaglichkeit. Zugluft kann zum einen durch Kaltluftabfall an kalten Oberflächen (z. B. bei schlecht gedämmten Wänden oder hohen Glasfassaden) oder durch maschinelle und natürliche Lüftungssysteme hervorgerufen werden. Die Wirkung ist in beiden Fällen gleich: Es findet eine lokale Abkühlung am menschlichen Körper statt, die durch die höhere Luftgeschwindigkeit und den dadurch höheren Wärmeübergang verursacht wird. Je nach Höhe der Luftgeschwindigkeit, der Turbulenz und der Lufttemperatur wird die lokale Abkühlung mehr oder weniger akzeptiert. So ist eine Luftbewegung im Winter mit einem kalten Luftstrom sehr schnell unbehaglich, während er im Sommer über Fensterlüftung durchaus wohltuend sein kann, da dadurch die Wärmeabfuhr des Körpers positiv unterstützt wird. Auch werden Luftbewegungen vielmehr dann akzeptiert, wenn sie durch manuelles Bedienen vom Nutzer (z. B. durch Fensterlüftung) selbst verursacht werden oder wenn der Nutzer keinen Anspruch an einen höheren Komfort erhebt (z. B. in einem Atrium).

Akustik

Akustische Einflüsse werden vom Menschen meist nur unbewusst wahrgenommen. Körperliches und geistiges Wohlbefinden können mitunter ganz erheblich von der Geräuschart und -menge abhängen. Da man seine Ohren gegenüber akustischen Sinnesreizen nicht verschließen kann, wird zumindest das menschliche Unterbewusstsein von Geräuschbelastung strapaziert. Dabei müssen es nicht immer besonders laute oder permanent hohe Geräuschpegel sein, die einem Menschen im wahrsten Sinne des Wortes „auf die Nerven" gehen. Auch stark schwankende oder impulshaltige Schallereignisse können sehr belastend sein. Innerhalb eines Gebäudes sind es auch sehr oft Geräusche mit „Informationsgehalt", also Sprachfetzen, laute Telefonate, Mitarbeitergespräche etc., durch die die Konzentrationsfähigkeit stark beeinträchtigt werden kann. Bei der Planung wird unterschieden zwischen Beeinträchtigung und Gesundheitsgefährdung.

Äußere Lärmquellen, die Einfluss auf Konzentration bzw. Arbeitsleistung, Kommunikation oder erforderliche Ruhe haben, sind vor allem durch den Verkehr bedingt. Dabei wird zwischen einem kontinuierlich vorhandenen Lärmpegel (Straße) und einem kurzzeitigen Lärmpegel (Flugzeug, Zug, Autos an einer Ampel) unterschieden. Bei gleichmäßigen Quellen lassen sich zusätzliche bauliche Maßnahmen wie Schallschutzschilde und Doppelfassaden in das Gesamtkonzept integrieren. Die Belastung durch kurze Lärmspitzen ist abhängig von deren Häufigkeit, sie ist in der Regel jedoch schwieriger zu beurteilen. Da bei moderaten Außentemperaturen die meisten Menschen am liebsten ihre Räume über die Fenster be- und entlüften, muss der Einfluss des Außenlärms sowohl für geschlossene Fenster als auch für offene Fenster bewertet werden. Auch aus energetischen Gründen ist während der Jahreszeit, die eine Fensterlüftung zulässt, ohne den thermischen Raumkomfort wesentlich zu beeinträchtigen, die natürliche Lüftung zu bevorzugen, da Laufzeiten von technischen Anlagen reduziert und Energieaufwendungen verringert werden können. Natürlich werden je nach Fensterstellung immer unterschiedliche Innenlärmqualitäten erreicht, entscheidend ist jedoch, wie hoch die Beeinträchtigung tatsächlich ist und ob sie dauerhaft im Raum akzeptiert wird. Die Praxis zeigt, dass bei Fensterlüftung vom Nutzer häufig stärkere Geräuscheinflüsse durch den Außenlärm in Kauf genommen werden, während vergleichsweise kleinere Pegel aus Lüftungsanlagen nicht akzeptiert werden. **Abbildung 5.3** zeigt eine Bewertung von Innenlärmpegeln für verschiedene Nutzungen.

Abbildung 5.3 Einteilung der Lärmpegelbereiche im Raum in Abhängigkeit der Tätigkeit und Nutzung [1]

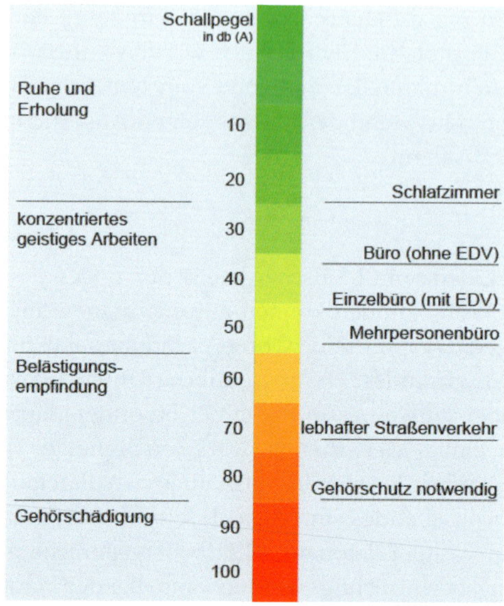

Innere Lärmquellen entstehen durch Personen, technische Installationen oder sonstige Geräte. Dabei muss unterschieden werden, ob eine nahezu vollständige Unterbindung der Schallübertragung erforderlich wird oder ob nur die Verständlichkeit von Gesprächen verhindert werden soll. So werden beispielsweise in Räumlichkeiten, in denen man sich üblicherweise nur temporär aufhält (Restaurant, Kaufhaus) ohne Weiteres höhere Anlagen- und Umgebungspegel akzeptiert, als es in Schlaf- oder Besprechungsräumen der Fall wäre.

Ein hoher akustischer Komfort ist dann gegeben, wenn Schalleinflüsse auf den eigenen Nutzbereich minimiert und die Sprachverständlichkeit innerhalb des Nutzbereiches erhöht werden. Dies betrifft alle Arten von Nutzungen (vgl. **Abbildung 5.4**).

Abbildung 5.4 Einteilung der Schalldämmung von Raumtrennwänden im Bürobereich in Abhängigkeit der Tätigkeit und Nutzung [1]

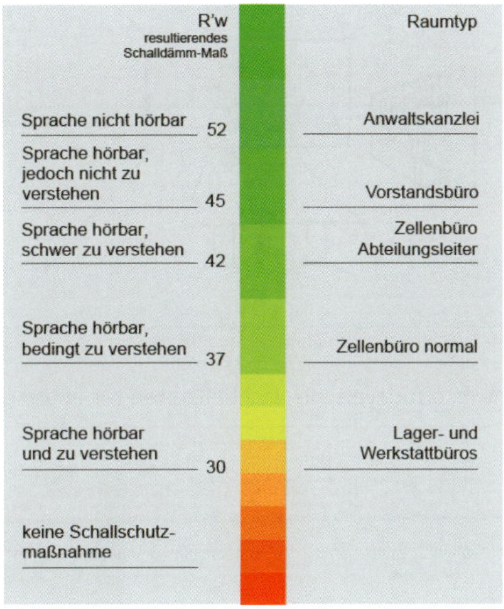

Die Anforderungen an die Materialien sind jedoch unterschiedlich. Bei der Vielzahl schallharter Ausbaumaterialien wie Glas, Metall und Sichtbeton ist es immer häufiger erforderlich, den Nachhall in den Räumen durch akustisch wirksame Vorsatzschalen wie abgehängte Decken zu verringern. Dies schafft dann zwar angenehme akustische Raumbedingungen, jedoch ist die Gebäudemasse der Stahlbetondecke auf diese Weise für thermische Speichereffekte zum großen Teil unwirksam. Die Einzeloptimierung zeigt dabei deutliche Nachteile für das Gesamtziel eines komfortablen und energieeffizienten Gebäudes.

Die Nachhallzeit ist eine physikalische Messgröße, mit der die Art des Schalls in Räumen bewertet werden kann. Sie wird wesentlich von den schallabsorbierenden bzw. -reflektierenden Eigenschaften der Raumoberflächen sowie dem Raumvolumen beeinflusst (vgl. **Abbildung 5.5**). Neben der Gleichmäßigkeit der Schallverteilung ist sie die wichtigste Bewertungsgröße zur Klassifizierung der akustischen Eigenschaften eines Raums. In Bereichen mit großem Kommunikationsbedarf ist üblicherweise eine niedrige Nachhallzeit erforderlich, um die notwendige Konzentrationsfähigkeit zu gewährleisten, während für den Musikgenuss meist längere Nachhallzeiten vorteilhaft sind (vgl. **Abbildung 5.6**).

Abbildung 5.5 Einflussfaktoren auf die Nachhallzeit und den akustischen Komfort [1]

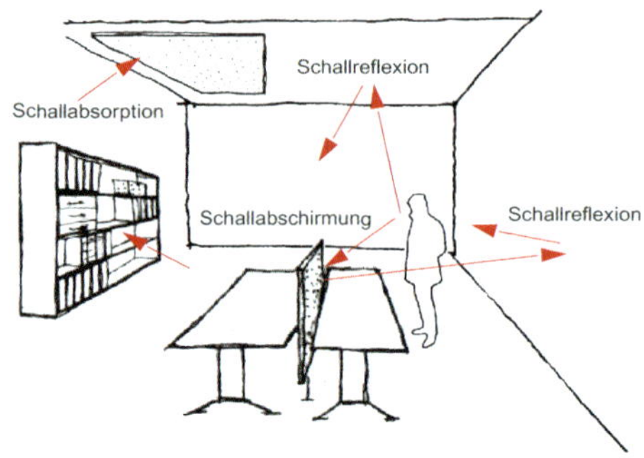

Abbildung 5.6 Kennwerte für typische Nachhallzeiten für unterschiedliche Nutzungen [1]

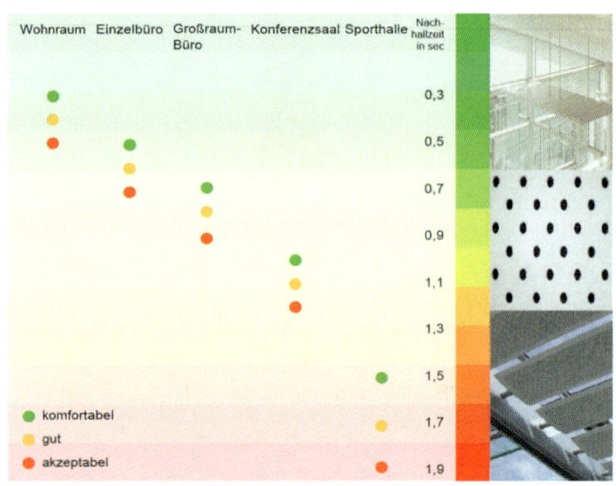

Luftqualität

Für den Menschen ist Luft lebensnotwendig. So bestimmt die Luftqualität nicht nur sein Wohlbefinden zu Hause, in der Schule oder bei der Arbeit, im Krankenhaus oder beim Freizeitvergnügen, sondern auch seine Gesundheit. Damit ist die Sicherstellung der erforderlichen Luftqualität ein sehr wichtiger Baustein in der Gebäudekonzeption. Die Anforderungen sind im Wesentlichen von der Nutzung und der Aufenthaltsdauer abhängig. Bei sehr dichten Gebäuden, wie sie als Passivhäuser oder als Green Buildings aufgrund der Vorteile für den verringerten Lüftungsheiz- und Kühlbedarf vorzufinden sind, muss die Planung sorgfältig und ohne Verwendung „alter Erfahrungswerte" erfolgen. Die erforderliche Luftwechselrate ist nunmehr nicht nur abhängig von der Personendichte und den Schadstoffen, sondern auch von der vorhandenen Außenluftqualität, vom gewählten Lüftungssystem und der verwendeten Ausbaumaterialien im Gebäude.

Schadstoffquellen außerhalb von Räumen

Die Außenluft in der näheren Umgebung des Gebäudes kann die Raumluft mit Schadstoffen von Verkehr, Heizungen, Industrie und Gewerbebetrieben belasten. Die wesentlichen Schadstoffe sind:

- Schwebstoffe wie Staub oder Feinstaub (PM10, „Dieselruß"),
- gasförmige Verunreinigungen (Kohlenmonoxid CO, Kohlendioxid CO_2, Schwefeldioxid SO_2, Stickstoffoxide NO_x und andere flüchtige organische Verbindungen (VOC) wie z. B. Lösemittel und Benzol) sowie
- Schimmelpilze und Pollen.

Der Ozongehalt der Außenluft ist für Innenräume in der Regel nicht relevant, da Ozon sehr reaktionsfähig ist und die Konzentration damit im Raum sehr schnell abnimmt. Eine natürliche oder maschinelle Lüftungskonzeption ist damit primär vom Gebäudestandort und der vorherrschenden Luftverunreinigung abhängig. Je nach Qualität der Außenluft müssen die Möglichkeiten und Grenzen der Luftversorgung im Hinblick auf natürliche Fensterlüftung, Filterung und Reinigung der Außenluft bei der Planung betrachtet werden.

Lufthygiene des Innenraums

Die Höhe des erforderlichen Außenluftwechsels ist vor allem davon abhängig, wie viele Personen sich im Raum aufhalten, welche Tätigkeiten ausgeführt werden und welche Emissionen aus Materialien und Geräten vorhanden sind. Auch menschliche Ausdünstungen belasten die Raumluft unterschiedlich stark, je nach Bewegungsgrad der Personen. Die durch den menschlichen Stoffwechsel hervorgerufenen Verunreinigungen lassen sich mittels der Konzentration von Kohlendioxid in der Luft relativ einfach ermitteln. Die CO_2-Konzentration hat sich in der Praxis als ein sehr guter Indikator erwiesen, falls keine wesentlichen staubhaltigen Luftschadstoffe vorliegen (vgl. **Abbildung 5.7**). Der Sauerstofftransport im Körper wird mit ansteigender CO_2-Belastung reduziert und führt zu Kopfschmerzen und verringertem Leistungsvermögen bis hin zur Benommenheit.

Abbildung 5.7 Kennwerte für die CO_2-Belastung [1]

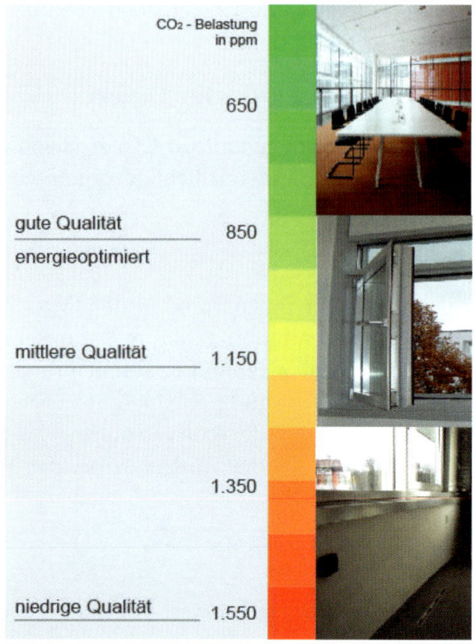

Emissionen aus Baumaterialien und Einrichtungsgegenständen

Neben den Personen können die vorhandenen Materialien mit ihren Emissionen die Raumluft unterschiedlich stark belasten. Dies gilt vor allem für die im Innenausbau verwendeten Baustoffe. Ausdünstungen aus Baustoffen tragen zur Anreicherung von Schadstoffen in der Raumluft bei. Für die Sicherstellung der Raumluftqualität ist daher vor der Wahl des Lüftungssystems ein Konzept zur Vermeidung von Luftschadstoffen zu erstellen. Materialien, die sich während der Nutzung nachteilig auf die Raumluftqualität auswirken, sollten erst gar nicht verbaut werden.

In Ergänzung zur Verwendung von emissionsarmen oder -freien Ausbaumaterialien und Möbeln ist auf ein abgestimmtes und geprüftes Reinigungskonzept Wert zu legen. Häufig wird die Auswahl und Dosierung der Reinigungsmittel von den Gebäudereinigungsfirmen selbst bestimmt, wobei lufthygienische und ökologische Gesichtspunkte meist keine Rolle spielen. Es sollte jedoch Standard sein, dass die zu verwendenden Reinigungsmittel unter realen Bedingungen schnell biologisch abbaubar sind (gem. OECD-Empfehlung). Hohe Lösemittel- und Säureanteile von mehr als 5 Prozent sind ebenfalls vermeidbar bei sachgerechter Produktauswahl. Ebenso kann im Normalfall auf Biozide, Phosphate und optische Aufheller in Reinigungsmitteln vollständig verzichtet werden. Die Inhaltsstoffe der für die Gebäudereinigung vorgesehenen Mittel sollten vor der ersten Anwendung durch einen Baubiologen auf gesundheitlich bedenkliche Komponenten geprüft und Dosierungsvorgaben erstellt werden, um nicht eine baulich emissionsarme Raumumgebung durch regelmäßige Zufuhr unnötiger Schadstoffe zu belasten.

Hygienisch notwendiger Außenluftstrom

Um die Schadstoffbelastung im Raum zu reduzieren, muss dem Raum möglichst schadstoffarme Außenluft zugeführt werden. Dies kann auf natürliche Weise über die Fenster oder maschinell mit Lüftungsanlagen erreicht werden. Wird die Belastung allein an der CO_2-Konzentration gemessen, benötigt eine Person mindestens 20 m^3/h Außenluft für die Einhaltung des hygienisch zulässigen Grenzwerts von 1 000 ppm für die CO_2-Konzentration im Raum. Werden zudem die Schadstoffemissionen der Bauteile berücksichtigt, wird bei dieser CO_2-Konzentration die Luft nicht mehr als frisch und hygienisch einwandfrei empfunden. In **Abbildung 5.8** ist der flächenbezogene Außenluftstrom bzw. die Luftwechselraten aufgelistet, die bei ausreichender Durchlüftung des Raums, emissionsarmen Ausbaumaterialien und energetisch zu empfehlen sind.

Abbildung 5.8 Hygienisch erforderlicher Außenluftstrom für unterschiedliche Nutzungen [1]

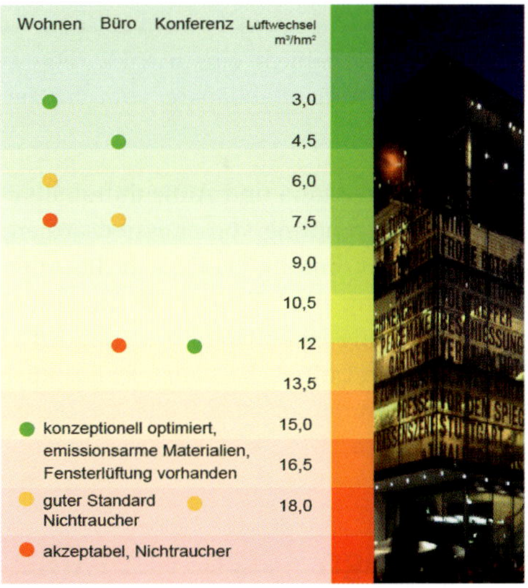

Individueller Eingriff in die Regulierung des Raumklimas

Für Green Buildings muss die richtige Mischung zwischen Eingriffsmöglichkeit der Nutzer in die Regulierung des Raumklimas und automatischer Steuerung gefunden werden, da die Menschen sich einerseits wohlfühlen sollen, andererseits der erforderliche Komfort bei bester Energieeffizienz individuell schwanken kann.

Eine Möglichkeit zur Regulierung der **Raumtemperatur** sollte – abhängig von der Klimazone – durch Heizen oder Kühlen oder durch beides vorhanden sein. Die Temperaturregulierung ist deshalb vom Außenklima abhängig, da es auch eine Rolle spielt, wie häufig sie vorgenommen werden muss.

In Klimazonen mit mittleren jährlichen Außentemperaturen zwischen 0 °C und 20 °C bei gleichzeitig moderaten absoluten Außenluftfeuchten dient eine **Fensterlüftung** dazu, um zumindest zeitweise die Stromenergie für die maschinelle Belüftung oder für die Kälteerzeugung einzusparen sowie den thermischen Komfort zu verbessern. Daneben sprechen psychologische Gründe dafür, dem Nutzer ein Fenster mit Öffnungsflügel zur Verfügung zu stellen. Hinter geschlossenen Fassaden fühlen sich Menschen eingesperrt und in ihrem freien Handeln eingeschränkt. Ein Außenbezug wird nicht nur durch Transparenz erzeugt, sondern vor allem durch das Öffnen eines Fensters und das damit verbundene Hören von Geräuschen und Fühlen von Außenluft. Umfragen auf dem Mietermarkt haben gezeigt, dass Fensterlüftung eines der wichtigsten Kriterien ist, um sich für ein Gebäude zu entscheiden.

Transparenz und Außenbezug ist ein wichtiges Merkmal von Gebäuden, in denen sich Menschen wohlfühlen. Tageslicht besitzt eine äußerst positive Wirkung auf das Wohlbefinden des Menschen. Damit lässt sich nicht vermeiden, dass je nach nutzerseitiger Anforderung ein **Blendschutz** vorhanden sein muss, der individuell bedient werden kann. Der **Sonnenschutz** sollte immer dann individuell bedienbar sein, wenn er den Raum stark verschattet und den Außenbezug erheblich einschränkt. Eine zusätzliche automatische Steuerung ist dennoch unablässig, um unabhängig vom Nutzerverhalten das Gebäude effizient betreiben zu können.

Die **Luftqualität** sollte je nach Außenklima und Außenluftqualität durch Öffnen der Fenster beeinflussbar sein. Nur bei Verwendung von emissionsarmen Ausbaumaterialien und der Konzeption einer guten Durchströmung lassen sich die Außenluftströme auf ein Minimum reduzieren, eine Stoßlüftung über Fenster ist für besondere Situationen jedoch wichtig. Eine effektive Fensterlüftung ist abhängig von der Art und der Größe des Fensters. Ob eine Fensterlüftung für den Luftwechsel ausreicht, sollte bei komplexen Fassaden ebenfalls bewertet werden, da sie in den meisten Fällen ein Baustein des Gesamtkonzepts sind.

Bedarfsgerechtes Design - Gebäudehülle

Hochwärmegedämmte Fassaden, Fenstersysteme und Elementfassaden bestehen aus der Verglasung, die von Rahmenprofilen gehalten werden. Eine Dreifachverglasung oder ein hochgedämmtes Paneel, gehalten in einem Standardrahmen, hat nicht die energetischen Eigenschaften einer Fassade, wie sie für ein Green Building benötigt werden. Die Pfosten- und Rahmenkonstruktionen müssen ebenfalls hochdämmende Eigenschaften besitzen, da sonst der erwünschte Effekt einer hohen inneren Oberflächentemperatur und die bauliche Vermeidung von Kaltluftabfall an der Fassade verlorengeht. Neben der Optimierung der

Einzelbauteile sollten bei der Planung und Ausführung Wärmebrücken weitestgehend vermieden werden. Sie beeinträchtigen nicht nur den Raumkomfort, sondern führen auch zu einem erhöhten Energieaufwand.

Die Verbesserung der **Gebäudedichtigkeit** ist für Green Buildings in allen Klimazonen ein wichtiges Kriterium. Während in Nord- und Mitteleuropa undichte Gebäude den Heizenergiebedarf hochhalten, muss in südlichen Ländern der zusätzliche Wärmeeintrag weggekühlt werden. In feuchten Klimazonen ist ein Feuchteeintrag zu vermeiden, um die Entfeuchtungsenergie gering zu halten.

Sonnenschutz

Ein guter Sonnenschutz ist ein wesentlicher Bestandteil von Green Buildings. Ziel ist, dem Gebäude einen ausreichenden Schutz vor zu hoher Sonneneinstrahlung zu bieten, um sowohl den Kühlenergiebedarf als auch die benötigte Kühlleistung gering zu halten. Der Sonnenschutz richtet sich nach Art und Größe der Verglasung und kann durch ein zusätzliches Element, das starr oder beweglich angeordnet ist, reguliert werden. Neben dem Verlauf der Sonnenbahnen für den lokalen Standort muss bei beweglichen außen liegenden Sonnenschutzeinrichtungen auch die Windstabilität bei der Konzeption beachtet werden. Da mit der Verglasung und dem Sonnenschutz auch die Höhe des Tageslichteinfalls in die Räume reguliert wird, besteht eine direkte Wechselwirkung zwischen Energiebedarf für Raumkühlung und künstlicher Beleuchtung.

Abbildung 5.9 Sonnenschutz für Aufenthaltsräume: Kennwerte für den effektiven Gesamtenergiedurchlassgrad [1]

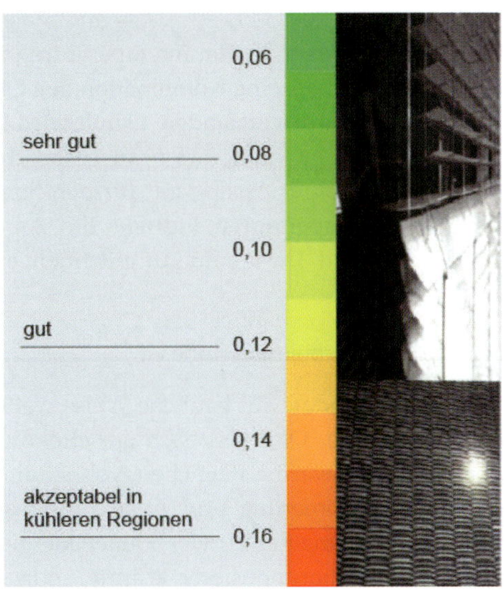

Die Anforderungen an die Verschattungsqualität des Sonnenschutzes sind nahezu standort- und nutzungsunabhängig. Natürlich gibt es für unterschiedliche Klimaregionen und Gestaltungswünsche sehr differenzierte Lösungen, die jedoch alle den Anforderungen an eine effektive Verschattung genügen müssen. In **Abbildung 5.9** sind die Zielwerte für den Sonnenschutz in Form eines effektiven Gesamtenergiedurchlassgrades der Fassade dargestellt. Der effektive Gesamtenergiedurchlassgrad setzt sich aus dem Fensterflächenanteil der Fassade (Innenansicht) und dem Gesamtenergiedurchlassgrad der Verglasung in Kombination mit der Sonnenschutzeinrichtung zusammen. Bei kleineren Fensterflächen können wirkungsärmere Sonnenschutzvorrichtungen wie transparente Screens eingesetzt werden. Größere Fensterflächen erfordern einen hocheffektiven, außen liegenden Sonnenschutz. Ein innen liegender Sonnenschutz wird in der Regel sehr warm und wirkt sich damit negativ auf den Kühlenergiebedarf und auf die lokale Empfindungstemperatur in Fensternähe aus.

Natürliche Ressourcen

Maßgebliches Ziel beim Bau von Green Buildings ist es, möglichst über natürliche Ressourcen die Anforderungen an die Nutzung zu erfüllen. Die Möglichkeiten hierzu sind stark von den klimatischen Randbedingungen und den Anforderungen an die Nutzung abhängig. Für das mitteleuropäische Klima kann man daher für eine möglichst passive Nutzung von natürlichen Ressourcen folgende Regeln aufstellen:

- **Regel 1:** Je höher die Anforderungen an den thermischen Komfort, desto höher die Anforderungen an den winterlichen und sommerlichen Wärmeschutz.

Die Anforderungen an den thermischen Komfort werden in aller Regel als minimale Raumtemperaturen im Winter und als maximale Raumtemperaturen im Sommer formuliert. So gelten z. B. bei Büronutzung 20 °C bis 22 °C als minimale Raumtemperaturen im Winter und ca. 25 °C bis 27 °C als maximale Raumtemperaturen im Sommer. Die Raumtemperatur wird hierbei in aller Regel als eine Kombination aus Oberflächentemperaturen der Innenwände und der Lufttemperatur verstanden. Damit wird im Winter indirekt auch die Anforderung an hohe Oberflächentemperaturen ausgesprochen, die nur mit einem sehr guten Wärmeschutz erreichbar sind. Analog gilt für den Sommer, dass mit der Anforderung an komfortable Raumtemperaturen indirekt die Anforderung an minimale Oberflächentemperaturen gestellt wird. Diese sind nur mit einem effizienten Sonnenschutz zu erreichen.

- **Regel 2:** Ausnutzung der passiven Solargewinne

Die einfachste Art, den Heizwärmebedarf auf bauliche Weise weiter zu verringern, ist die Nutzung der solaren Wärmegewinne. Dies lässt sich am effektivsten in Wohngebäuden realisieren, da es in jeder Wohnung warme Bereiche (Wohnzimmer) und kühle Bereiche (Schlafzimmer) gibt. Bei richtiger Zonierung und Ausrichtung des Gebäudes lässt sich über die südlich orientierten Verglasungen sehr viel Sonnenenergie einfangen. Eine massive Bauweise begünstigt die Einspeicherung dieser Wärme, sodass das Gebäude auch an bewölkten Tagen noch davon zehren kann. Bei anderen Nutzungsarten lässt sich die passive Solarenergienutzung ebenfalls realisieren. So sind Hotel-, Kranken- und Pflegeheime hinsichtlich des Wärmebedarfs den Wohngebäuden sehr ähnlich. In Büro- und Lehrgebäuden verhindert meist die Bildschirmarbeit eine umfangreiche Nutzung der solaren Gewinne, diese Gebäuden werden meist über das Wochenende mit Sonne „betankt". Häufig wird versucht, die solaren Gewinne nicht in den Aufenthaltsräumen direkt wirksam werden zu lassen, sondern in angrenzenden Pufferräumen wie Atrien oder verschließbaren doppelschaligen Fassaden.

■ **Regel 3:** Nutzung der Gebäudestruktur und seiner Massen als thermischer Speicher

Die thermische Speicherfähigkeit eines Gebäudes bestimmt zu einem beträchtlichen Teil das Raumklima und den erforderlichen Energiebedarf. Extrembeispiele sind Containerbauten aus leichten Materialien und alte Burgen und Schlösser mit dickem Gemäuer. Während bei leichten Gebäuden die Innenraumtemperaturen nahezu parallel mit dem Außenklima schwingen, sind die thermischen Auswirkungen, hervorgerufen durch das Außenklima, in massiven Gebäuden erst sehr viel später oder gar nicht festzustellen. Massive Gebäude besitzen den Vorteil, die Raumtemperaturen glätten zu können, indem Wärme aus dem Raum nicht nur die Raumluft, sondern eben auch die Baumasse erwärmt. Damit steigen die Raumlufttemperaturen weniger schnell an als bei leichten Gebäuden. Derselbe Effekt birgt jedoch auch Nachteile: Wenn z. B. zur Beheizung eines Raums Energie zugeführt werden muss, dauert es bei massiven Gebäuden wesentlich länger, bis die erwünschten Raumtemperaturen erreicht werden, da zuerst auch die Gebäudemasse mit erwärmt werden muss.

Im Klima Nord- und Mitteleuropas kann die Speicherfähigkeit eines Gebäudes sehr gut zur passiven Raumkühlung oder zur Verringerung des Kühlenergiebedarfs eingesetzt werden. Die Nachtlufttemperaturen sind im Sommer meist so niedrig, dass dieses natürliche Energiepotenzial genutzt werden kann, um die tagsüber in die Gebäudemasse geflossene Wärme nach außen zu führen. Dadurch ist am nächsten warmen Tag wieder eine kühle Masse vorhanden, um die neue Raumwärme aufzunehmen. Um einen spürbaren Effekt zu erzielen, muss das Gebäude massive Bauteile besitzen. Hierzu ist in der Regel die Speicherfähigkeit der Decke zu nutzen, wenn im Raum noch eine nennenswerte Trägheit der Temperaturschwankungen beibehalten werden soll. Zudem sollte beachtet werden, dass die massiven Bauteile nur bis zu einer Tiefe von 10 cm speicherfähig sein müssen, da in der Regel im Tagesverlauf keine größere thermische Masse aktivierbar ist.

■ **Regel 4:** Ausnutzung der natürlichen Lüftungspotenziale

Die natürlichen Potenziale der Außenluft in Mitteleuropa zum Lüften und Kühlen von Gebäuden sind enorm. Bei richtiger Anwendung kann über 70 Prozent des Jahres auf eine maschinelle Lüftung verzichtet werden, ohne den Komfort einzuschränken. Je nach Konzeption, Nutzerverhalten und Komfortlevel kann sogar über das ganze Jahr natürlich gelüftet werden. Die häufig niedrigen Außentemperaturen während der Nacht im Sommer besitzen ebenfalls ein großes Potenzial, den Kühlenergiebedarf stark zu reduzieren. Schwierig wird es für die Kühlung jedoch während der heißen Sommerperioden, in denen die Nachttemperaturen auch in Mitteleuropa nicht wesentlich unter 22 °C bis 24 °C fallen.

Um die natürlichen Kräfte nutzbar zu machen, müssen die Konzepte auf die wechselnden Verhältnisse der Außenluft im Hinblick auf Temperatur, Windgeschwindigkeit und Windrichtung adaptierbar sein. In heutigen Gebäuden wird dies entweder durch die motorische Steuerung von Lüftungselementen gelöst, deren Öffnungsweiten sich je nach Außenbedingungen regulieren lassen oder durch manuelles Bedienen unterschiedlicher, dosierbarer Lüftungsöffnungen in der Fassade.

Nutzenübergabe

Eine der wesentlichen Schnittstellen bei Green Buildings ist diejenige zwischen Raumklimatechnik und Fassade. Sie ist maßgebend für die zu erreichende thermische Behaglichkeit, für die Zufriedenheit der Nutzer und zu einem großen Teil auch für die zu erreichende Energieeffizienz des Gebäudes. Daher ist dem richtigen Vorgehen bei der Konzeption dieser Schnittstelle größte Aufmerksamkeit zu widmen.

Ausgangspunkt bei der Konzeption sind die Anforderungen des Nutzers an seine unmittelbare Umgebung. Diese werden entgegen der landläufigen Meinung durchaus konkret, in Form von Oberflächentemperaturen in der unmittelbaren Umgebung, Lufttemperatur, Luftgeschwindigkeit, Beleuchtungsstärken und Leuchtdichteverteilung etc., formuliert. Dem konzipierenden Planungsingenieur obliegt es daher in einem ersten Schritt, die Anforderungen an die thermische Behaglichkeit und an die Belichtung, mit dem am Planungsstandort vorherrschenden Klima und den Eigenschaften der geplanten Fassade bzw. des Gebäudes mittels einer Bilanz zu überprüfen.

Bei Wohn- und Bürogebäuden wird er feststellen, dass in Mitteleuropa die Wärmebilanz in den Wintermonaten nicht geschlossen werden kann. Das bedeutet, die natürlichen, passiven Energie- und Wärmeeinträge durch die Sonne und die inneren Wärmequellen durch die Nutzung reichen nicht aus, um den Anforderungen des Nutzers an die thermische Behaglichkeit zu genügen. Aus dieser wärmetechnischen Unterdeckung können so Funktionen abgeleitet werden, die eine Heizanlage erbringen muss, um die Anforderungen an die thermische Behaglichkeit zu erfüllen. Durch die Variation der Gebäudehülle können die erforderlichen Funktionen der Heizanlage auf ein gezieltes Maß optimiert werden. Dies gilt nicht nur im Hinblick auf die erforderliche Heizlast, um die geforderte Raumtemperatur einzuhalten. Ebenso kann der Einfluss lokaler Oberflächentemperaturen auf die thermische Behaglichkeit analysiert werden. Dem Planungsingenieur obliegt es dann zu entscheiden, ob eventuell zu niedrige Oberflächentemperaturen durch einen höheren Wärmedämmstandard oder durch eine gezielt wirkende Heizanlage vermieden werden.

Die Betrachtungsweise ist auf sämtliche Bereiche der Raumklimatechnik, der Heizung, Kühlung, Lüftung und Beleuchtung anwendbar. Hierzu sind die Anforderungen an die Nutzung vollumfänglich über das gesamte Jahr zu formulieren, um die erforderlichen Funktionen der Anlagentechnik konkret ableiten zu können.

Die Funktion der Anlagentechnik, Wärme, Kälte, Luft und Licht so zu übergeben, dass die Raumlufttemperatur, die Oberflächentemperaturen, die Luftgeschwindigkeiten, die Beleuchtungsstärken und die Leuchtdichteverteilung nach den zeitlichen und örtlichen Vorgaben der Nutzer als eigentlicher Nutzen auftreten, wird **Nutzenübergabe** genannt.

Analog zum Heizfall werden auch für den Kühlfall die Anforderungen an die thermische Behaglichkeit in Form von Oberflächen- und Lufttemperaturen sowie Luftgeschwindigkeiten formuliert. Die Wärmebilanz für Wohn- und Bürogebäude in Mitteleuropa zeigt, dass an Tagen mit hoher äußerer Kühllast und hohen inneren Wärmequellen die Anforderungen an die Luft- und Oberflächentemperaturen häufig nicht eingehalten werden können. Der hierbei auftretende Wärmeüberschuss führt zur Überwärmung der Räume. Dem Planungsingenieur obliegt es, gemeinsam mit dem Planungsteam zu analysieren, ob die höheren Luft- und Oberflächentemperaturen durch einen besseren sommerlichen Wärmeschutz oder durch eine gezielt wirkende Raumkühlanlage zu vermeiden sind. Analog können für die Bereiche Lüftung und Beleuchtung die auf der Grundlage der Anforderungen formulierten Funktionen der Anlagen herausgearbeitet werden.

Die aus dieser Betrachtungsweise abgeleiteten Funktionen für Heizung, Kühlung, Lüftung und Beleuchtung dienen als „Pflichtenheft" für die zu konzipierenden Raumklimasysteme. Es erklärt sich von selbst, dass nur solche Systeme zum Einsatz kommen können, die die Funktionen möglichst vollumfänglich einhalten. Anderenfalls nimmt man Behaglichkeitsdefizite in Kauf, die im späteren Betrieb zu einem Energiemehraufwand führen. In aller Regel ist der Nutzer nämlich nicht bereit, Behaglichkeitsdefizite zu akzeptieren. Er versucht vielmehr, durch eine entsprechende Betriebsweise der Anlagentechnik Unzulänglichkeiten der Konzeption zu kompensieren, um die Anforderungen an die Behaglichkeit wieder einzuhalten. Dies führt dann zu einem höheren Energieaufwand.

Eine energieeffiziente Konzeption mit einer den Anforderungen entsprechenden Behaglichkeit wird nur dann erreicht, wenn die Anlagentechnik die aus der ganzjährigen Bilanz aus Anforderungen, Nutzung, Klima und Gebäudehülle abgeleiteten Funktionen vollständig erfüllen kann.

Heizung

Die Nutzenübergabe bei Heizsystemen ist eine der maßgeblichen Bereiche, wenn es gilt zukünftig Energie einzusparen. Heizsysteme sind in Mitteleuropa und in den meisten Industriestaaten aufgrund des Außenklimas in fast allen Gebäuden erforderlich, und Unzulänglichkeiten bei der Übergabe von Wärme an die Nutzer werden meist durch einen höheren Energieaufwand im späteren Betrieb erkauft. Untersuchungen zeigen, dass dieser Energiemehraufwand häufig mehr als 30 Prozent ausmachen kann – und das in Zeiten, in denen Heizkesselnutzungsgrade und Arbeitszahlen von Wärmepumpen schrittweise um einzelne Prozentpunkte verbessert werden.

Aufgrund des mittlerweile sehr guten Wärmeschutzes liegt das Hauptaugenmerk bei der Beheizung von Gebäuden heute nicht mehr an der verfügbaren Heizleistung. Diese ist bei richtig ausgelegter Heizungsanlage stets genügend vorhanden. Es geht vor allem um eine möglichst bedarfsgerechte Bereitstellung von Wärme. Mit den Raumheizsystemen muss sichergestellt werden, dass die Wärme möglichst örtlich und zeitlich entsprechend den Nutzungsanforderungen übergeben wird. Beispielsweise ist darauf zu achten, dass die inneren Wärmequellen und die passive Sonnenenergienutzung einen größtmöglichen Beitrag zum Erwärmen der Räume leisten. Um dies zu erreichen, müssen heutige Raumheizsysteme einschließlich der Raumregeleinrichtungen flink reagieren können und damit eine möglichst geringe Trägheit aufweisen.

Des Weiteren ist darauf zu achten, dass die Heizsysteme mit niedrigen Temperaturen betrieben werden. Einerseits wird dadurch die Regelfähigkeit durch den „Selbstregeleffekt" positiv beeinflusst, andererseits kann der Energieaufwand für die Verteilung aufgrund der geringeren Wärmeabgabe der Rohrleitungen deutlich reduziert werden. Zudem werden niedrige Heiztemperaturen stets als sehr behaglich bewertet.

Neben den örtlichen Vorgaben an ihr thermisches Umfeld werden von den Nutzern auch zeitliche Anforderungen an die Raumzustände gestellt. Die wohl bekannteste zeitliche Vorgabe an den Raumzustand ist die Nachtabsenkung, bei der eine verminderte Raumtemperatur in der Nacht gefordert wird. Während eine Nachtabsenkung bzw. Nachtabschaltung in den Bürogebäuden hauptsächlich aus Energiespargründen angestrebt wird, sind es im Wohnbereich oftmals Behaglichkeitsgründe, z. B. niedrige Raumtemperaturen im Schlafzimmer. Wichtig sind neben dem Absenken hauptsächlich die Wiederaufheizvorgänge, mit denen zu Beginn der Nutzungszeit die behaglichen Raumzustände nach den Anforderungen der Nutzer wiederhergestellt sein müssen.

Wie Raumheizsysteme mit einer bedarfsgerechten Nutzenübergabe aussehen können, zeigt folgendes Konzept. Die Fassade besteht aus einer Dreifachverglasung mit außen liegendem Sonnenschutz (vgl. **Abbildung 5.10**) sowie einem hochgedämmten Paneel mit dem U-Wert von 0,7 W/m²K. Die Raumheizung besteht aus einer thermisch aktivierten Decke für die Grundlast und Randstreifen-Temperierelementen als Heizdecken mit Raumreglern für die Spitzenlast. Die Vorlauftemperatur für die thermisch aktivierte Decke beträgt im Heizfall maximal 28 °C und für die Randstreifen-Temperierelemente maximal 35 °C. Durch die Kombination aus Grundlast- und Spitzenlastsystem ist eine bedarfsgerechte Nutzenübergabe gegeben. Die träge thermisch aktivierte Decke wird so gesteuert, dass die Oberflächentemperatur der Decke max. 2 bis 3 K über der Raumlufttemperatur liegt. Die Randstreifen-Temperierelemente werden über die Raumregler geregelt und sind somit in der Lage, kurzfristig auftretende Wärmequellen für Heizzwecke zu nutzen und eine Überwärmung der Räume zu vermeiden. Über die Raumregler hat zudem jeder Nutzer oder jede Nutzergruppe im Großraum eine individuelle Eingriffsmöglichkeit und kann seine eigene Wohlfühltemperatur einstellen.

Abbildung 5.10 Raumklimasystemschnitt mit Randstreifen-Temperierelement [1]

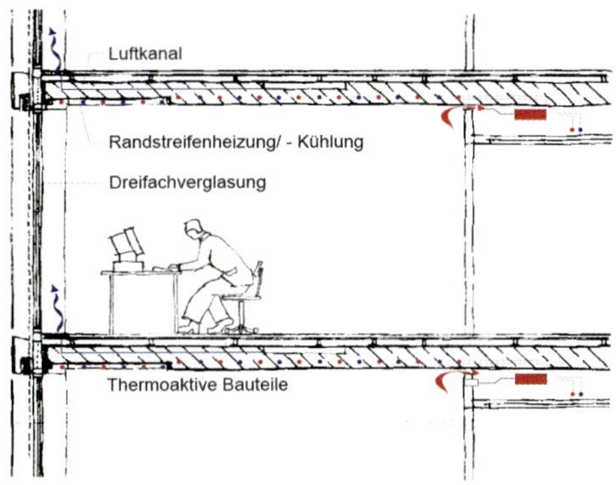

Kühlung

Die Nutzenübergabe von Raumkühlsystemen kann analog zu den Heizsystemen betrachtet werden, mit dem Unterschied, dass der Wärmefluss umgekehrt ist. Bei der Auslegung von Raumkühlsystemen sind daher ebenfalls die Energiebilanz im Raum und die lokalen Oberflächentemperaturen auf Basis der Nutzungsanforderungen zu berücksichtigen. Die wesentlichen Energieeinträge sind die Einstrahlung durch die Sonne und die inneren Wärmequellen durch Personen, Beleuchtung und Maschinen. Da speziell die Kühlung einen hohen Energieaufwand erfordert, ist darauf zu achten, den Kühlaufwand möglichst über natürliche Maßnahmen und Ressourcen zu minimieren, um dadurch den maschinellen Einsatz auf ein Minimum zu reduzieren.

Aufgrund des in den letzten Jahren stetig gestiegenen Wärmeschutzes geben die Gebäude bei niedrigen Nachttemperaturen wenig Wärme ab. Die Wärmequellen führen daher heutzutage in Bürogebäuden in Mitteleuropa sehr schnell zu einer Überwärmung der Räume, sodass oftmals bei Außentemperaturen von mehr als 26 °C maschinell gekühlt werden muss. Die Reduzierung dieser Wärmequellen durch eine energiesparende Beleuchtung und Maschinen sowie die Optimierung der Fassade hin zu einem möglichst geringen Wärmeeintrag bei optimaler Tageslichtnutzung sind daher maßgebliche Ziele zukünftiger Entwicklungen und von Green Buildings.

Die Höhe des Kühlaufwands ist abhängig von der Sonneneinstrahlung, der Größe und Transparenz der Fassade und der inneren Wärmequellen. In anderen Klimaregionen, z. B. in Wüsten- oder Subtropenregionen, sind die Außenbedingungen teilweise so weit von den Nutzungsanforderungen im Raum entfernt, dass der Kühlaufwand maßgeblich durch die Konditionierung der Außenluft beeinflusst wird.

Gekühlt wird entweder über kühle Oberflächen im Raum oder über gekühlte Luft, die maschinell im Luftkühler über eine kühle Oberfläche geführt wird. Beim Kühlen mit Luft wird die Funktion „Kühlen" oftmals mit der Funktion „Lüften" kombiniert, und zwar immer dann, wenn mit gekühlter Außenluft gekühlt wird. Aufgrund der geringeren Wärmekapazität von Luft im Vergleich zu Wasser ist der Energieaufwand beim Kühlen mit Luft jedoch größer als beim Kühlen mit Wasser. Bei Green Buildings sollte daher darauf geachtet werden, dass die Funktionen „Kühlen" und „Lüften" im ersten Schritt getrennt voneinander behandelt werden.

Die aus der Energiebilanz und der Analyse der Oberflächentemperaturen abgeleiteten örtlich und zeitlich erforderlichen Kühlfunktionen zeigen, dass Kühlflächen so anzuordnen sind, dass sie möglichst behaglich und effizient überschüssige Wärmestrahlung aufnehmen können. Ideal werden Kühlflächen daher an der Raumdecke positioniert, da der Kopf die höchste Oberflächentemperatur und damit die höchste Wärmeabgabe aufweist. Die Wärme des Kopfes wird von der Kühlfläche an der Decke aufgenommen, was von den Nutzern stets als sehr behaglich bewertet wird. Eine andere Möglichkeit, Kühlflächen anzuordnen, bietet der Fußboden in unmittelbarer Nähe zur Fassade. Die durch die Fassade dringende Sonneneinstrahlung kann hier direkt absorbiert und durch den gekühlten Boden abtransportiert werden, bevor die Wärme wieder dem Raum zugeführt wird.

Neben der direkten Abfuhr von Wärme über den Boden oder der behaglichen Wärmeabfuhr über die Decke kann die Energieeffizienz über die Größe der wärmeübertragenden Fläche analog zum Heizsystem optimiert werden. Je größer die wärmeübertragende Fläche, desto höher kann die Betriebstemperatur nahe der Raumtemperatur gewählt werden. Man spricht hierbei auch von einem Hochtemperaturkühlsystem, wobei bei Büronutzung Kühltemperaturen von ca. 18 °C bis 20 °C ausreichend sind. Durch diese relativ hohen Betriebstemperaturen können regenerative Energiesysteme optimal eingebunden werden. Speziell beim Kühlen kann auch das Außenklima für eine ressourcensparende Konzeption genutzt werden. Beim gemäßigten mitteleuropäischen Klima liegen die Lufttemperaturen in der Nacht in der Regel unter 18 °C, sodass dieses Kühlpotenzial über einen Tag-Nacht-Speicher genutzt werden kann. Dies funktioniert über die in der Decke oder im Boden eingelegten Kühlleitungen. Man spricht hierbei von thermisch aktiven Bauteilen (TAB). Durch die Speichermasse der Bauteile wird durch die Nachtkühlung ein Kühlpotenzial eingelagert, das am Tag für Kühlaufgaben zur Verfügung steht.

Da das Heizen und das Kühlen nach den gleichen Prinzipien funktioniert, liegt es nahe, die gleichen Flächen sowohl zum Heizen als auch zum Kühlen zu nutzen. Hierdurch werden lange Laufzeiten für die Systeme und damit ein hohe Wirtschaftlichkeit erzielt.

Lüftung

Das Lüften von Gebäuden beschreibt den Luftaustausch von Raumluft durch Außenluft, wobei die Außenluft je nach Nutzungsanforderungen vor dem Eintritt in den Raum behandelt, d. h. gefiltert, erwärmt, gekühlt, befeuchtet, entfeuchtet oder gereinigt wird. Mit der in den Raum einströmenden Luft sollen nutzungsbedingte Stofflasten wie Gerüche, Schadstoffe, CO_2 etc. aus dem Raum geführt werden. Die Stofflasten rühren von verschiedenen Stoffquellen her, die nutzungsbezogen zu analysieren sind. In Büros stellen Menschen durch ihre Ausdünstungen Stoffquellen dar, ebenso Möbel und Computer, die diverse Stoffe emittieren. Durch das Lüften wird versucht, diese Stofflasten im Raum zu verdünnen und abzuführen, damit eine hygienisch einwandfreie und der Gesundheit zuträgliche Luftqualität im Raum vorhanden ist.

Das Lüften wird auch zur Abfuhr von Wärmequellen, also zum Kühlen eingesetzt. Hierbei strömt die kühlere Außenluft in den Raum ein und wärmere Raumluft strömt aus dem Raum ab. Die Temperaturdifferenz zwischen Außenluft und Raumluft sowie der Luftstrom beeinflussen die Kühlleistung.

Ähnlich wie beim Heizen und Kühlen ist auch für das Lüften eine Energie- und Massenbilanz zu erstellen. Hierbei wird aufgezeigt, welche Stoffe im Raum emittiert werden und wie viel Außenluft zugeführt werden muss, um die Stofflasten aus dem Raum abzuführen. Die hierfür erforderliche Lüftungslast ist durch eine ausreichende Lüftung zu erbringen.

Die einfachste Art des Lüftens ist die natürliche Lüftung über zu öffnende Fenster. Die Außenluft tritt hierbei durch das geöffnete Fenster oder Fassadenelement in den Raum ein. Je nach Fenstergröße, Fenstertyp, Temperaturdifferenz zwischen Außen- und Raumluft und in Abhängigkeit von den Druckverhältnissen an der Fassade strömt mehr oder weniger Außenluft in den Raum ein und Raumluft aus dem Raum ab.

Bei natürlicher Lüftung ist dieser Luftstrom nur schwer einstellbar, da sich die Bedingungen ständig ändern. Zudem führen tiefe Außenlufttemperaturen schnell zu Zugerscheinungen im fassadennahen Bereich. Unter ökologischen Aspekten ist ein natürliches Lüftungskonzept zwar grundsätzlich sinnvoll, da hierbei der Stromaufwand für eine maschinelle Lüftung eingespart werden kann. Bei einem hohen Außenluftwechsel und niedrigen Außenlufttemperaturen ist jedoch daran zu denken, dass dann bei natürlicher Lüftung große Luftströme nicht ohne Zugerscheinungen in den Raum eingebracht werden können. Des Weiteren treten bei extremen Außentemperaturen im Winter und im Sommer erhebliche Energieverluste auf, da bei einer Fensterlüftung keine Wärmerückgewinnung möglich ist. Daher ist für diese Zeiträume eine maschinelle Lüftung mit effizienter Wärmerückgewinnung zu empfehlen.

Für Green Buildings ist daher genau zu prüfen, ob das Potenzial der Wärmerückgewinnung größer ist als der Stromaufwand für die maschinelle Lüftung. Immer dann ist eine Kombination aus natürlicher Lüftung in den Übergangszeiten und maschineller Lüftung in den Extremzeiten im Winter und im Sommer anzustreben. Man spricht dann von einem hybriden Lüftungskonzept.

Bei den raumlufttechnischen Anlagen ist die Nutzenübergabe im Raum in drei Kriterien unterteilt:

- die Luftführung im Raum,
- der Lufttransport zwischen Außenlufteintritt im Gebäude und Zulufteintritt im Raum,
- die Luftbehandlung zum Erwärmen, Kühlen, Befeuchten, Entfeuchten, Filtern und Reinigen.

Mit der **Konzeption der Luftführung** im Raum werden die Weichen für eine energieeffiziente und effektive Belüftung des Raums gestellt. Bei der Luftführung im Raum werden zwei Strömungsformen unterschieden:

- Mischströmung und
- Schichtenströmung.

Bei der Mischströmung wird die Zuluft über Dralluftdurchlässe, Schlitzluftdurchlässe oder Weitstrahldüsen hochinduktiv in den Raum geführt (vgl. **Abbildung 5.11** links). Über die Induktion wird die Zuluft schnell mit der Raumluft vermischt, sodass eine nahezu komplette Durchmischung der Raumluft stattfindet. Die Raumluftbedingungen sind bei dieser Strömungsform daher überall im Raum nahezu gleich.

Abbildung 5.11 Mischströmung und Schichtenströmung in einem Büroraum [1]

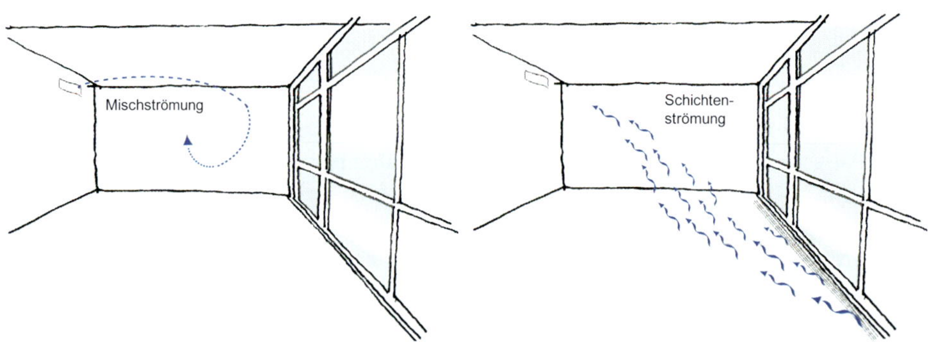

Bei der Schichtenströmung wird die Zuluft so in den Raum geführt, dass der durch die Wärmequellen verursachte natürliche Auftrieb genutzt wird, um im Aufenthaltsbereich eine stabile Luftschicht mit den erforderlichen Anforderungen zu erzeugen. Hierbei wird die Zuluft in aller Regel im Aufenthaltsbereich oder in unmittelbarer Nähe zum Aufenthaltsbereich eingebracht. Um hier Zugerscheinungen zu vermeiden, hat die Zuluft sehr geringe Luftgeschwindigkeiten von 0,2 bis 0,4 m/s.

Vorteil dieser Strömungsform ist, dass die Wärmequellen und Stoffquellen durch den eigenen Auftrieb aus dem Aufenthaltsbereich geführt werden (vgl. **Abbildung 5.11** rechts). Da die Zuluftgeschwindigkeiten niedrig sind, führt diese Strömungsform auch in Büroräumen zu einem behaglicheren Raumklima.

Ein weiteres wichtiges Kriterium für eine energieeffiziente Konzeption der Nutzenübergabe bei der Lüftung ist der Lufttransport zwischen Außenlufteintritt ins Gebäude und dem Zulufteintritt in den Raum. Versteht man diesen Weg nicht als Luftverteilung, sondern wirklich als Lufttransportweg, für den Energie aufgewendet werden muss und auf dem zudem noch Luft über Leckage verloren geht, so liegt nahe, dass der hierfür einzusetzende

Aufwand so gering als möglich gehalten werden sollte. Bei der Konzeption ist daher darauf zu achten, dass der Außenlufteintritt ins Gebäude möglichst nahe bei den mit Zuluft zu versorgenden Räumen sein sollte. Die einfachste Lösung ist unter dieser Betrachtungsweise die natürliche Lüftung über Fenster, da hier die Luft direkt in den Raum einströmt. Muss die Außenluft jedoch irgendwie behandelt werden, ist eine Anlagentechnik erforderlich, die entweder zentral, semi-dezentral oder dezentral anzuordnen ist.

Bei der zentralen Anordnung ist der Aufwand für den Lufttransport in der Regel am größten, da meist über ein verzweigtes Luftkanalnetz konditionierte Zuluft zu den verschiedenen Räumen transportiert werden muss. Da der am weitesten entfernte Raum den maximal erforderlichen Druck vorgibt, muss dieser Druck an allen anderen Zuluftdurchlässen heruntergedrosselt werden. Der Energieaufwand ist daher entsprechend hoch. Aufgrund der zentralen Konzeption muss die Lüftungsanlage immer dann betrieben werden, wenn auch nur ein einzelner Raum Zuluft anfordert. Eine raumweise individuelle Zuluftkonditionierung oder eine individuelle Abschaltung ist bei der zentralen Lösung nur mit größerem anlagentechnischen Aufwand zu erreichen. Für Green Buildings wird daher in der Regel eine Trennung der mit maschineller Lüftung versorgten Bereiche vorgenommen, sodass die Bürobereiche, die sich an der Fassade befinden und natürlich belüftet werden können, in der Übergangszeit im Frühjahr und im Herbst abgeschaltet werden können. So kann der Lüftungsaufwand auf die Extremzeiten und auf die Bereiche reduziert werden, die gebäude- und nutzungsbedingt maschinell belüftet werden müssen. Großer Vorteil dieser Konzeption ist, dass es nur eine zentrale Anlage gibt, an der mit sehr geringem Aufwand die Wartung, Inspektion und Bedienung vorgenommen werden kann.

Die gegensätzliche Alternative zur zentralen Lüftung ist die maschinelle Lüftung mit kleinen Raumlüftungsgeräten, die so genannte dezentrale Lüftung. Bei der dezentralen Lüftung wird jeder Raum, jede zweite Achse oder jede Achse mit einem dezentralen Lüftungsgerät ausgestattet. Die Lüftungsgeräte können hierbei mit verschiedenen Funktionen ausgestattet werden. Im Gegensatz zur zentralen Lüftung kann der Lufttransport auf ein Minimum reduziert werden, da die Außenluft direkt am Raum angesaugt und behandelt wird. Durch die dezentrale Konzeption kann jeder Nutzer individuell entscheiden, ob er mit konditionierter Luft versorgt werden möchte oder nicht. Aufgrund der langen Übergangszeiten im mitteleuropäischen Klima gibt es lange Zeiten, in denen der Betrieb der dezentralen Lüftungselemente eigentlich nicht erforderlich ist. Des Weiteren ist der Druckverlust in den dezentralen Geräten aufgrund der minimierten Transportwege um ein Vielfaches geringer als bei zentralen Anlagen, wodurch der Energieaufwand deutlich reduziert werden kann. Beide Aspekte zusammen führen zu einem Energieeinsparungspotenzial von ca. 20 bis 40 Prozent gegenüber zentralen Lüftungskonzepten. Nachteilig bei dezentralen Anlagen ist der deutlich höhere Aufwand für die Wartung und Inspektion. Daher sind bei heutigen Bauvorhaben und den aktuellen Energiepreisen dezentrale Lüftungen nur dann wirtschaftlicher realisierbar, wenn die Einsparungen beim Bauvolumen aufgrund des minimierten Lufttransports der Schaffung von neuem Büro- oder Nutzraum zugute kommen. Beispielweise können bei hohen Häusern mit geringen Geschosshöhen durch Wegfall der Installationsbereiche für die Lüftungsleitungen mehr Geschosse bei gleicher Gebäudehöhe realisiert werden.

Die einfachste Art der dezentralen Lüftung ist ein Außenluftdurchströmelement ohne Ventilator und ohne weitere Luftbehandlungsfunktionen. Die Abluft wird entweder direkt im Raum oder mit Überströmung an der Flurtrennwand im Flur über ein Abluftkanalnetz mit zentralem Abluftventilator abgesaugt. Jeder Nutzer kann durch Öffnen oder Schließen des Elements beeinflussen, ob er mit Außenluft versorgt wird oder nicht. Diese Konzeption ist sozusagen eine erste Evolutionsstufe zur Fensterlüftung. Sie ist sehr einfach und daher kostengünstig. Der Nutzer hat jedoch keinen Einfluss auf die einströmende Lufttemperatur, die immer der Außenluft entspricht. Des Weiteren ist wie beim Fensterlüften keine Wärmerückgewinnung möglich. Die Lüftungselemente werden entweder in den Hohlraumboden oder in die Fassade integriert.

Je nach Anforderungen an das Raumklima können diese Elemente mit Luftbehandlungsfunktionen ergänzt werden, um die Außenluft zu erwärmen, zu kühlen, zu entfeuchten etc. Bei schwankenden Druckverhältnissen an der Fassade, z. B. bei Hochhäusern ohne doppelschalige Fassade, kann es zudem erforderlich werden, einen Zuluftventilator zu integrieren, der eine ausreichende Luftzufuhr gewährleistet. Mit dem steigenden anlagentechnischen Aufwand steigen natürlich auch die Kosten für eine derartige Anlage. Grundsätzlicher Nachteil einer Konzeption mit dezentralen Zuluftelementen und zentraler Abluft ist ein erhöhter Aufwand für die Wärmerückgewinnung, die nicht wirtschaftlich sinnvoll integriert werden kann. Der Abluftvolumenstrom kann zwar über einen Wärmeübertrager entwärmt werden, das Ablufttemperaturniveau ist jedoch nicht so hoch und der Verteilaufwand immens. Alternativ kann der Abluftstrom noch mit einer Wärmepumpe entwärmt werden, um ein höheres Temperaturniveau für die Einspeisung zu erreichen. Die hohen Kosten für die Wärmerückgewinnung ermöglichen jedoch auch bei steigenden Energiepreisen keine Wirtschaftlichkeit. Unter den Gesichtspunkten von Green Buildings sind derartige Konzepte daher nicht zu empfehlen.

Dezentrale Lüftungskonzepte für Green Buildings müssen daher die Möglichkeit einer Wärmerückgewinnung im dezentralen Lüftungselement bieten, sodass neben der Zuluft auch die Abluft durch das Element geführt wird. Derartige Lösungen erfordern ein höchstes Maß an Integration der Raumlufttechnik in die Fassade, und zwar bereits zu einem sehr frühen Planungszeitraum. Vorteil dieser Konzeption ist eine hocheffiziente Wärmerückgewinnung je Lüftungselement, gepaart mit einer individuellen Bedienung durch den Nutzer, der das Lüftungselement ein- oder ausschalten kann und die Zuluft entsprechend seinen Vorstellungen regeln kann. Unter den Aspekten von Green Buildings ist dies daher sehr empfehlenswert. Nachteilig sind die teilweise noch hohen Kosten aufgrund des größeren anlagentechnischen Aufwands. Zudem sind die Lösungen stets Individuallösungen, die je nach Gebäude oder Fassadentyp angepasst werden müssen und nur zu geringen Stückzahlen in der Fertigung führen.

Um den Aufwand für die Wartung und Inspektion zu reduzieren und gleichzeitig noch genügend Flexibilität und Anpassungsmöglichkeiten an einen individuellen Betrieb zu erreichen, werden zunehmend auch so genannte semi-dezentrale Lüftungskonzepte realisiert. Hierbei wird z. B. pro Stockwerk eine Lüftungszentrale eingebaut, die die Raumluft für die angeschlossenen Nutzungsbereiche konditioniert. Mit den Stockwerks-Lüftungszentralen ist eine individuelle Anpassung der Betriebszeiten gegeben. Zudem wird der Aufwand für die Wartung und Inspektion im Vergleich zu einer dezentralen Lösung mit Lüftungsgeräten pro Achse erheblich reduziert. Wird erreicht, dass die Außenluft und die Fortluft in diesem Stockwerk angesaugt und abgeführt werden, kann auf vertikale Installationsschächte für die Lüftung verzichtet werden, wodurch mehr Nutzfläche pro Stockwerk zur Verfügung steht und damit eine höhere Wirtschaftlichkeit erreicht wird.

Das dritte Kriterium bei der Nutzenübergabe ist die Luftbehandlung im Lüftungsgerät. Je nach Anforderung ist die Außenluft zu erwärmen, zu kühlen, zu befeuchten, zu entfeuchten, zu filtern und zu reinigen. Für die verschiedenen klimatechnischen Prozesse ist darauf zu achten, dass die gewünschten Anforderungen an die Zuluft mit möglichst geringem Energieaufwand erreicht werden. Auch hier ist eine bedarfsgerechte Regelung oder Steuerung unumgänglich.

Ganzheitliches Konzept und Zukunftsperspektive

Konsequenterweise vervollständigt man die Green-Office-Konzeption ausgehend von den Nutzungsanforderungen über eine optimale Gebäudehülle, ein behagliches Raumklima mit bestem Komfort und Luftqualität, bedarfsgerechte Raumklimasysteme mit einer sinnvollen Nutzenübergabe mit einer zukunftsorientierten wirtschaftlichen Energieerzeugung. Ziel sind so genannte Low-Exergie-Systeme mit Niedrigtemperaturheiz- und Hochtemperaturkühlsystemen, die mit möglichst regenerativen Wärme- und Kälteerzeugungssystemen wie der Geothermie, Solarthermie und passiven Systemen wie Nachtkühle wirtschaftlich betrieben werden.

Auch Kraft-Wärme-Kälte-Kopplungssysteme sind empfehlenswert, da im Bürobetrieb der Strombedarf für die Computer und Beleuchtung größtenteils in Kombination mit Wärme- und Kältebedarf für die Raumklimakonditionen bereitgestellt werden muss. Gängige Kraft-Wärme-Kälte-Kopplungssysteme sind BHKW mit Absorptionskältemaschinen. Zukünftig könnten diese Aufgaben auch Brennstoffzellen oder Stirlingmotoren übernehmen (vgl. **Abbildung 5.12**).

In der zukünftigen Entwicklung wird der Trend zu einem noch besseren Raumklima, zu einem noch besseren thermischen und visuellen Komfort und zu bestmöglichen Arbeitsbedingungen weiter anhalten. Daraus lässt sich ableiten, dass auch die Behaglichkeit beeinflussenden Parameter der Fassade stets weiterentwickelt werden und der sommerliche und winterliche Wärmeschutz fortlaufend optimiert wird. Dies selbstverständlich immer gemeinsam optimiert mit einer möglichst großen Tageslichtausnutzung. Darauf aufbauend wird man auch an Raumklimasystemen arbeiten, die zu noch behaglicheren Raumzuständen führen, die noch bedarfsgerechter geregelt werden können und die zudem die Integration von regenerativen Energiesystemen ermöglichen.

Um dies erreichen zu können, wird sicherlich eine Verbesserung der Bauqualität erforderlich sein, die letztendlich nur durch einen höheren Vorfertigungsgrad erreichbar ist. Nur so lassen sich Kosten und Qualität in einem wirtschaftlichen Gesamtrahmen abwickeln. Die Vorfertigung wird damit zu Fassadensystemen führen, die die Funktionen der Raumklimatechnik beinhalten. Diese Funktionen wie Heizen, Kühlen, Außenluft erwärmen, Außenluft abkühlen, Sonnenlicht verschatten, Tageslicht in den Raum reflektieren werden zukünftig sicherlich noch ergänzt durch die Integration von Energiesystemen wie Photovoltaik und Solarthermie. Somit entsteht eine integrale Multifunktionsfassade als Gebäudehülle, die neben dem Witterungsschutz auch die Schnittstelle für ein angenehmes Raumklima bildet. Die Zukunft werden sicherlich Null-Energie-Häuser mit optimaler Behaglichkeit und optimalem Komfort sein oder sogar Gebäude, die mehr Energie produzieren, als sie für die Raumklimatechnik benötigen.

Abbildung 5.12 Low-Exergy-Konzepte [1]

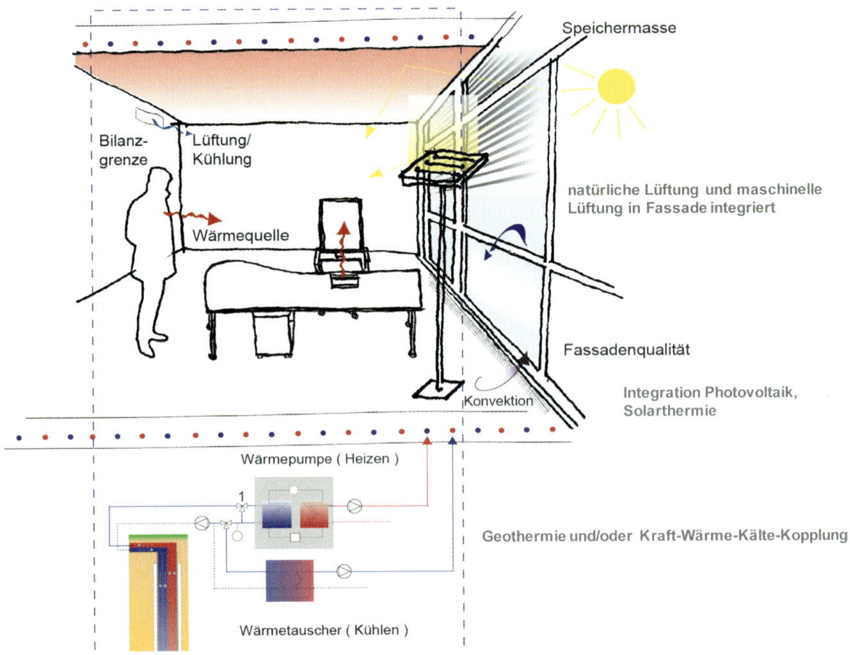

Literatur

[1] Bauer, M./ Mösle, P./ Schwarz, M. (2007): Green Building, Konzepte für nachhaltige Architektur, München, Callwey Verlag.

6 Smart Materials und neue Werkstoffe für nachhaltigere Bürogebäude von übermorgen

Daniel Krause, Diana Schlebe

Einleitung

Vor dem Hintergrund weltweiter Makrotrends wie steigendem Energieverbrauch, Klimawandel, Ressourcenverknappung, Urbanisierung, Internationalisierung und demografischem Wandel sind die Anforderungen an unsere Gebäude derzeit in einem drastischen Wandel begriffen.

Schon heute ist das intelligente Haus ein zentrales Thema in der Architektur und wird auch in Zukunft an Bedeutung gewinnen. Intelligente oder auch smarte Gebäude ermöglichen dem Nutzer gesteigerten Bedienkomfort und Funktionalität durch den Einsatz von neuen Technologien und Materialien. Die Energieströme im Haus werden steuerbar durch intelligente Regelungstechnik, was sowohl zu einer erhöhten Ressourceneffizienz als auch zu gesteigertem Wohlbefinden in der Nutzung beiträgt.

Auch intelligente (smarte) Werkstoffe und Produkte tragen durch ihre Reaktion auf die Umgebung zu einem ökologischen und ökonomischen Verhalten bei. Sie besitzen die inhärente Eigenschaft, auf Veränderungen und Stimulationen ihrer Umwelt zu reagieren und ihre Funktionsweise daran anzupassen. Licht, Temperatur, Druck, ein elektrisches Feld, ein magnetisches Feld sowie ein chemisches Milieu zählen zu den auslösenden Stimuli von Smart Materials. „Bezogen auf den physikalischen Effekt wird dabei in Sensoren und Aktoren unterschieden, was bedeutet, dass diese Materialien noch nicht smart sind. Sie müssen erst zusammen mit einer elektronischen Regelungseinheit zu einem Materialverbund vereint werden, um als smart zu gelten. Jedoch hat sich die Bezeichnung smart oder intelligent auch für Basismaterialien und deren Wandlereigenschaften bewährt" [2]. Materialien, die ihre Form aufgrund von äußeren Einflüssen einmalig oder wenige Male verändern können, werden als Semi Smart Materials bezeichnet. Ana-Maria Popa, Forscherin der Eidgenössischen Materialprüfungs- und Forschungs-Anstalt Empa, teilt die intelligenten Materialien in drei Stufen ein. Die erste Stufe beinhaltet funktionalisierte Materialien, bei welchen sich mechanische Eigenschaften und Benetzbarkeit durch Beschichtungen verändern lassen. Die zweite Stufe schließt Materialien ein, die auf externe Reize wie Licht, Feuchtigkeit oder Druck reagieren und ihre Eigenschaften daraufhin anpassen. Zur dritten Stufe zählt Popa komplexe Systeme, welche die beiden ersten Stufen, d. h. funktionelle und reagierende Eigenschaften, vereinen und in der Lage sind, bestimmte Aufgaben durch Stimulanz selbstständig zu erfüllen [vgl. 9].

„Da ein Großteil der smarten Materialien und Produkte Energie und Materie mittelbar oder unmittelbar aus der Umgebung beziehen, besteht die Möglichkeit zur Optimierung von Energie- und Materieströmen. Durch den weltweiten Anstieg des Bedarfs an teuren Energieträgern und Rohstoffen wird der Einsatz von Smart Materials gefördert" [12]. In Zukunft werden auch die Umweltverträglichkeit und Nachhaltigkeit von Materialien zunehmend eine ausschlaggebende Rolle spielen. Ein Ansatz, Materialien und deren Nachhaltigkeit zu klassifizieren, ist das Cradle-to-Cradle-Prinzip, welches von dem Architekten und Designer William McDonough und dem Materialchemiker Dr. Michael Braungart entwickelt wurde. Materialien erhalten das gleichnamige Zertifikat, wenn sie umweltsicher, gesund und technisch wiederverwertbar oder kompostierbar sind. Zukünftig wird auch die Entwicklung von Materialien aus organischen Grundstoffen mehr an Bedeutung gewinnen. Die so genannten Biowerkstoffe sind zum einen Biokunststoffe sowie naturfaserverstärkte Kunststoffe (NFK) und Holz-Kunststoff-Verbundwerkstoffe (Wood-Plastic-Composites (WPC)). Einen weiteren Ansatz, Umweltschäden zu vermeiden, stellt Biomimikry dar. Dabei werden natürliche Prozesse nachgeahmt. Beispielsweise entwickelten Wissenschaftler einen verbesserten, formaldehydfreien Klebstoff für Sperrholz, nachdem sie den Haftstoff von Muscheln untersuchten, welcher den Tieren dazu dient, an Oberflächen anzuhaften.

Im folgenden Beitrag sollen beispielhafte Materialien und Produkte aus den Bereichen der Smart Materials und Biowerkstoffe sowie Anwendungen auf dem Gebiet der Biomimikry beschrieben werden. Es wird dabei auf die Gebäudefaktoren Licht, Luft und Geruch, Akustik, Oberfläche und Gestalt eingegangen.

Kunstlicht

Das Thema Kunstlicht stellt im energetischen System Gebäude einen wichtigen Faktor dar, der mit vielen anderen Bereichen verknüpft ist. Laienhafte Konzepte zur Lichtplanung können sich negativ auf die Energiebilanz eines Gebäudes auswirken, wohingegen intelligente Planung die Energieeffizienz eines Gebäudes optimieren kann. Es erfordert eine genaue Analyse der Beleuchtungsaufgabe, um eine optimale Lösung für den jeweiligen Fall zu finden (vgl. Kap. Beleuchtung von Büroumgebungen mit Tages- und Kunstlicht). Schon in den 70er Jahren kritisierten Endokrinologen des Massachusetts Institute of Technology (MIT) die Bestimmungen bezüglich einzuhaltender Mindestwerte der das Licht charakterisierenden Parameter für Arbeitsstätten oder öffentliche Gebäude. Kritikpunkt bezüglich dieser Bestimmungen war es, dass sie von ökonomischen und technologischen Einschränkungen bedingt wurden [vgl. 13]. Bei einer bedarfsgerechten Lichtplanung sollten aber auch die physiologischen und psychologischen Bedürfnisse der Nutzer im Vordergrund stehen, da sich das eingesetzte Kunstlicht auf Gesundheit und Leistungsfähigkeit auswirkt. Ein Beispiel hierfür ist die sich beim Mensch einstellende Kurzsichtigkeit bei bläulichem Licht. Zudem verbraucht die künstliche Beleuchtung unseres Lebensraums 19 Prozent des weltweiten Stromverbrauchs [vgl. 4]. Eine effiziente Beleuchtung kann dazu beitragen, den steigenden Energieverbrauch zu reduzieren. Eine zukunftsweisende Technologie im Bereich der Beleuchtung stellen LED und OLEDs dar. Sie basieren auf dem Funktionsprinzip der lichtemittierenden Smart Materials.

Lichtemittierende Smart Materials

Materialien, bei welchen ein Molekül durch Einwirkung von Energie angeregt wird Licht, zu emittieren, gehören zu den lichtemittierenden Smart Materials. Es handelt sich dabei um das optische Phänomen der Lumineszenz. Hierbei wird nach Art der Anregung in Photolumineszenz, Elektrolumineszenz, Biolumineszenz, Chemolumineszenz, Kristallolumineszenz, Radiolumineszenz, Radiophotolumineszenz und Tribolumineszenz unterschieden. Photolumineszierende Materialien werden je nach ihrem zeitlichen Leuchtverhalten in fluoreszierende und phosphoreszierende Materialien unterteilt. Die Fluoreszenz findet u. a. Anwendung in der Photovoltaik als Fluoreszenzkollektor. Das vom Kollektor emittierte Licht wird zu den Kanten geleitet und tritt dort konzentriert aus. Dies führt zu einer Leistungssteigerung der an den Kanten angebrachten Photozellen. Im Gegensatz zur Fluoreszenz kommt es beim Phänomen der Phosphoreszenz zum Nachleuchten nach Erlöschen der einwirkenden Lichtstrahlen. In der Architektur finden phosphoreszierende Materialien ihre Anwendung u. a. in Produkten wie phosphoreszierenden Farben, Betonen, Gläsern oder Kunststoffen. Elektrolumineszierende Smart Materials werden durch Einwirken von Elektronen eines elektrischen Feldes zur Emission von Licht angeregt. Das Funktionsprinzip der Injektions-Elektrolumineszenz findet den Einsatz bei innovativen Lichtquellen wie den Light-Emitting-Diodes (LED) und den auf der Basis von organischen, halbleitenden Polymeren hergestellten Organic Light-Emitting-Diodes (OLED).

LED

Eine LED ist ein elektronisches Halbleiterbauteil, welches angeregt durch einen elektrischen Strom optische Strahlung einer bestimmten Wellenlänge in Abhängigkeit vom Halbleitermaterial emittiert. Im Gegensatz zu Glühlampen emittieren LEDs Licht in einem schmalbandigen Spektralbereich. Das Licht ist nahezu monochrom, wodurch es zu einer besonders hohen Effizienz und Farbsättigung bei farbigen Lichtanwendungen kommt (vgl. **Abbildung 6.1**). Weiße LEDs werden hergestellt, indem blau oder UV emittierende LEDs mit Lumineszenzfarbstoffen kombiniert werden. Die Farbwiedergabeeigenschaften des weißen LED-Lichts hängen dabei von der Art der Leuchstoffbeschichtung ab. Unter Laborbedingungen kann heute eine Lichtausbeute erreicht werden, die im Bereich der sehr wirtschaftlichen Leuchtstoff- und Halogenmetalldampflampen liegt. Außerdem müssen mehrere Dioden zusammengesetzt werden, um eine ausreichende Lichtstärke zu erhalten. Durch die sehr kleine Bauart können herkömmliche Leuchtenformen mit mehreren LEDs bestückt werden. Entscheidend für den Gesamtwirkungsgrad ist deshalb das Zusammenwirken aus Leistungsaufnahme, erzeugter Lichtstärke, verwendeter Optik der LED sowie des Leuchtengehäuses bzw. der Einbausituation.

Abbildung 6.1 links - Golden DRAGON LED, rechts - Power TOPLED. Quelle: OSRAM

OLED

Organische Leuchtdioden oder Organic Light Emitting Diodes (OLED) stellen eine Weiterentwicklung der LED dar. Beim Anlegen einer Spannung werden die organischen halbleitenden Materialien angeregt, Licht zu emittieren. Das emittierte Licht ist wie bei den LEDs monochromatisch und die Lichtfarbe wird bei der Fertigung festgelegt. „Organische Leuchtdioden sind, anders als die klassischen Leuchtdioden, Flächenstrahler, was für die Masse der Anwendungen, bei welchen große Flächen be- und hinterleuchtet werden, ein deutlicher Vorteil ist" [vgl. 4]. Allerdings ist die aktuell mögliche Leuchtdichte deutlich geringer als bei LEDs und liegt nicht im Bereich, der für übliche Beleuchtungsanwendungen erforderlich ist. Wiederum sind im dekorativen und informativen Bereich der Beleuchtung neue Anwendungen mit OLED realisierbar. Sie können zu biegsamen Leuchtflächen verarbeitet werden, da sie aus ultradünnen organischen Schichten (Schichten von Polymeren) bestehen (vgl. **Abbildung 6.2**). Nachteilig ist hierbei, dass diese Polymere leicht mit Sauerstoff und Wasser reagieren können, weshalb sie im Hochvakuum verarbeitet und mit einer Schutzschicht versehen werden müssen. Dadurch wird verhindert, dass später Feuchtigkeit oder Luft eindringen kann.

Abbildung 6.2 links - OLED-Beleuchtungsmodul. Quelle: Fraunhofer IPMS, mittig und rechts - OLED Flächenlicht. Quelle: OSRAM

Tageslicht

Ein weiterer Faktor, der bei der Planung von Bürogebäuden eine Rolle spielt, ist das Tageslicht. Der Lebensrhythmus des Menschen wird von abwechselnden Lichtstimmungen geprägt, die sich im tages- und jahreszeitlichen Verlauf ändern. Bei der Planung von Bürogebäuden muss daher auf die unterschiedliche Sonneneinstrahlung Rücksicht genommen werden. Die Orientierung der Fassade und deren Aufbau übernehmen in Zukunft mehr Funktionen in Bezug auf die Klimatisierung des Gebäudes. Die Fassade sollte flexibel auf die jeweiligen klimatischen Bedingungen reagieren können. Im Sommer soll die Wärme nicht in das Gebäudeinnere eindringen, wohingegen im Winter die Wärme erwünscht ist. Außerdem sollte das Licht möglichst blendfrei sein und den Nutzer nicht bei der Arbeit behindern. Ein aktiver Sonnen- und Blendschutz kann dazu beitragen, die Wärmeabfuhr durch Klimatisierung zu reduzieren und Blendungen vorzubeugen. Im Bereich der Smart Materials gibt es einige Beispiele, die dies ermöglichen. So genannte schaltbare Verglasungen lassen sich per Knopfdruck abdunkeln oder von transparent bis lichtstreuend schalten. Man unterscheidet sie in Verglasungen mit elektrochromen, gasochromen oder hydrochromen, photochromen oder -tropen, photoelektrochromen sowie thermochromen oder thermotropen Schichten. Sie basieren auf dem Funktionsprinzip von optisch variierenden Smart Materials. Außerdem gibt es Polymer Dispersed Liquid-Crystal-Systeme, Suspended Particle Devices und schaltbare Spiegel auf Metallhydridbasis. Einen weiteren Schutz der Räume vor zu starker Sonneneinstrahlung bei gleichzeitiger Erhaltung des Tageslichtspektrums bieten Tageslichtumlenksysteme. Hierbei wird das Tageslicht zur Beleuchtung von Innenräumen bei gleichzeitigem Schutz vor Blendung umgeleitet. Durch Lamellen, die außen vor der Fassade, im Zwischenraum zwischen zwei Glasscheiben oder im Innenraum installiert werden können, wird dies möglich. Tageslichtumlenksysteme gehören zwar nicht zu den Smart Materials, bieten aber eine erweiterte Funktion der Fassade in Bezug auf Sonnen- und Blendschutz.

Photochrome Smart Materials

Photochrome Smart Materials sind aufgrund ihrer inhärenten Eigenschaften in der Lage, auf elektromagnetische Energie zu reagieren, indem sie davon abhängig ihre Farbe ändern (vgl. **Abbildung 6.3**). Produkte, die diese Eigenschaften nutzen, können beispielsweise Pigmente, Gläser oder Kunststoffe sein. Farbstoffe aus photochromen organischen Verbindungen können u. a. Farben beigemischt oder auch in Kunststoffe eingearbeitet werden [12]. Photochrome Gläser dunkeln bei Sonnenlichteinfall in den Farben Grau oder Braun ab, wobei sie trotzdem durchsichtig bleiben. Der Vorgang ist reversibel, was bedeutet, dass die Gläser im Dunkeln wieder transparent werden. Eine externe Spannungsversorgung ist bei photochromen Systemen nicht notwendig, da sie die Energie durch das Sonnenlicht beziehen. Am Fraunhofer-Institut für Solare Energiesysteme (ISE) wurden beschichtete Scheiben entwickelt, die auch bei hohen Temperaturen einen guten Färbekontrast aufweisen. Das Fraunhofer ISE erklärt die Funktionsweise photochromer Systeme folgendermaßen: „Die Basis für das System bilden ein Schichtsystem aus elektrochromem Wolframoxid und eine Farbstoffsolarzelle mit niedriger Farbstoffkonzentration. Unter Beleuchtung werden in der Solarzellenschicht Elektronen angeregt und in das Wolframoxid injiziert. Gleichzeitig werden Kationen aus dem Elektrolyten in die Schicht eingelagert. Dadurch färbt sich das Wolframoxid blau ein. Im Dunkeln führen Rekombinationsreaktionen, die durch den Einsatz von Katalysatoren beschleunigt werden können, zur Entfärbung" [10]. Die Farbtiefe und die Geschwindigkeit der Entfärbung kann laut Fraunhofer ISE auf die jeweilige Anwendung abgestimmt werden.

Abbildung 6.3 Photochromes Fensterelement vor (links) und nach (rechts) Einfärben unter Einwirkung von Sonnenlicht. Quelle: Fraunhofer ISE

Thermochrome und thermotrope Smart Materials

Gläser mit optisch aktiven Schichten werden auch „Smart Coatings" genannt, wozu Gläser mit thermochromen Schichten zählen. Neben thermochromen Gläsern gibt es noch weitere Produkte mit thermochromen Eigenschaften. Am Fraunhofer-Institut für angewandte Polymerforschung IAP entwickelte thermochrome Pigmente ermöglichen beispielsweise die Herstellung von thermochromen Polymerfolien und Spritzgussteilen sowie thermochromen Duroplasten und Hydrogelen. Als thermochrom werden Materialien bezeichnet, die in Abhängigkeit von Temperaturänderungen ihre Farben reversibel ändern. Es tritt ein struktureller Phasenübergang auf, wodurch dann ein anderer Bereich des visuellen Spektrums absorbiert und das verbleibende reflektierte Licht zu einer neuen Farbe zusammengesetzt wird [vgl. 6]. Bei der Thermotropie handelt es sich um eine von der Temperatur abhängige Transparenzänderung des Materials. Auch thermotrope Gläser können als Sonnenschutzverglasungen genutzt werden. Die Durchlässigkeit der Gläser verringert sich bei steigenden Temperaturen im Sommer und bietet so den Räumen Schutz vor Überhitzung.

Elektrochrome Smart Materials

Ein Beispiel für die Anwendung von elektrochromen Smart Materials sind schaltbare Gläser mit elektrochromen Beschichtungen. Durch Anlegen einer elektrischen Spannung kann das Glas verdunkelt oder aufgehellt werden. Auch diese Gläser eignen sich für Anwendungen im Bereich des Sonnenschutzes, da eine Verschattung erzielt wird. Außerdem können sie als Sichtschutz eingesetzt werden. Der Aufbau eines in solchen Fensterscheiben enthaltenen elektrochromen Verbundes setzt sich aus zwei leitfähigen beschichteten Floatglasscheiben und einer dazwischen liegenden funktionalen Schicht zusammen. Diese besteht wiederum aus einer Elektrode, welche Wolframoxid enthält, und einer Gegenelektrode, welche Lithiumionen enthält. Beide Elektroden werden von einer leitfähigen Polymerfolie getrennt. An den beiden Floatglasscheiben werden die elektrischen Anschlüsse befestigt. Grundsätzlich ist eine stufenlose Verdunklung der Gläser möglich, wobei in den meisten Fällen aber nur eine Steuerung in vorgegebenen Abstufungen möglich ist. Die Steuerung kann über separate Steuergeräte erfolgen, sodass, wie bei der Installation von Alarmverglasungen, eine elektrische Zuleitung zu jeder Scheibe nötig ist. Dadurch ist prinzipiell eine individuelle Steuerung jedes einzelnen Glases möglich. Praxistauglicher ist jedoch eine Gruppensteuerung für mehrere Fenster, welche die Einfärbung der einzelnen Fenster synchronisiert.

Lichtlenksysteme

Mikro-Sonnenschutzraster und Prismensysteme gehören zwar nicht zur Gruppe der Smart Materials, können aber ebenfalls einen Beitrag zur Regulierung des Tageslichteintrags leisten. Prismensysteme können in bewegliche und feststehende Systeme unterschieden werden. Sie dienen zum einen dem Sonnenschutz (Sonnenschutz-Prismen, Mikro-Sonnenschutzraster) und können zum anderen das erwünschte diffuse Licht gezielter und gleichmäßiger in den Raum lenken (Lichtlenk-Prismen). Prismen oder Raster werden in den Scheibenzwischenraum von Isolierglasscheiben integriert, um sie vor Witterung und Verschmutzungen zu schützen. Die verglasten Elemente können vor oder hinter der Fassade und als Isolierglasfenster verbaut werden. Als bewegliche Systeme können sie dem Sonnenstand nachgeführt werden, um somit die optimale Wirkung für die jeweilige Tageszeit zu erhalten. Im Gegensatz zu feststehenden Prismensystemen bestehen bewegliche aus unverspiegelten Prismenplatten. Licht, welches senkrecht zur Längsrichtung der Struktur auftrifft, wird reflektiert (Totalreflexion) und das diffuse Tageslicht wird ungehindert durchgelassen (vgl. **Abbildung 6.4**).

Abbildung 6.4 links und mittig - Mikro-Sonnenschutzraster. Quelle: Siteco, rechts - Prismensystem. Quelle: Peter Bartenbach, München

Da das Prinzip der Totalreflexion nur in einem sehr engen Bereich funktioniert, ist eine Nachführung der Lamellen zur Sonne hin notwendig. Dahingegen müssen feststehende Systeme optimal ausgerichtet werden. Ihre Funktionsweise beruht auf dem richtungsabhängigen Reflexions- und Transmissionsverhalten. Sie besitzen einen definierten Sperr-

und Durchlassbereich. Der Sperrbereich ist so ausgelegt, dass direktes Sonnenlicht aus allen Richtungen nach außen reflektiert wird. Gleichzeitig wird ein Maximum an diffusem Tageslicht in den Innenraum durchgelassen.

Raumklima

Schaltbare Verglasungen und Tageslichtlenksysteme können also dazu beitragen, das Raumklima zu regulieren. Ein ausgeglichenes Raumklima ist eine wesentliche Voraussetzung für einen hygienisch einwandfreien Aufenthalt in Büroräumen. Thermische und olfaktorische Parameter optimal abzustimmen ist eine Herausforderung, die auch in Zukunft gemeistert werden muss. Schadstoffe, die von Materialien abgegeben werden, belasten die Raumluft und somit auch die Raumnutzer. Um das biologische Schutzsystem des Menschen nicht zu überlasten, stellt Staubfreiheit ein wesentliches Kriterium dar. Aber auch die Reinigung der Raumluft von negativen Geruchsstoffen zählt zu den wesentlichen Qualitätsmerkmalen für einen behaglichen Aufenthalt in Büroräumen. Neben der Reinigung durch raumlufttechnische Anlagen werden in Zukunft auch Materialien, die in der Lage sind, Schadstoffe und Fremdgerüche umzuwandeln oder zu binden, dazu beitragen, ein optimales Raumklima herzustellen. Raumluftverbessernde Materialien gehören zu den materieaustauschenden Smart Materials. „Materialien und Produkte, die Materie etwa in Form von Molekülen, als Gase, Flüssigkeiten und/oder feste Komponenten, durch unterschiedliche physikalische und/oder chemische Vorgänge reversibel an- und/oder einlagern, binden und auslagern können, werden zu den materieaustauschenden und damit auch speichernden Smart Materials gezählt“ [vgl. 12]. Ein Beispiel hierfür sind mineralische Ab- oder Adsorbentien.

Raumluft verbessernde Smart Materials

Natürlich gewonnene Trockentone und künstlich hergestellte Silicagele gehören zu der Gruppe der mineralischen Adsorbentien. Zu den mineralischen Absorbentien werden natürlich gewonnene Bentonite gezählt. Synthetische Zeolithe wiederum finden ihre Anwendung beispielsweise in Gipsbauplatten, die zur Raumluftverbesserung durch Umwandlung und partielle Bindung von Schadgasen und Fremdgerüchen verwendet werden. Sie sind auch zur Adsorption von Wasserdampf geeignet und können wie herkömmliche Gipsbau- und Faserzement-Platten verarbeitet werden. Schadstoffe und Gerüche werden dauerhaft abgebaut. Anders als bei Luftfiltern müssen sie nicht gewartet werden und sind zudem noch nachhaltig wirksam, da die Reaktionsfähigkeit des Zeolith nicht verändert wird [vgl. 12].

Raumluftfeuchte regulierende Materialien

Ein Beispiel für Raumluftfeuchte regulierende Materialien ist die intelligente Dampfbremse. Sie stellt eine Entwicklung des Fraunhofer-Instituts für Bauphysik IBP dar. Es ist eine Folie aus Polyamid, deren Dampfdurchlässigkeit im feuchten Zustand deutlich höher als im trockenen Zustand ist. Sie kann ihre Dampfdurchlässigkeit automatisch an die jeweiligen Erfordernisse anpassen, wobei das feuchteadaptive Verhalten darauf beruht, dass sie Wasserdampf absorbieren kann. „Je höher die Umgebungsfeuchte, desto mehr Wassermoleküle werden zwischen die langkettigen Polymermoleküle eingelagert“ [7].

Wärme regulierende Smart Materials

Zu den Wärme regulierenden Smart Materials gehören die Phase Change Materials (PCM). Sie besitzen eine wesentlich höhere latente Schmelz-, Lösungs- bzw. Absorptionswärme als vergleichbare Stoffe ohne Phasenumwandlung. Zur Gruppe der PCM (deutsch: Phasenwechselmaterialien) können generell alle Materialien gezählt werden, die infolge äußerer Einflüsse ihren Aggregatzustand reversibel verändern können.

Die Speicherung von Energie ist grundsätzlich auf die zwei Arten latent (versteckt) und sensibel (fühlbar) möglich. Latentwärmespeicher können, im Gegensatz zu herkömmlichen sensiblen Speichermedien wie massiven Betonbauteilen, thermische Energie verlustarm und über längere Zeit speichern. Hierfür werden die Phasenwechsel-/Phasenübergangsmaterialien genutzt. Sie treten in den Aggregatzuständen fest, flüssig und gasförmig sowie dem von Gelen abgeleiteten kolloiden Zustand auf [vgl. 12]. Wegen hoher Schmelzenthalpien können mit bestimmten PCM große Wärme- oder Kältemengen bei verhältnismäßig kleinen Temperaturdifferenzen gespeichert werden [vgl. 10]. Am Fraunhofer ISE werden unterschiedliche Paraffine auf ihre Einsatzmöglichkeiten untersucht wie z. B. in Baustoffen zur Erhöhung der Wärmekapazität von Gebäuden oder für den Transport und die Speicherung von Wärme und Kälte. In der Architektur sind PCMs wie Paraffine, Paraffin-Gemische, Wasser, Wasser-Gemische und Silikate von hohem Interesse. Sie werden z. B. in Außen- und Trennwänden wie Gipsbauplatten, Putze, komplexe Fassadensysteme, der Kältetechnik sowie Heizungstechnik eingesetzt. Hier ist beispielsweise Micronal® PCM – ein mikroverkapselter Latentwärmespeicher, von BASF entwickelt, zu nennen. Er war für den Deutschen Zukunftspreis 2009 nominiert, wird zur passiven Klimatisierung von z. B. Innenwänden und -decken verwendet und stellt somit eine Alternative zu energieintensiven Raumkühlung dar. Das Material speichert Nachtkälte und ermöglicht auf diese Weise angenehme Innenraumtemperaturen ohne Strom und Wartung. Vom Fraunhofer ISE stammt die Lösung für die möglichst kleine Verpackung von Latentwärmespeichern. Somit lassen sich die kleinen Kugeln einfach in Gipsputz einarbeiten. Am Fraunhofer ISE wurde ein Dauereinsatz von Baustoffen aus Micronal® PCM von 30 Jahren simuliert, wobei sich keine Leistungsverluste zeigten [3], vgl. **Abbildung 6.5**.

Abbildung 6.5 System Ilkatherm®. Quelle: ILKAZELL

Akustik

Ein weiterer Bereich, in dem intelligente Systeme zukünftig eingesetzt werden können, ist die Akustik. Sprachfetzen, laute Telefonate, Mitarbeitergespräche usw. können sich in Bürogebäuden negativ auf die Konzentrationsfähigkeit der Mitarbeiterinnen und Mitarbeiter auswirken. Vor allem in großen Räumen mit verhältnismäßig geringem Wandflächenanteil ist es schwierig, akustischen Komfort zu gewährleisten. Hier können integrierte Absorber zur Schallabsorption oder aktive Geräuschminderung durch intelligente Materialsysteme eingesetzt werden.

Aktiver Schallschutz

Zielsetzung des Forschungsprojekts InMAR (Intelligent Materials for Active Noise Reduction) ist die Erforschung und Realisierung intelligenter, hochleistungsfähiger und adaptiver Materialsysteme mit integrierter Elektronik für unterschiedliche Einsatzmöglichkeiten. Diese Systeme werden in aktiven Lärmminderungskonzepten, basierend auf aktivem Schwingungs- und Schallschutz sowie für das Klangdesign angewandt. „Sensoren und Aktoren können gezielt auf veränderliche Betriebsbedingungen reagieren: je nach Schwingungsfrequenz werden gegengleiche Schallwellen in die Struktur eingeleitet. Dies reduziert die Ausbreitung der Schallwellen, die Lärmquelle wird aktiv gedämpft" [8]. Als besondere Herausforderung erweist sich die Kombination von minimalem Bauraum und hohem Dämpfungsbedarf bei tiefen Frequenzen. Lösungsansätze beruhen insbesondere auf der Entwicklung aktivierter Resonatoren. Für den Gebäudebereich werden die aktiven Beeinflussungen des Hohlraums in Isolierglasscheiben untersucht. Auch hier werden die aktivierten Resonatoren eingesetzt.

Passiver Schallschutz

Streifenabsorber und Absorberstreifen ermöglichen, die Deckenfläche trotz Betonkernaktivierung zur Absorption von Schall zu nutzen. Die Absorberstreifen werden in der Decke periodisch eingebettet bzw. sie schließen bündig mit der Deckenoberfläche ab. Ein Teil der Schallenergie wird gebeugt und nicht in den Raum zurückreflektiert. Durch Konfiguration der Absorberstreifen (Geometrie und Materialeigenschaften) und ihre räumliche Verteilung kann die Konstruktion akustisch auf einen bestimmten Frequenzbereich fokussiert werden. Der berechnete Absorptionsgrad für diffusen Schalleinfall zeigt bei konstanter Absorberbelegung eine mit zunehmender Streifenzahl ansteigende Wirksamkeit. In Bestandsgebäuden können Metallkassetten mit integriertem Schallabsorber an der Decke montiert werden. Auf diese Kassetten kann zusätzlich noch ein Akustikputz aufgetragen werden. Ein Beispiel für integrierte Absorber ist Reapor. Die materielle Grundlage für den Schallabsorber ist Liaver-Blähglasgranulat, welches in einem thermischen Verfahren zu Platten verpresst wird. Es besitzt ein hohes Schallabsorptionsvermögen, ist feuchteunempfindlich, nicht brennbar und recycelbar.

Oberflächen

Die Oberflächen von Bauteilen und Gegenständen sind anfällig für äußere Einwirkungen. Durch Nanotechnik ist es mittlerweile möglich, ähnlich der Eigenschaft der menschlichen Haut, Oberflächen herzustellen, die sich selbst heilen.

Selbstheilende Materialien

Selbstheilende Polymere werden u. a. an der Universität von Illinois (UIUC), USA, entwickelt. Ihr System wird auch als „autonomic healing system" und „self healing system" bezeichnet und besteht aus einer formgebenden Epoxy-Polymer-Matrix. In diese sind mit einem Heilungsmittel gefüllte Mikrokapseln und Katalysatoren gleichmäßig räumlich voneinander getrennt eingelagert. Kommt es zum Bruch des Epoxy-Polymers, werden durch die zerstörten und damit geöffneten Mikrokapseln die enthaltenen Heilungsmittel freigesetzt, die die entstandene Bruchstelle ausfüllen. Durch den Kontakt mit dem Katalysator wird daraufhin die Polymerisation eingeleitet. D. h., die Bruchstelle wird dauerhaft geschlossen [vgl. 12].

Wissenschaftler von der University of Southern Mississippi haben einen selbstheilenden Kunststoff entwickelt, bei dem durch die Einwirkung von UV-Licht kleine Kratzer wieder verschwinden. Überwiegend besteht das Material aus Polyurethan, einem langkettigen Kunststoff. Die Wissenschaftler Biswajit Ghosh and Marek Urban kombinierten diesen mit zwei anderen Kunststoffen. Setzt man das Gemisch Sonnenlicht aus oder bestrahlt es mit einer UV-Lampe, verketten sich die Zusätze miteinander und schließen so die kleinen Risse in der Oberfläche [vgl. 1]. Bei selbstheilenden Lacken handelt es sich um eine selbstheilende Beschichtung von Lackoberflächen. Ihr Einsatz wäre in Bereichen wie Handläufen und dem Sockelbereich von Gebäuden denkbar.

Formvariierende Smart Materials

Materialien und Produkte, die ihre Gestalt und/oder Dimensionen abhängig von einem oder mehreren Stimuli durch äußere Einflüsse, Einwirkung von Licht, Temperatur und Druck aufgrund eines elektrischen oder magnetischen Felds oder durch einen chemischen Stimulus reversibel verändern können, gehören zu den formvariierenden Smart Materials [vgl. 12]. Im Bereich der Architektur ergeben sich damit Möglichkeiten, Systeme, die ihre Gestalt ändern, zu erzeugen. Formgedächtnislegierungen, im Englischen shape memory alloy, werden auch als Formgedächtnis-Metalle, Memorymetalle, bezeichnet, was sich darauf zurückführen lässt, dass sie sich an eine frühere Formgebung trotz nachfolgender starker Verformung scheinbar „erinnern" können. Sie bestehen aus mindestens zwei unterschiedlichen Elementen aus Metall. Diese verfügen u. a. über die Eigenschaft, nach einer thermomechanischen Behandlung einmal geprägte Formen temperaturabhängig reversibel einnehmen zu können. Diese Eigenschaft beruht auf einer wiederholbaren Phasenumwandlung zwischen zwei Kristallstrukturen. Ein Projekt von Yvonne Chan Vili zeigt die Anwendungsmöglichkeit von Memorymetallen in der Innenarchitektur. Sie entwarf funktionelle Textilien, die sich für Verdunklungs- und Sichtschutz-Bekleidungen vor Fenster- und Türöffnungen eignen. In diese Textilien arbeitete sie Drähte aus einer Formgedächtnislegierung als parallele Stränge an wenigen Stellen in die Oberfläche ein. Dadurch kommt es temperaturabhängig zur Kontraktion des Textils [vgl. 12].

Elektroaktive Polymere können ihre Form unter Einwirkung einer elektrischen Stimulation ändern. Je nachdem, welche Geometrie gewählt wurde, welche Art der Einspannung vorliegt und welchen Aufbau sie haben, können sie sich krümmen, ausdehnen oder zusammenziehen. Als Projekt kann BalnaeNY genannt werden, wobei es sich um eine elektromagnetisch sensitive Therme mit beweglich flächenbildenden Bauteilen handelt [vgl. 12]. Forscher arbeiten inzwischen auch an Formgedächtnis-Kunststoffen. Sie sollen in der Lage sein, Schäden an Gegenständen wieder auszubeulen, da sie bei Temperaturänderungen ihre Form ändern.

Biowerkstoffe

Durch steigende Preise für Rohöl und ein wachsendes Umweltbewusstsein ist auch das Interesse an Werkstoffen auf der Basis nachwachsender Rohstoffe gestiegen. Biowerkstoffe lassen jährlich ein zweistelliges Wachstum verzeichnen und können sich durch stabile Preise und deutlich bessere CO_2-Werte gegenüber anderen Werkstoffen behaupten. Schon heute werden Biowerkstoffe in der Verpackungsindustrie und im Automobilbau eingesetzt, und es wird daran gearbeitet, sie auch in der Bauindustrie vermehrt zu verwenden. Biowerkstoffe können in Biokunststoffe, naturfaserverstärkte Kunststoffe und Wood-Plastic-Composites unterschieden werden. Sie basieren in hohem Maße oder zu 100 Prozent auf nachwachsenden Rohstoffen. Ein Beispiel in der Architektur ist das Schweizer Papierhaus, dessen Wände aus in Kunstharz getränkter Zellulose bestehen. Sehr stark wächst der Markt für Biokunststoffe. Schon heute gibt es verschiedene Produkte wie Handygehäuse oder Armlehnen in Autos, die auf dauerhaften Biokunststoffen basieren. Biokunststoffe werden auf der Basis nachwachsender Rohstoffe hergestellt und können auch biologisch abbaubar oder kompostierbar sein. Polymilchsäuren, im Englischen polylactid acid (PLA), sind Polymere, die zu 100 Prozent aus nachwachsenden Rohstoffen hergestellt werden können. Zukünftig könnten mit Naturfasern (wie beispielsweise der Kenaf Pflanze) verstärkte PLA im Baubereich ihren Einsatz finden, die den glasfaserverstärkten Kunststoff ersetzen. Eine relativ neue Werkstoffgruppe stellen die Wood-Plastic-Composites (WPC) dar. Diese sind Verbundwerkstoffe aus thermoplastischen Kunststoffen und Holzfasern oder Holzspänen. Ihr Faseranteil sorgt für eine hohe Festigkeit und macht sie so zu einem formstabilen Verbundwerkstoff, der zudem auch noch preiswert ist. Schon heute wird WPC für Fensterprofile oder Gebäudeverkleidungen eingesetzt. Arboform, auch „Flüssigholz" genannt, wurde am Fraunhofer-Institut für chemische Technologie ICT entwickelt. Es verhält sich unter mechanischer und thermischer Belastung ähnlich wie Holz. Dieser Werkstoff lässt sich wie Holz oder Holzwerkstoffe be- und verarbeiten, zeichnet sich durch eine große Steifigkeit aus und bleibt auch unter Wärmebelastung stabil (vgl. **Abbildung 6.6**).

Abbildung 6.6 links - Lautsprecher aus flüssigem Holz. Quelle: TECNARO und Fraunhofer ICT, rechts - Greenline Büroboy. Quelle: TECNARO und Rotho

Fazit

Wie der vorausgegangene Ausblick auf eine Auswahl von Smart Materials und innovative Werkstoffe in verschiedenen Anwendungsfeldern zeigt, bieten diese ein erhebliches Potenzial, unsere Gebäude in der Zukunft ressourcen- und energieeffizienter zu gestalten. Uns erwarten noch weitere Entwicklungen, die dazu beitragen werden, das Gesamtsystem Büro zu verbessern. Hierbei darf jedoch nicht die ganzheitliche Einschätzung und Folgenbewertung im Sinne der drei Säulen der Nachhaltigkeit vergessen werden. Bei der zukünftigen Entwicklung von Materialien und Produkten für das Büro sind Anforderungen wie Ökonomie, Ökologie und Nachhaltigkeit unverzichtbar. Das Augenmerk sollte auf dem gesamten Lebenszyklus, von der Gewinnung bis zur Entsorgung oder dem Recycling, liegen.

Smart Materials und neue Werkstoffe bieten die Möglichkeit, auf Herausforderungen wie der Forderung nach leichteren und zuverlässigeren Materialien zu reagieren. Sie ermöglichen, neue Wege zu beschreiten, um effizientere Verfahren der Energieerzeugung und des sparsameren Energieeinsatzes zu entwickeln, und können dazu beitragen, Emissionen zu senken oder Gefahrenstoffe zu ersetzen.

Literatur

[1] http://www.areamobile.de/news/10743-selbstheilender-kunststoff-laesst-kratzer-wieder-verschwinden, Zugriff 18.12.2009.

[2] Bullinger, H. J. (2007): Intelligente Materialien, in: Bullinger, H. J. (Hrsg.), Technologieführer, Grundlagen – Anwendungen – Trends, Berlin, S. 36.

[3] http://basf.com/group/corporate/de/news-and-media-relations/science-around-us/micronal/story, Zugriff 18.12.2009.

[4] http://www.bmbf.de/de/7045.php: Das neue Licht kommt aus Deutschland, Zugriff 18.12.2009.

[5] http://www.bmbf.de/de/3604.php: Organische Leuchtdioden – die Tapete als Lichtquelle?, Zugriff 18.01.2010.

[6] http://www.chemie.uni-regensburg.de/Anorganische_Chemie/Pfitzner/demo/demo_ws0304/thermo.pdf: Thermochromie, 19.01.2010.

[7] http://www.ibp.fraunhofer.de/HT/prod/fadab/index.html: Intelligente Dampfbremse, Zugriff 18.12.2009.

[8] http://www.inmar.info/press/PI_Fraunhofer_LBF_InMAR_arial_DE.pdf, 18.01.2010.

[9] http://www.innovations-report.de/html/berichte/materialwissenschaften/impulse_forschung_entwicklung_textilindustrie_139556.html: Impulse aus Forschung und Entwicklung für die Textilindustrie, in: Innovations-Report 14.09.2009.

[10] http://www.ise.fraunhofer.de/geschaeftsfelder-und-marktbereiche/energieeffiziente-gebaeude-und-gebaeudetechnik/waerme-und-kaeltespeicher, Zugriff 19.01.2010.

[11] Krautter, M. (2009): Beleuchtung und Energieeffizienz – Viel Licht, wenig Strom, in: Green Building 01-02/09.

[12] Ritter, A. (2007): Smart Materials in Architektur, Innenarchitektur und Design.

[13] Wurtman, R. J. (1975): The effects of light on the human body, in: Scientific American, 233 (1), S. 69-77.

7 Bürogebäude ohne Emissionen

Der Firmensitz der juwi-Gruppe in Wörrstadt (Rheinhessen) wird ausschließlich mit erneuerbaren Energien versorgt.

Christian Hinsch

Die juwi-Gruppe aus Rheinland-Pfalz hat im Juli 2008 eine neue Firmenzentrale in Wörrstadt (Landkreis Alzey-Worms) bezogen. Der aus drei Gebäudeteilen und sieben Staffelgeschossen bestehende Bürokomplex (siehe **Abbildung 7.1**) wurde in Holzbauweise errichtet, zeichnet sich durch ein hervorragendes Energiekonzept aus und bietet Platz für rund 350 Mitarbeiterinnen und Mitarbeiter. Eine modulare Bauweise bietet zudem die Möglichkeit, den ersten Gebäudekomplex zu „kopieren" und so die Mitarbeiterzahl nun – im Jahre 2010 – auf rund 700 zu erhöhen.

Abbildung 7.1 Ansicht der neuen Firmenzentrale

Die beiden jeweils rund 12 Meter hohen, 20 bis 30 Meter breiten und etwa 100 Meter langen Neubauten sorgen mit ihrem Ambiente für qualitativ hochwertige Leistungen: Die beiden Bürokomplexe bieten auf mehr als 15 000 Quadratmetern und über insgesamt sieben versetzte Etagen in unterschiedlichen Konstellationen Platz für Arbeit und Kommunikation sowie Freiräume für Kreativität, Entspannung und zum Auftanken. So gibt es beispielsweise neben einem Speisesaal auch eine Kinderkrippe sowie einen Andachts- und einen Freizeitraum.

Abbildung 7.2 Innenansicht der in Holzbauweise errichteten Firmenzentrale

Die neuen Gebäude wurden in ökologisch vorbildlicher Weise aus dem Naturbaustoff Holz errichtet: rund 4 000 Kubikmeter zertifiziertes Fichtenholz. Auch die gesamte Architektur und Ausstattung der Gebäude folgt der Philosophie einer energiesparenden Bauweise. Eine den Passivhausstandards entsprechende Dämmung ist dabei selbstverständlich. Auch der Energiebedarf für Strom, Wärme und Kühlung wurde minimiert. Energie sparende Laptops statt PCs, minimaler Kühlungsbedarf für die Servereinheiten sowie Spüleinrichtungen, die solarthermisch erhitztes Wasser nutzen, sind nur einige weitere Beispiele dafür. Verschattungselemente schützen zudem vor einer Aufheizung der Gebäude im Sommer.

Erneuerbare Energien als erste - und einzige - Wahl

Auch die Energieversorgung erfolgt mit regenerativen Energieträgern: Beispielsweise erzeugen mehrere Photovoltaik-Anlagen an und auf den Gebäuden sowie auf den überdachten Fahrzeugstellplätzen mit einer Gesamtleistung von – in der endgültigen Ausbaustufe – rund 300 Kilowatt deutlich mehr Energie, als verbraucht wird. Eine so genannte Energiekabine sorgt auf Basis von Sonnen- und Bioenergie (Holzpellets) für die umweltfreundliche Wärmeversorgung der Gebäudekomplexe: Auch die zur Klimatisierung notwendige Kälte wird in einem modernen Umlaufsystem Energie sparend bereitgestellt. Dazu wird Wasser nachts zum Abkühlen über das Dach des Gebäudes geleitet und tagsüber durch ein Röhrensystem im Fußboden im Gebäude verteilt.

Ein hochwertiger Wärmeschutz ist ebenfalls kennzeichnend für das Gebäude. Die Zielvorgaben der neuen Energieeinspar-Verordnung (EnEV) 2007 (HT-Wert) werden um 64 Prozent unterschritten. Die Zielvorgaben für den Primärenergiebedarf nach EnEV 2007 werden um 80 Prozent unterschritten. Der Wärmedämmstandard orientiert sich an den Vorgaben des Passivhausstandards. Der Heizenergiebedarf nach PHPP 2007 (PassivHaus Projektierung Paket) beträgt 12,6 kWh/m^2. Dieser niedrige Heizenergiebedarf wird durch den Einsatz von effizienten Lüftungssystemen in Verbindung mit einem hochwertigen Wärmeschutz sichergestellt.

Ressourcen sparen als Grundeinstellung

Die Philosophie der effizienten Lösungen spiegelt sich auch rund um das Thema Wasser wider. So kann das Wasser, das in einem geschlossenen Kreislauf zur Kühlung genutzt wird – immerhin rund 115 000 Liter –im Bedarfsfall über eine in jeden Winkel des Gebäudes reichende Sprinkleranlage zur Brandbekämpfung genutzt werden. Eine Vakuumtoilette minimiert den Verbrauch an Wasser auf rund einen halben Liter pro Spülung.

Auch die Abfallbehandlung folgt dem Gedanken der Nachhaltigkeit. So werden die Speisen überwiegend mit Nahrungsmitteln aus der Region vor Ort zubereitet. Die Abfälle, z. B. Schälreste oder Speiseabfälle, sollen später einmal in einer Biogasanlage zusammen mit den Resten aus dem Toilettensystem vergoren werden. Das Biogas kann dann wieder in einem Blockheizkraftwerk (BHKW) energetisch genutzt werden oder auch nach entsprechender Aufbereitung als Treibstoff für den Fuhrpark eingesetzt werden.

Favorisiert als Antriebsmittel wird allerdings neben der Verwendung sparsamer Verbrennungsmotoren vor allem die Nutzung von Elektro-Mobilen. Am Firmengebäude selbst und im Umfeld des Unternehmenssitzes erzeugt juwi mit Photovoltaikanlagen Strom, mit dem Elektroautos an der firmeneigenen „Solarstrom-Tankstelle" gespeist werden können. Dabei setzt juwi auf höchst innovative Konzepte. So sind die Parkplätze am Firmensitz mit Carports überdacht, die mit Dünnschicht-Solar-Modulen bestückt sind. Den juwi-Solarcarport gibt es in nahezu allen Größen. Ein Solarcarport der Einstiegsgröße (zwei Parkplätze) erzeugt mit der Kraft der Sonne Strom, mit dem zwei Elektroautos jeweils rund 15 000 Kilometer pro Jahr fahren können. Die Fahrzeuge werden an den mit Solarmodulen überdachten Carports nicht nur geladen, sondern sie sollen künftig ihre Energie auch wieder in das Hausnetz einspeisen können – ideale Speicher zur Nutzung regenerativer Energien bei Dunkelheit und Windstille. Und ein wichtiger Baustein auf dem Weg zur emissionsfreien Energieversorgung.

Das Zusammenspiel der Energiequellen

Das Energiemanagement-System beobachtet den ständigen Verbrauch des Gebäudes, um Verbraucher nach ihrer Priorität gestaffelt zu- und abzuschalten. So werden z. B. die Steckdosen-Stromkreise für Laptops zu Spitzenzeiten kurzzeitig vom Netz getrennt, die Lüftungs- und Klimaanlagen stufenweise in ihrer Leistung reduziert oder die Küchengeräte in ihrem Strombezug reduziert.

Zum Zweiten überwacht das System die Energieerzeugung und das Backup-System. So kann im Bedarfsfall die in einem Akku gespeicherte Energie auf ausgewählte Verbraucher umgeschaltet werden. Das Lichtmanagement sorgt dafür, dass nicht mehr künstliche Beleuchtung in den Büros und Fluren als notwendig zur Verfügung steht, bis hin zum Ausschalten der einzelnen Leuchten bei Bedarf. Über das integrierte Zeitmanagement-System können gezielt Verbraucher ein- und ausgeschaltet werden. Die Außenbeleuchtung kann somit nicht nur über Tageslichtsteuerung, sondern auch über die Zeitsteuerung geregelt werden. Durch die Verknüpfung der Systeme kann das Energiemanagement seine Befehle an die Lichtsteuerung und an die Steuertechnik leiten. Diese wiederum können direkt auf die Verbraucher einwirken.

Bei einem Stromausfall übernimmt ein batteriegestütztes System die Energieversorgung der Bürogebäude. Die PV-Anlage speist autark in dieses Inselsystem ein und versorgt weitere Verbraucher oder lädt die Batterie. Auf diese Art und Weise können Teile der Bürogebäude bei Stromausfall über mehrere Tage autark weiter versorgt werden. Einzigartig in dieser Konstellation ist die Tatsache, dass sowohl Sprinkleranlage als auch Notstrombeleuchtung bei Netzausfall vom PV-gespeisten Backup-System versorgt werden.

Green Interior

8 Nachhaltiger und gesunder Innenausbau - Der Ökologische Pass eines Produktes

Josef Steretzeder

Umwelteinwirkungen

Welche Umwelteinwirkungen von Materialien, Produkten und Einrichtungen gibt es und wie kann man sie für ein Green Office steuern und optimieren?

Man kennt die qualitativen Kriterien: Sie reichen von der Behaglichkeit über die Nutzeneffizienz, nachweislich gesundheitsfördernde Aspekte und schließen mit der detaillierten Betrachtung einer Ökobilanzierung.

Um die nachhaltigen Aspekte eines Bürogebäudes aufzuzeigen, ist man bisher weitestgehend auf nachträgliche Untersuchungen und Messungen angewiesen. Ob es um die tatsächliche Beurteilung der Innenraumluftqualität während der Nutzungsphase geht oder ob man sich Gedanken über die doch meist erheblich höheren Kosten während der Nutzungsphase macht – meist ist man im Nachhinein dann doch schlauer! Und das ist per se nichts Schlechtes! Da es Bauprojekten in der Regel immer noch an ordentlichen Nachbetrachtungen mangelt, sind Instrumente wie nutzerbegleitendes Monitoring definitiv Fortschritte bei der Qualitätssicherung, insbesondere bei einem Green Office.

Bisher gibt es für die Nachweisführung der Innenraumluftqualität verschiedene Möglichkeiten. Die Prüfmethoden der EN ISO 16 000 (Teil 3, 6, 9, 10 und 11) und auch ASTM D5116-97 stellen jedoch eine international anerkannte Möglichkeit dar, tatsächliche Emissionen in die Raumluft messbar zu machen.

Man kann aber auch einen Schritt weitergehen und die Sicherung einer „nachhaltigen Qualität" an den Anfang des Projektes stellen. Dabei helfen gemanagte Instrumente und Vorgehensweisen wie Materialeigenschaftsbewertung, Materialcontrolling, Umweltproduktdeklaration und Produktzertifizierungen.

Materialeigenschaftsbewertung

Die Basis jeder Qualitätssicherung ist die Transparenz. Deshalb ist es erforderlich, die eingesetzten Materialien, Produkte und Systeme im Vorfeld auf ihre ökologischen Materialeigenschaften hin zu prüfen. Dazu hat es sich als zwingend notwendig erwiesen, standardisierte Nachweisprozesse zu installieren, um eine Auswertbarkeit und Vergleichbarkeit zu gewährleisten.

Die Umweltkriterien zur Bewertung richten sich dabei nach den projektrelevanten Vorgaben. Das sind neben den grundsätzlich geltenden gesetzlichen Bestimmungen auch weitere Vorgaben und Kennzahlen aus Zertifizierungssystemen für Gebäude: in Deutschland maßgeblich das System des DGNB (Deutsches Gütesiegel Nachhaltiges Bauen) und global das LEED (Leadership in Energy and Environmental Design). Neben diesen gibt es, mit steigender Tendenz, weitere länderspezifische Zertifizierungsmodelle, deren Anforderungen projektspezifisch zu berücksichtigen sind.

Alle relevanten Kriterien werden checklistenartig aufbereitet und bei allen zu verwendenden Materialien abgefragt und bewertet. Dabei ist es notwendig, die Allgemeingültigkeit der Checkliste auf alle Produkte und Materialien anzuwenden, um auch ggf. die Relevanz des Kriteriums festzustellen.

Materialcontrolling

Der nächste Schritt zum Erreichen der „Best Practice"-Variante ist ein projektbegleitendes Materialcontrolling. Für das Aufzeigen und Generieren der optimalen Lösungen sind die Phasen vor und zu Beginn der Ausführung jeweils entscheidend. Hier lassen sich frühzeitig alle Materialeigenschaften in einer Art Produktbenchmark vergleichen und nach dem Stand der Technik bestmöglich auswählen.

Wenn es sich um eine Green-Building-Zertifizierung handelt, ist das Materialcontrolling ein geeignetes Mittel, um frühzeitig in der Projektphase alle materialrelevanten Zertifizierungskriterien auszuwerten. Dies ermöglicht allen Projektbeteiligten, insbesondere den Green-Building-Auditoren, eine frühzeitige Übersicht zum Zertifizierungsgrad, zeigt evtl. notwendiges Änderungs- oder Verbesserungspotenzial auf und unterstützt systematisch eine nachhaltig ausgerichtete Planung, Steuerung und Verwirklichung.

Umweltproduktdeklaration

Der ganzheitliche Prozess des Produktnachweises erfordert zukünftig von Herstellern und Lieferanten, die entsprechenden ökologischen Kennzahlen über so genannte Umweltproduktdeklarationen (EPD – Environmental Product Declaration) bereitzustellen. Die Vorteile, die Nachweisführung mit den Deklarationen durchzuführen, sind vielfältig.

- Es besteht eine weitestgehende Transparenz hinsichtlich der umweltrelevanten Kennzahlen vor der Ausführung bzw. Vergabe
- Die Produkteigenschaften werden in normierten Systemen ausgewiesen und dargestellt (DIN EN ISO 14 020 bis 14 025)

- Sehr gute Vergleichbarkeit relevanter Produktgruppen untereinander
- Nachweis für projektbeteiligte Zertifizierungs- und Überwachungsstellen

Um eine produktübergreifende Vergleichbarkeit herzustellen, muss eine Deklaration die genormten Anforderungen erfüllen, aber auch so flexibel gestaltet sein, um den dynamischen Entwicklungen des Marktes gerecht zu werden. Dabei hat sich die so genannte Selbstdeklaration nach DIN EN ISO 14 020 bis 14 021 als probates und kostengünstiges Mittel erwiesen. Sie erfordert im ersten Schritt noch keine Verifizierung durch eine externe Institution, liefert aber gleiche Ergebnisse und hilft dem Unternehmen zur systematischen Betrachtung der Nachhaltigkeitsaspekte seiner Produkte.

Produktzertifizierung

Die Notwendigkeit zum „Ökologischen Pass" eines Produktes hat auch bereits aktuell der DGNB aufgegriffen. So wurde noch im September 2009 die Arbeitsgruppe „Architekturnahe Produkte" gegründet. Das Ziel der Gruppe ist der Aufbau und die Einführung eines Zertifizierungssystems für nachhaltige Produkte bis Mitte 2010. Auf Basis von so genannten Kriteriensteckbriefen gibt es eine systematische Bewertung der Nachhaltigkeitsaspekte, die transparente und vergleichbare Informationen für Planer und Nutzer liefert. Ähnlich wie bei der Umweltproduktdeklaration ist auch hier die Ökobilanz ein entscheidendes Kriterium. Zertifizierte Produkte sollen dann mit einer Produktmedaille ausgezeichnet werden.

Pioniere

Das Ziel von nachhaltigem Bauen ist vor allem Qualität – und dies in einer umfassenden Perspektive. Deswegen setzt man auch bei einem Green Office auf Materialien, Produkte und Systeme für nachhaltigen und gesunden Innenausbau, die wirtschaftlich effizient, umweltfreundlich und ressourcensparend eingesetzt werden können.

Die Lindner Gruppe hat sich dieser notwendigen Aufgabe gestellt und betätigt sich in diesen Bereichen als Pionier und Vorreiter. Es ist für die jeweiligen Firmenbereiche schon eine Selbstverständlichkeit geworden, die eigenen Produktsysteme nicht nur nach den ingenieurstechnischen Anforderungen ständig weiterzuentwickeln, sondern auch in allen Bereichen der Nachhaltigkeit mit Innovationen neue Maßstäbe zu setzen.

9 Ökologischer Footprint von Büroräumen

Jens Jacobsen, Sabine Jenull

Nachhaltiges Handeln? - Eh klar.

Die Produkte in der Möbelindustrie werden zu einem großen Teil aus Naturrohstoffen hergestellt wie das Holz in **Abbildung 9.1**. Das fördert einen respektvollen Umgang mit Umwelt und Ressourcen. Im täglichen Geschäft der produzierenden Unternehmen wird oft aus einem Selbstverständnis heraus nachhaltig gehandelt: Ökonomie, Ökologie und soziales Handeln gehören meist untrennbar zusammen.

Büroräume werden mit Systemmöbeln so eingerichtet, dass Veränderungen stets möglich bleiben und Produkte auch nach vielen Jahren noch umgebaut oder ergänzt werden können. Daraus lassen sich lange gültige Konzepte für die Arbeitsräume von morgen formulieren.

Abbildung 9.1 Detail Stuhl „Rondo". Quelle: Bene

Durchdachte Raumkonzepte für einen ökologischen Beitrag

Durch Flächenoptimierung werden nicht nur die Arbeitsabläufe verbessert, sondern auch die Flächeneffizienz gesteigert. Dazu gehört die Mehrfachnutzung von „intelligenten Räumen". Ein Führungskräftebüro beispielsweise, das mit einem quadratischen Arbeitstisch ausgestattet ist, lässt sich während der Abwesenheit seines direkten Nutzers von anderen Mitarbeitern als Besprechungsraum nutzen. Dadurch werden nicht nur Kosten, sondern auch Raum- und Mobiliarressourcen eingespart.

Die Arbeitswelt befindet sich in einem Wandel, der von Mobilität, Wissensarbeit und Netzwerken geprägt ist. Daran müssen sich auch Büroräume anpassen und nachhaltige Lösungen für die neuen Arbeitsanforderungen bereitstellen. Ein innovatives Bürokonzept im Open Space, das neben den Arbeitsbereichen auch Zonen für Kommunikation und Rückzug bietet, gilt heutzutage als eine optimale Lösung (vgl. **Abbildung 9.2**).

Abbildung 9.2 Beispiel für ein innovatives Bürokonzept (Open Office). Quelle: Bene

Die Arbeitsplatzbereiche sind flächeneffizient im offenen Raum angeordnet und lassen Platz für eine Auswahl an unterschiedlichen Kommunikations- und Rückzugsorten, die allen zur Verfügung stehen. Nicht jeder braucht seinen eigenen Raum, um konzentriert zu arbeiten, sondern kann sich dieser Tätigkeit in einer gemeinschaftlich genutzten Denkerzelle widmen. Ähnliches gilt für Abstimmungsgespräche, die keinen voll ausgestatteten Besprechungsraum erfordern. Abgeschirmte Besprechungsecken bieten ausreichend Rückzugsmöglichkeiten. Durch diese Vielfalt wird das zusätzliche Raumangebot konstant genutzt, ohne unnötig bereitgestellte Ressourcen zu verschwenden (**Abbildung 9.3**, **Abbildung 9.4**).

Abbildung 9.3 Raumbildendes Möbel-Set „PARCS". Quelle: Bene

Das gleiche Prinzip gilt auch für die Arbeitsplätze. Sind Mitarbeiter einer Abteilung häufig unterwegs, können ihre Tische während ihrer Abwesenheit temporär genutzt werden. Bei diesem so genannten „non-territorialen" Nutzungskonzept sind weniger Tische als Mitarbeiter vorhanden. Aufgrund häufiger Reisen, Urlaub oder Krankheitstage ist das Büro selten zu 100 Prozent belegt. Ebenso wäre es denkbar, dass jeder Mitarbeiter an einem Tag pro Woche von zu Hause arbeitet. Anfahrtswege mit dem Auto oder mit der Bahn können so eingespart werden, und die Umwelt wird entlastet.

Abbildung 9.4 Raumbildendes Möbel-Set „PARCS“. Quelle: Bene

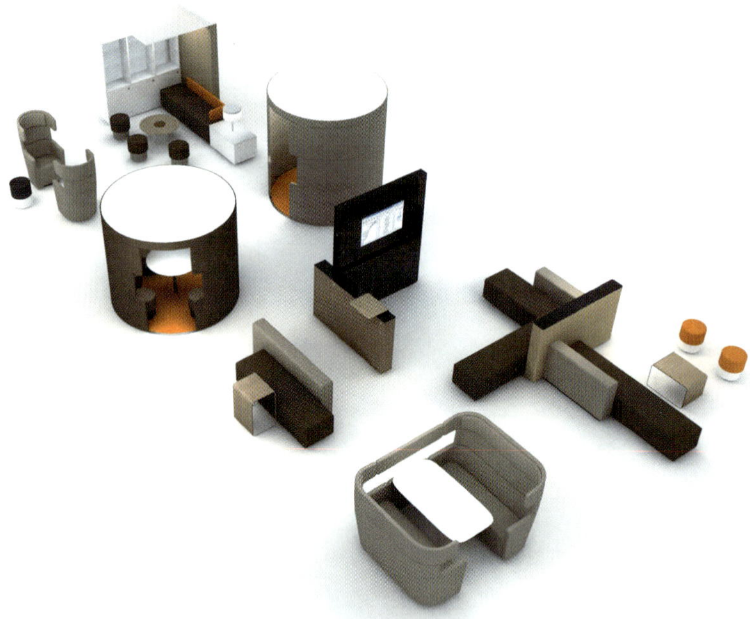

Ein weiterer Aspekt betrifft die Ausstattung der Büroräume. Video-Konferenzräume oder kleinere Video-Kabinen können nahezu persönlichen Kontakt herstellen, ohne dass die Mitarbeiter Flugreisen unternehmen müssen und dabei einen hohen CO_2-Footprint hinterlassen. Konzeptionelle Ansätze hierzu wurden in einer Forschungsarbeit von Bene gemeinsam mit dem Royal College of Art, London, entwickelt (vgl. **Abbildung 9.5**).

Es wurden verschiedene Gruppen von Wissensarbeitern definiert, die sich in ihrem Mobilitätsverhalten wesentlich unterscheiden. So benötigen stationär tätige Wissensarbeiter eher den Komfort in ihrer unmittelbaren Umgebung, während mobile Berater eine Arbeitsausstattung benötigen, die sowohl unterwegs als auch am Arbeitsplatz funktioniert. Mit der Entwicklung von Produkten, die diesen Anforderungen gerecht werden, sollen künftig noch mehr Ressourcen geschont werden.

Allein der Fokus auf ein nachhaltiges Einrichtungs- und Nutzungskonzept birgt viele ökonomische und ökologische Potenziale.

Abbildung 9.5 Konzeptansatz „Digital Portal“ aus der Forschungsarbeit von Bene gemeinsam mit dem Royal College of Art. Quelle: Bene

Wodurch werden Büroräume grün?

Die Gestaltung von Büroräumen durchläuft in der Planung zwei Phasen. Auf der Macroebene werden raumbezogene Entscheidungen getroffen, auf der Microebene hingegen der auf den jeweiligen Arbeitsplatz bezogene Bedarf mit Produktlösungen festgelegt. Mit einer ähnlichen Perspektive lässt sich auch die Frage nach der ökologischen Wirksamkeit betrachten.

Die Macroebene zeichnet sich bei einer nachhaltigen Orientierung durch möglichst offene Strukturen aus, die Raum für Veränderungen lassen. Offenheit im architektonischen Sinne bedeutet möglichst wenig Gliederung durch feste Wände. Ein offenes Geschosslayout reduziert Baukosten und ermöglicht eine nachhaltig flexible Nutzung auch für nachfolgende Eigentümer und Mieter. Eine variable Raumgliederung mit Stellwänden oder Möbeln kann auf einfache Weise Teambereiche, Insellösungen oder Zonierungen abbilden.

Die Auswahl von Einrichtungselementen in unaufdringlichem und langlebigem Design unterstützt eine lange Nutzungsdauer des Raumes. Die Hersteller von hochwertigen Möbelsystemen bieten langfristige Servicekonzepte für die Nach- und Umrüstung.

Auf der Macroebene werden auch strukturell wirksame Raumfaktoren, wie Akustik, Klimatisierung, Lichtsteuerung und Energieversorgung, sowie IT- und Medienvernetzung festgelegt. Diese Faktoren sind die Grundlage für einen energieeffizienten Betrieb des Bürohauses.

Die Microebene beschreibt die Wahl der jeweiligen Möbelsysteme, der konkreten Produkte. Hier bietet die Büromöbelindustrie unterschiedlich ökologisch wirksame Produkte an, ein genauer Vergleich lohnt. Neben den gültigen Normen und Sicherheitszertifikaten lassen immer mehr Hersteller zusätzlich den ökologischen Beitrag bewerten und mit Öko-Labels auszeichnen. Leider gibt es keine gültige internationale EU-Norm, sondern regionale und nationale Öko-Zertifikate verschiedener Institute.

Der direkte Vergleich von so genannten EPDs (Ecological Product Declaration) ist schwierig, denn die Auftraggeber können die Betrachtungsgrenzen individuell definieren. So ist beispielsweise bei einem Hersteller die CO_2-Belastung von der Gewinnung des Rohmaterials bis zum Produktionsprozess enthalten, bei dem anderen beginnt die Bewertung dagegen erst bei Anlieferung eines Halbzeuges, z. B. als Aluminiumprofil. Auf diese Weise können nur herstellerintern, bei gleichen Betrachtungsgrenzen, relative Veränderungen dokumentiert werden. Ein objektiver Produktvergleich ist jedoch nicht möglich. Es lohnt sich, die Umweltberichte der Möbelindustrie zu studieren. Diese geben Auskunft über die verwendeten Rohstoffe und auch über den Anteil von recyceltem Material.

Verantwortungsvolle Materialverwendung bei Büromöbeln

Möbel aus Holz haben einen wichtig gewordenen Nebeneffekt, nämlich die Speicherung von CO_2. Während seines Wachstums bindet ein Baum CO_2. Wird das Holz später zur Herstellung von Möbeln, Böden oder Fenstern verwendet, speichert es dieses CO_2 für viele Jahre. Durch Umbau oder Recycling werden die Holzelemente getrennt und neu eingesetzt. Geht das auch nicht mehr, wird das Holz verbrannt – und setzt dabei genauso viel CO_2 frei, wie es zuvor gebunden hat.

Die häufig verwendete Spanplatte bietet mit ihren Materialeigenschaften ein verantwortungsvolles Werkstoffkonzept: Anders als beim Massivholz werden die Holzanteile des ganzen Baumes als Fasern und Splitter verwendet. Das Plattenmaterial kann laut Herstellerangaben ca. 25 Prozent Holzfasern aus Recyclingprozessen auch von anderen Holzprodukten aufnehmen.

In den letzten Jahren wurden Anstrengungen unternommen, die Konzentration von Formaldehyd in Produkten zu reduzieren oder Ersatzstoffe zu verwenden. So sind seit Mitte der

80er Jahre in Europa nur noch formaldehydarme Holzwerkstoffplatten im Handel. In Europa ist derzeit die Klasse E1 (Emissionsklasse E1 = Ausgleichskonzentration < 0,1 ppm) vorrangig von Bedeutung. In Ländern wie Österreich und Deutschland entspricht der Grenzwert für E1 auch dem national gesetzlich geregelten Grenzwert. Europäische Normen enthalten zudem die Klasse E2, die in verschiedenen europäischen Mittelmeerländern auch gesetzlich zulässig ist.

Bei furnierten Spanplatten wird bei der Furnierauswahl darauf geachtet, Hölzer aus nachhaltiger Forstwirtschaft zu bevorzugen, z. B. mit PEFC- oder FSC-Zertifikaten.

In einigen Produktionsunternehmen werden die formatierten Platten computergesteuert für den Zuschnitt optimiert. Die Schnittabfälle werden durch dieses Verfahren minimiert und in eigenen Heizanlagen zur Energiegewinnung genutzt.

Metallwerkstoffe sind eine weitere wesentliche Materialgruppe, aus welcher Büroeinrichtungen hergestellt werden. Hier wird traditionell in Kreisläufen gedacht. Recycling von z. B. Stahl- oder Aluminiumschrott ist etabliert.

Nicht nur Holz- oder Metallwerkstoffe wirken ökologisch. Thermoplastische Kunststoffe sind ein idealer Werkstoff, da die Bestandteile gute Voraussetzungen für das Recycling bieten.

Bei der Betrachtung des Carbon Footprints stellt man fest, dass die Wirkung von Kunststoffen enorm voneinander abweicht. So entsteht bei der Erzeugung von einem Kilogramm PE ein Äquivalent von 2,3 Kilogramm CO_2. Vergleichsweise schlecht schneidet der Werkstoff PA ab. Hier entstehen 9,5 Kilogramm CO_2 Äquivalent.

Zu einem ökologischen Footprint zählt auch die Berücksichtigung und Vermeidung von toxischen Eigenschaften. Das legt die Verantwortung für den Öko-Footprint künftig in die Hände der Konstrukteure.

Durch den Einsatz von wasserbasierenden Lacken anstatt von lösungsmittelbasierenden Lacken können Hersteller ihre Menge an Lösungsmittel deutlich reduzieren. Einige Hersteller verzichten sogar ganz auf den Einsatz von Lösungsmitteln.

Recyclingprozesse

Die Möbelindustrie verwendet traditionell Materialien sortenrein. Aus diesem Grund lassen sich zahlreiche Büromöbel am Ende ihres Lebenszyklus wieder in reine Materialgruppen zerlegen, genauso wie sie einmal montiert worden sind. Im US-amerikanischen Markt existieren Unternehmen, die gebrauchte Büromöbel ankaufen, mit Neuteilen ergänzen bzw. reparieren und als Gebrauchtmöbel wieder anbieten oder die gesamten Kommissionen demontiert und sortenrein dem Recycling zuführen.

Nachfolgend ein Beispiel einer zeitgemäßen Möbelkonstruktion: Das Bene Tischsystem T-Plattform ist eine langfristig variable Produktplattform und kann aus einem Baukasten verschiedene Produktlösungen generieren. Weiter ermöglicht dieses Konzept eine einfache Demontage und auch eine optimale Zerlegung in automatisierten Recyclingprozessen (vgl. **Abbildung 9.6**).

Abbildung 9.6 Tischprogramm Bene „T-Plattform". Quelle: Bene

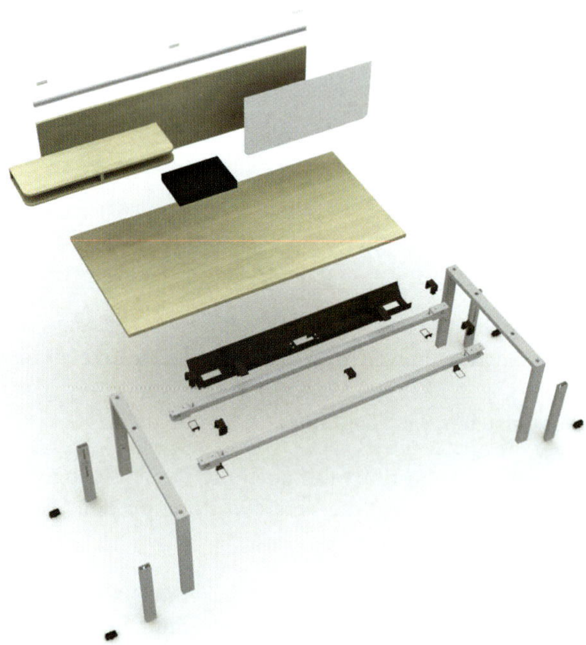

Auch der Recyclingprozess selbst unterliegt derzeit einem erkennbaren Wandel. Bisher wurden traditionell auf Schrottplätzen und Deponien die Wertstoffe grob sortiert. Ein Autowrack bestand vor einigen Jahrzehnten auch noch im Wesentlichen aus Metall. Heute sind z. B. in einen VW Golf über 500 Kilogramm Kunststoffe eingebaut, welche durch Verklebung oder als Sandwichmaterial untrennbar mit anderen Werkstoffen verbunden sind. Zur Rückgewinnung dieser teilweise sehr wertvollen Rohstoffe entstehen moderne Recyclingparks. In einem niederösterreichischen Spezialunternehmen wird projektbezogen das Möbel-Recycling durchgeführt: Das komplette Möbel wird in einem Schredder in ca. 1 cm kleine Teile zerkleinert. Bei diesem Vorgang werden Glasscheiben zersplittert und Klebeverbindungen mechanisch getrennt. Die kleinen Splitter lassen sich durch ihr spezifisches Gewicht und magnetische Eigenschaften vorsortieren. Glaswertstoffe werden zurückgewonnen und den Glaswerken zugeführt. Die Metallsplitter werden in einem mehrfachen Durchlauf durch Metalltrennanlagen sortiert und können durch Einschmelzen wieder als Rohstoff gewonnen werden. Für die Kunststoffrückgewinnung wird mit ausgefeilter Technologie gearbeitet. Hierbei werden die Splitter im rasanten Vorbeiflug durch Infrarotkameras optisch selektiert und alle Polymere sortenrein zurückgewonnen. So kann z. B. ABS als Granulat wieder in den Produktionsprozess von Kunststoffteilen einfließen (vgl. **Abbildung 9.7**). Im Recycling spricht man von pre- und post-consumer Material. Das post-consumer Material stellt den größeren nachhaltigen Wert dar, weil es bereits einen Produktlebenszyklus erlebt hat. **Abbildung 9.8** zeigt die Materialanteile eines sortenrein in seine Ausgangsmaterialien zerlegbaren und somit auch wieder recyclebaren Tischs mit 29,5 Prozent post-consumer und 1,9 Prozent pre-consumer Recyclingmaterial.

Abbildung 9.7 Schreibtischcontainer am Ende seines Lebenszyklus: Nach dem Schreddern werden die Kleinteile sortenrein getrennt. Quelle: Bene

Abbildung 9.8 Materialanteile/Zusammensetzung eines recyclebaren Tischs. Quelle: Bene

Holz (Rohspanplatte, Furnier und Massivholz)	67,43 kg	55,32 %
Aluminium	21,78 kg	17,87 %
Stahl	26,29 kg	21,57 %
Zink	0,03 kg	0,02 %
Kunststoff (PA; ABS; PE; POM; EPDM)	0,89 kg	0,73 %
Glas (ESG)	5,35 kg	4,39 %
Papier	0,13 kg	0,10 %
Summe	**121,90 kg**	

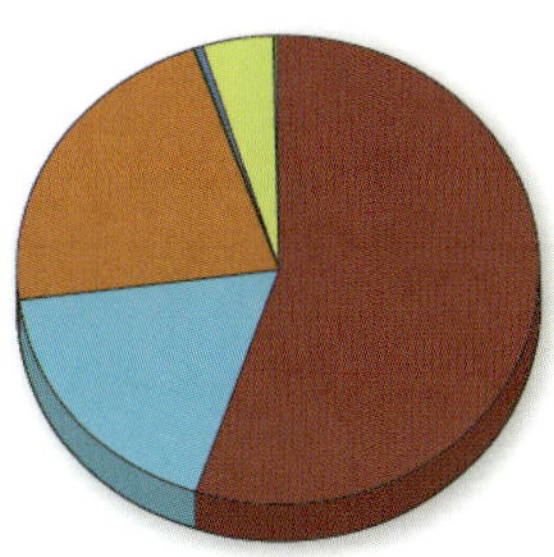

Ausblick 2020

Der Wandel der Arbeitswelt konfrontiert uns heute mit großen Herausforderungen. Aus dem produzierenden Industriezeitalter entwickelt sich in Europa eine Wissensgesellschaft. Kreative und kommunikative Berufe, Dienstleistungen, Bildung und Verwaltung werden prägend. Kommunikationsräume nehmen eine zentrale Rolle ein. Der Büroraum 2020 wird aus Sicht der Innenarchitektur dem heutigen strukturell ähnlich bleiben. Tische, Sitzmöbel und Stauraum werden weiterhin benötigt. Allerdings wird es große Veränderungen in der Art und Weise geben, wie in diesen Räumen gearbeitet wird. Denn die Technologie selbst wird künftig nicht mehr dominant die Flächen blockieren, sondern in den Raum integriert sein: Wände, die leuchten oder als Bildschirm funktionieren, Tische, an denen über Informationen gesprochen wird, die auf der Tischfläche sichtbar sind, Dialoge über den Tisch hinweg mit Gesprächspartnern am anderen Ende der Welt, Sitzgelegenheiten, die an Hotel- und Wohneinrichtungen erinnern, da niemand mehr acht Stunden statisch sitzend verbringt (vgl. **Abbildung 9.9**).

Abbildung 9.9 Interaktives Präsentieren und Diskutieren an der PARCS Idea Wall". Quelle: Bene

Der demografische Wandel wird die Gesellschaft verändern. Das zahlenmäßige Ungleichgewicht zwischen jüngerer und älterer Generation wird Druck auf die Verantwortlichen

ausüben. Investitionen, die die Umwelt belasten, werden nicht mehr durchsetzbar sein. Die Entwicklung von nachhaltig wirksamen Produkten wird zum Standard. Schon heute liegen den Konstrukteuren die ökologischen Daten der eingesetzten Materialien und Bearbeitungsabläufe vor, sodass schon in der Planungsphase parallel zu einer Festigkeitsberechnung oder Belastungssimulation bereits der CO_2-Footprint ermittelt wird.

Der Markt wird sich weiter globalisieren. Europa wird keine Produkte mehr akzeptieren, die nicht unter ökologisch einwandfreien Bedingungen hergestellt wurden bzw. wird diese mit Ausgleichszahlungen belasten.

Einer virtuell geprägten Welt steht immer mehr die Kraft des realen Ortes gegenüber. Die positive Gestaltung dieses Ortes wird an Bedeutung gewinnen und Investitionen von Unternehmen in ihre Arbeitsräume bewirken. Ein Büro kann Identität stiften und den Menschen, die dort arbeiten, eine positive, motivierende und nachhaltige Umgebung sein.

Literatur

[1] Aigner, E.-M. (2009): Nachhaltige Entwicklung, FHOÖ Campus Wels in Zusammenarbeit mit der Bene AG.

[2] Jenull, S. (2009): Notabene 8 – Green Office, Research-Dokumentation, Bene AG.

[3] Raufeisen, M./Riegler, T. (2009): Umweltbericht 2009, Bene AG.

[4] Umweltbroschüre „Reine Fakten“ (2009), Bene AG.

10 Nachhaltigkeit als strategischer Ansatz bei der Beschaffung von Büroeinrichtungen

Jörg Bakschas

Die neue Aktualität des Altbekannten

Green Architecture, Sustainability, Greenguard™ ,Cradle to Cradle™, Planet Positive™, LEED™, um nur einige Schlagworte beispielhaft zu nennen, sind von den USA ausgehend im Laufe der letzen zwei Jahre auch in Europa zu neuer Aktualität gelangt.

Bei der Beschaffung der Büroeinrichtung hat der verantwortliche Entscheider im Unternehmen keine leichte Position, wenn er eine objektive, reproduzierbare und auf verschiedene Hersteller bezogene Datenbasis präsentieren muss. Seine Situation wird ungleich undurchsichtiger, wenn es dann noch gilt, den wieder erstarkten Nachhaltigkeitsaspekt (aus dem Amerikanischen „sustainability") zu berücksichtigen. Geht es um Fahrzeugbeschaffung, IT-Hardware oder andere technische Investitionsgüter, ist man schnell mit Vergleichstabellen versorgt, die vielfach auch schon online auf diversen Portalen verfügbar sind.

Sie erinnern sich bestimmt noch an die Diskussion über die „Papiertüte contra Plastiktüte", die in den frühen 80ern geführt wurde. Welches Ergebnis brachte diese Diskussion? Sieht man sich heute an den Kassen der Supermärkte um, dann könnte man meinen, die Plastiktüte hat verloren, weil sie im Vergleich zur Papiertüte mehr kostet, aber da gibt es ja auch noch textile Tragetaschen für ein paar Cent Preisaufschlag. Die damalige Diskussion hat gezeigt, dass bei der Betrachtung des gesamten Biokreislaufes zahlreiche Faktoren zu betrachten sind, die man zunächst nicht mit dem Endprodukt in Verbindung bringt. Holz ist ein nachwachsender Rohstoff, aber die Monokulturen sind Schädlingen ausgesetzt, die mit chemischen Mitteln bekämpft werden. Dies gilt auch für die Baumwollplantagen, die als Grundlage der „Jute-Taschen" gebraucht werden. Wie steht es hier mit der Grundwasserbelastung oder der Belastung der Erntearbeiter?

Die Diskussion wurde nie abschließend entschieden. Vielmehr ließ irgendwann das Medieninteresse nach und heute können Sie sich an der Kasse entscheiden, welche der drei Transporthilfen Sie bevorzugen.

Abbildung 10.1 Idealer biologischer Kreislauf nach Braungart und McDonough. Quelle: HEADROOM

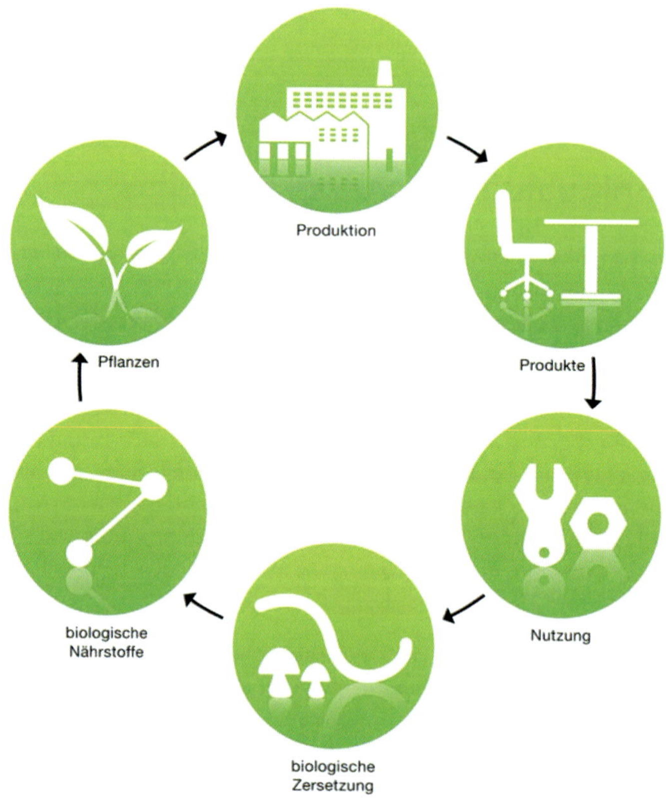

Die in Deutschland und Europa heute wieder aktuelle Thematik der Nachhaltigkeitsbetrachtung hatte in den frühen 90ern bereits einmal einen Höhepunkt erlebt. Auf der Orgatec wurde 1992 der Bürodrehstuhl „Natura" von Grammer vorgestellt: ein Bürodrehstuhl, der komplett zerlegt und wiederverwertet werden konnte. Sogar das Polster sollte man einfach kompostieren. Aus geschreddertem Verpackungsmaterial gepresste Tischplatten wurden vom Markt aufgrund der gezeigten Oberflächen-Designs nicht angenommen, aber in der Office-Branche wurde zunehmend über Zertifizierungen diskutiert, die es dem Kunden erleichtern, eine Entscheidung für das eine oder andere Produkt zu treffen. Zumindest in Deutschland wurde am Ende der Fokus auf die Zertifizierung des gesamten Unternehmens nach den internationalen Umweltmanagementnormen der International Standards Organization (ISO) gelegt. Die Entscheidung, nach ISO 14 001 zu zertifizieren, war schnell allgemein anerkannt, da man aufgrund der Vielzahl von Produktlinien auf der Herstellerseite eine immense finanzielle Belastung durch die Zertifizierungskosten für einzelne Produkte zu erwarten hatte. Seit dem Beginn des neuen Jahrtausends wurde dann EMAS – das Eco-Management and Audit Scheme der Europäischen Union – forciert, dessen Anforderungen bei der Transparenz im betrieblichen Umweltschutz noch über die ISO 14 001 hinausgehen.

Was die Verbraucher wissen müssen

Für den Verbraucher, der sich mit der Beschaffung von Büroeinrichtungen beschäftigt, ist die Situation durch die Einführung der Umweltmanagementsysteme aber nicht einfacher geworden. Erst in der 2005 veröffentlichten Studie zur Umweltpolitik des Bundesministeriums für Umwelt, Naturschutz und Reaktorsicherheit (BMU) wird darauf hingewiesen, dass es allein in Deutschland mehr als 15 verschiedene Umweltmanagementansätze gibt.

Auch in anderen europäischen Staaten wurde neben EMAS/ISO 14 001 an weiteren Standards für Umweltmanagementsysteme gearbeitet. Bereits im April 2003 wurde der British Standard BS8555 als offener Standard veröffentlicht, um als „Export-Standard" anderen europäischen Organisationen beim stufenweisen Aufbau eines Umweltmanagementsystems zu helfen. Ein weiteres Beispiel ist der spanische Ansatz im Umweltmanagementsystem e+5 mit sechs Niveaus, der dem britischen BS8555 sehr ähnlich ist und im fünften Niveau zu ISO 14 001 sowie im sechsten Niveau zu EMAS führt.

Unter Berücksichtigung der Diversität auf Umweltmanagementsystem-Vorgaben-Ebene einerseits, ergibt sich bei näherer Betrachtung für den Endverbraucher andererseits ein weiterer Verwirrungsfaktor durch die individuelle Gestaltung des Umweltmanagementsystems im einzelnen Herstellerunternehmen. Die Tatsache, dass zwei Unternehmen nach ISO 14 001 zertifiziert sind, gibt dem Verbraucher keinerlei Entscheidungssicherheit, welchem dieser beiden Unternehmen er unter dem Gesichtspunkt der Nachhaltigkeit den Vorzug geben sollte. Auf die Produktebene heruntergebrochen ist er noch weiter von einer objektiven Vergleichsmöglichkeit entfernt.

An dieser Stelle ist man geneigt, nach allgemein bekannten Produktzertifizierungen zu fragen. Aber welches Siegel hilft bei der Beschaffung von Einrichtungsgegenständen weiter?

Nach ISO gibt es drei Typen von Labels, die sich in ihrem Prüfungsumfang und dem Herausgeber bzw. Prüfer unterscheiden. Dabei ist die 1. Stufe die umfassendste und von einem externen Institut zu prüfen, und die dritte Stufe die Eigendeklaration des Herstellers. Dazwischen gibt es eine Vielzahl unterschiedlich strukturierter Prüfungen und Zertifizierungen (**Abbildung 10.2**). In Deutschland gibt es außer dem „Blauen Engel", der ursprünglich für „weiße Ware" entwickelt wurde, bisher kein breiter aufgestelltes Gütesiegel für Büroeinrichtungen, welches auf einem „Ökostandard" basiert. Aus diesem Grund sind TÜV Rheinland LGA inzwischen für die Prüfung nach „Greenguard™" zertifiziert, um spezifischer bewerten zu können. Zwar ist das Greenguard™ Zertifikat wiederum für die Prüfungen im Rahmen der LEED™ Bewertungen zugelassen, prüft aber im Wesentlichen lediglich die Schadstofffreiheit der verwendeten Materialien. Das aus Frankreich bekannte „NF-Environnement™" geht tiefer in Details und betrachtet mehrere Aspekte des Produktlebenszyklus, hat sich aber bisher kaum außerhalb Frankreichs etabliert, da es selbst in Frankreich noch nicht offiziell verabschiedet ist.

Die Ausgangssituation kann in der folgenden Frage zusammengefasst werden:

„Wie kommt der Entscheider zu einer einheitlichen, vergleichbaren und für Hersteller und Verbraucher reproduzierbaren Entscheidungsbasis für die strategische Einrichtungsbeschaffung unter Berücksichtigung der aktuellen Nachhaltigkeitsdiskussion?"

Abbildung 10.2 Prüfsiegel nach ISO-Typisierung und internationaler Ausrichtung. Quelle: HEADROOM

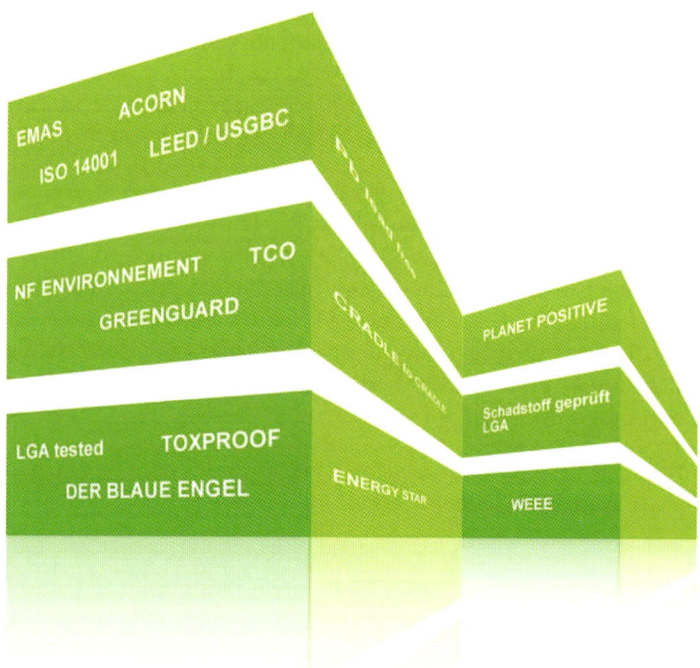

Konzept der systemischen Nachhaltigkeitsbetrachtung

Um die Bewertung mit entsprechender Beschaffungsempfehlung für den Kunden auf Grundlage der bisher beschriebenen Rahmenbedingungen erarbeiten zu können, ist es notwendig, ein System anzuwenden, das die oben genannten Faktoren in ein vergleichbares reproduzierbares Raster bringt und die einzelnen Anforderungsklassen mit einer definierten Bewertungsskala verbindet. Voraussetzung für die Datenerhebung ist zunächst die kundenspezifische Festlegung der Bewertungsparameter. Hier sollten in einem ersten systematischen Schritt die Arbeitsplatztypen und individuellen Nutzungsvorgaben definiert werden. Beispielsweise ergeben sich in einem Frontoffice mit starker Gewichtung trendiger Designaspekte (Reisebüro, Agentur) andere Austauschzyklen der Einrichtung als in nur intern genutzten Backoffice- Strukturen einer Buchhaltungsabteilung.

Außer den traditionell betrachteten technischen Vorgaben in Bezug auf Rekonfigurations- und Ausbaumöglichkeiten sollte bei einem solchen System die Betrachtung der Materialien und Logistik um den „Faktor Mensch“ erweitert werden. Die Nachhaltigkeit der Einrichtung wird nicht nur in Bezug auf die reine Materialität innerhalb des Biokreislaufes bewertet, sondern auch die Dauer des Lebenszyklus und die Auswirkungen auf die Nutzer. An dieser Stelle müssen demnach, auch im Zusammenhang mit der strategischen Kostenbetrachtung, die Aspekte der ergonomischen Gestaltungsmöglichkeiten und die damit in direktem Zusammenhang stehende Produktivität der Mitarbeiter beleuchtet werden. Die langfristige Betrachtung der Einflussfaktoren der Einrichtung auf die Gesundheit und damit zwangsläufig auch der Produktivität der Nutzer ist Teil der Nachhaltigkeitsbetrachtung, da der arbeitende Mensch ebenfalls Teil des zu schützenden Ökosystems ist. Die Betrachtung der Einrichtung wird deshalb zwangsläufig zur Systembetrachtung des „Workspace“.

Betrachtet man z. B. die von Braungart und McDonough entwickelte „Cradle to Cradle™“-Zertifizierung im Detail, wird man schnell feststellen, dass dieser ganzheitliche Ansatz nur von einzelnen Produkten auf verschiedenen Levels erfüllt werden kann. Abgesehen von den hohen Kosten für die Einzelzertifizierung der Produkte ist dies aber sicher der zurzeit revolutionärste Ansatz, nachhaltige Entwicklung und Produktion im Sinne von „nicht weniger schädlich, sondern nützlich für unseren Planeten“ voranzutreiben.

Den Gedankenansätzen dieses Modells folgend, ist es notwendig, die auf Einrichtungsprodukte fokussierte Kreislaufdarstellung für eine ganzheitliche Ökosystembetrachtung entsprechend zu erweitern. In die Bewertung werden hier auch Vorlieferanten, Produktionsstandorte, Logistik und Produkt-Lebenszyklusplanung mit einbezogen (**Abbildung 10.3**).

Abbildung 10.3 Erweiterte Kreislaufdarstellung. Quelle: HEADROOM

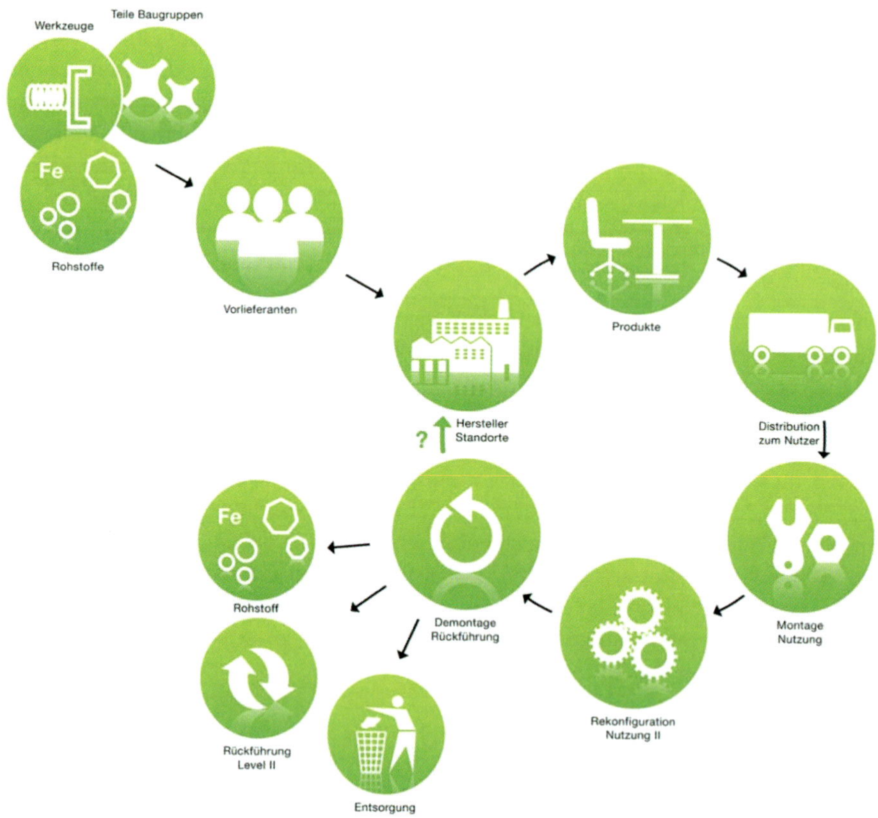

Zusammen mit dem Kunden müssen nach der Validierung der Arbeitsplatztypen und der individuellen Vorgaben für die einzelnen Produktgruppen des „Systems Workspace" die detaillierten Ratingfaktoren für das Bewertungssystem festgelegt werden. Die Struktur der Daten könnte an ein kundenseitig bestehendes Umweltmanagementsystem angepasst oder als Vorgabe bei der späteren Implementierung nach EMAS vorgegeben werden.

Abhängig von der vorhandenen Datenbasis werden alle zur ganzheitlichen Systembetrachtung benötigten Informationen ergänzt. Dies geschieht im Einzelnen am besten durch Sichtung der von den Herstellern zur Verfügung gestellten Informationen und falls nötig durch weitere Fragen und detaillierte Betrachtung eventuell vorhandener Prüfprotokolle zu bereits erteilten Prüfsiegeln. Da die vorgefertigten Informationen der Hersteller in der Regel individuell und damit völlig unterschiedlich zur Verfügung gestellt werden, und darüber hinaus in den wenigsten Fällen zu einer ganzheitlichen Betrachtung ausreichen, werden sie durch schriftliche Anforderung weiterer Informationen im Vorfeld der Ausschreibungserstellung oder detaillierte Einbeziehung in die Ausschreibungsvorgaben ergänzt.

Speziell im letzten Jahrzehnt hat sich durch die globale Vernetzung und den Einsatz intelligenter Supply-Chain-Steuerung und -Services eine völlig neue Struktur der Materialflüsse ergeben. Es ist deshalb unerlässlich, die Logistik der Hersteller und deren Vorlieferanten in die Bewertung einzubeziehen. Die Reduktion der durch Mobilität verursachten Emissionen hat dadurch in den letzten Jahren völlig neue Dimensionen erreicht und verdient genauere Betrachtung bei der Nachhaltigkeitsbewertung.

Selbstverständlich kann an dieser Stelle nicht unerwähnt bleiben, dass die „Lohnkostenfalle" eine tatsächliche Demontage und Rückführung der einzelnen Produkt- und Materialkomponenten aus heutiger Sicht eher fragwürdig erscheinen lässt. Der Trend der letzten Jahre, speziell in Zeiten der Wirtschaftskrise, lässt keinerlei realistischen Spielraum für die Integration eines „Recyclingkostenanteils" in den Kaufpreis des Neuproduktes erkennen. Es gibt noch genug Potenzial für die Entwicklung funktionierender Recyclingsysteme, die sich kostenseitig realistisch darstellen lassen, aber trotzdem der Gesamtsystembetrachtung standhalten. Demnach muss man z. B. die kostengünstige „Rückführung" ganzer Ozeanriesen nach Indien und die dortige manuelle Demontage nicht nur als systemisch unsinnig, sondern als ökologische Katastrophe bezeichnen.

Ökonomische Potenziale strategischer Nachhaltigkeitsbetrachtung

Dennoch sind die ökonomischen Potenziale, die in der Beschaffung von nachhaltig sinnvollen Produkten liegen, für den Kunden absolut kalkulierbar. Mit entsprechenden Planungsansätzen für die Layoutgestaltung einer Büroeinheit lässt sich schon der Grundstein legen.

Ein Aspekt, der bisher kaum mit dem Thema Nachhaltigkeit in Verbindung gebracht wird, ist die ergonomische Ausgestaltung des Workspace. Die Wortwahl Workspace kommt dabei nicht von ungefähr, sondern impliziert den Ansatz der „Systembetrachtung der Ergonomie" als ganzheitliches Konzept aller Wirkfaktoren für den arbeitenden Menschen. Die ergonomische Ausgestaltung der jeweiligen vordefinierten Arbeitsplatztypen beeinflusst direkt auch die Produktivität der Mitarbeiter. Dies bezieht sich nicht nur auf die Reduktion von Krankheitstagen, sondern vor allem auch auf die Betrachtung des Biorhythmus und seine über den Arbeitstag gemessenen Auswirkungen. Werden neben dem Vergleich von Fehlerraten und Ermüdung der Mitarbeiter auch langfristige Gesundheitsauswirkungen erforscht, ergeben sich schnell Ansätze, den arbeitenden Menschen als Teil des Systems Workspace zu definieren. Damit ist folgerichtig auch die Ergonomie als Teilaspekt der Nachhaltigkeitsbetrachtung einer Büroeinrichtung definiert und in die Bewertung einzubeziehen.

Betrachtet man den Inhalt der Ausschreibungen, die von Kundenseite an die Einrichter bzw. Hersteller gerichtet sind, fällt auf, dass kaum detaillierte Ausführungen zum Thema Nachhaltigkeit vorhanden sind. Natürlich sind immer gerade in wirtschaftlich schwierigen Phasen der Konjunktur vor allem Kosten senkende Aspekte gefragt, doch in der Langzeitbetrachtung rechnet sich das Investitionsgut „Interieur“ dann doch wieder.

Der Preis des Produktes als reine Hardware sagt gerade bei größeren Projekten noch nichts über die Installationskosten aus. Wie montagefreundlich ist das Produkt, welcher Aufwand, Geräte und Energie sind nötig? Wie sehen die logistischen Anforderungen des Produktes für die Erstinstallation, aber vor allem für später folgende Re-Konfigurationen oder Umzüge im Gebäude aus? Diese ggf. zunächst „versteckten“ Kosten sind sowohl für die Beschaffungsentscheidung wichtig als auch für die Langzeitbetrachtung der Produktnutzungsdauer.

Das heißt aber nicht, dass „sustainable“ auch automatisch teuer sein muss. Die Unternehmen, die bereits ein Umweltmanagementsystem wie ISO 14 001 installiert haben, achten sicher im Allgemeinen auf ökologische Zusammenhänge, aber ob man nun z. B. 20 Prozent erneuerbare Energie für die Produktion nutzt oder schon 60 Prozent, sieht man dem ISO-Zertifikat nicht an. Hier setzt wieder ein Bewertungssystem an, indem alle Prüfprotokolle vorgelegter Prüfsiegel analysiert werden und fehlende Informationen vom Hersteller beschafft werden. Prüfinhalte der bekannten Siegel sollten dabei automatisch in einer Matrix erfasst und entsprechend in eine Punktezählung für eine vergleichende Bewertung integriert werden.

Nach Auswertung der Informationen ergibt sich aus der Gegenüberstellung kundenseitig vorausgewählter Produkte zum einen der Vorgabetext für die Ergänzung der Ausschreibungsunterlagen und zum anderen eine Beschaffungsempfehlung für den Kunden.

Die anschließende langfristige Überwachung der Investition ist allerdings absolut notwendig, um eine endgültige Kostenbetrachtung zu ermöglichen. Hierzu werden die Planwerte zu Lebenszyklus, Nutzungsdauer, Re-Konfigurationskosten, Mitarbeiterproduktivität, Gesundheitsaktivitäten, Serviceleistungen etc. mit den Ist-Werten verglichen. Daraus ergibt sich dann der Gesamtkostenvergleich.

Neben der Kostenbetrachtung wächst von Verbraucherseite derzeit merklich der Druck, auch die tatsächliche Rückführung von Produkten in der Zukunft zu gewährleisten.

Die Zukunft heutiger Rückführungsmodelle bietet Raum für Innovationen

Recycling ist heute oft noch mit einer Herabstufung der Rohstoffqualität verbunden. Insofern wird in der Langzeitbetrachtung nur eine Verdreifachung oder Vervierfachung der Lebenszyklen, aber nicht eine neutrale Wiederverwendung auf gleichem Stofflevel mit gleicher Qualität erreicht. So ist es im allgemeinen Verständnis völlig klar, dass aus recycelten Kunststoffen z. B. nicht wieder hochbelastbare Bohrmaschinengehäuse in schönen Farben werden, sondern allenfalls Mülltonnen oder Abflussrohre. Diese derzeit noch als normal empfundene Betrachtung basiert auf dem Gedanken, dass einige Produkte „weniger umweltschädlich" als andere sind. Der Zeitpunkt der tatsächlich weiterhin stattfindenden Umweltbelastung wird nur nach hinten geschoben.

Zielsetzung muss also sein, eine ökologisch sinnvolle Rückgewinnung von Rohstoffen zu verwirklichen. Diese Rohstoffe würden dann z. B. in der Einrichtung von Arbeitsumgebungen wieder wertige Oberflächen und zeitgemäße Farbgebungen ermöglichen. Die wirkliche Zielsetzung ist demnach die Entwicklung von „ökologisch nützlichen" Produkten.

Natürlich ist das Gebäude im Allgemeinen langlebiger als Einrichtungsgegenstände, aber es gibt auch antike Chef-Tische, die älter sind als so manches Gebäude, das man kernsaniert oder gar abreißt, um eine neue Nutzung des Grundstücks zu ermöglichen. Sind diese Tische, meist riesig und aus hochwertigem Holz gefertigt, aufgrund ihrer Langlebigkeit automatisch besonders hoch zu bewerten?

Die Herstellermärkte der einzelnen Einrichtungskomponenten sind bisher völlig getrennt. Es gibt weder gemeinsame Prüfsiegel geschweige denn gemeinsame Entwicklungen. Im Projekt sieht jeder Beteiligte nur nach „seinem Ausschreibungslos" und ist froh, wenn er seinen Auftrag ohne große Probleme und Reklamationen abwickeln kann. Berücksichtigt man z. B. die Länge der Produktlebenszyklen eng miteinander verknüpfter Komponenten wie IT und Büromöbel, wird schnell klar, warum das heute noch so ist und es bisher kaum gelingen kann, klare Schnittstellen zu definieren und diese zu vereinheitlichen.

Die Verantwortung für ein ökologisch sinnvolles Gesamtsystem „Workspace" vom Boden bis zur Decke liegt also noch immer ganz klar beim Kunden bzw. dessen Beratern/Architekten, sofern er überhaupt die Projektverantwortung hat und nicht fertige bzw. von Investoren vorgeplante Immobilien bezieht.

Das z. B. der „LEED™"-Standard in den USA so große Aktualität erreicht hat, liegt vor allem daran, dass dort eine völlig andere Gebäudestruktur vorherrscht als in Europa. Wird eine Etage im Bürokomplex neu bezogen, entsteht bisher allein durch das Entsorgen der Trockenbauwände und aufgedoppelten Böden eine riesige Menge Abfall. Dies spielt bei der Punktevergabe dann auch eine entsprechende Rolle. Die zentraleuropäische Architektur hat i. d. R. aufgrund der hier vorherrschenden Standards keine Probleme, die Vorgaben für die LEED-Zertifizierung zu erfüllen.

Bei Büromöbeln hingegen werden zurzeit noch keine auf das Ende der Nutzungsdauer definitiv fixierten Rückführungskonzepte vorgelegt. Die Praxis zeigt eine Nutzung nach 13 Jahren Abschreibung entweder im Unternehmen oder Weitergabe an Betriebsangehörige. Aktionsangebote zur Rücknahme einzelner Einrichtungsgegenstände sind rein kalkulatorisch auf der Preisstellung heutiger Verwertungsunternehmen erstellt und niemand wird versichern, dass irgendwann nach mehr als zehn Jahren tatsächlich Rücktransport, Zerlegung und Recycling stattfinden wird.

Bei projektbezogener Rücknahme größerer Möbelkontingente sind derzeit sowohl Weiternutzung in Drittländern als auch die rein kalkulatorisch betrachtete Rückführung zur Entsorgung (Berücksichtigung von Logistik und Verbrennungs-/Verwertungskosten der Deponiebetriebe) praktikabel. Aufgrund der Lohnkosten in Europa ist selbst bei kurzen Demontagezeiten, die bei der Produktentwicklung in das Produkt hineingedacht werden, in der Praxis derzeit kaum mit tatsächlichem Recycling zu rechnen. Vielmehr ist der Aufwand der gesamten Rückführungskette: Demontage vor Ort, Rücktransport, Zerlegung und Sortierung nach Rohstoffen, Rückführung auf gleichem Rohstoffniveau, Rückführung zur Verwertung usw. heute noch viel zu teuer.

In der Abwicklung eines größeren Projektes lässt es sich ggf. noch rechnen und realisieren, aber in der Praxis der sukzessiven Erneuerung einzelner Arbeitsplätze oder Abteilungen besteht derzeit kaum eine Chance zur Realisierung einer ökologischen Wiederverwertung, die einer kaufmännischen Betrachtung standhält. Dies ist aber schon bei der Planung, Ausschreibung und anschließender Beschaffung zu berücksichtigen.

Abbildung 10.4 System Workspace. Quelle: HEADROOM

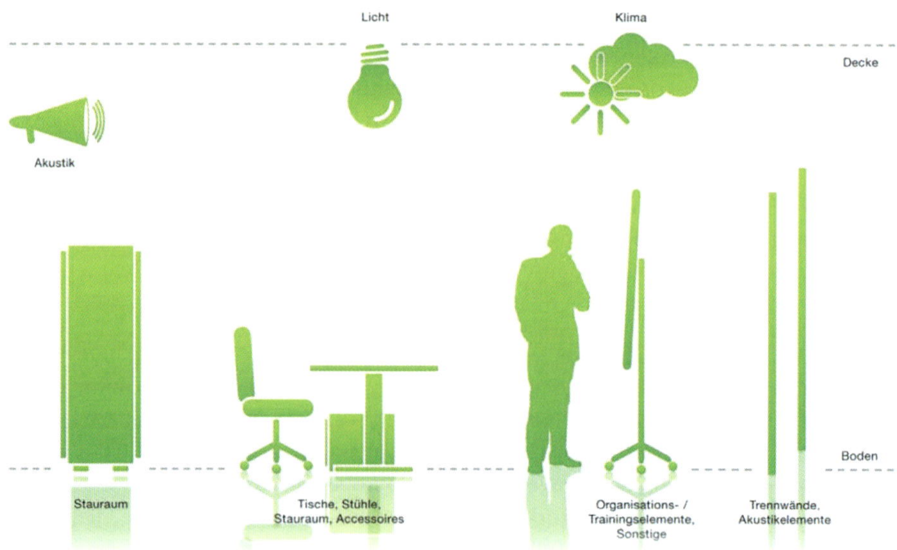

Was heißt also „Green Office“ für den Nutzer aus heutiger Sicht? Die Systembetrachtung des gesamten „Workspace“ kann eine Grundlage zur gewichteten Bewertung der Einzelkomponenten geben. Deren Defiziten kann durch klar formulierte Kundenanforderungen am schnellsten entgegengewirkt werden.

Notwendig sind deshalb strategisch ausgerichtete Systeme, mit denen detaillierte Bestandsaufnahmen zu Produkten und Lieferanten gegenübergestellt werden. Kundenanforderungen können in der Tiefe durch das Know-how von Spezialisten spezifiziert werden, und langfristiges Controlling sichert die auf „Sustainability" fokussierten Investitionen ab.

Wenn der Kunde für sich und seine Geschäftsentwicklung den Nutzen von „Green Office" erkennt und gleichzeitig der Hersteller mit seinen Produkten die richtige Lösung bietet und damit gewinnbringend verkaufen kann, wird sich die gesamte Interieur-Community mit hoher Geschwindigkeit auf das „Sustainability Denken" einstellen und Innovationen auch tatsächlich zeitnah verwirklichen.

Literatur

[1] Baumast, A./Pape, J. (2009): Betriebliches Umweltmanagement, Stuttgart, Ulmer.

[2] Braungart, M./McDonough, W. (2008): Die nächste industrielle Revolution: Die Cradle to Cradle-Community, Hamburg, EVA.

[3] Braungart, M./McDonough, W./von Randow, G. (2005): Einfach intelligent produzieren: Cradle to Cradle, Berlin, Bvt.

[4] Baumgarten, H./Darkow, I.-L./Zadek, H. (2004): Supply Chain Steuerung und Services, Berlin, Springer.

[5] Siegenthaler, C. P. (2006): Ökologische Rationalität durch Ökobilanzierung, Marburg, Metropolis.

[6] Kahlenborn, W./Freier, I. (2005): Studie Umweltpolitik, BMU.

[7] Umweltbundesamt (UBA, 2006): EMAS – Praxisleitfaden für die Behörde, BMU.

[8] Brunk, M./Günther, P. (1995): Umweltmanagement in der Metallindustrie, VDMA e. V.

[9] Fuad-Luke, A. (2004): Handbuch ökologisches Design, Köln.

11 Zertifizierungen und Labels für Büromöbel - Green Furniture

Wilfried Vorlop

Nachhaltigkeit ist eine Frage der Qualität

Weltweiter Klimawechsel, der stetige Abbau von nicht nachwachsenden Rohstoffen, das Abschmelzen der Gletscher, all das hat in den letzten Jahrzehnten zu einem Umdenken der Gesellschaft geführt. Umweltsiegel sind heute auf fast allen Produkten der Konsumbranche zu finden. Und auch im Investitionsgütermarkt sind „grüne" Gütesiegel nicht mehr wegzudenken, da jedes Unternehmen damit seinen Teil zum Umweltschutz beitragen will.

Der übermäßige Ressourcenverbrauch, vor allem für Dinge, die keiner braucht, die auf Verschleiß und schnellen Ersatz ausgelegt sind, belasten unsere Umwelt nachhaltig. Deshalb sollten bei der Bewertung von Produkten vor allem der Sinn und die Gebrauchsfähigkeit bewertet werden und erst im zweiten Schritt die ökologische Verträglichkeit sowie die Rückführung in den Rohstoffkreislauf.

Dass Nachhaltigkeit in erster Linie eine Qualitätsfrage ist, die ökonomische, soziale, ökologische und kulturelle Aspekte auf einen gemeinsamen Nenner bringt, gehört zu den Grundlagen der Moderne.

Bei der heutigen Bewertung von Produkten stehen vor allem die Umweltbelastung durch Material und Herstellung sowie die Entsorgung im Mittelpunkt, nicht jedoch die Gebrauchsqualität und die Gebrauchsdauer. Je besser und je länger ein Produkt jedoch in Gebrauch ist, desto höher ist der Return on Investment sowohl in ökologischer als auch in ökonomischer Hinsicht. Ein schlechtes und überflüssiges Produkt bleibt schlecht und überflüssig, auch wenn es „grün" produziert wurde. In unserer Konsumgesellschaft ist der schnelle Einsatz überflüssiger Produkte, die keiner braucht, zur Normalität geworden und über die ebenfalls schnelle Entsorgung machen sich wenige Gedanken.

Aus dieser Tatsache heraus sind Design-Konzepte entstanden, die diese Thematik betrachten und auf neue Produktentwicklungen anpassen. Neue und modifizierte Materialien, reduzierter Materialeinsatz und geänderte Fertigungsabläufe sind nur einige der Schlagworte, die in der modernen Büro- und Bürositzmöbelindustrie zum Alltag geworden sind.

Umweltkennzeichnungen, ihre Bedeutung und welches Siegel wofür steht

Alle Aktivitäten im Rahmen der Umweltverbesserung sind zunächst einmal positiv zu betrachten.

Die Begriffe „Ökologie" („Lehre vom Haushalt") und „Ökonomie" („Gesetz des Haushalts") haben eine enge Verbindung und sind deshalb ganzheitlich zu bewerten. Für Büroeinrichtungen wird dies häufig noch als Hindernis gesehen, was damit zu tun hat, dass umweltbewusste Produkte oft leider noch teurer sind als die noch schädlicheren Wettbewerbsprodukte. Die Vorteile einer längeren Nutzung werden in der Entscheidungsphase dabei nicht immer ausreichend beurteilt.

Der Begriff „Ökologie" ist jedoch in der Zwischenzeit zum Tagesgespräch geworden und wird durch eine Vielzahl von Zertifizierungen und Labels unterstützt. Wie soll ich mich als Kunde verhalten und welches Label erfüllt für meinen Bedarfsfall die richtige Anforderung? Die Globalisierung und damit noch unterschiedliche Anforderungen in den verschiedenen Ländern führen zu einer gewissen Unsicherheit sowohl beim Verbraucher wie auch bei den Herstellern.

Die nachstehenden Beschreibungen geben Auskunft über die unterschiedliche Bedeutung einzelner bereits im Markt bekannter Labels, deren Schwerpunkte und Inhalte.

Der Blaue Engel

Der „Blaue Engel" gilt als das erste und auch weit verbreitete Umweltzeichen weltweit und wird als ein zuverlässiger Wegweiser beim Einkauf beschrieben. Seit mehr als 30 Jahren ist er Maßstab für umweltfreundliche Produkte und Dienstleistungen. Die Zertifizierung wird durch die Jury Umweltzeichen, das Bundesumweltministerium, das Umweltbundesamt und die RAL gGmbH durchgeführt.

Die Jury Umweltzeichen ist ein unabhängiges Beschlussgremium mit Vertretern aus Umwelt- und Verbraucherverbänden, Gewerkschaften, Industrie, Handel, Handwerk, Kommunen, Wissenschaft, Medien, Kirchen und Bundesländern.

Wichtig ist, dass der Blaue Engel nicht das absolut umweltfreundlichste Produkt auszeichnet.

Er ist also kein Umweltpreis, sondern er informiert die Verbraucherinnen und Verbraucher über ökologisch bessere Produktalternativen unter Beachtung konkreter definierter Kriterien. Der Blaue Engel setzt also nicht auf Verbote und Gebote, sondern auf Information und Motivation. Dabei muss der Blaue Engel einerseits erklären, was in und hinter einem Produkt steckt, und andererseits die zukünftige Entwicklung im Auge behalten, um Schrittmacher für eine nachhaltige Wirtschaftsweise zu sein.

Eine ständige Weiterentwicklung entsprechend den aktuellen Anforderungen der Märkte und der jeweiligen Erkenntnisse ist dabei von besonderer Bedeutung. Deshalb wurde das bekannte produktbezogene Logo dahingehend erweitert, dass in einer neuen Unterschrift jeweils das zentrale Schutzziel steht. So wird ein klimafreundliches Produkt an der zusätzlichen Unterschrift „schützt das Klima" erkennbar. Andere Schwerpunktthemen sind „schützt die Gesundheit", „schützt das Wasser" oder „schützt die Ressourcen".

Blauer Engel -- aktiv im Klimaschutz

Die Reduzierung des Energieverbrauchs ist das wesentliche Ziel bei der Vergabe dieses Zeichens.

Im Bürobereich stehen dafür beispielhaft alle elektrischen Geräte, die solarbetrieben werden und keinen Einsatz von Batterien, Akkus oder Netzteilen benötigen. Dies sind in erster Linie Brief- und Paketwaagen, tragbare Kleincomputer und Rechner.

Blauer Engel -- schützt die Ressourcen

Die Altpapiernutzung schont die Wälder. Recyclingpapier wird inzwischen für die Herstellung von Briefumschlägen, Kopierpapier, aber auch für grafische Papiere zum Druck von Katalogen und Broschüren eingesetzt. Der Einsatz von Altpapier anstelle von Frischfaserpapier reduziert die mit der Papierherstellung verbundenen Emissionen von Klimagasen, senkt den Wasserverbrauch und die Abwasserbelastung.

Blauer Engel -- schützt die Gesundheit

Büromöbel und Bürositzmöbel stehen häufig in großer Zahl auf einer relativ kleinen Fläche zusammen. Mitarbeiter verbringen viel Zeit in dieser Umgebung. Daher ist es besonders wichtig, Schadstoffemissionen in den Möbeln zu verringern. Schadstoffprüfungen hinsichtlich Formaldehyd, Lösemitteln und Weichmachern sind deshalb eine unbedingte Notwendigkeit sowie die umweltfreundliche Produktion insbesondere von Leder, Textilien und Polstermaterialien. Die Schadstoffe stammen meist aus Holzwerkstoffen, aus Klebern, Leimen und Beschichtungen sowie Chemikalien.

Aber auch die Stabilität und sichere Nutzung sowie die Reparatur und Wartungsfreundlichkeit bei technischen Produkten und die Recyclingfreundlichkeit, wenn das Produkt dann nach möglichst langer Nutzungsdauer entsorgt werden soll, sind wichtige Entscheidungskriterien.

Das Umweltzeichen „Der Blaue Engel" hat deshalb als das älteste Zeichen eine gewisse Vorreiterrolle im Markt. Einige neuere Prüfzeichen beziehen sich sogar konkret auf den „Blauen Engel", wie das Prüfzeichen „LGA-schadstoffgeprüft". Es gibt zudem eine ganze Reihe von Gütezeichen, die neben Umweltaspekten auch andere Kriterien einschließen. „TCO'04" kennzeichnet Büromöbel, die den Anforderungen der schwedischen Organisation TCO Development and Ergonomie bzgl. chemischen Emissionen sowie Umweltverträglichkeit einschließlich Nachhaltigkeit genügen.

Oeko-Tex® Standard 100

Der Oeko-Tex® Standard 100 wurde zu Beginn der 90er Jahre als Reaktion auf das Bedürfnis von Verbrauchern und der allgemeinen Öffentlichkeit nach gesundheitlich unbedenklichen Textilien entwickelt. „Gift in Textilien" und andere Negativschlagzeilen waren zu dieser Zeit weit verbreitet und stempelten die bei der Textilherstellung verwendeten Chemikalien pauschal als negativ und gesundheitsgefährdend ab.

Unsere Ansprüche an moderne Textilprodukte lassen sich allerdings nicht ohne den Einsatz bestimmter chemischer Substanzen verwirklichen. Modische Farben, leichte Pflege, lange Lebensdauer und viele weitere funktionelle Eigenschaften von Textilien werden heute gefordert und sind je nach Verwendungszweck zum Teil unentbehrlich.

Bis zur Einführung des Oeko-Tex® Standards 100 gab es weder für Verbraucher ein verlässliches Produktlabel zur Beurteilung der humanökologischen Qualität von Textilien, noch existierte ein einheitlicher Sicherheitsmaßstab für die Unternehmen der Textil- und Bekleidungsindustrie, welcher eine praxisrelevante Bewertung von möglichen Schadstoffen in Textilprodukten ermöglichte. Deshalb haben das Österreichische Textil-Forschungsinstitut (ÖTI) und das deutsche Forschungsinstitut Hohenstein auf der Grundlage ihrer damals bereits bestehenden Prüfnormen gemeinschaftlich den Oeko-Tex® Standard 100 entwickelt.

Was verbirgt sich unter Oeko-Tex® Standard 100 im Detail

Der Oeko-Tex® Standard 100 ist ein weltweit einheitliches Prüf- und Zertifizierungssystem für textile Roh-, Zwischen- und Endprodukte aller Verarbeitungsstufen.

Die Schadstoffprüfungen umfassen gesetzlich verbotene und reglementierte Substanzen, bekanntermaßen gesundheitsbedenkliche Chemikalien sowie Parameter zur Gesundheitsvorsorge.

Die Zuordnung eines geprüften Textilprodukts zu einer der vier Oeko-Tex® Produktklassen orientiert sich am Gebrauch des Textils. Je intensiver der Hautkontakt eines Produkts, desto strengere humanökologische Anforderungen muss es erfüllen.

Vorteile

Eine Zertifizierung nach Oeko-Tex® Standard 100 bietet Unternehmen der Textil- und Bekleidungsindustrie, die ihren Kunden gesundheitliche Produkte liefern möchten, eine Reihe von Vorteilen:

- Das Baukastenprinzip des Standards sieht vor, dass Textilprodukte aller Verarbeitungsstufen überprüft und zertifiziert werden können. Durch die Nutzung von Vorstufenzertifikaten lassen sich Doppelprüfungen vermeiden.
- Die Verantwortung für die humanökologische Qualität der Produkte verbleibt jeweils bei demjenigen, der in der Verarbeitung das Produkt qualitativ bzw. chemisch verän-

dert. Auf diese Weise können auch Konfektionäre als letztes Glied in der Produktionskette ihre Kollektionen im Rahmen eines überschaubaren Aufwands prüfen lassen.

Ziele

- Das Prüf- und Zertifizierungssystem des Oeko-Tex® Standards 100 wird den vielfältigen Qualitätsanforderungen der Verbraucher an moderne Textilprodukte gerecht und berücksichtigt gleichzeitig die komplexen Produktionsbedingungen in der Textilindustrie: globale Organisation, starke internationale Arbeitsteilung, unterschiedliche Mentalitäten im Hinblick auf die Verwendung möglicher Problemstoffe.
- Herstellung humanökologisch unbedenklicher Textilprodukte aller Art.
- Erleichterung und Beschleunigung der Lieferbeziehungen für Hersteller und Händler, die ihren Kunden gesundheitlich einwandfreie Textilprodukte bieten möchten.
- Eine verlässliche Produktauszeichnung für Verbraucher, die bewusst auf gesundheitlich unbedenkliche Textilien achten.

Europäisches Umweltzeichen (Euro-Blume)

Das Europäische Umweltzeichen (Euro-Blume) wird seit 1992 in allen Mitgliedsstaaten der Europäischen Gemeinschaft vergeben. Angeschlossen sind auch die assoziierten Nachbarstaaten. Seit dem Jahr 2000 werden außer den Produkten auch Dienstleistungen ausgezeichnet.

Die Vergabe erfolgt in allen Mitgliedsstaaten nach denselben Kriterien, sodass die einmal erteilten Zertifikate überall gleichzeitig ohne Einschränkungen genutzt werden können. Dies ist die besondere Stärke der „Euro-Blume", sodass sowohl Verbraucher wie auch Unternehmen gleichzeitig davon profitieren. Die Vergabe erfolgt von den autorisierten Vergabestellen in den einzelnen Ländern, in Deutschland ist z. B. RAL die einzige Vergabestelle.

Die Verbraucher haben einen wesentlichen Anteil daran, positiv zur Verminderung der Umweltbelastungen beizutragen, indem entsprechende Produkte nachgefragt werden. Die Marktnachfrage bringt Unternehmen dann dazu, Produkte umweltfreundlich zu gestalten, den Lebenszyklus zu erhöhen und die Dienstleistungen ständig anzupassen. Für den Verbraucher, der Produkte mit geringeren Umweltauswirkungen kaufen will, sind verständliche, sachdienliche und leicht vergleichbare Informationen ein wichtiges Hilfsmittel.

Die für die Vergabe des Umweltzeichens relevanten Umweltkriterien bedeuten Analysen der Umweltwirkungen des Produkts in allen Phasen des Lebenszyklus. Sie berücksichtigen z. B. den Energieverbrauch, die Wasser- und Luftverschmutzung, Abfall, die nachhaltige Forstwirtschaft sowie Lärm oder Bodenbelastung. Zusätzlich werden Kriterien für die Gebrauchstauglichkeit festgelegt.

Als Europäisches Umweltzeichen ist im Rahmen der Globalisierung ein gewisser Vorteil gegenüber nationalen Lösungen zu erkennen.

Cradle to Cradle

Das Cradle-to-Cradle-Design-Konzept ist durch die Natur inspiriert, in der es keine Probleme mit Abfall gibt, in der „Abfall" gleichbedeutend mit „Nahrung" ist.

Hinter diesem Konzept steht die Absicht, Produkte zu entwickeln, die geeignet sind, in biologischen und technischen Nährstoffkreisläufen zu zirkulieren, und die gleichzeitig positive Effekte auf Umwelt und Gesundheit haben. Materialien sollen so eingesetzt werden, dass ihr Wert für nachfolgende Generationen erhalten bleibt und eingesetzt werden können.

Das Cradle to Cradle Konzept ist zielgerichtet angelegt worden. Es definiert den Idealzustand, dokumentiert die Schritte in diese Richtung und macht nachvollziehbar, wie das Ziel erreicht werden kann und wann es erreicht ist.

Das Cradle to Cradle Zertifikat wird von der EPEA Environmental Protection Encouragement Agency (EPEA Internationale Umweltforschung GmbH), einem internationalen Forschungs- und Beratungsinstitut vergeben. Cradle to Cradle ist das Leitprinzip, dem EPEA in seiner Arbeit folgt. EPEA bietet deutlich mehr als „nur" die Sicherstellung vom Umweltmindeststandards. Die beratende Kompetenz von EPEA trägt wesentlich dazu bei, den Prozess der Herstellung realer sowie profitabler zu gestalten und in jeder Hinsicht „gesunde" Produkte zu entwickeln.

Green-Building-Bewertungssysteme

Weniger bekannt sind die „grünen Gebäude-Bewertungssysteme", die in den letzten Jahren entstanden sind.

LEED

Das nordamerikanische LEED-System („US Green Building Council's Leading in Energy and Environmental Design", Führerschaft in energie- und umweltgerechter Planung) ist ein System zur Klassifizierung für ökologisches Bauen, das vom US-amerikanischen Green Building Council 1998 entwickelt wurde. Es definiert eine Reihe von Standards für umweltfreundliches, Ressourcen schonendes und nachhaltiges Bauen und wird in Deutschland immer häufiger von international agierenden Unternehmen angestrebt.

In der LEED-Version für Neubauten und größere Renovierungen von gewerblich genutzten Immobilien werden die Gebäude in vier Qualitätsstufen eingeordnet. Entsprechend der erreichten Punktzahl werden die folgenden LEED-Zertifizierungen vergeben: Bestanden, LEED Silber, LEED Gold und LEED Platin.

Interessierte mit entsprechenden Fachkenntnissen können eine LEED-Prüfung absolvieren und sich damit akkreditieren lassen. Diese Akkreditierung berechtigt die Person, die Beurteilung und Zertifizierung von Gebäuden nach den LEED-Systemen durchzuführen. Die Akkreditierung wird durch das Green Building Certification Institute verwaltet.

Deutsches Gütesiegel für Nachhaltiges Bauen (DGNB)

Ein vergleichbares deutsches Bewertungssystem ist das „Deutsche Gütesiegel für Nachhaltiges Bauen“, das durch die 2007 gegründete Deutsche Gesellschaft für Nachhaltiges Bauen e. V., abgekürzt DGNB, entwickelt wurde. Sie ist eine Organisation, die die Aufgabe hat, Maßnahmen, Wege und Lösungen zu Planung, Bau und Nutzung von Gebäuden aufzuzeigen und zu fördern, die Ziele des nachhaltigen Bauens verwirklichen. Sie hat zusammen mit dem Bundesministerium für Verkehr, Bau und Stadtentwicklung das Deutsche Gütesiegel Nachhaltiges Bauen entwickelt und bildet DGNB-Auditoren aus, die das Nachhaltigkeitszertifikat für Bauwerke in Gold, Silber und Bronze ausstellen. Dabei wird der Lebenszyklus betrachtet und die ökonomischen, ökologischen, soziokulturellen und funktionalen Aspekte.

Die Unterschiede zwischen dem LEED-System und dem DGNB liegen in den unterschiedlichen nationalen Regelungen, die in den Bewertungskriterien hinterlegt sind. Welche Zertifizierung ein Unternehmen anstrebt, ist daher abhängig von der internationalen Ausrichtung und den anschließenden Vermarktungsmöglichkeiten.

ISO/EN ISO 14 001 und EMAS

Neben den produktbezogenen Labels hinsichtlich Umweltschutz wird von Verbrauchern insbesondere bei Neueinrichtungen von Büros in den Ausschreibungen immer wieder nach Zertifizierungen hinsichtlich ISO 14 001 oder EMAS gefragt. Eine gewisse Unsicherheit im Zertifizierungs- und Normendschungel ist dabei durchaus gegeben.

Beide Systeme sind ein Gemeinschaftssystem für das freiwillige Umweltmanagement und die Umwelt-Betriebsprüfung, also auf die jeweilige Organisation bezogen. Der Aufbau und die Abläufe sind in beiden Systemen seit vielen Jahren angepasst und vereinheitlicht.

Unterschiede ISO 14 001 und EMAS

Die im Markt bekanntere ISO-Zertifizierung ist internationaler, gilt weltweit und ist gewissermaßen wie ein privater Rechtsstatus zu sehen. EMAS fällt unter die Verordnung (EWG) Nr. 1836/93; D: Umweltauditgesetz vom 07.12.1995 und gilt nur für die Europäische Union und deren assoziierte Staaten. EMAS geht jedoch über ein reines Managementsystem hinaus. EMAS ist leistungsorientiert: Der Betrieb soll sich über die umweltgesetzlichen Anforderungen hinaus verbessern! Bei EMAS sind in den Prozess der kontinuierlichen Verbesserung der Umweltleistung die Beschäftigten einzubeziehen. Dies soll der Identifizierung der Arbeitnehmerinnen und Arbeitnehmer mit den Umwelt-Schutzinteressen des

Unternehmens dienen und dafür sorgen, dass Umweltmanagement „gelebt“ wird und nicht in Form ungelesener Handbücher im Schrank verstaubt.

Die Zertifizierungsverfahren

- ISO 14 001: 2-stufig durch eine akkreditierte Zertifizierungsstelle
- EMAS: Überprüfung des Umweltmanagement-Systems und Validierung der Umwelterklärung durch einen zugelassenen Umweltgutachter

Der Betrieb ist verpflichtet, eine Umwelterklärung zu erstellen, in der er die umweltrelevanten Tätigkeiten und die Daten zur Umwelt wie Ressourcen- und Energieverbräuche, Emission, Abfälle etc. genau darstellt. Die Veröffentlichung der validierten Umwelterklärung ist obligatorisch. ISO verlangt die Veröffentlichung im Rahmen der betrieblichen Kommunikationsverfahren.

Bei EMAS erfolgt eine Eintragung in das deutsche und europäische Standortregister durch die Industrie- und Handelskammer bzw. Handwerkskammer, während bei ISO die Registrierung entfällt.

Welche Auswirkungen hat die Vielzahl der Umweltzeichen und Labels auf die Produkte?

Alle Aktivitäten, sowohl die Prüfungskriterien für die Produkte wie auch die freiwillige Beteiligung der Unternehmen z. B. bei den Zertifizierungen der Unternehmen nach ISO 14 001 oder EMAS, sind zunächst einmal positiv zu betrachten. Der Verbraucher wurde einerseits sensibilisiert und erreichte schrittweise durch immer mehr Detailanforderungen eine stetige Weiterentwicklung. Entwicklungsabteilungen wurden in erheblichem Maße gefordert, über den Einsatz neuer Materialien nachzudenken, Materialeinsätze zu reduzieren, ohne auf Funktionen zu verzichten. Die Unternehmenszertifizierungen tragen dazu bei, Arbeitsabläufe effizienter zu gestalten, Ressourcen optimal einzusetzen und dadurch Umweltschäden zu vermeiden. Durch gezielte Maßnahmen ist es durchaus möglich, erhöhte Kosten auf der Materialseite durch Einsparungen auf der anderen Seite wie z. B. Reduzierung von Energiekosten, eingeschränkter Wasserverbrauch, Reduzierung von Verpackungskosten usw. wieder auszugleichen.

Findet sich der Verbraucher im Dschungel der Umweltzeichen und Labels noch zurecht?

Eine Frage, die mit der Aussage „nein oder nur bedingt“ zu beantworten ist. Neben den in dieser Darstellung aufgeführten bekannteren Umweltzeichen, die nur als Beispiel für eine große Zahl von weiteren Labels stehen, gibt es eine Vielzahl von weiteren Zertifizierungsmöglichkeiten im Inland und Ausland, die in den einzelnen Ländern nur wenig oder gar nicht bekannt sind.

Tests beziehen sich nicht auf eine bestimmte Produktgruppe wie z. B. Büroeinrichtungen, sondern gelten gleichzeitig für viele andere Branchen oder für Artikel des täglichen Bedarfs. So ist z. B. der „Blaue Engel" mehr bekannt als Testzeichen auf Lacken und Materialien in Baumärkten oder der Oeko-Tex® Standard 100 für Textilien des täglichen Bedarfs (Bekleidung, Haushaltstextilen etc.). Die verschiedenen Labels stellen keinen einheitlichen Prozess hinsichtlich der Tests für ein komplettes Produkt dar, sondern beziehen sich zum Teil nur auf die Prüfung von bestimmten Sektoren wie Reduzierung des Energieverbrauchs, Eliminierung von Schadstoffen im Holz oder in Textilien, Reduzierung von chemischen Substanzen, Reduzierung von Müll usw.

Die differenzierten Anforderungsprofile auf internationaler Ebene sind nicht immer vergleichbar. So ist es durchaus möglich, dass es zu Diskrepanzen hinsichtlich der Anforderungen in Teilbereichen kommt. Die sicherheitsrelevante Forderung nach schwer entflammbaren Materialien in Teilbereichen der Büroeinrichtung etwa ist nur mit dem Einsatz von nicht immer umweltfreundlichen Zusatzstoffen technisch möglich oder unter wirtschaftlichen Gesichtspunkten nur schwer erreichbar.

Zusammengefasst fühlen sich Verbraucher unsicher und noch nicht optimal beraten, zumal die Produktkennzeichnung nicht vollständig ist und auch nicht vollständig sein kann, da wie nachstehend beschrieben, auch die Produzenten aufgrund unterschiedlicher Wettbewerbsvoraussetzungen nur bedingt in der Lage sind, für Aufklärung zu sorgen.

Welche Auswirkungen haben die verschiedenen Aktivitäten auf den Produzenten?

Zunächst türmen sich für den Produzenten bei der Entwicklung von umweltrelevanten Konstruktionen durch den Einsatz anderer Materialien, geänderte Fertigungsverfahren und dazu notwendige neue Einrichtungen Zusatzkosten auf, die den Markterfolg eines Produktes infrage stellen. Bei näheren Betrachtungen und nach Einführung der Managementsysteme nach ISO 14 001 oder EMAS im Herstellungsbetrieb kann schon sehr schnell eine Umkehr in die positive Richtung festgestellt werden. Verbleibende Mehrkosten sind dann durchaus noch auf der Verbraucherseite auszugleichen: reduzierter Energieverbrauch, längere Nutzung der Produkte durch einen besseren Qualitätsstandard und die Rückführung der recycelbaren Materialien in den Wertstoffkreislauf.

Die Vielzahl der unterschiedlichen Umweltlabel und die damit verbundenen differenzierten Testanforderungen erfordern jedoch ein Know-how, wie es nur von größeren international arbeitenden Organisationen erbracht werden kann. Aber auch dort nur in eingegrenztem Maße, da der Arbeitsaufwand schon bei der Erstprüfung nicht unerheblich ist, und sich auch später durch Wiederholungsprüfungen bei Produktveränderungen und Weiterentwicklungen nur bedingt reduzieren lässt.

Die Zertifikate der verschiedenen Umweltorganisationen, wie diese gerade in internationalen Ausschreibungen im Zuge des Wettbewerbs immer wieder ins Gespräch gebracht werden, sind zurzeit noch Maßstab für die Bindung erheblicher Ressourcen und ein durchaus nicht zu unterschätzender Kostenfaktor auf der Personalseite. Hinzu kommen die unterschiedlichen privaten und öffentlichen Organisationen, die die Vergabe der Labels und Zertifikate überwachen, betreuen und verwalten und in sich geschlossene Wirtschaftseinheiten darstellen, die sich ihre Arbeit und den Aufwand durch Gebühren, die sich oftmals jährlich wiederholen oder an Umsätze gekoppelt sind, bezahlen lassen.

Die Vermarktung der Umweltzeichen insbesondere dann, wenn mehrere für ein einziges Produkt notwendig sind oder gefordert werden durch Abdruck auf Verpackungen, in Preislisten, Katalogen und anderen Dokumentationen, führt in Einzelfällen zu Konflikten und konkurriert in der gemeinsamen Darstellung mit den Unternehmensmarken.

Was könnten die nächsten Ziele zum Nutzen der Produzenten und Verbraucher sein?

Die kontinuierliche Weiterentwicklung der Materialien, der Fertigungsverfahren und damit eine ständige Verbesserung der Nutzbarkeit von Produkten sind die Grundvoraussetzungen für die Fortführung des in den letzten Jahren eingeschlagenen Weges. Dass wir hier immer wieder zunächst an Grenzen stoßen und auch für eine gewisse Zeit noch Kompromisse eingehen müssen, ist dabei unabdingbar und auch als normal zu betrachten.

Auf der anderen Seite ist die Gesetzgebung gefordert, einheitliche Anforderungsprofile zu entwickeln, diese übersichtlich nach Produktgruppen einheitlich darzustellen und einem breiten Publikum verständlich zugänglich zu machen. Dies ist die Voraussetzung für eine breite Akzeptanz. Nationale Grenzen dürfen kein Hindernis für die weitere Entwicklung sein. Kosten, die in der Entwicklungsphase durchaus entstehen dürfen, sollten in der anschließenden Realisierung wieder ausgeglichen werden und daher kein Hindernis für die Zukunft sein.

Die Erhaltung unserer Umwelt zum Wohle aller Menschen ist eines der höchsten Ziele, dem wir uns alle stellen müssen.

12 Dezentrale Elektrodistribution

Siegfried Schulte

Bedeutende Entwicklungen in Wissenschaft und Technik werden meistens durch einfache Fragen ausgelöst, z. B.:

- Warum schaltet ein Fehlerstromschutzschalter ein Einfamilienhaus vom Stromnetz ab, wenn der Großmutter in der ersten Etage ein Föhn ins Wasser fällt mit der Folge, dass sich die Großmutter im dunklen Haus das Bein bricht, weil sie den Schalter im Keller nicht findet?
- Warum ist die Schutzeinrichtung nicht dort, wo der Fehler entsteht?

Die technische Antwort war vor etwa 20 Jahren die Entwicklung eines hybriden Fehlerstromschutzschalters in einer Unterputzdose, der einen Schaltkreis sowohl schützen als auch schalten kann.

Da zu der Zeit für ein solches Gerät, das elektronisch-mechanisch zweipolig schaltet, weder Funktions- noch Prüfvorschriften bestanden, wurden die Standardprüfvorschriften bestehender elektromechanischer Geräte angewendet. Das geschah aber nur mit großem Wohlwollen der Prüforganisationen, weil die Prüfer den Vorteil dieser neuen Entwicklung anerkannten. Um einer obligatorischen Sicherheitsforderung nach einer integrierten mechanischen Testeinrichtung zu entgehen, ist bei der Entwicklung als Alternative eine elektronische Selbstkontrolle entwickelt und initiiert worden: Der weltweit erste sich selbst kontrollierende Fehlerstromschutzschalter, der gleichzeitig schalten und schützen konnte, war auf dem Markt. Damit wurde es möglich, einen Schaltkreis, einen Raum oder einen Arbeitsplatz mit einer Schalt- und Schutzeinrichtung zu sichern. Es gab internationale Patente, höchste Design- und Ingenieursauszeichnungen für diese Entwicklung; aber es gab weder Prüf- noch Abnahmebestimmungen, die ein solches Gerät erst für den Markt zugänglich machen konnten. Aber es gab vor allem die Idee der

Dezentralen Elektrodistribution

mit Schalten und Schützen in kleinstmöglichen Schaltkreisen, am Verursacherort von Fehlern in elektrischen Systemen und so nah wie möglich am zu schützenden Objekt.

Zur gleichen Zeit entwickelte sich in der Informations- und Datentechnik eine dramatische Veränderung, nämlich weg vom Zentralrechner hin zum Personal Computer und bis hin zum Handy. Es wurden diesen Geräten immer mehr Peripheriegeräte wie Rechner, Faxmaschinen, Drucker, Anrufbeantworter, Ladegeräte etc. zugeordnet. Innerhalb kurzer Zeit entwickelte sich der Schreibtisch zu einem

e-Place = Elektroarbeitsplatz.

Alle diesem Arbeitsplatz zugeordneten Geräte und Einrichtungen waren elektrisch hochsensibel; es mussten große Datenmengen sicher transportiert werden können. Hier entstand wieder das schon vorgehend beschriebene Problem, dass im Fehlerfall Kaskadeneffekte eintraten und ganze „Computerlandschaften" abstürzten mit den Folgen von Datenverlust bis hin zur Zerstörung teurer Geräte z. B. bei Überspannung oder durch Blockade der Festplatten.

Die Antwort auf diese Probleme lautete wiederum: Dezentralisierung der Strom und Datennetze bei gleichzeitig höchstmöglicher Individualisierung nach den Anforderungen der jeweiligen Benutzer eines Arbeitsplatzes. Die Anforderungen für solche Anschlusssysteme liegen weit über denen einer gewöhnlichen Steckdose: Die Summe der Kontaktwiderstände muss so niedrig wie möglich sein, Steckkontakte werden versilbert, die verwendeten Kunststoffe sind selbstverlöschend, um Brände zu verhüten; es müssen Module zur Stromerkennung und Leerlaufabschaltung sowie Strombegrenzung eingesetzt werden können. Dazu kommen Ordnungseinrichtungen für Strom- und Datenkabel.

Im Zusammenhang mit diesem Entwicklungskomplex ergaben sich weitere recht einfache Fragen von hoher wirtschaftlicher Bedeutung:

- Gibt es keine besseren Möglichkeiten, als Kabel über den Boden zu leiten bis zu einer Wandsteckdose oder zu einem im Raster verlegten Bodentank im Hohlraumboden?
- Muss man Anschlussdosen für Strom und Daten von einer Eingangsstelle rund um einen Raum mit Unmengen von Kabeln verlegen pro Haus, Etage oder Großraum?

Was sind die Alternativen?

Es wird konsequent eine Ringleitung 3-phasig, 5-adrig mit 400 Volt ~ in einem Doppelboden verlegt.

Je Arbeitsgruppe oder je Raum – entsprechend seiner elektrischen Belastung – wird von einem Verteilerpunkt = CP/Consolidation Point genannt eine Phase abgezweigt und mittels Kabel oder Datenleitung zum jeweiligen Arbeitsplatz oder Elektrogerät geführt. Die Absicherung kann dann entweder an einem so geannten Consolidation Point unter dem Boden oder aber so nah wie möglich am Arbeitsplatz erfolgen.

Der Consolidation Point wird wiederum modular aufgebaut, um eine höchstmögliche Variabilität für den Benutzer am Arbeitsplatz gewährleisten zu können. Der dem Arbeitsplatz zugeordnete Bodenauslass ist so gestaltet, dass vorgegebene Biegeradien für Spezialkabel sowie Trittsicherheit garantiert sind (**Abbildung 12.1**).

Abbildung 12.1 Bodenauslass. Quelle: Schulte

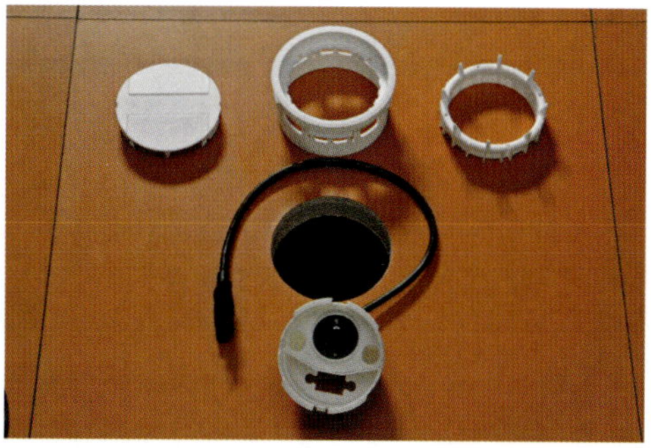

Getestet wurden diese Entwicklung und das Gesamtkonzept in einem bestehenden, etwa 200 m² großen Entwicklungs- und Konstruktionsbüro. Das Ergebnis war beeindruckend:

- Die Kabelmenge wurde um ca. 50 Prozent reduziert!
- Über den Boden werden keine Kabel mehr geführt.
- Überschusskabel bleiben im Doppelboden.
- Montagekosten wie das Stemmen von Schlitzen, das Setzen von Unterputzdosen, das Verputzen und Anstreichen sowie das Installieren von Anschlussgeräten entfallen ganz!
- Die Hauptverteilung wird miniaturisiert!
- In Verbindung mit einer batterie- und kabellosen Funksteuerung können diese Kosten noch einmal um einen erheblichen Betrag reduziert werden.

Nach diesen positiven Erfahrungen wurde weitergefragt:

- Warum plant man Bürogebäude, egal mit wie vielen Geschossen, nicht einfach nur mit Doppelboden, aber ohne standardisierte Elektrifizierung?
- Warum elektrifiziert man Räume nicht erst dann, wenn man den Nutzer und seine Belegpläne kennt?
- Warum plant man die Grundelektrifizierung nicht nur bis zur Etagenverteilung am Aufzugschacht oder zentralen Versorgungsstrang?

Es muss im Kontext zu diesen und ähnlichen Fragen ein Relikt sein, Leitungen und Bodenauslässe nach Rastern zu verlegen und standardisiert auszuführen, wenn man nicht weiß, wie später Geräte und Möbel angeordnet werden (**Abbildung 12.2**, **Abbildung 12.3**):

Zieht in das Gebäude oder in das Stockwerk ein Archiv, eine Bank, eine Kanzlei, eine Verwaltung, ein Studio oder eine Arztpraxis ein?

Abbildung 12.2 Standard Rasterplanung je Raum/Etage am Beispiel Büro. Quelle: Schulte

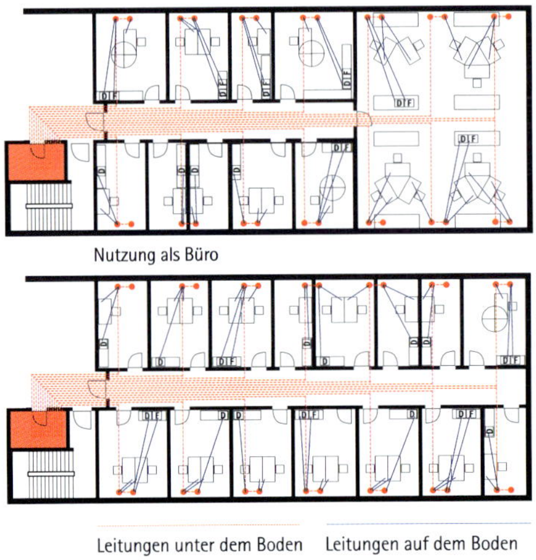

Es ergaben sich weitere Fragen:

- Was passiert bei Mieterwechsel oder Belegänderung?
- Wie lange dauert der folgende Leerstand?

Vergleichsrechnungen führen zu beeindruckenden Ergebnissen:

- Das durchschnittliche Einsparpotenzial an Investitionskosten für die Elektrifizierung beträgt je nach Belegung zwischen 35 und 45 Prozent.
- Die Brandlastminderung ist außerordentlich und liegt zwischen 30 und 80 Prozent.

Abbildung 12.3 Planung mit CP Points und Bodenauslässen nach Bedarf am Beispiel Büro. Quelle: Schulte

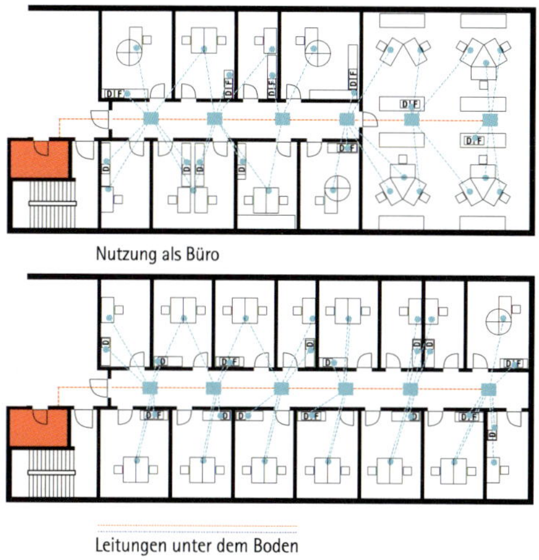

Das bedeutet insbesondere:

- Der ökologisch nachhaltige, in Richtung „Green Building“ gehende Effekt erreicht eine bisher nicht bekannte Dimension.
- Der Versicherungsvorteil ist nicht zu unterschätzen.
- Beim Mieter- oder Nutzerwechsel können Leerstände, bedingt durch Neuverlegung von Leitungen und Sicherheitseinrichtungen, praktisch vernachlässigt werden.

Ein weiterer Quantensprung zur Reduzierung von Kosten und zum Ausbau der Nachhaltigkeit in Gebäuden ist die Verwendung von batterie- und fremdenergielosen Schaltsystemen. Diese neuartigen Schalteinrichtungen können als Modul sowohl auf Glaswänden als auch am Schreibtisch angebracht werden. In Verbindung mit einer entsprechenden Software ist es möglich, die geschalteten Objekte zu aktivieren und zu kontrollieren. Die Schalter können kabellos an jeder beliebigen Stelle angebracht werden.

Aus den Erfahrungen mit der Einführung von neuen Techniken ist dem Autor dieses Beitrags natürlich bewusst, dass es eines großen Maßes an Investitionen und Ausdauer bedarf, um neues Denken und daraus entwickelte Systeme umzusetzen. Aber auch hierzu ist die Bereitschaft groß, weil uns keine Zeit mehr bleibt, Ressourcen weiter zu verschwenden, ob bei Neu- oder Umbauten. Dazu kommt der Vorteil, dass viel Geld gespart werden kann.

Green IT

13 High-Performance Workplaces für nachhaltiges Arbeiten

Die Rolle nachhaltiger räumlich-technischer Infrastrukturen für die performante, von virtuell-realer Kollaboration geprägte Wissensarbeit

Udo-Ernst Haner, Nikolay Dreharov

Arbeit und Nachhaltigkeit

Die Anforderungen der gesellschaftlichen Zukunftssicherung werden zunehmend aus der Perspektive der Nachhaltigkeit diskutiert. Einen wesentlichen Beitrag zu diesem Diskurs kann die Arbeitsgestaltung liefern, da die Ausprägung von Arbeitsprozessen entscheidend den Ressourceneinsatz, den wirtschaftlichen Erfolg und die gesellschaftliche Entwicklung mitbestimmt. Arbeit muss demnach ökologisch, ökonomisch und sozial nachhaltig gestaltet sein.

Ein zentraler Aspekt ökologischer Arbeitsgestaltung ist die Festlegung des Orts der Leistungserbringung. Dessen Verlagerung hat potenziell gravierende Konsequenzen für die ökologische Bilanz der Arbeit. Die Verlagerung von Arbeit in weit entfernte Regionen, im Sinne von Offshoring, kann aus der Perspektive der Nachhaltigkeit ökologisch nachteilig sein, wenn beispielsweise dadurch zusätzlicher Warentransport bewirkt wird. Wissensarbeiter hingegen können aufgrund von Telearbeit und Telekooperation vom heimischen Arbeitszimmer aus auf das tägliche Pendeln zur Arbeitsstätte verzichten und aus ökologischer Sicht einen positiven Beitrag leisten.

Nachhaltige Gestaltung der Arbeit heißt aus ökonomischer Perspektive Arbeitsplatzschaffung und Arbeitsplatzsicherung durch Innovation und Wachstum. Dieses gilt sowohl auf makro- und mikroökonomischer Ebene als auch auf individueller Ebene. Makroökonomisch ist die Förderung von **green jobs** 0 in auf Nachhaltigkeit fokussierten Branchen beispielhaft zu nennen. Auf betrieblicher Ebene kann die Arbeitsorganisation für nachhaltige und gleichzeitig produktivitätssteigernde Impulse sorgen. Aber auch jeder Einzelne muss durch fortwährende Qualifikation dem Schicksal der (prinzipiell nicht mehr benötigten) Datentypisten im wirtschaftlich-technologischen Wandel entgehen.

Aus sozialer Perspektive ist Arbeit beispielsweise dann als nachhaltig einzustufen, wenn sie in den Unternehmen und in der Gesellschaft allgemein ein Bewusstsein für nachhaltig „richtige" und „falsche" Verhaltensweisen entstehen lässt. Der **green collar worker** 0 schaltet beispielsweise ganz selbstverständlich abends im Büro den Monitor und das Licht aus – sofern das nicht von der „intelligenten" Arbeitsumgebung automatisch übernommen wird.

Nachhaltige beziehungsweise nachhaltig gestaltete Arbeit bedeutet dementsprechend, dass Potenziale und Konsequenzen der Arbeitsgestaltung und Arbeitsorganisation aus der Perspektive der Nachhaltigkeit erfasst und berücksichtigt sind. Es entsteht damit die Forderung, dass Arbeitsinhalte, Arbeitsprozesse und dafür benötigte Arbeitsinfrastrukturen ökologisch korrekt, ökonomisch sinnvoll und sozial förderlich strukturiert sind und dass Arbeit grundsätzlich (ressourcen-)effizient, effektiv und human gestaltet sein soll.

Diese gesellschaftliche Herausforderung, die Gestaltung nachhaltiger Arbeit, ist in **Abbildung 13.1** dargestellt.

Abbildung 13.1 Herausforderung: Gestaltung nachhaltiger Arbeit

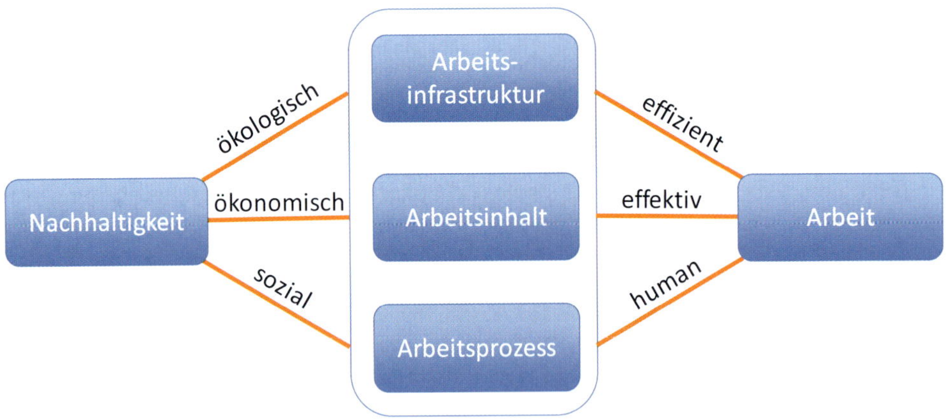

Den Schwerpunkt dieses Beitrags bildet im Folgenden das nachhaltige Arbeiten. Hierbei sind nicht die Arbeitsinhalte von primärem Interesse, sondern allein die durch die jeweilige Arbeitsinfrastruktur ermöglichten, nachhaltig gestalteten Prozesse der Wissensarbeit. Insbesondere wird überblicksartig die Wirkung geeigneter und somit förderlicher Elemente der infrastrukturellen Rahmenbedingungen aufgezeigt. Ausgangspunkt der Betrachtungen ist dafür der (Wissens-)Arbeitsplatz.

Der Wissensarbeitsplatz ist heute lokal, zeitlich und strukturell nicht mehr eindeutig festzulegen. Leistungsfähige Informations- und Kommunikationstechnologien verbinden den Wissensarbeiter an seinem jeweiligen Aufenthaltsort, der situativ gerade seinem physischen Arbeitsplatz entspricht, mit seiner virtuellen Arbeitsumgebung.

Die bisherige statische räumlich-technische Einheit des Arbeitsplatzes wird durch eine dynamische, kontextbezogene und hybride Arbeitsinfrastruktur abgelöst. Dieses so entstehende Spektrum von Arbeitsinfrastrukturen wird unter Annahme einer entsprechend performanten Arbeitsweise der Nutzer in diesem Beitrag als **High-Performance Workplaces** definiert und unter Nachhaltigkeitsaspekten betrachtet.

High-Performance Workplaces

High-Performance Workplaces sind kontextbezogene, tätigkeitsgerechte, virtuell-reale und damit leistungsfähige Arbeitsinfrastrukturen für Wissensarbeiter. Sie bieten situationsoptimierte Unterstützung für performante individuelle oder kollaborative Arbeit.

Es ist folglich ein ganzes Spektrum von Arbeitssituationen zu berücksichtigen. Um diese komplexe Gesamtheit jedoch sinnvoll unter Nachhaltigkeitsaspekten analysieren und diskutieren zu können, soll hier eine situative Differenzierung vorgenommen werden:

- Der *physische Arbeitsplatz* als Komposition nachhaltiger Ausstattungselemente;
- Der *vernetzte Arbeitsplatz* als eingebetteter Teil der unmittelbaren Arbeitsumgebung;
- Der *virtuelle Arbeitsplatz* als energieeffiziente und Ressourcen schonende Plattform;
- Der *standortunabhängige Arbeitsplatz* als produktiver Beitrag zur Work-Life-Balance;
- Der *Kollaborationsarbeitsplatz* als Element der integrierten Wertschöpfungskette.

Im Folgenden werden daher die High-Performance Workplaces aus diesen verschiedenen Betrachtungswinkeln diskutiert.

Der physische (Büro-)Arbeitsplatz

Die im Rahmen des Verbundforschungsprojekts OFFICE 21entstandene Studie **Information Work 2009** 0 zeigt, dass Wissensarbeit unterschiedliche Ausprägungen hat. Anhand der zentralen Kriterien der Wissensarbeit – Neuheit und Komplexität der Arbeitsinhalte sowie Autonomie der Wissensarbeiter – konnten in der empirischen Studie mehrere Arten von Wissensarbeit voneinander abgegrenzt werden. Diesen konnten anschließend Typen von Wissensarbeitern in Abhängigkeit ihrer Tätigkeit zugeordnet werden.

Für die Betrachtung des physischen Büroarbeitsplatzes ist es nun besonders relevant, dass sich die verschiedenen Wissensarbeitstypen auch bezüglich der jeweilig genutzten Arbeitsinfrastruktur und damit der jeweiligen Arbeitsplatzausstattung unterscheiden lassen.

Kernelemente der physischen Arbeitsplatzausstattung sind neben dem bereitgestellten Mobiliar (vgl. hierzu auch die Beiträge zu „Green Interior") insbesondere auch die Komponenten der informations- und kommunikationstechnischen Hardware. Zu Letzteren gehören im Wesentlichen eine Rechnereinheit (Desktop, Notebook, Thin Client etc.), die Visualisierungskomponente, d. h. einer oder mehrere angeschlossene Monitore, sowie ein Telefongerät.

Die Studie „Information Work" konnte nachweisen, dass im Vergleich der Wissensarbeiter bereits deren Kernausstattung unterschiedlich ist. Der Wissensarbeitstyp A, mit den vergleichsweise niedrigsten Bewertungen in Bezug auf die genannten Wissensarbeitskriterien, verfügt in der Standardausstattung seines Arbeitsplatzes über einen Desktop-Computer und ein Tischtelefon. Alle anderen möglichen (technologischen) Ausstattungselemente wurden erst mit deutlich niedriger Häufigkeit vorgefunden. Im Gegensatz dazu zeichnet sich der Wissensarbeitstyp D, also mit den höchsten Bewertungen bei den drei Kriterien, in Bezug auf seine Standardausstattung durch ein Notebook und ein Mobiltelefon aus. Hinzu kommt, dass bei Typ D eine Vielzahl weiterer technologischer Ausstattungselemente vergleichsweise häufig eingesetzt wird.

Da die vorgefundene Qualität der Informations- und Kommunikationstechnologien mit der identifizierten Prozess-Performance der Wissensarbeiter korreliert, muss im Sinne eines nachhaltigen Arbeitens situativ die richtige Arbeitsinfrastruktur zur Performance-Unterstützung bereitgestellt werden.

Die Ausstattung des Standardarbeitsplatzes wird stark von der **Desktop-Notebook-Entscheidung** geprägt. Als wesentliche Kriterien werden vorrangig das Budget für Erst- bzw. Ersatzinvestitionen, das benötigte Mobilitäts- und Flexibilitätspotenzial und die unterschiedliche Leistungsfähigkeit der Geräte angesehen. Die Leistungsfähigkeit eines Geräts darf allerdings nicht nur auf Basis der Rechenleistung der Geräte erfolgen. Andere Leistungsmerkmale können ebenso entscheidend sein.

Als Beispiel kann die Entwicklung des OFFICE 21 **Information Worker's Workplace** (kurz IWWP) dienen. Der IWWP wurde u. a. mit der Anforderung entwickelt, dem Wissensarbeiter im Büro eine funktional bessere Arbeitsinfrastruktur bereitzustellen 0. Dieser neu gestaltete Arbeitsplatz zeichnet sich beispielsweise durch die Verfügbarkeit von drei zu einem erweiterten Desktop zusammengeschalteten Monitoren aus. Sie sollten den zusätzlichen Visualisierungsbedarf für zunehmend nur digital verfügbare Arbeitsinhalte decken. Diese funktionale Anforderung ließ sich qualitativ hochwertig nur durch den Einsatz eines Desktop-Computers realisieren. Zu dem Zeitpunkt der Erstentwicklung (2006/2007) war es mit den in die Notebooks eingebauten Grafikkarten und den in den Geräten vorgesehenen Schnittstellen nicht möglich, diesen Extended-Desktop zu realisieren. Die Verwendung eines aufgerüsteten Desktop-Rechners war die einzig mögliche Lösung. Mittlerweile ist eine solche Funktionalität auch mit Notebooks darstellbar, was in der zweiten Generation des IWWP (2009) entsprechend berücksichtigt wurde.

Aufgrund der technologischen Weiterentwicklungen und in Bezug auf die von der Mehrzahl der Wissensarbeiter benötigten Leistungsmerkmale sind mittlerweile die beiden Gerätetypen als gleichwertig einzustufen. Damit gewinnen andere Faktoren bei der Geräteauswahl an Wichtigkeit. Auf Basis von Vollkostenrechnungen, die neben der ursprünglichen Investitionssumme auch explizit die Betriebs- und Wartungskosten berücksichtigen, ist derzeit eine breite Abkehr von Desktops als Ausstattung für den Standardplatz zu beobachten. Notebooks beziehungsweise kleinere und leistungsschwächere Endgeräte (wie Netbooks und Thin Clients in Kombination mit veränderter Serverinfrastruktur) erobern die Standard-Arbeitsplätze.

Aus Sicht der Nachhaltigkeit ist diese Entwicklung zu begrüßen. In einer Studie des Fraunhofer-Instituts für Umwelt-, Sicherheits- und Energietechnik UMSICHT konnte bereits 2008 gezeigt werden, dass über den gesamten Lebenszyklus der Geräte hinweg (von der Produktions- über die Nutzungs- bis hin zur Entsorgungsphase) Notebooks in Bezug auf ihr Global Warming Potenzial (GWP, ein normiertes Maß des Ressourcenverbrauchs in CO_2-Äquivalent) im Vergleich zu Desktops besser abschneiden 0. Die stationäre Nutzung der Notebooks wurde vorausgesetzt, damit der jeweilig angeschlossene (externe) Monitor die Ergebnisse nicht verzerrt. Gemäß einer Arbeitsstättenrichtlinie ist bei stationärer Nutzung eines Notebooks die Bereitstellung eines externen Monitors ohnehin vorgeschrieben.

Es zeigte sich, dass die Betriebsphase der Geräte die maßgebliche Betrachtungsgröße in Bezug auf die Nachhaltigkeit darstellt, was beispielsweise durch „Null-Watt"-Lösungen im Stand-by-Betrieb von Computern und Monitoren adressiert wird.

In Bezug auf den Standard-Arbeitsplatz ist die Visualisierungskomponente, also die bereitgestellte **Monitorlösung**, in besonderem Maße zu berücksichtigen. Der Einsatz von TFT-Bildschirmen ist im Vergleich zu CRT-Monitoren in Bezug auf das GWP während der gesamten Lebensdauer um den Faktor 2 günstiger 0. Durch den bereits beschriebenen, zunehmenden Einsatz von Multi-Monitor-Settings divergieren jedoch relative und absolute Betrachtungen. Allerdings, um einen vollständigen Vergleich anzustellen, müssten auch die indirekten Auswirkungen von größeren Displaylösungen z. B. auf Papierverbrauch oder aufgabenbezogene Betriebszeiten berücksichtigt werden.

Dass größere Displaylösungen signifikante Auswirkungen auf die Produktivität und damit auch potenziell auf die benötigten Betriebszeiten der Visualisierungskomponente am Arbeitsplatz haben, konnte in einer Laborstudie des Fraunhofer IAO gezeigt werden. Zentrales Ergebnis dieser Studie war, dass beim Einsatz einer Drei-Monitor-Lösung zur Bewältigung einer Standardaufgabe der Wissensarbeit die Produktivität der (ungeschulten) Probanden spontan um über ein Drittel gesteigert werden konnte 0; 0.

Als letztes Element der nachhaltigen und Performance-unterstützenden Arbeitsplatzausstattung wird in diesem Abschnitt die **Beleuchtung** am Arbeitsplatz diskutiert. Hierfür gibt es mehrere Gründe. Je nach Beleuchtungskonzept der Büroumgebung werden Arbeitsplatzleuchten verwendet, die in Bezug auf die eingesetzte Technologie unterschiedlichen Ressourcenverbrauch aufweisen. So ist der Energieverbrauch von Glühbirnen deutlich höher als der von Energiesparlampen oder Leuchtdioden. Darüber hinaus lassen sich weitere Energiesparpotenziale realisieren, wenn ein intelligentes, bedarfsorientiertes und arbeitsplatzbezogenes Beleuchtungskonzept in Bürogebäuden umgesetzt wird.

Eine bisher unberücksichtigte, aber in Bezug auf Produktivität und Nachhaltigkeit potenziell sehr relevante Beleuchtungsquelle stellen Leuchtdioden-basierte Monitore dar. Einerseits sind diese besonders energieeffizient, andererseits kann das von diesen Monitoren emittierte Licht zur Steigerung der Leistungsfähigkeit der Nutzer (respektive zur Verringerung der Müdigkeit der Nutzer) dienen. Im Rahmen der Entwicklung des so genannten **n-Lightened Workplace** am Fraunhofer IAO werden derzeit die Potenziale und die Wirkung dieser neuartigen Displays untersucht 0.

Der vernetzte Arbeitsplatz

Moderne Büroumgebungen zeichnen sich zunehmend durch integrierte und intelligente Arbeitsinfrastrukturlösungen aus. Dabei sind die darin enthaltenen physischen Büroarbeitsplätze keine Stand-alone-Einheiten mehr, sondern verstärkt Elemente einer vernetzten Arbeitsumgebung. Diese Vernetzung basiert einerseits auf dem verstärkten Einsatz von **Gebäudeautomationslösungen** und andererseits auf dem Trend, dass die Kommunikation sämtlicher technischen Komponenten untereinander auf Basis des Internet-Protokolls (IP) erfolgt (siehe hierzu auch Kap. 18: Nachhaltige und flexible Arbeitsumgebung bei den T-Labs). Die Auswirkungen dieser Vernetzung auf die Ausstattung des Arbeitsplatzes und die damit verbundenen neuen Funktionalitäten sind potenziell beträchtlich.

Telefonielösungen in Arbeitsumgebungen werden zunehmend auf IP-Basis umgesetzt. Technologisch ist die Ablösung der alten Telefonanlage zunächst ein großer Schritt. Nicht nur dass eine andere Technologie zur Sprachübertragung verwendet wird, es lassen sich dadurch auch physische Ressourcen einsparen. Die Datennetze werden mitgenutzt, eine zusätzliche Verkabelung für reine Telefonie kann unterbleiben, der Strombedarf der Endgeräte wird über Power over Ethernet (PoE) bereitgestellt. Allerdings kann eine Voice-over-Internet-Protocol-Anlage (VoIP) in Bezug auf den Stromverbrauch eher einen Rückschritt darstellen 0, insbesondere dann, wenn alle Geräte im Dauerbetrieb sind und nicht bedarfsorientiert an- und ausgeschaltet werden. Ein Verzicht auf physische Telefongeräte und eine konsequente Nutzung von Softphones stellt diesbezüglich aber ein signifikantes Energieeffizienzpotenzial dar.

Aber Energieeffizienz ist diesbezüglich als nachrangig zu erachten. Entscheidend ist, dass aus Nutzersicht die Potenziale der neuen Technologie oft nicht einmal wahrgenommen werden, wenn diese durch die IT-Organisation nicht aktiv „vermarktet" werden.

Mehrwerte für den Nutzer können durch VoIP-Telefonie dann entstehen, wenn das „Telefon" als neues vernetztes Mehrzweckgerät für zusätzliche Dienste genutzt wird. Diese reichen von der prinzipiellen Trennung des Geräts von der „aufgeschalteten" Telefonnummer, zum Zweck der flexibilisierten, personalisierten Nutzung des Telefons durch wechselnde Mitarbeiter bzw. zur flexiblen Übertragung der persönlichen Rufnummer auf andere Endgeräte, über die Bereitstellung von Statusinformationen der Nutzer zum Zweck der Kollaborationsunterstützung im Sinne von Unified Communication bis hin zur Nutzung des „Telefons" als Endgerät der Gebäudesteuerung. Damit lassen sich prinzipiell alle vernetzten Komponenten der Arbeitsumgebung (Licht, Heizung, Klima, Jalousien oder auch audio-visuelle Komponenten in der Arbeitsumgebung etc.) vom eigenen Arbeitsplatz aus steuern. Darüber hinaus können die Telefone mit (typischerweise) integrierten Displays auch zur Kommunikation von beliebigen Informationen, z. B. Sicherheitsinformationen, genutzt werden.

Ein weiteres Potenzial der Vernetzung beruht auf dem Einsatz von Radio Frequency Identification, den so genannten **RFID**-basierten Lösungen. Einen Hebel für Zusatzfunktionalitäten stellt beispielsweise der RFID-Chip im Betriebsausweis dar. Dieser kann die Grundlage für Zutrittskontrollen bilden und gleichzeitig den Zugriff auf gemeinschaftlich genutzte Ressourcen regeln. So können Projektoren oder Laborgeräte in Betrieb genommen oder Arbeitsplätze und Meetingräume verbindlich gebucht und betreten werden. Darüber hinaus können RFID-basierte Lösungen in Kombination mit WLAN-Technologien zur Positionsbestimmung von Ressourcen und Personen im Gebäude verwendet und Location-based Services angeboten werden.

Grundsätzlich kann die Vernetzung des Arbeitsplatzes zur Unterstützung des **Facility Managements** genutzt werden. Neben der Zugriffssicherung und der Buchung von Ressourcen in der Arbeitsumgebung bildet die Information über die Nutzung von Ressourcen auch die Basis für die optimierte Bereitstellung und Anpassung der Arbeitsumgebung an tatsächliche Bedarfe. Hierzu gehören neben den bereits genannten auch die automatisierte Personalisierung der Arbeitsumgebung, die Wegführung innerhalb der Gebäude, die Bereitstellung zusätzlicher Dienste wie Follow-me-Printing bis hin zur Kombination mit Single-Sign-on-Lösungen.

Die wesentlichen Vorteile des vernetzten Arbeitsplatzes sind also einerseits dessen Potenziale als Informations- und Kommunikationsinterface und als aktives Steuerungsmodul der Arbeitsumgebung sowie andererseits die als zentral verwaltetes und nutzerbedarfsgerechtes Element einer ressourceneffizienten Organisation. So können beispielsweise sämtliche einem Arbeitsplatz zugehörigen Komponenten zentral abgeschaltet werden, wenn die Nutzung beendet wird (inkl. Drucker und Kaffeemaschine). Gleichzeitig ermöglicht das auch eine Realisierung höherer Sicherheit in den Gebäuden. Dieser Aspekt erfordert allerdings eine Betrachtung aus der Datenschutzperspektive (darum wird hier auf eine Detaillierung verzichtet).

Der virtuelle Arbeitsplatz

Der virtuelle Arbeitsplatz stellt die informationelle Dimension der Arbeitsumgebung dar.

Einerseits ist darunter die **Digitalisierung der Arbeitsinhalte** zu verstehen. Viele Informationen liegen heute in den Organisationen nur noch in digitaler Form vor. Scanner, automatische Texterkennung, Workflows und Suchtechnologien bilden dabei nur die Spitze des Eisbergs in Bezug auf die heutigen Potenziale, Informationen zu digitalisieren, Inhalte vernetzt zu generieren und (verteilte) Prozesse elektronisch zu steuern.

Diese Dimension stellt in vielfacher Hinsicht nachhaltiges Arbeiten dar: Daten werden nominell nur einmal erfasst und gespeichert, Informationen in Echtzeit verarbeitet und Prozesse können effizient gesteuert werden. Die Automatisierung von Routinearbeit, die Reduzierung von Papier im Bestand und gleichzeitige Vermeidung von Medienbrüchen sowie die Beschleunigung von Prozessen (z. B. elektronischer statt physischer Transport) sind ökonomisch und ökologisch als nachhaltig einzustufen. Bedenkt man die Tragweite der Digitalisierung für Unternehmen und Gesellschaft, so ist diese auch sozial nachhaltig.

Andererseits ist der virtuelle Arbeitsplatz auch ein **virtualisierter Arbeitsplatz**. Was bisher auf dem Desktop (oder auf dem Notebook) bzw. auf dem eigenen Server stattgefunden hat, kann nun „virtualisiert" irgendwo im Netz stattfinden. Die zentrale Bedeutung dieser

Virtualisierung liegt in der bedarfsorientierten Bereitstellung von Rechen- und Speicherressourcen sowie darauf aufbauenden Applikationen.

Diese Ressourcenoptimierung greift sowohl bei geringen lokalen Computing-Anforderungen als auch bei rechenintensiven Aufgaben. Im ersten Fall werden mehrere bisher nicht ausgelastete Systeme im Sinne eines Ressourcen-Sharings auf wenigen Servern zusammengelegt, wodurch gleichzeitig Client-seitig ein Downsizing durchgeführt werden kann (wo bisher dezentral leistungsstarke und gering ausgelastete Workstations eingesetzt wurden, bilden nun Thin Clients oder reine Terminals das System-Frontend). Im zweiten Fall, also bei hohem dezentralem Computing-Aufwand, wird dieser im Sinne eines Ressourcen-Poolings bedarfsorientiert auf ein aus mehreren Rechnern bestehendes Cluster verlagert.

Treiber dieser Entwicklungen sind die zunehmend verfügbare, breitbandige Internetanbindung, die rasante Weiterentwicklung der Virtualisierungstechnologien für Server- und Desktopumgebungen (sowohl im Bereich der Hardware als auch der Software) sowie die vermehrte Nutzung von webbasierten Anwendungen. Hinzu kommt, dass der exponentiell wachsende Speicherbedarf und die damit verbundenen (Lebenszyklus-)Kosten eine Optimierung der Server-Infrastruktur in Unternehmen nahelegen. Leerlaufende Server bedeuten unnötige Hardware-Investitionen und Betriebskosten – aber insbesondere auch verschwenderischer Umgang mit Energieressourcen. Darüber hinaus muss weniger Hardware produziert und einige Jahre später wieder recycelt werden. Der Trend vom Arbeitsplatzdrucker zum leistungsfähigen gemeinschaftlich genutzten Netzwerkdrucker ist passender Vergleich hierzu.

Das Prinzip der Virtualisierung ermöglicht es insbesondere auch über Unternehmensgrenzen hinweg, Skaleneffekte zu erzielen und dabei gleichzeitig Verfügbarkeit und Quality of Service zu steigern. Hier werden durch on-demand Nutzung von Server- und Speicherleistung externer Clouds neue Betriebs- und Geschäftsmodelle ermöglicht. Die Virtualisierung ermöglicht eine serviceorientierte Betrachtung der Informationstechnologie in Unternehmen und wandelt durch Outsourcing dieser Ressourcen fixe in variable Kosten. Eine Kapazitätsanpassung kann on-demand erfolgen und ist nicht mehr mit der Anschaffung oder dem Austausch von Hardware verbunden. Diese „neue Zentralisierung" fördert die Entstehung von „grünen" Rechenzentren, da dort der Umgang mit Energieverbrauch und Abwärme – aus ökonomischen Gründen und mit hoher ökologischer Wirkung – höchste Priorität hat.

Entscheidend für den Erfolg des virtuellen Arbeitsplatzes ist auch die rasante Entwicklung der Software und insbesondere der **Web-Technologien**. Die zunehmende Verfügbarkeit von vollwertigen aber webbasierten Versionen der gängigsten Anwendungen (z. B. Office-, CRM-, Kollaborations- oder Web 2.0-Anwendungen) erleichtert die Virtualisierung, da keine Änderung des Nutzerverhaltens erforderlich ist.

Der standortunabhängige Arbeitsplatz

„Das Unternehmen wächst über seine Grenzen hinaus" 0. Dieses OFFICE 21-Postulat wird mit wachsendem technologischen Fortschritt und wachsender organisatorischer Flexibilität täglich in den Unternehmen zu einem höheren Grad bestätigt.

Die Gestaltung der Arbeit ist heute zunehmend von dezentraler Leistungserbringung geprägt. Zunächst wurde die Wertschöpfungskette in der Produktion aus Kostengründen und wegen gewünschter Marktnähe räumlich modular gestaltet. Mit zunehmender Qualität und Funktionalität der verfügbaren Informations- und Kommunikationstechnologien ist auch eine dezentrale bzw. verteilte Ausführung der Büroarbeit zu verzeichnen. So werden auch Prozessschritte der Wissensarbeit aus Kostengründen auf günstigere Standorte verteilt. Das Call-Center befindet sich z. B. in Irland, die Buchhaltung in Indien und die Programmierung in Ungarn. Diese Dimension der räumlich verteilten Wissensarbeit ist allerdings in ihrer Wirkung auf den Unternehmenserfolg beschränkt, da sie von einem abnehmenden Grenznutzen gekennzeichnet ist.

Viel größeres Potenzial besteht durch die Einbindung der Mitarbeiter in Arbeitsprozesse unabhängig von ihrem jeweiligen Aufenthaltsort. Die standortunabhängige Arbeitsweise wird durch die Digitalisierung der Arbeitsinhalte, die hohe Qualität und Verfügbarkeit der Kommunikationswege, angepasste Geschäftsprozesse und durch die Nutzung geeigneter mobiler Geräte ermöglicht.

Zentrale Treiber dieser Entwicklung sind die zunehmend kollaborativen Arbeitsprozesse, die sich durch höhere Interdependenzen auszeichnen, sowie die gesteigerte Notwendigkeit, Aspekte der Work-Life-Balance in der Arbeitsgestaltung zu berücksichtigen. Die Arbeits- und Lebensprozesse der Mitarbeiter müssen durch diese selbst in Einklang gebracht werden können, was nur durch eine hohe Autonomie der Mitarbeiter gelingen kann. Starre Bürozeiten sind hier genauso hinderlich wie eine räumliche Festlegung der Wissensarbeit.

Die **mobile Arbeit** verschmilzt mit der **alternierenden Telearbeit** und gehört für immer größere Gruppen der Wissensarbeiter zum Standard modus operandi. Die Unterscheidung nach tatsächlichem Arbeitsort – zu Hause, in Räumlichkeiten Dritter (also z. B. bei Geschäftspartnern oder in Telearbeitszentren) bzw. unterwegs in modernen Verkehrsmitteln – rückt dabei in den Hintergrund.

Die zunehmende Mobilität der Mitarbeiter und die dadurch bewirkte „Verlagerung" bzw. „Verteilung" von Arbeitsplätzen auf „Standorte" außerhalb der Unternehmensgrenzen bewirkt, dass der Bedarf an „Full-time Equivalents" physischer Büroarbeitsplätze in Unternehmen sinkt. Gleichzeitig erfordert deren flexible Nutzung durch (verschiedene) mobile Mitarbeiter eine qualitativ hochwertigere Ausstattung dieser Arbeitsplätze. Moderne Arbeitskonzepte schaffen die räumlichen, technischen und insbesondere organisatorischen Randbedingungen, um die Mitarbeitermobilität auch im Inneren der Organisation fortzuschreiben.

Gleichzeitig bewirkt diese Flexibilisierung und Mobilisierung der Arbeit, dass sich selbst organisierende Projektteams – auch unternehmensübergreifend – etablieren und damit neue Arbeits- und Geschäftsmodelle in Form virtueller Unternehmen entstehen. Hierfür entscheidend ist die Kollaborationsfähigkeit, die durch die Arbeitsinfrastruktur geprägt wird (dieser Aspekt wird im nächsten Abschnitt betrachtet).

Die einschränkenden Faktoren der mobilen, standortunabhängigen Arbeit verlieren stetig an Bedeutung. Telefonische Erreichbarkeit durch single-number-reach ist weltweit gegeben. Die Leistungsfähigkeit der mobilen Endgeräte hat ein Niveau erreicht, das die Erledigung vieler Aufgaben der Wissensarbeit ohne Einschränkung ermöglicht (ganz im Gegenteil: Ein Downsizing der Endgeräte ist zu beobachten). Die Netzwerkverfügbarkeit ist hoch. Der Nutzer findet fast überall über stationäre DSL-Breitbandverbindungen, WLAN-Hotspots oder UMTS-Mobilfunknetze einen Internet-Anschluss und muss nicht mehr nur für die Datensynchronisierung ins Büro fahren. Durch die Leistungsoptimierung der Geräte und durch verbesserte Akkutechnologien steigen auch die Zeitspannen, in denen ohne Stromanschluss gearbeitet werden kann. Das Potenzial der allgegenwärtigen Vernetzung erlaubt somit den Mitarbeitern (verschlüsselten) Zugriff auf alle digitalen Unternehmensressourcen und die synchrone Einbindung in viele Arbeitsprozesse.

Der aktuelle Engpass in der mobilen Arbeitsinfrastruktur ist neben der Stromversorgung der steigende Visualisierungsbedarf. Den Fortschritten bezüglich der Stromeffizienz mobiler Geräte stehen allerdings die Verbräuche größerer und teilweise mehrerer Displays in mobilen Endgeräten gegenüber. So verfügen manche Laptops über einen zweiten (kleineren) Bildschirm auf der Rückseite des Primärbildschirms zur Informationsbereitstellung in zugeklapptem Zustand. Andere erweitern den Primärbildschirm durch einen zusätzlichen aufklappbaren oder herausziehbaren Sekundärbildschirm. Prototypen zeigen auch reine Doppelbildschirm-Lösungen als Weiterentwicklung von Nur-Bildschirm-Endgeräten.

Diese so genannten Tablets und eReader machen nicht nur den Transport, sondern auch die Suche und Navigation durch die informationellen Inhalte einfacher. Die Bauform sowie die gelungene Substitution einer vollwertigen physischen Tastatur durch intelligente Multi-Touch-Bedienung macht die Nutzung von iPod, iPad und Co. bequem und beliebt. Diese Geräte eignen sich nicht nur als Visualisierungsinstrumente für Projektunterlagen und Korrespondenz. Sie können auch Beiträge zur Nachhaltigkeit liefern. Ökologisch ist beispielsweise eine weitere Reduzierung des Papierverbrauchs zu nennen (z. B. durch E-Papers und E-Books). Ökonomisch eröffnen diese Geräte dank besserer standortunabhängiger Visualisierung effektivere Arbeitsprozesse und eröffnen die Möglichkeit neuer Geschäftsmodelle.

Auf die Mitführung von mobilen Endgeräten kann auch komplett verzichtet werden. Die vorhandene technologische Infrastruktur in Büros, Wohnzimmern, Lounges, aber auch in Flugzeug- und Zug(sitzen) kann zum Arbeitsplatz (um-)konfiguriert werden. Die intelligente Integration der notwendigen Werkzeuge auf einem personalisierten USB-Stick automatisiert den Verbindungsaufbau und bietet den Zugriff auf den eigenen Desktop.

Der Kollaborationsarbeitsplatz

Heutige Arbeitsprozesse zeichnen sich vermehrt durch ihren vernetzten Charakter aus. Der Wettbewerbs- und Innovationsdruck erfordert fach- und funktionsübergreifende Zusammenarbeit – sowohl innerhalb von Organisationen als auch unternehmensübergreifend. Erfolgreiche Zusammenarbeit wiederum bedarf eines hohen Maßes an Kommunikation und Kollaboration. Diese gilt es, sowohl bei physischer Kopräsenz der beteiligten Personen als auch bei räumlicher Verteilung effektiv zu unterstützen.

Die intensive Zusammenarbeit gleichzeitig anwesender Personen findet vielfach in Besprechungs-, Seminar- oder Projekträumen statt. Die durchschnittliche Ausstattung dieser Meetingräume beschränkt sich heute noch auf einen Projektor mit VGA-Anschluss und ein Flipchart. Dieser Standard ist bei weitem nicht mehr ausreichend, wenn Kollaboration effektiv und effizient gestaltet sein soll. Die Verhinderung von Medienbrüchen durch Interaktionstechnologien, eine hochqualitative Visualisierung angepasster Größe, eine integrierte Audiolösung sowie Anschlussoptionen für mehrere Teilnehmer im Raum (d. h. dezentraler Zugriff auf die Infrastruktur) sind wichtige Kriterien, die bei der Ausstattung von Meetingräumen Berücksichtigung finden müssen. Die Bedeutung dieser Kriterien in Abhängigkeit der Raumgröße zeigt **Abbildung 13.2**.

Abbildung 13.2 Wichtigkeit der Meetingraum-Ausstattungselemente nach Raumgröße

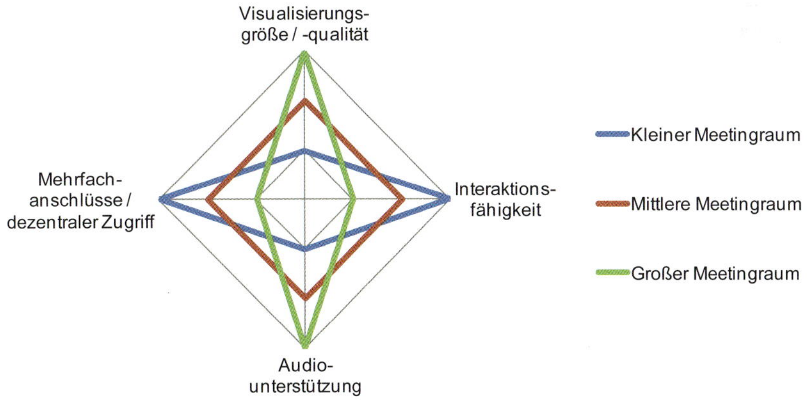

Empirische Untersuchungen im Rahmen des OFFICE 21-Projekts haben gezeigt, dass die Anzahl der beteiligten Personen an einem Präsenz-Meeting in der Mehrheit der Fälle vier oder weniger Personen umfasste. Für diese kleinen Projektgruppen, die sich im Gegensatz

zu großen Personenkreisen unvergleichbar oft adhoc zusammenfinden, sind vielfach keine oder keine geeigneten Meetingräume in traditionell geplanten Arbeitsumgebungen verfügbar. Die wenigen vorhandenen Kommunikationsräume sind typischerweise für größere Gruppen geplant und meist im Voraus gebucht. Eine vielfach unzureichende Behelfslösung ist die Verlagerung solcher Kooperationssituationen an den Arbeitsplatz von einem der beteiligten Mitarbeiter. Nicht verfügbare Präsentationstechnologie, Platzenge und potenzielle Störungen (seitens) Dritter führen zu Qualitäts- und Performance-Einbußen solcher kollaborativen Arbeitsprozesse.

Der bereits oben angesprochene Information Worker's Workplace wurde auch mit dem Ziel entwickelt, für derartige Situationen eine infrastrukturelle Unterstützung zu bieten. Die Ausstattung des IWWP ermöglicht insbesondere auch dessen Nutzung als Kollaborationsarbeitsplatz. Zunächst können am IWWP mehrere Personen Platz nehmen und erhalten jeweils Anschlussmöglichkeiten ihrer mobilen Endgeräte. Diese umfassen neben Strom und Netzwerk insbesondere auch den Anschluss an einen der drei verfügbaren Monitore. Per Knopfdruck (am Tisch) können so verschiedene Signalquellen für die Parallelpräsentation auf mehreren Monitoren ausgewählt werden. Dadurch finden Projektmeetings mit Abstimmungs- bzw. Abgleichbedarf effektiver statt, da beispielsweise Schnittstellenthemen besser visualisiert und besprochen werden.

Der IWWP ermöglicht durch seine Vernetzung und dank seiner Ausstattung mit Video- und Audio-Equipment auch die Einbeziehung nicht lokal verfügbarer Personen. Die Kooperation in verteilten Teams erfordert die produktive Nutzung des gewachsenen Spektrums elektronischer Kommunikationswege (siehe **Abbildung 13.3**).

Abbildung 13.3 Spektrum elektronischer Kommunikationswege

	Sprache	(Rich) Text	Bewegtbild
Synchron	Telefon	Instant Messaging	Conferencing, Telepresence
		Online-Meeting	
Asynchron	Voicemail, Anrufbeantworter	E-Mail, Fax, Internet Forum	Videonachricht (MMS, Videomail)

Die Nutzung asynchroner Kommunikationstechnologien ist etabliert und allgegenwärtig. Aktuelle technologische Entwicklungen ermöglichen aber die synchrone Kooperation in bisher nicht gekannter Qualität. Mit der gestiegenen Bandbreite und den verbesserten Kompressions- und Übertragungstechnologien ist es den verschiedenen Herstellern gelungen, mit den Telepräsenzsystemen eine echte Alternative zu herkömmlichen Präsenzmeetings anzubieten.

Im Gegensatz zu früheren Generationen von Videokonferenzsystemen vermitteln Telepräsenzsysteme beispielsweise den Eindruck eines direkten Augenkontakts oder durch die einheitliche Gestaltung der Konferenzumgebung und räumlich gerichteter Sprachausgabe auch das Gefühl tatsächlicher räumlicher Nähe. Diese wird durch Weiterentwicklungen, insbesondere durch die holografische Telepräsenz noch weiter verstärkt.

Arbeitsinfrastrukturen, die besonderen Wert auf die Unterstützung der Zusammenarbeit von Teams – verteilt oder nicht – legen, sind aufgrund der veränderten Arbeitsprozesse als nachhaltig einzustufen. Produktivere Prozesse sind ökonomisch nachhaltig, Ressourcenminimierung durch reduzierte Reisetätigkeit in Bezug auf das erreichte Aktivitätsniveau ist ökologisch sinnvoll und die Nutzung der Kommunikationstechnologien für häufigeren direkten Kontakt kann auch aus sozialer Perspektive zur Nachhaltigkeit beitragen.

Nahtlose Infrastruktur für nachhaltige Arbeit

Wie aufgezeigt werden konnte, sind High-Performance Workplaces keine singulären Arbeitsplatzlösungen, sondern zeitlich versetzte und örtlich verteilte Ausprägungen von Arbeitsinfrastrukturen, die heutige Wissensarbeiter zunehmend beherrschen müssen. Die Herausforderung der nachhaltigen Arbeitsgestaltung besteht nun darin, diese unterschiedlichen Infrastrukturen zu integrieren und sie als eine nahtlose Arbeitsinfrastrukturlösung bereitzustellen. Erst dadurch werden die Mitarbeiter in die Lage versetzt, ihre Produktivität bei gleichzeitiger Berücksichtigung der Work-Life-Balance zu steigern.

Während die Nahtlosigkeit der Arbeitsinfrastruktur effiziente und effektive Arbeitsprozesse unterstützt, ermöglicht die dafür notwendige Integration der Komponenten auch die ganzheitliche Betrachtung der ökologischen Konsequenzen der Arbeit. So können gesamte Prozesse der Wissensarbeit im Sinne der Nachhaltigkeit einheitlich bewertet und optimiert werden. Schon heute wissen wir, was eine Suchanfrage einer Internetsuchmaschine in CO_2-Äquivalent kostet und welche Ersparnis eine ausbleibende Fahrt zur Firma durch Nutzung von Telepräsenz bewirkt.

Dabei spielen die prinzipielle Messbarkeit und Vergleichbarkeit eine wesentliche Rolle sowohl für die Optimierung der Arbeitsprozesse und Forcierung technischer Innovation an High-Performance Workplaces als auch für die Änderungen des Nutzerverhaltens. So wie wir heute den Treibstoffverbrauch des eigenen Autos kennen, werden wir vielleicht auch wissen, welchen (nichtregenerativen) Energieverbrauch pro Leistungseinheit wir für unsere Arbeit benötigen. Dabei kommen uns die technologischen Entwicklungen entgegen. Energieautarke Sensoren erfassen zukünftig unseren Arbeitskontext und unterstützen dadurch das passgenaue Bereithalten der relevanten Arbeitsinfrastruktur. Intelligente vernetzte virtuelle Assistenten unterstützen die Aufgabenbewältigung, sodass man mit der gleichen Selbstverständlichkeit, mit der heute mobile Telefongespräche geführt werden, in der Zukunft alle Arbeitsprozesse standortunabhängig bewältigen kann. Nachhaltige Arbeit ist folglich die, bei der guten Gewissens gilt: Work when and where you want!

Literatur

[1] UNEP – United Nations Environment Programme (2008): Green Jobs: Towards Decent Work in a Sustainable, Low-Carbon World, http://www.unep.org/labour_environment/features/greenjobs-report.asp.

[2] Kelter, J./Rief, S./Bauer, W./Haner, U.-E. (2009): Information Work 2009, Stuttgart, Fraunhofer Verlag.

[3] Kern, P./Bauer, W./Haner, U.-E. (2007): Optimierte Infrastruktur für Wissensarbeit, in: Mensch & Büro, Nr. 2, S. 36-37.

[4] Fraunhofer UMSICHT (2008): Ökologischer Vergleich der Klimarelevanz von PC und Thin Client Arbeitsgeräten 2008, http://it.umsicht.fraunhofer.de/TCecology/docs/TCecology2008_de.pdf.

[5] Haner, U.-E./Kelter, J./ Bauer, W./Rief, S. (2009): Increasing Information Worker Productivity through Information Work Infrastructure, in Proceedings of HCI International 2009, 19-24 July 2009, San Diego, CA, USA.

[6] Haner, U.-E./Spath, D./Bauer, W./Leuteritz, J.-P./Hoffmann, S./Dreharov, N. (2010): Visualisierung am Arbeitsplatz – Ein signifikantes Innovations- und Produktivitätspotenzial, im Tagungsband der Frühjahrstagung der Gesellschaft für Arbeitswissenschaft, Darmstadt, 24.-26.03.2010.

[7] Spath, D./Bues, M./Haner, U.-E./Leuteritz, J.-P./Pross, A./Stefani, O. (2009): LightFusion – Die Synthese von Licht und Display am Wissensarbeitsplatz, in: Industriemanagement Nr. 25(2), S. 36-38.

[8] VAF Bundesverband Telekommunikation e. V. (2008): Energieverbrauch bei TK-Systemen – Der schwierige Weg zu „Green VoIP“, http://www.vaf-ev.de/global/dbbin/300608_161134_vaf_stromverbrauch_tk_mai_2008.pdf.

[9] Bullinger, H.-J./Bauer, W./Kern, P./Zinser, S. (2000): Zukunftsoffensive OFFICE 21: Büroarbeit in der dotcom-Gesellschaft gestalten, Köln, vgs verlagsgesellschaft.

14 Alles im grünen Bereich - Mit Green IT zu Energieeffizienz und Nachhaltigkeit

Bernd Kosch, Heinz Wagner

Ob Mittelstand oder Großkonzern, ob Hersteller oder Dienstleister: Von Green IT profitieren alle Wirtschaftspartner – und natürlich das Weltklima. Umweltschutz hat sich in den westlichen Industrieländern im Zuge wachsenden Risikobewusstseins von einem Nischenthema zu einem Kernthema der gesellschaftlichen Diskussion entwickelt. Die hohe Relevanz des Themas – auf volkswirtschaftlicher wie auf unternehmerischer Ebene – ist erkannt. Anreizstrukturen können dafür sorgen, dass notwendige Veränderungen auch tatsächlich umgesetzt werden. Das gilt insbesondere für Green IT – in mancher Hinsicht findet ein wahrer Boom statt, doch auf breiter Front springt der Funke (noch) nicht über.

Die digitale Revolution hat unsere Welt grundlegend verändert: Informationstechnologie ist heute integraler Bestandteil fast aller Geschäftsprozesse. Damit steigt auch der Energieverbrauch durch IT: Allein in Deutschland verbrauchen Rechenzentren im Jahr über zehn Milliarden kWh, was in etwa der Leistung von vier mittleren Kohlekraftwerken entspricht. Die Informationstechnologie möglichst nachhaltig einzusetzen, wird daher zur zentralen Anforderung im Informationszeitalter.

Green IT hat unterschiedliche Facetten

Diskussionen über nachhaltige Informationstechnologie können komplex sein, denn das Thema hat sehr unterschiedliche Facetten:

- Reduktion von Abfall, gefährlichen Substanzen und Energie im Produktlebenszyklus.
- Reduktion von Energie in der Nutzung von IT – Verringerung des Energiebedarfs, Steigerung der Energieeffizienz, alternative Energiequellen.
- Reduktion des Energieverbrauchs in anderen Sektoren **durch** die Nutzung von IT.

Der erste Themenkreis umfasst die traditionelle Umweltdiskussion über Elektronik und hat keinen direkten Bezug zu speziellen IT-Aspekten. Es geht um Fragen wie Vermeidung krebserregender Chemikalien, Einsatz alternativer Werkstoffe, Recycling, Verlängerung der Standzeiten und Ähnliches. Im Durchschnitt hat jeder im Jahr 2008 verschrottete PC während seines Bestehens 14,2 Kubikmeter Trinkwasser, 53 Kilogramm Rohöl (oder Äquivalent) und eine große Zahl teilweise gefährlicher Chemikalien, z. B. bromierte Flammenhemmer (BFR), verbraucht. Im Einsatz sind heute mehr als eine Milliarde PCs, das Erreichen der nächsten Milliarde ist absehbar.

Der zweite Themenkreis bildet angesichts der Bedrohung durch den Klimawandel den Kern der eigentlichen Green IT-Diskussion. Die Informationstechnologie hat einen Anteil von etwa zwei Prozent am weltweiten Energieverbrauch und liegt damit in der Größenordnung des Luftverkehrs. Diese Energie wird in Form von Strom durch eine große Zahl durchschnittlich schwach ausgelasteter Endgeräte sowie durch Server und Speichersysteme in großen Rechenzentren verbraucht.

In den „Mega-Datacenters" des Cloud-Zeitalters sind fünfstellige Serverzahlen eine Standardgröße. 20.000 Dual-CPU Rackserver mit einer durchschnittlichen Leistungsaufnahme von 400 Watt summieren sich auf einen Energiebedarf von 8 Megawatt (MW). Zusammen mit anderen Systemen, insbesondere Speichersystemen, ergeben sich leicht 10 MW, und dies ist nur der direkte Strombedarf für die IT selbst. Studien [1] zeigen, dass das Verhältnis vom Gesamtenergieverbrauch inklusive Stromverteilung und Kühlung zu der Energie für IT-Systeme in heutigen Rechenzentren etwa 2 bis 2,5 beträgt. Damit benötigt ein solches Rechenzentrum über 20 MW. Eine derartige Leistung überhaupt bereitzustellen, ist an vielen Orten unmöglich, und bei 10 Cent/kWh beträgt die jährliche Stromrechnung mehr als 17,5 Millionen Euro. Green IT-Konzepte richten sich also nicht nur auf die Lösung von Umweltproblemen, sondern auch auf die Lösung handfester Kostenprobleme. Server verursachen heute mehr Energie- als Investitionskosten, und ältere Systeme müssten bei der Gesamtkostenbetrachtung sofort abgeschaltet und ausgetauscht werden.

Der dritte Themenkreis gewinnt erst jetzt an Beachtung und ist in der Diskussion im Markt noch weitgehend unbekannt. Statt alle Anstrengungen auf die Reduktion der zwei Prozent des weltweiten Energieverbrauchs zu fokussieren, die auf IT entfallen, stellt sich die Frage, welchen Beitrag IT zur Reduktion der anderen 98 Prozent leisten kann. Studien [2] kommen zu dem Ergebnis, dass durch den Einsatz moderner IT- und Kommunikationstechnik bis zu 15 Prozent des heutigen Energiebedarfs durch etwa drei Prozent zusätzliche IT-bezogene Energie substituiert werden können. Es besteht demzufolge das Potenzial, 12 Prozent des Nettoverbrauchs durch Informationstechnologie zu eliminieren. Schwerpunktbereiche mit Sparpotenzial dieser Art sind Transport und Logistik, Energieverteilung, Gebäudetechnik, Telepräsenz und andere Formen von Dematerialisierung durch Simulation und virtuelle Realität.

Heterogene Interessen

Viele Märkte haben über die Gruppe der Anbieter und Abnehmer hinaus weitere Beteiligte, die ganz andere Ziele verfolgen, deren Aktionen jedoch mit dem direkten Marktgeschehen in Wechselwirkung stehen. Dieses Phänomen ist im Geschäft mit Green IT stark ausgeprägt:

- Anbieter von Hardware, Software und Systemintegrationsdiensten suchen Potenzial für neue Märkte, Differenzierungsfelder und damit einhergehend höhere Margen. Jedes Glied der Lieferkette – vom Zulieferer bis zum Endproduzenten – verfolgt diese Ziele.

- Anwender suchen unmittelbare Kostenvorteile durch Reduktion des Energiebedarfs, verfolgen aber gleichzeitig auch Ziele in ihrer Außendarstellung bezogen auf Corporate Social Responsibility (CSR).
- Berater, Analysten und Gutachter suchen Marktchancen für Dienste in Wirtschaftlichkeitsbetrachtungen und CSR-bezogenen Zertifizierungen.
- Staatliche Institutionen versuchen, sich durch Richtlinien, Zertifizierungen und Fördermaßnahmen als Erzeuger von Marktdynamik in Richtung gesellschaftlich erwünschter Ziele politisch zu profilieren.
- Non-Government-Organizations (NGO) versuchen durch kritische Beiträge zur allgemeinen Meinungsbildung, ebenfalls von der Marktdynamik zu profitieren und dadurch an Profil zu gewinnen.

Hardware- und Systemhersteller konkurrieren durch Wertschöpfung in Energieeffizienz und in Energiereduktion durch System-Management. Aufgrund der noch unzureichenden Skalierung zwischen Systemleistung und Energieverbrauch hat auch Virtualisierung einen Effizienzeffekt, der langfristig schwindet und sich in der neuesten Prozessorgeneration gerade halbiert. Berater und Integratoren unterschiedlicher Art finden Geschäftspotenziale durch Klärung individueller Probleme und durch die Implementierung von Lösungen, solange diese noch nicht standardisiert sind.

Während dies Teilaspekte der Energiediskussion sind, die Green IT zum großen Geschäft machen, betrifft die allgemeine Umweltdebatte zur nachhaltigen Informationstechnologie vor allem Akteure mit anderer Motivation. Staatliche Institutionen und Non-Government-Organizations (NGO) stellen Forderungen und Regelwerke auf, deren Notwendigkeit aus der Unvollkommenheit des Marktes abgeleitet wird und deren Durchsetzung ihre Existenzberechtigung unterstreicht.

Reden oder Resultate?

Seit etwa vier Jahren füllt Green IT Konferenzsäle und Fachmedien. Aber gibt es auch konkreten Fortschritt, wirklich messbare Ergebnisse aus handfesten Maßnahmen?

Im Bereich der Energieeinsparung in der professionellen Informationstechnologie, und hier besonders bei der Serverinfrastruktur im Rechenzentrum, sind neue Auswahlkriterien und völlig neue Geschäftsfelder entstanden. Es herrscht Wettbewerb in neuen Märkten für die gesamte Lieferkette, und der nachweisliche technische Fortschritt ist erheblich. Im SPECpower Benchmark, der für einen Server die Zahl der ausgeführten Java-Transaktionen pro Watt unter wechselnden Lastsituationen misst, tritt der Fortschritt klar zutage. Betrachtet man nur vergleichbare Systeme wie etwa Dual-CPU Rack-Server, so ergibt sich unter diesen Systemen mit Markteinführung zwischen 2004 und 2009 ein kontinuierlicher Fortschritt um den Faktor 40. Die Energieeffizienz dieser Geräte hat sich in den letzten fünf Jahren jeweils mehr als verdoppelt und zwar in der Form, dass moderne Geräte nicht nur weniger Strom verbrauchen, sondern gleichzeitig höhere Leistung bringen. Moderne Server benötigen unter Volllast weniger Strom als alte „im Leerlauf" (active idle). Alte Server zu betreiben ist teuer geworden, neue Infrastruktur kann in vielen Fällen komplett aus der Energieeinsparung finanziert werden. Gleiches gilt für dynamische Infrastrukturen mit Virtualisierung und dadurch gesteigerte Auslastungsgrade. Auch diese Investition wird faktisch vom Stromlieferanten bezahlt. Fujitsu arbeitet weltweit an der Verbesserung der Umweltfreundlichkeit seiner Rechenzentren. In Großbritannien laufen in Fujitsus Rechenzentren Pilotprojekte, bei denen der Energieverbrauch simuliert wird, um den Rechenzentrumsbetrieb an sich und den Betrieb der IT zu optimieren. In Australien setzen Rechenzentren hybride Kühltechnologien mit hoher Dichtigkeit zur Kühlung ein. Hier wird Kühlwasser wiederverwendet und bei der Flächenplanung gezielt auf die Reduktion der Warmluftströme geachtet. Und es gibt eine Reihe weiterer bemerkenswerter Fortschritte sowohl bei Speichersystemen als auch bei Endgeräten: Manche Funktionen können im Stand-by heute ohne jeden Strom aufrechterhalten werden, z. B. beim 0-Watt-PC oder 0-Watt-Monitor. Dank einer speziellen Technologie verbraucht dieser PC im Off-Modus keinerlei Energie und bleibt dennoch – innerhalb eines vorkonfigurierten Zeitfensters – verwaltbar. Dennoch besteht immer noch Aufklärungsbedarf über eine neue Kalkulation der Total Cost of Ownership (TCO), die Energie als Kostenfaktor mit einschließt.

Ein anderes Bild bietet der Bereich „Energiesparen durch IT". Standardisierte Lösungskonzepte oder gar eine florierende Software-Industrie ist in diesem Bereich erst im Entstehen. Anfang 2009 wurde im „Fujitsu Scientific and Technical Journal" [3] ein Verfahren zur Beurteilung der Wirksamkeit energiesparender IT-Lösungen beschrieben, die innerhalb des Unternehmens in großer Zahl existieren, einen industriellen Roll-out-Prozess jedoch noch nicht erreicht haben. Bereits im Jahr 2004 hat die Fujitsu Gruppe ein Zertifizierungssystem für IT- und Kommunikationslösungen eingeführt, mit denen eine CO_2-Reduktion von mehr als 15 Prozent beispielsweise durch Einsparung von Papier, verbesserte Arbeitsabläufe oder die Verringerung von Büroflächen erreicht werden können. Die Angaben zur Reduzierung der CO_2-Emissionen können dann in grafischer Form dargestellt und visualisiert werden.

Die Nachfrage nach „grüner" IT ist ganz klar vorhanden. Gerade in großen Konzernen, aber auch in der öffentlichen Verwaltung steht das Thema längst auf der Agenda – und ist ganz deutlich in Ausschreibungen gefordert. Allerdings gibt es im Umfeld von mittelständischen Unternehmen immer noch Aufklärungsbedarf. Hier muss sich erst die Erkenntnis durchsetzen, dass Green IT – neben dem wichtigen Umwelteffekt – auch einen klaren Geschäftsnutzen bringt, beispielsweise durch Kostenersparnis. Eine zunehmend strengere EU-Gesetzgebung wird sicher dazu beitragen, die Nachfrage noch weiter zu erhöhen.

Auf dem Gebiet des Energiesparens durch IT befinden wir uns derzeit noch in der Pionierphase. Ein Grund für das bislang eher zaghafte Vordringen solcher Lösungen liegt neben der noch fehlenden klaren Quantifizierbarkeit der jeweiligen Geschäftsszenarien darin, dass sie zumeist Verhaltens- und Prozessänderungen erfordern.

Energiesparen **durch** IT bedeutet mehr, als einen alten Server gegen einen neuen auszutauschen – IT-gestützte Verfahren müssen in neue Bereiche vordringen. Es ist mittelfristig absehbar, dass auch hier eine Boomphase bevorsteht, die getrieben von individuellem Vorteilsstreben dem gesellschaftlichen Ziel des Klimaschutzes dienen wird.

Kritisch erscheinen dagegen Lage und Perspektive im allgemeinen Umweltschutzbereich jenseits des Energiethemas. Im Hinblick auf Materialien, Giftstoffe und Recycling ist es bislang nicht gelungen, einen Mechanismus in Gang zu setzen, der auf nachhaltiges Wirtschaften zusteuert. Es fehlt an Transparenz und Motivation auf beiden Seiten des Marktes und dies besonders im Privatkundengeschäft, wo hohe Stückzahlen umgesetzt werden. Solange umweltbezogene Auswahlkriterien nicht herstellerübergreifend implementiert sind, kann einerseits der Verbraucher keine fundierte umweltbewusste Kaufentscheidung treffen. Andererseits kann aber auch der Hersteller nicht mit umweltbewussten Produkten Erfolg haben, wenn der Verbraucher deren Wert nicht bemessen kann. Im Wettbewerb um das umweltverträglichste Produkt besteht daher weiterhin Aufklärungsbedarf. Erst dann sind Verbraucher in der Lage, die Vorteile solcher Produkte zu erkennen – und die „grüne" Marktdynamik kann auch im Privatkundengeschäft greifen.

Fujitsu setzt deshalb seit 2008 ein eigenes Klassifizierungssystem, das Green IT Label, ein. Die Kennzeichnung soll Kunden helfen, sich im „Dschungel" der Green IT zurechtzufinden, indem es auf den ersten Blick erkennbar macht, dass Produkte entsprechend den weitreichenden Unternehmensrichtlinien zu Energieeffizienz und Nachhaltigkeit entwickelt wurden. Das Green IT Label bietet anhand strenger Kriterien einen Sofortüberblick über die Energieeffizienz und die Umweltverträglichkeit von Produkten während ihres gesamten Lebenszyklus – von der Fertigung bis hin zum Recycling. Die höchste Green IT-Auszeichnung – drei Sterne – erhalten Produkte, die die geltenden Gesetze und Bestimmungen besonders deutlich übererfüllen. Dabei müssen verschiedene Kriterien in den Kategorien Material, Recycling-Fähigkeit und Energieverbrauch eingehalten werden. Z. B. darf ein Business Client, um die drei Sterne zu erhalten, kein Halogen enthalten und das Handbuch muss auf chlorfrei gebleichtem Papier gedruckt sein. Darüber hinaus muss es durch eine einzelne Person unter Verwendung gängiger Werkzeuge zerlegbar sein. Alle Kunststoffkomponenten mit einem Gewicht von mehr als 25 g müssen nach ISO 11 469:2000 gekennzeichnet sein, um ihre Identifizierung beim Recycling einfacher zu machen. Die Green IT-Kennzeichnung steht für Client-, Server- und für Speichersysteme zur Verfügung und stellt einen Oberbegriff über andere speziellere Kennzeichen dar.

„Grüne" Endgeräte heute - und was die Zukunft bringt

Mehr als 80 Prozent aller Kosten eines IT-Arbeitsplatzes fallen im Betrieb an, ein großer Teil davon resultiert aus Verwaltungs- und Energiekosten. Durch hoch standardisierte Services lassen sich diese Kosten nachhaltig senken. Aber sind energieeffiziente Lösungen wirklich schon marktreif?

So genannte „Clients", also Endgeräte als physische Layer von Computing, wird es weiterhin geben. Sukzessive wird sich aber ein Großteil der Rechenleistung vom persönlichen Computer hin zu Rechenzentren verlagern. Die Entwicklung zu „abgespeckten", also reduzierten und intelligenten Clients ist demzufolge für Unternehmen aus Kosten-, aber auch Umweltschutzgründen ein konsequenter Schritt.

Dabei erledigen leistungsfähige Server alle Anwendungen zentral, die sonst auf einzelnen Arbeitsplatz-PCs laufen. Am einzelnen Arbeitsplatz werden nur noch Tastatur, Maus und Monitor sowie allenfalls ein Thin Client benötigt. Diese Lösungen eignen sich besonders gut für Anwendungen, bei denen eine größere Zahl an Nutzern den gleichen IT-Bedarf hat, z. B. in Banken und Versicherungen. Solche Systeme verbrauchen 85 Prozent weniger Energie als der am meisten energiesparende Desktop-PC mit Monitor. Zudem beträgt die Nutzungsdauer eines Thin Clients durchschnittlich sieben Jahre, ein konventioneller Desktop wird hingegen nur drei bis vier Jahre genutzt [4].

Ein Zukunftstrend bei arbeitsplatzgebundenen Systemen geht in Richtung simplerer Endgeräte, vom Desktop-PC über Thin Clients bis hin zum so genannten „Zero Client", der im Grunde nur noch ein intelligenter Front-End-Bildschirm mit einem Kabel für Stromversorgung und Netzwerkzugang ist. Ein solches System kann vor allem Organisationen mit einer großen Anzahl an Arbeitsplätzen mit sehr ähnlichen Anforderungen deutliche Kosteneinsparungen durch geringen Administrationsaufwand bringen. Das Gerät benötigt weder ein Betriebssystem noch einen zentralen Prozessor, Anwendungen oder eine lokale Datensicherung. Auf diese Weise setzt es neue Standards für kosteneffiziente und zugleich Ressourcen schonende Verbindungen zu virtuellen Desktops. Dies ist auch in Bezug auf den Klimawandel nur konsequent, denn der Zero Client hat kaum bewegliche Teile, benötigt keine Kühlung und hat keinen Lüfter, was zu einer massiven Energieersparnis führt.

Auch wenn die Verbreitung von reduzierten Systemen eher für den Geschäftsbereich ersichtlich ist, lassen sich auch im klassischen Bereich der PCs und Notebooks neue Systeme bereits heute deutlich effizienter gestalten. Leistungsfähigere Stromversorgungen haben einen weitaus höheren Wirkungsgrad. Dank intelligenter Funktionen können bei modernen Geräten „Stromfresser" wie z. B. das DVD-Laufwerk oder je nach Nutzerprofil ganze Anwendungen automatisch ausgeschaltet werden, wenn sie z. B. unterwegs nicht benötigt werden. Das spart Strom und verlängert die Akkulaufzeit, bevor das Notebook wieder aufgeladen werden muss.

Abbildung 14.1 Fujitsu Esprimo mit Wattmeter

Dabei mögen Entwicklungen wie der 0-Watt-PC (vgl. **Abbildung 14.1**) ein kleiner Schritt für den einzelnen Nutzer sein – mit zunehmender Verbreitung allerdings nehmen sie maßgeblich Einfluss auf eine nachhaltige IT. Ein plakatives Beispiel: Würden die mehr als eine Milliarde PCs, die derzeit weltweit im Einsatz sind, allesamt durch 0-Watt-Geräte ersetzt, so ließen sich im Jahr mehr als 10,6 Milliarden kWh an Strom einsparen – und mehr als 1,7 Milliarden Euro an Energiekosten.[1] Es ist daher essenziell, Technologien weiter zu entwickeln, die solche Potenziale ausreizen.

[1] Die Einsparung für die 0-Watt-Funktion ist abhängig von den bisherigen Stand-by-Verlusten des jeweiligen PC. Beispielrechnung für 14 h Stand-by pro Tag, 24 h Stand-by für Wochenende/Urlaub, 220 Arbeitstage/Jahr, 0,17 €/kWh inkl. 1 h Remote-Administrierbarkeit täglich während der Stand-by-Zeit:

	Einsparpotenziale	
Stand-by	5 Jahre alter PC	Aktuelle Systeme
Verluste	3,1 W	1,7 W
Verbrauch/Jahr	19,2 kWh	10,53 kWh
Kosten/Jahr	3,26 €	1,7 €

Fazit

Green IT muss im Gesamtergebnis einem gesellschaftlichen Zweck dienen, kann als Markt aber nur dann funktionieren, wenn individuell relevante Anreizstrukturen die notwendige Dynamik erzeugen. Wo dies ohne regulierende Eingriffe möglich ist, werden gute Ergebnisse erzielt – an anderen Stellen besteht noch Verbesserungspotenzial.

Literatur

[1] Greenberg, S./Mills, E./ Tschudi, B./ Rumsey,P./Myatt, B. (2006): Best Practices for Data Centers: Lessons Learned from Benchmarking 22 Data Centers. Proceedings of the ACEEE Summer Study on Energy Efficiency in Buildings in Asilomar, CA. ACEEE, August 2006, Vol 3, pp 76-87. http://eetd.lbl.gov/emills/PUBS/PDF/ACEEE-datacenters.pdf.

[2] Climate Group/Global eSustainability Initiative GeSI (2008): Smart2020: Enabling the low carbon economy in the information age, June 2008.

[3] Takafumi Hashitani/Kenichi Iida/Hidefumi Ueda/Michinori Kutami (2009): Environmental Load Reduction by ICT, in: Fujitsu Scientific and Technical Journal, 2009 – 01.

[4] Euan Davis/Forrester Research (Hrsg.) (2008): Green Benefits Put Thin Client Computing Back On The Desktop Hardware Agenda.

15 Climate Save Computing - Energie- und Ressourceneffizienz in der IT

Andrea Cato, Herbert Schreiber

Ausgangssituation

Unternehmen können mit grünen Technologien nicht nur die Ökobilanz ihrer Ausstattung im Bereich Informationstechnologie (Computer, Kommunikationsgeräte, Infrastruktur) verbessern, sondern vor allem auch handfeste Ersparnisse erzielen. Ziel ist es, durch den Einsatz moderner Hard- und Software den Energieaufwand bei wachsenden Anforderungen gleichzuhalten oder gar zu reduzieren. Die IT-Verantwortlichen in Unternehmen und Rechenzentren stehen dabei vor großen Herausforderungen.

Zum einen wächst die Zahl der IT-Anwendungen und die zu speichernde Datenmenge rasant. Dies erfordert höhere Rechenleistung und damit mehr Server. Da jeder Server den zugeführten Strom größtenteils in Form von Wärme wieder abgibt, fallen neben den Stromkosten für den Betrieb noch die Ausgaben für die Kühlung an. Nach Angaben des Analystenhauses IDC kommen auf jeden US-Dollar, den der CIO für einen neuen Server ausgibt, 50 Cent für Stromversorgung und Kühlung.

Wie stark der Energiebedarf der IT mittlerweile ist, zeigt eine Studie des Borderstep-Instituts im Auftrag des Bundesverbandes Informationswirtschaft, Telekommunikation und neue Medien (BITKOM). Server und Rechenzentren in Deutschland verbrauchten demnach im Jahr 2008 10,1 Terawattstunden (TWh) Strom. Dies entspricht der Stromproduktion von vier mittelgroßen Kohlekraftwerken und einem Anteil von rund 1,8 Prozent am gesamten Stromverbrauch hierzulande.

Zum Vergleich: Im Jahr 2006 verbrauchten die deutschen Rechenzentren nach Angaben des Borderstep-Instituts 8,7 TWh Strom, 2001 gerade einmal 5,4 TWh Strom. Damit hat sich der Energiebedarf der Rechenzentren in den letzten sieben Jahren nahezu verdoppelt. Noch dramatischer ist der Anstieg der Kosten. Wegen des höheren Strompreises haben sich die Energiekosten der deutschen Rechenzentren in dieser Zeit von rund 250 Mio. Euro auf 1,12 Mrd Euro mehr als vervierfacht. [1]

---

[1] Bundesministerium für Umwelt, Naturschutz und Reaktorsicherheit: Energieeffiziente Rechenzentren, November 2008, Seite 6.

Energieeffizienz ist das Gebot der Stunde

Neben den Ausgaben wächst auch der Druck von Seiten der Umweltpolitiker und des Gesetzgebers, der Energieeffizienz im Unternehmen Aufmerksamkeit zu schenken. Denn der steigende Energieverbrauch wird in hohem Maße für die globale Erwärmung verantwortlich gemacht. Daher haben etwa die EU-Mitgliedsstaaten im Rahmen der Ökodesign-Richtlinie als ersten Schritt beschlossen, dass Computer ab 2010 im Bereitschaftsmodus höchstens ein Watt pro Stunde verbrauchen dürfen. Weitere konkrete Vorgaben werden folgen.

Immer mehr Unternehmen setzen daher auf Energieeffizienz bei Servern und Endgeräten wie PCs oder Workstations, gehen schonender mit ihren IT-Ressourcen um und gestalten ihre IT-Infrastruktur ökologisch („grün"). Neben niedrigeren Energiekosten leisten sie damit auch einen Beitrag zur Verringerung des weltweiten CO_2-Ausstoßes. Natürlich beschränkt sich der ökologische Einsatz von IT nicht einzig und allein auf den geringeren Stromverbrauch im Rechenzentrum oder bei den Clients.

Die Energieeffizienz spielt jedoch eine wichtige Rolle und ist die wichtigste Grundvoraussetzung etwa für ein umweltfreundliches Rechenzentrum. Die Frage lautet: Wie kann die bestehende Infrastruktur (Kühlung, Strom, Raum) am effizientesten mit neuester Technik genutzt werden und damit maximale Leistung mit minimalen Ressourcen bereitgestellt werden? Zudem geht es dabei auch um das Einsparen von Energiekosten. Dies kann geschehen durch den Einsatz energieeffizienter Prozessoren, die bessere Auslastung der vorhandenen Server- und Storagesysteme (Stichwort Virtualisierung), eine optimierte Kühlung oder die Nutzung der Abwärme der IT-Geräte für die Gebäudeheizung oder die Warmwasserversorgung.

Auch bei den Desktops und Workstations gibt es viele Optionen, um Energie einzusparen. Ein überlegter Einkauf mit Fokus auf energiesparende Geräte mit effizienten Prozessoren und Netzteilen kann den Stromverbrauch drastisch senken (vgl. **Abbildung 15.1**). Für die bereits vorhandenen Systeme lässt sich darüber hinaus mit den integrierten Energiesparoptionen Strom sparen. Auch bei der Verwaltung der Clients können Unternehmen Ressourcen sparen, etwa mit der Intel® vPro™-Technologie zur optimierten Fernwartung, Inventarisierung und automatischen Softwareverteilung. Denn diese Intel-Technologie reduziert die Vor-Ort-Einsätze zur Wartung der Desktops und Notebooks signifikant.

Insgesamt lassen sich keine allgemeingültigen Richtwerte für Einsparungen durch fortschrittliche Technologien angeben, da diese von einer Vielzahl von Faktoren abhängen, wie der Art der Infrastruktur, von Endgeräten und Komponenten, Umgebung, Datenaufkommen usw. Die potenziellen Möglichkeiten sind jedoch enorm: So ist es denkbar, im Vergleich zu den Systemen, die noch im Jahr 2005 im Einsatz waren, bei vergleichbarem Rechenaufkommen heutzutage bis zu 80 Prozent an Platzbedarf und Energiekosten im Rechenzentrum einzusparen.

Abbildung 15.1 Geschätzter Energieverbrauch mit Intel-basierten Systemen. Quelle: Intel[2]

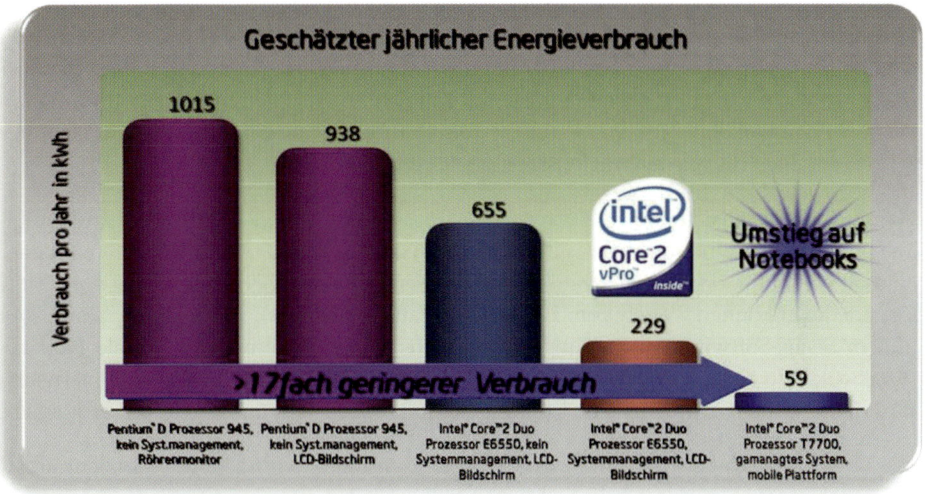

Ökologischer Einsatz von IT als Teil einer ganzheitlichen Strategie

Neben Energieeffizienz ist für nachhaltigen Klimaschutz eine ganzheitliche Strategie notwendig, die die Vielzahl der Umweltaspekte zu einem großen Ganzen zusammenfügt. Dazu gehören etwa die Umstellung auf energie- und materialeffiziente Produktion, die Wiederverwertung und Entsorgung von Altgeräten sowie die Nutzung von Photovoltaik oder Windenergie, um den Ausstoß von CO_2 zu verringern. Darüber hinaus sollten Unternehmen eine eigene Umweltpolitik definieren, bei ihren Mitarbeitern ein Umweltbewusstsein schaffen, ihre Lieferanten auf umweltverträgliche Produkte überprüfen sowie die Gesetze zur Abfallbeseitigung von elektronischen Geräten beachten.

Dieser Beitrag beschreibt Konzepte und Lösungsansätze, wie Unternehmen ihre IT-Infrastruktur (Server, Clients, Rechenzentrum) energieeffizient gestalten können und welche Herausforderungen sie dabei zu meistern haben. Den Schwerpunkt bilden dabei Technologien von Intel, die Unternehmen helfen, ihre IT-Ressourcen effizient und ökologisch einzusetzen. Praxisbeispiele zeigen, wie Intel selbst IT umweltverträglich einsetzt und wie Host Europe oder DDS Dresdner Direktservice ihre Klima- und Ressourcenbilanz aufbessern.

2 Die Angaben zu Leistungstests und Leistungsbewertungen beruhen auf spezifischen Computersystemen und/oder Komponenten und geben die ungefähren Leistungswerte der getesteten Intel-Produkte wieder. Eine abweichende Systemhardware oder ein abweichendes Softwaredesign bzw. Konfiguration kann die Leistung beeinflussen. Die Daten anderer spezifischer Materialien können variieren.

Herausforderung für die Unternehmens-IT

Unternehmen und deren IT stehen heute vor vielfältigen Herausforderungen. Die Globalisierung erhöht den Wettbewerbsdruck, Märkte sowie Technologien wandeln sich ununterbrochen. Erfolgreich sind Unternehmen, die schneller als ihre Mitbewerber auf diese Veränderungen reagieren. Zudem befinden wir uns im Wissenszeitalter. Bereits heute sind mehr als 50 Prozent der Arbeitnehmer mit Tätigkeiten beschäftigt, die aus Informationen Wissen erzeugen. Im Jahr 2020 sollen – der Future Foundation aus London zufolge – 80 Prozent aller Tätigkeiten mit Wissensarbeit verbunden sein.

Damit verändern sich die Arbeitsprozesse fundamental. Die Mitarbeiter sind mobiler, Teams finden sich häufiger zu zeitlich befristeten Projekten zusammen, deren Mitglieder sind oft rund um den Globus verstreut und müssen ihre Aufgaben unabhängig von Zeit und Ort erledigen können – auch vom Home Office aus (Telearbeit). Für mehr Dynamik sorgen zudem Social-Software-Anwendungen wie Wikis, Blogs, Twitter oder Soziale Netzwerke (Facebook, XING etc.). Sie verändern die Zusammenarbeit in und zwischen Unternehmen, da sie eine schnellere und gezielte Kommunikation zwischen Benutzergruppen ermöglichen.

Die IT-Infrastruktur muss mit all diesen Veränderungen Schritt halten, effizient arbeiten und ökologische Grundsätze berücksichtigen – und das alles bei stagnierenden oder sinkenden IT-Budgets. Es gilt zum einen, die verteilten Clients optimal und sicher zu verwalten und sie energieeffizient arbeiten zu lassen, um Kosten zu sparen. Zum anderen geht es um die effizientere Nutzung der Server- und Speichersysteme in den Rechenzentren.

Energieeffiziente Clients und Komponenten

Die Ausrichtung der IT an ökologischen Grundsätzen ist eines der wichtigsten Themen dieser Tage. Dabei steht fast immer das Rechenzentrum im Vordergrund. Die Ressourcen schonende Nutzung von IT ist jedoch bedeutend weiter zu fassen. Alle eingesetzten Geräte wie Server, Desktops, Speicher, Netzteile oder Monitore sollten energieeffizient ausgelegt sein. Gerade die in den Unternehmen eingesetzten Client-Desktops und Notebooks bieten enorme Einsparoptionen.

So sollten Unternehmen sich grundsätzlich für Geräte entscheiden, die mit neuester Ressourcen schonender Technologie ausgestattet sind. PCs und Notebooks sollten auf jeden Fall das Umweltzeichen „Blauer Engel" für Computer (RAL-UZ 78; das europäische Pendant dazu ist das Umweltzeichen „Margerite") und zusätzlich die Energy Star®-Kennzeichnung der US-Umweltbehörde EPA tragen. Beim Energy Star geht es ausschließlich um die Energieeffizienz, sprich Angaben zu Stromverbrauch und Kühlleistung. Nicht zu vergessen das TCO-Gütesiegel, das ergonomische sowie ökologische Standards für Kathodenstrahl- und Flachbildschirme und andere EDV-Geräte setzt.

Für die bereits vorhandenen Systeme lässt sich darüber hinaus mit in den Betriebssystemen oder im BIOS (Basic Input Output System) integrierten Energiesparoptionen Strom sparen. Als BIOS bezeichnet man die Komponente, die Computer „zum Leben erweckt" und im Anschluss das Starten des Betriebssystems einleitet. Doch ein Großteil der PCs verwendet keine Energiesparmodi. Daher ist der Einsatz intelligenter Technologien, Intel® vPro™, für das Management von Clients per Fernzugriff sehr wichtig. Damit kann der Administrator z. B. Energiesparmodi einstellen oder via Remote Access Rechner aus der Ferne über Nacht abschalten.

Das grüne Rechenzentrum

Die Nachfrage nach Server-Infrastruktur bleibt unabhängig von der ökonomischen Gesamtsituation hoch, denn das Internet wächst kontinuierlich und fordert mit umfangreichem Datenverkehr, E-Business und Social-Media-Anwendungen weiterhin leistungsstarke Hardware in den Rechenzentren. Auch die Zahl der IT-Anwendungen und die zu speichernde Datenmenge in den Unternehmen steigen. Immer mehr Data Center gelangen daher bei Strom, Kühlung und Platzbedarf an ihre Grenzen – und damit auch bei den Kosten. Erkenntnisse, die in großen Rechenzentren erworben werden, geben Richtlinien und sinnvolle Optionen auch für den Einsatz in kleineren Serverräumen.

Es gibt drei grundlegende Strategien für die IT-Ausstattung, um Rechenzentren effizienter zu machen:

- Verbrauch reduzieren: Der Energieverbrauch lässt sich alleine schon durch den Einsatz energieeffizienter Hardware senken. Server und Speichersysteme auf Basis neuester Komponententechnologie (CPU, Netzteile, Lüfter etc.) sind deutlich energieeffizienter und liefern ständig ein Mehr an Leistung bei nahezu konstantem oder sogar verringertem Energieeinsatz.
- Infrastruktur optimieren: Die Reduzierung der IT-Systeme durch Konsolidierung auf leistungsfähigere Systeme senkt den Stromverbrauch ebenfalls und bringt mehr Platz im Rechenzentrum.
- Ressourcen effizienter nutzen: Ein Großteil der installierten Server in Unternehmen und Rechenzentren liefert eine durchschnittliche Auslastung im Bereich von 10 bis 30 Prozent ihrer Möglichkeiten. Die Auslastung lässt sich durch neue Virtualisierungs-Technologien wesentlich steigern, ohne Abstriche bei Verfügbarkeit und Sicherheit machen zu müssen. Virtualisierung ist auch die Schlüsselkomponente, wenn es um den Aufbau dynamischer IT-Infrastrukturen geht. Denn sie bildet die Grundlage für die Implementierung von Serverpool-Konzepten, die eine noch flexiblere Steuerung der benötigten IT-Ressourcen ermöglichen.

Abbildung 15.2 Serverraum

Um eine größtmögliche Energieeffizienz zu erreichen, muss zudem der Stromverbrauch inklusive der Kühlanlagen optimal gesteuert werden (Powermanagement). IT-Systeme können damit eine Veränderung des Kühlungsbedarfs signalisieren. Durch die frühzeitige Information werden die trägeren Kühlsysteme in die Lage versetzt, ihre Kühlleistung rechtzeitig an die kommenden Bedürfnisse anzupassen. Der Vorteil: Erhebliche Mengen an Strom für den Betrieb der Kühlsysteme lassen sich sparen, weil sie nicht mehr ständig mit maximaler Kühlung betrieben werden müssen.

Konzepte und Lösungsansätze für umweltverträglichere IT

Moderne Fertigungsverfahren für energieeffiziente Prozessoren

Ein zentraler Schritt hin zur Energieeffizienz ist es, den Stromverbrauch von Hardwarekomponenten wie Netzteilen, Lüftern, Speichern und vor allem Prozessoren zu reduzieren. Intel hat seine aktuellen Multicore-Prozessoren auf höchste Energieeffizienz und beste

Leistungsmerkmale ausgelegt. Grundstein hierfür ist die stetige Verbesserung des Produktionsverfahrens. Intel fertigt seine Prozessoren derzeit mit einer Strukturbreite von 32 Nanometern (nm) und wird diese in den kommenden Jahren schrittweise auf 11 nm und weniger reduzieren. Ein Nanometer (nm) ist ein Milliardstel Meter. Zum Vergleich: Ein menschliches Haar ist etwa 90 000 nm dick.

Aufgrund der winzigen Strukturen passen mehr Transistoren auf einen Chip und es ist weniger Ladung (Strom) notwendig, um den Schaltvorgang im Transistor auszulösen. Gleiche Rechenoperationen lassen sich daher schneller und mit weniger Energieaufwand (bis zu 40 Prozent) ausführen. Mit Servern, die auf Prozessoren der neuesten Generation mit 32-nm-Fertigungstechnik basieren, lassen sich bei 30 Prozent weniger Energieverbrauch ähnliche Leistungswerte wie mit der Vorgängergeneration erzielen. Dieser Miniaturisierung der Transistoren liegt eine Gesetzmäßigkeit zugrunde, die Gordon Moore, einer der Intel-Gründer, bereits 1965 formuliert hat. Er sagte damals voraus, dass sich die Transistorendichte, sprich die Anzahl der Transistoren pro Fläche, etwa alle 24 Monate verdoppeln würde. Dieser Leitsatz, mittlerweile als Moore'sches Gesetz bekannt, hat bis heute Bestand.

Die Verkleinerung der Strukturbreiten auf dem Chip ermöglicht niedrigere Versorgungsspannungen und eine Kombination aus schnelleren und energieeffizienteren Transistoren. Selbst bei gleichen Taktfrequenzen sind diese CPUs schneller als ihre Vorgänger – und das bei vergleichbarem Stromverbrauch.

Intelligente Prozessoren mit geringem Stromverbrauch

Intel legt bei seinen Prozessoren großen Wert auf intelligente und hohe Leistung, automatisierte Energieeffizienz und beste Performance in virtuellen Umgebungen. Beispiele dafür sind die neuen Intel® Xeon®-Prozessoren für Server in unterschiedlichsten Varianten sowie die Ultra-Low-Voltage-Modelle (ULV), die für extrem niedrigen Stromverbrauch in mobilen Geräten, Desktops und auch hochperformanten Servern sorgen.

Die neuen Prozessoren optimieren ihre Rechenleistung automatisch für die gerade benötigten Anforderungen. Verantwortlich dafür ist die Intel® Turbo Boost Technologie, die Anwendungen beschleunigt, die nicht alle Prozessorkerne ausnutzen, indem sie einzelne Kerne gezielt übertaktet. Die Prozessorleistung wird automatisch an dem Nutzerverhalten angepasst. Sind nicht alle Rechenkerne voll ausgelastet, erhöht der Turbo Mode je nach Anwendung automatisch die Taktfrequenz eines oder mehrerer Prozessorkerne um eine bis maximal zwei Stufen (pro Stufe um 133 MHz) ohne zusätzlichen Stromverbrauch.

Die neuen Intel-Prozessoren beherrschen zudem Stromsparfunktionen wie EIST (Enhanced Intel Speedstep Technology) oder intelligentes Powermanagement (Intel Intelligent Power Capability). Dank EIST sinken Taktfrequenz und Spannung des Prozessors automatisch in Echtzeit, wenn Programme nicht die volle Rechenleistung abrufen. Beim intelligenten Powermanagement werden nur diejenigen Teile der Prozessorkerne und des Speichers mit Strom versorgt, die gerade benötigt werden. Da die Prozessoren somit nicht nur weniger Strom verbrauchen, sondern auch weniger Wärme abgeben, sinkt der Aufwand für die Klimatisierung – und damit auch die Betriebskosten.

Virtualisierung

Unternehmen können die Energieeffizienz weiter steigern, indem sie die IT-Systeme konsolidieren und somit besser auslasten. Das Schlüsselwort lautet Virtualisierung. Mit Virtualisierungstechnik lässt sich ein einzelner Server – in der Fachsprache Host genannt – in mehrere virtuelle Systeme, so genannte Partitionen, aufteilen. Auf den virtuellen Maschinen kann man voneinander unabhängige Softwarekonfigurationen einrichten, die sich die physikalische Hardware des Host-Servers teilen. Damit reduziert sich die Zahl der eingesetzten Server, was man als Konsolidierung bezeichnet. Dies führt zur höheren Auslastung der Server, niedrigerem Stromverbrauch sowie geringerem Platz- und Kühlungsbedarf.

Die Intel® Xeon®-Prozessoren bieten höchste Leistung in virtuellen Umgebungen, da sie mit der nächsten Generation der Intel® Virtualisierungs-Technologie ausgestattet sind. Diese ist jetzt nicht mehr nur im Prozessor, sondern auch im Chipsatz und in Netzwerk-Geräten integriert. Im Vergleich zum Vorgängermodell verdoppelt sich dadurch die Virtualisierungs-Geschwindigkeit.[3] Der Grund: Der Server muss weniger softwarebasierte Übersetzungen zwischen dem Host-Betriebssystem und dem fremden Betriebssystem durchführen, da die Virtualisierung dank der Intel® Virtualisierungs-Technologie Hardware-gestützt vonstatten geht.

Intelligente Technologie für Service-Effizienz

Die Intel® vPro™ Technologie bietet in die Hardware integrierte Sicherheits- und Systemverwaltungsinformationen für Desktops und Notebooks. Damit können IT-Administratoren sogar auf Geräte zugreifen, die ausgeschaltet sind oder deren Betriebssystem nicht läuft. Eine zentrale Komponente ist die Intel® Active Management Technologie, eine Architektur aus Hard-, Firm- und Softwarelösungen. Sie reduziert die Verwaltungskosten deutlich, indem sie effiziente Inventarisierung, verbesserte Fernverwaltungs-Funktionen und proaktive Sicherheitsfunktionen bietet, die sich zentral und unabhängig vom Status der PCs steuern lassen. Die Inventarisierung, Diagnose und Reparatur über Fernzugriff reduzieren die Anzahl der Vor-Ort-Besuche und damit die Supportkosten erheblich. Der Fernzugriff auf Systeme für Benutzersupport oder Wartung sowie Web-Conferencing-Tools ersparen den betroffenen Personen Wege- und Reisezeiten, die diese ansonsten für eine Anreise mit dem Auto oder Flugzeug benötigten. Dadurch sinkt darüber hinaus auch der CO_2-Ausstoß.

[3] Performance -Tests und Bewertungen wurden mit speziellen Computer Systemen und/oder Komponenten gemessen und spiegeln die ungefähre Performance der Intel Produkte wider, die in diesen Tests gemessen wurde. Änderungen im System, der Hardware, Software oder Konfiguration können die aktuelle Performance beeinflussen. Weitere Informationen über Performance-Tests und die Performance von Intel-Produkten sind unter www.intel.com/performance/resources/limits.htm zu finden. Detaillierte Benchmark-Ergebnisse sind verfügbar unter www.spec.org.

Ein wichtiges Tool für die Überwachung und dynamische Steuerung des Strombedarfs von Servern ist der Intel® Dynamic Power Node Manager. Er ermöglicht beispielsweise eine höhere Packungsdichte in den Serverracks. Eine Ebene höher kommt die Managementkonsole Intel® Datacenter Manager zum Einsatz. Sie koordiniert und optimiert Verbrauch und Leistung zwischen den Rackservern. Die aktuellen und künftigen Intel Plattformen sind daher mit intelligenter Leistung, automatisierter Energieeffizienz und flexibler Virtualisierung für die anspruchsvollen Herausforderungen der Zukunft bestens gerüstet (vgl. **Abbildung 15.3**).

Abbildung 15.3 Überblick: Intel Technologien für Energieeffizienz. Quelle: Intel

Technologien	Nutzen
C1 enhanced state	Reduziert CPU Stromverbrauch im Leerlauf auf 16 W
SpeedStep Technology	30 % niedrigerer Verbrauch bei geringer Auslastung
Demand based switching	Reduziert Verbrauch im Betrieb bis zu 25 %
QuickPath Interconnect	Doppelte Datenrate im Full-duplex Modus
Intelligent Power Capability	CPU Subsysteme nur bei Bedarf aktiv
Dynamic resource scaling	Schaltet nur erforderliche Komponenten ein
Active state power management	Bis zu 3 W Einsparung pro PCIe Slot
Core gating	Schaltet nicht benötigte Cores ab
Integrated memory controller	Verbessert den Zugriff der Cores auf den Cache
Smart Cache	Höhere Trefferrate, weniger Datenverkehr & Latenz
Low Voltage Xeon	Hohe Rechnerdichte und geringer Stromverbrauch
Dynamic Node Manager	Verbessert die Rack- und Leistungsdichte
HW virtualization	Steigert die Leistung um bis zu 25 %
Solid State Disk	5 x weniger Energieverbrauch
DDR3	20 % weniger Energie als DDR2 bei gleicher Frequenz

Ökonomische und ökologische Potenziale

Den Marktforschern von Gartner zufolge ist das weltweite IT-Equipment für zwei Prozent der gesamten CO_2-Emissionen verantwortlich. Das entspricht der Kohlendioxidmenge, die von den Flugzeugen erzeugt wird. In den anderen 98 Prozent der CO_2-Emissionen liegt das Potenzial für den intelligenten Einsatz von IT, um Energie- und Ressourceneffizienz zu erreichen.

Ein Beispiel für das Zusammenwirken von IT und Klimaschutz ist das so genannte High Performance Computing (HPC), das etwa im Flugzeug-, in der Automobilkonstruktion oder in der Photovoltaik zum Einsatz kommt. Mit Simulationen auf Clustern oder Großrechnern lassen sich viele Projektschritte umweltschonender durchführen als auf herkömmliche Art.

Intel spielt im HPC-Markt eine wichtige Rolle. Die überwiegende Mehrheit der 500 leistungsfähigsten Supercomputer-Systeme der Welt beruht aktuell auf Intel-Prozessoren.[4]

So lassen sich beispielsweise aufwändige Crashtests im Rahmen der Automobilproduktion durch Finite-Elemente-Berechnungen ersetzen und auf Computern simulieren. Dieses Verfahren spart Autos sowie Geld und schont die Umwelt.

In der pharmazeutischen Industrie nimmt die Entwicklung neuer Medikamente in der Regel einen sehr langen Zeitraum in Anspruch. Umfassende Tests nach detaillierten Ausschlussverfahren mit empfindlichen Zellstrukturen und Molekülen ziehen sich über zehn Jahre und mehr. Mit virtuellen Screening Simulationen, basierend auf hochleistungsfähiger Computertechnologie, lässt sich dieser Prozess deutlich schneller, kosteneffizienter und Ressourcen schonender durchführen.

Auch Fuhrunternehmer haben den Vorteil der Informationstechnologie erkannt. Zur optimalen Koordination ihrer Fahrzeugflotte und zur effizienten Routenplanung setzen die meisten Speditionen mittlerweile IT-Lösungen ein. Auf digitalen Karten erkennt die Zentrale in Echtzeit sofort die genaue Position sämtlicher Fahrzeuge. Da zudem jedes einzelne Fahrzeug mit nur einem Mausklick eine Sofort-Nachricht erhalten kann, ist es möglich, bei kurzfristigen Kundenanfragen wirtschaftlich das nächste freie Fahrzeug samt Koordinaten an das neue Ziel zu leiten. Die zielgenauere Navigation senkt zudem die Benzinkosten. Mit der besseren Fahrzeugauslastung reduzieren sich auch die Leerlaufzeiten und die Mitarbeiter arbeiten effizienter.

Computerberechnungen führten zu einem weiteren erstaunlichen Ergebnis beim Logistik-Unternehmen UPS: Komplexe Berechnungen zeigten auf, dass das Linksabbiegen bei Zustellfirmen die meiste Zeit in Anspruch nimmt. Aus diesem Grund hat das Unternehmen seine gesamte Routenplanung neu konzipiert und die Quote des wesentlich effizienteren Rechtsabbiegens auf allen Strecken erheblich gesteigert. Dies führte zu schnelleren Zustellzeiten sowie reduzierten Kosten durch geringere Benzinkosten und senkte zugleich den CO_2-Ausstoß.

Praxisbeispiele

Umweltverträgliche IT bei Intel

Intel lebt das Engagement für die Umwelt überaus aktiv im eigenen Konzern. Das Unternehmen legt großen Wert auf umweltfreundliche „Best Practices“ in seinen Produktionsstätten und Arbeitsprozessen. Dazu gehören der weitgehende Ausschluss von Blei und Halogen[5] und eine höhere Energieeffizienz, geringerer Schadstoff-Ausstoß, die Wiederauf-

---

[4] Vgl. http://www.top500.org/list/2009/11/100. Zur nächsten ISC in HH (Juni 2010) wird eine neue Top 500 Liste vorgestellt.

[5] Intel 45nm-Produkte basieren auf einem Herstellungsprozess, bei dem der verwendete Bleigehalt

bereitung von Wasser sowie verstärktes Recycling von Materialien. Eine aktuelle Initiative ist das Programm „Green Print" mit dem Ziel, den Papierverbrauch zu reduzieren und Druckkosten zu sparen (vgl. **Abbildung 15.4**).

Im Mittelpunkt der Intel Umweltinitiativen steht der Bereich Energieeffizienz. So arbeitet Intel seit Jahren intensiv mit der US-Umweltbehörde EPA an den Energy Star® Stromspar-Richtlinien für Computer. Mit Industriepartnern und der industrieübergreifenden SPEC Organisation (Standard Performance Evaluation Organization), die allgemein anerkannte Richtgrößen und Vergleichswerte für Computertechnologien setzt, hat Intel den ersten Industrie-Benchmark entwickelt, der sowohl die Leistungsfähigkeit als auch den Stromverbrauch bei unterschiedlichen Auslastungen misst. SPECpower wird in erster Linie von Serverherstellern genutzt werden.

Abbildung 15.4 Klimabewusstsein bei Intel. Quelle:Intel

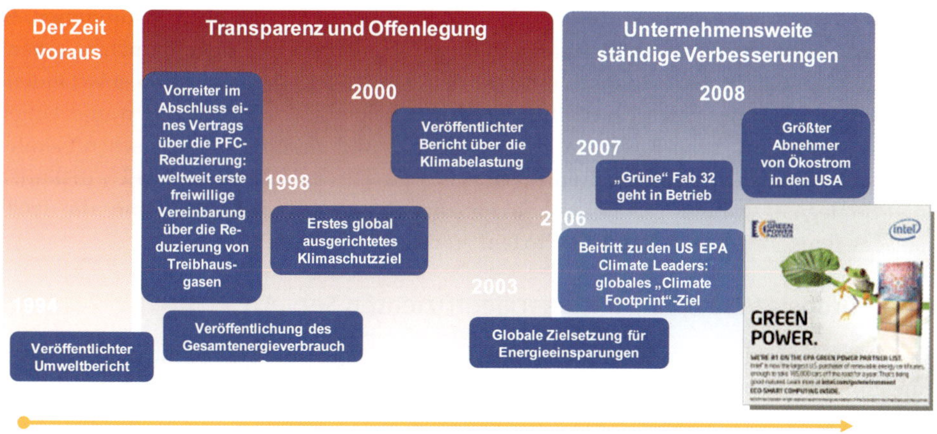

Auch in seinen eigenen Rechenzentren legt Intel großen Wert auf die hohe Effizienz des Energieeinsatzes (Power Usage Effectiveness, PUE), beispielsweise im Jones Farm High Density Datacenter am Standort Hillsboro (Oregon) oder im neuen Data Center von Intel Costa Rica. Die Rechenzentren besitzen effiziente Klimaanlagen und trennen konsequent kalte und warme Luft (Prinzip der kalten/warmen Gänge mit Einhausung des warmen Gangs) für bessere Luftströmung. Die Abwärme der Rechenzentren lässt sich zum Heizen der Büroräume oder für die Warmwasserversorgung nutzen.

unter 1000 PPM (parts per million – Teile pro Million) entsprechend der EU RoHS Direktive (2002/95/EC, Annex A) liegt. Halogenfrei bezieht sich nur auf Halogen-Brandhemmer und PVC in Komponenten. Die Halogene liegen unterhalb 900 PPM Brom und 900 PPM Chlor.

Zudem verfügen die Rechenzentren über moderne Steuerungssysteme, welche die Leistung der Kühlungssysteme an die Bedürfnisse der IT-Systeme anpassen. Das heißt: Laufen die Server gerade auf Hochtouren, arbeitet auch das Kühlsystem auf hohem Niveau. Entsprechend schaltet es seine Leistung herunter, wenn die Prozessoren weniger zu tun haben. Die Folge ist niedrigerer Stromverbrauch. In Costa Rica beispielsweise konnte Intel durch die neue Bauweise und bessere Klimatisierung die Energieeffizienz um 30 Prozent steigern.

Gemeinsam mit Google, Microsoft und anderen namhaften Unternehmen hat Intel zudem die Climate Savers Computing Initiative gestartet, deren Ziel es ist, Energie zu sparen und die Emission von Treibhausgasen erheblich zu reduzieren. Des Weiteren hat Intel ein Signal auf dem Markt für „Grünen Strom" gesetzt und jährlich mehr als 1,3 Milliarden kWh Strom in Form von Stromzertifikaten für erneuerbare Energiequellen (Renewable Energy Certificates, REC) erworben. Damit ist Intel auf Unternehmensseite größter Abnehmer von erneuerbaren Energieträgern in den USA.

Darüber hinaus engagiert sich Intel auch in Verbänden und politischen Institutionen. So hat das Unternehmen in Deutschland in Zusammenarbeit mit dem Branchenverband BITKOM, namhaften Industriepartnern und dem Umweltbundesamt (UBA) entscheidend zu einem produktneutralen Beschaffungsleitfaden beigetragen, der Behörden und Unternehmen auffordert, beim Kauf von PCs, Notebooks und anderen elektronischen Geräten auf Energieeffizienz zu achten. Gemeinsam mit der Europäischen Union (EU) diskutiert Intel Strategien, wie der Technologie-Sektor zum Ziel der EU beitragen kann, die Treibhausgas-Emissionen bis 2020 um 20 Prozent zu reduzieren.

Host Europe: Webhosting mit energieeffizienten Servern

Der Internet Service Provider Host Europe GmbH bietet eine breite Palette an Dienstleistungen, vom Webhosting für Privatanwender bis hin zum Managed Hosting und Virtual Cluster für Geschäftskunden. Insgesamt verzeichnet Host Europe mit seiner kompletten Produktpalette derzeit einen Stamm von über 100 000 Privat- und Geschäftskunden in Deutschland, Österreich und der Schweiz. Entsprechend hoch sind die Anforderungen an die beiden Rechenzentren. Die Kunden erwarten hoch verfügbare, leistungsfähige, skalierbare und energieeffiziente Systeme, die individuell auf sie zugeschnitten sind.

Host Europe erreicht dies mit Hilfe von rund 6 000 Servern basierend auf Intel Xeon Multicore-Prozessoren. Bei mehreren Tausend Servern fallen enorm hohe Stromkosten an. Mit den energieeffizienten aktuellen Intel-Prozessoren sinkt der Energieverbrauch der CPU im Server im Vergleich zum Vorgänger um rund 30 Prozent. Damit reduzieren sie die Stromkosten pro Server signifikant und ermöglichen eine höhere Packungsdichte in den Serverracks. Host Europe kann somit das Platzangebot im Rechenzentrum effizienter nutzen, da mehr Server in den Raum passen. Zudem ermöglichen die Systeme Virtualisierung mit all ihren Vorteilen: Serverkonsolidierung, höhere Auslastung der Server, niedrigerer Stromverbrauch.

DDS Dresdner Direktservice: Virtualisierung vereinfacht den Serverbetrieb

Die DDS Dresdner Direktservice GmbH unterstützt die Commerzbank AG mit Vertriebs- und Servicedienstleistungen bei der Kundenbetreuung, etwa bei Rufumleitung, Internet-Banking, beim Karten- und Wertpapiergeschäft oder im Vertrieb. Durch das stetige Wachstum waren manche Server des DDS an die Grenze ihrer Belastbarkeit gelangt, bei einer Reihe an Servern lief zudem der Wartungsvertrag aus.

Die DDS entschied sich schließlich dafür, die Hardware sukzessive zu ersetzen und mit Hilfe von Virtualisierung die Server zu konsolidieren (von 14 auf 2 Server). Den Ausschlag dazu gab ein erfolgreicher Test auf zwei Servern mit Intel Xeon-Prozessoren. Die Serverkonsolidierung spart 40 Prozent Kosten bei der Migration durch niedrigere Anschaffungskosten und geringeren Aufwand bei der Installation des neuen Systems. Zudem reduziert sie die laufenden Betriebskosten signifikant durch geringeren Stromverbrauch sowie den gesunkenen Aufwand für die Klimatisierung im Serverraum. Weiterer Vorteil: Die Intel Chips beschleunigen Prozesse wie den Import von Daten um bis zu 300 Prozent.

Ausblick

Die Miniaturisierung bei den Mikroprozessoren und damit der Transistoren wird auch die nächsten Jahre weitergehen. Kleinere Transistoren sind günstiger in der Herstellung, schalten schneller, benötigen eine geringere Versorgungsspannung, erzeugen weniger Abwärme und haben einen niedrigeren Stromverbrauch. Das heißt: Künftige Prozessoren werden noch energieeffizienter arbeiten und mehr Leistung bei gleichem oder sogar niedrigerem Stromverbrauch liefern.

Intel treibt diese Entwicklung ganz im Sinne des Moore'schen Gesetzes voran. Die Ende 2009 auf den Markt gekommenen 32nm-Prozessoren. Diese kombinieren die aktuelle Intel Mikroarchitektur mit umfassenden Grafikoptionen, die in den Chip integriert sind. Intel wird auch in den nächsten Jahren bei der Fertigung mit seinem Tick-Tock-Modell fortfahren. Nach diesem Modell führt das Unternehmen in Jahren mit geraden Jahreszahlen eine neue Architektur ein. In denen mit ungeraden Jahreszahlen stellt Intel auf die nächst kleinere Transistorstrukturbreite um (2011: 22nm; 2013: 16nm; 2015: 11nm).

Auch die Zahl der Endgeräte wird in den nächsten Jahren zunehmen. Experten schätzen, dass in absehbarer Zeit rund 15 Milliarden PCs, Notebooks, Server und mobile Endgeräte über das Internet miteinander verbunden sein werden. Dieses Wachstum ist nur mit einer dynamischen, energieeffizienten und sehr skalierbaren IT-Infrastruktur möglich, einer Version des Cloud Computings. Wir unterteilen Cloud Computing dabei in zwei Bereiche, die Cloud-Computing-Technologie und die Cloud Services. Die Cloud-Computing-Technologie ermöglicht das Anbieten von Cloud Services.

Die Cloud-Computing-Technologie ist als Bereitstellungsmodell eine Rechenarchitektur mit skalierbarer, jederzeit abrufbarer und sehr flexibler Infrastruktur. Sie umfasst u. a. Server, Speichersysteme, Netzwerke, Anwendungssoftware und Managementsoftware.

Cloud Services sind Produkte, Dienstleistungen und Lösungen für Unternehmen und Konsumenten. Firmen betreiben in der Cloud ihre Anwendungen und die dazu notwendige Hardware nicht mehr selbst, sondern beziehen sie via Internet über einen Anbieter, der beides für sie und andere Firmen vorhält. Die Angebote sind jederzeit schnell und flexibel skalierbar (Menge, Laufzeit) und lassen sich kurzfristig (meist in Echtzeit) beziehen.

Die Anbieter von Cloud Computing betreiben riesige Rechenzentren, um die benötigte Kapazität anbieten zu können. Flexibilität, hohe Leistung, schnelle Virtualisierung und vor allem Energieeffizienz sind im Cloud Data Center von höchster Bedeutung.

Weiterführende Informationen

[1] IT-Best_practice_Series: Books for IT-Professionals
http://www.intel.com/intelpress/

Intel-Technologien:
[2] http://www.intel.com/technology/ecotech/
[3] www.intel.com/go/energyestimator
[4] http://www.intel.com/technology/eep/
[5] http://www.intel.com/go/ecosmart
[6] Intel Corporate Responsibility Report 2008:
http://www.intel.com/intel/cr/gcr/environment.htm?iid=crr+tab_environment

Initiativen:
[7] www.climatesaverscomputing.org
[8] www.thegreengrid.org

[9] Industriepreis: Best of IT solutions
www.10projects.de/award

[10] Die 500 leistungsfähigsten Supercomputer-Systeme der Welt:
www.top500.org

White Papers und Success Stories:
[11] http://download.intel.com/technology/eep/ecorackwp.pdf
[12] http://www.intel.com/references/pdfs/FM1_Case_Study_V1.pdf
[13] http://www.intel.com/references/pdfs/HostEurope_LR.pdf
[14] http://www.intel.com/references/pdfs/BMW_E2IT_casestudy_FV.pdf
[15] http://communities.intel.com/community/openportit/it

Richtlinien und Zertifikate:
[16] http://itk-beschaffung.de/

Benchmarks:
[17] http://www.spec.org/power_ssj2008/
[18] http://www.bapco.com/products/sysmark2007preview/

16 Collaboration verändert die Welt - Formen virtueller Zusammenarbeit

Jan Roschek

Collaboration verbindet Menschen über beliebige geografische Entfernungen hinweg. Virtuelle Zusammenarbeit tritt an die Stelle physischer Mobilität. Collaboration-Technologien setzen damit enorme ökologische und ökonomische Potenziale frei. Ohne Weiteres sichtbar sind unmittelbare Effekte wie vermiedene CO_2-Emissionen aufgrund verringerter Reisetätigkeit. Damit einher gehen entsprechende Einsparungen an Arbeitszeit und Reisekosten. Dies allein schon beschleunigt oftmals beträchtlich die Refinanzierung von Investitionen in Collaboration-Systeme. Darüber hinaus aber – und dies wird schwerpunktmäßig im vorliegenden Beitrag behandelt – verändert Collaboration die Art und Weise, wie Menschen untereinander, mit Kunden und Partnern interagieren. Auf längere Sicht gesehen löst Collaboration eine Transformation im Unternehmen aus: einen strukturellen Wandel, der sich nicht auf einzelne Kommunikationsabläufe beschränkt, sondern die Geschäftstätigkeit insgesamt erfasst und jeden einzelnen Mitarbeiter betrifft.

Überragende Bedeutung gewinnt Collaboration zudem als Wettbewerbsfaktor in der globalisierten Wirtschaftswelt, insbesondere vor dem Hintergrund immer kürzerer Innovationszyklen: Auf internationalem Parkett kann sich auf Dauer nur behaupten, wer mit dem steigenden Markt- und Innovationstempo Schritt hält. Im künftigen Wettbewerb zählt daher kaum etwas so sehr wie die Fähigkeit, reale geografische Distanzen virtuell zu überbrücken. Menschen, die über Länder und Kontinente hinweg in virtuellen Teams kooperieren, treffen Entscheidungen schneller und setzen Innovationsideen zeitnah in marktreife Produkte um. Unternehmen reagieren folglich flexibler auf Marktanforderungen; sie werden agiler und innovativer.

Dass Collaboration auch jenseits von Unternehmensgrenzen ein Schlüsselfaktor für höhere Effizienz und Umweltverträglichkeit ist, veranschaulicht ein Ausblick am Ende des Beitrags anhand jüngster Entwicklungen in urbanen Ballungszentren. An dieser Stelle jedoch folgt zunächst eine begriffliche Präzisierung, um den Bedeutungshorizont von Collaboration vorab in knapper Form zu umreißen.

Abbildung 16.1 In der globalisierten Wirtschaftswelt gewinnt Collaboration immer größere Bedeutung. Quelle: Cisco

Collaboration - ein Wort mit vielen Facetten

Trotz seiner Verbreitung sucht man bislang vergebens nach einer verbindlichen Definition des Collaboration-Begriffs. Der lateinische Ursprung „col-labore" meint wortwörtlich nichts anderes als „zusammenarbeiten". Die spezielle Bedeutungsnuance des im deutschen Sprachraum mittlerweile etablierten Anglizismus liegt jedoch in der Abgrenzung zu allen bisher praktizierten Kooperationsformen, besonders wenn dabei physische Anwesenheit der Kooperationspartner am selben Ort eine Rolle spielt. Im vorliegenden Rahmen wird Collaboration deshalb als Oberbegriff aufgefasst für alle Formen multimedial vermittelter Zusammenarbeit, sofern damit reale geografische Entfernungen gewissermaßen annulliert werden. Zu den wichtigsten Collaboration-Elementen zählen: Unified Communications, Web 2.0, integrierte Audio-, Video- und Web-Konferenzen sowie Telepräsenz-Technologien.

- Unified Communications (UC) wird oft verkürzt als Premium-Variante von Unified Messaging dargestellt. Richtig daran ist, dass UC den Vereinheitlichungsgedanken von Unified Messaging aufgreift. Dieser Gedanke gilt allerdings nicht mehr nur für E-Mail oder Fax, sondern für sämtliche Formen stationärer und mobiler Kommunikation – also auch für Voice-Mail, SMS, Telefon, Instant Messaging, Handy, Smartphone sowie Web- und Videokonferenzen. UC bündelt diese Kommunikationskanäle unter einer gemeinsamen, leicht handhabbaren Oberfläche und stellt darüber hinaus aktuelle Präsenzinformationen bereit. Anwender sehen auf dem Display sofort, ob und über welches Kommunikationsmedium der gewünschte Ansprechpartner momentan erreichbar ist.

- Web 2.0 subsummiert all diejenigen Technologien und Verhaltensweisen im Web, die echte Interaktivität ermöglichen. Blogs und Wikis stehen beispielhaft für das interaktive Web. Seinen Ursprung hat der Web 2.0-Trend nicht in der Geschäftswelt, sondern bei den Konsumenten: Junge Menschen, die mit dem Internet aufgewachsen sind, schlossen sich als erste zu Web-Communities zusammen. YouTube und Wikipedia sind Beispiele dafür. Wikipedia wird von Experten längst höher eingeschätzt als beispielsweise gedruckte Lexika. Daraus wird deutlich, dass Online-Communities eine Art kollektives Wissen generieren, das mehr ist als die Kenntnis-Summe Einzelner.

- Die wohl einfachste und kostengünstigste Form virtueller Echtzeit-Kooperation bieten heutzutage integrierte Audio-, Web- und Videokonferenzen. Unterschiedliche Konferenzfunktionen lassen sich via Internet als On-Demand-Service abrufen. Teilnehmer benötigen vor Ort keinerlei Zusatzinstallationen. Meist genügt ein gängiger PC mit Internetbrowser und einfacher Webcam, um gemeinsam Geschäftsdokumente zu bearbeiten und neben der Audioverbindung bei Bedarf ad hoc auch eine PC-Videokonferenz aufzusetzen.

- Videobilder mit üblicher PC-Auflösung sind nicht für jede Kommunikationssituation geeignet. Für höhere Qualitätsansprüche empfiehlt sich Telepräsenz: Dieser Collaboration-Baustein lässt sich am besten aus der subjektiven Sicht der Teilnehmer beschreiben: nämlich als Konferenzumgebung, die mit hochauflösenden Bildern und natürlichem Raumklang die Illusion erzeugt, man säße trotz aller geografischen Entfernung im selben Raum an einem Tisch (vgl. **Abbildung 16.2**).

Warum und unter welchen Bedingungen es auf ein möglichst realistisches Begegnungserlebnis bei virtuellen Meetings ankommt – dieser Frage geht das folgende Kapitel nach.

Abbildung 16.2 Telepräsenz als Konferenzumgebung. Quelle: Cisco

Vertrauenssache: Begegnungen im virtuellen Raum

Bis in die jüngste Vergangenheit hinein unterschieden sich unmittelbare von technisch vermittelten Kontakten in erster Linie durch ihren hohen Anteil an nonverbalen Botschaften: Im persönlichen Gespräch transportieren Mimik und Gestik bis zu 63 Prozent der intendierten Bedeutung, wie eine arbeitspsychologische Studie von Pearn Kandola aus dem Jahr 2006 belegt. Der Verlust dieser nonverbalen Kommunikationsanteile – z. B. Details der Körpersprache, die mit herkömmlicher Videotechnik nicht wahrnehmbar sind – kann das Ergebnis eines virtuellen Meetings stark beeinträchtigen. Man denke etwa an eine Verhandlungssituation mit potenziellen Investoren: Hier kehrt ein kleines Augenzwinkern das Gesagte mitunter in sein Gegenteil um. Wird diese mimische Äußerung aufgrund mangelnder Bildqualität nicht übermittelt, sind Irritation und Missverständnis fast zwangsläufig die Folge.

Fehlinterpretationen des eigentlich Gemeinten gelten als Hauptursache dafür, dass sich in virtuellen Teams, deren Mitglieder sich nicht persönlich kennen, Vertrauen nur sehr langsam aufbaut. Bei Arbeitsgruppen mit multinationaler Zusammensetzung (im Zeitalter der Globalisierung nicht die Ausnahme, sondern ein Regelfall) kommt erschwerend hinzu, dass neben geografischen Distanzen auch kulturelle Unterschiede überwunden werden müssen. Da Telepräsenz praktisch jede mimische und gestische Äußerung überträgt und damit ein umfassendes Begegnungserlebnis vermittelt, kann der Einsatz dieser Technologie das gegenseitige Kennenlernen in der überaus wichtigen Teambildungsphase erheblich beschleunigen – und zwar ohne dass global aufgestellte Unternehmen dafür teure und als besonders klimaschädlich geltende Interkontinentalflüge buchen müssten.

Intensivierte Zusammenarbeit steigert die Effizienz

Ein großer Lebensmittelkonzern z. B. lässt an seinen Hauptniederlassungen zurzeit Cisco TelePresence-Systeme installieren, die über das globale Netzwerk der British Telecom betrieben werden. Das Unternehmen will damit Reisekosten signifikant senken und seinen Treibhausgas-Ausstoß in entsprechendem Maß reduzieren. Daneben aber soll die Effektivität geografisch weiträumig verteilter Arbeitsgruppen verbessert und auf diese Weise standortübergreifende Entscheidungsprozesse beschleunigt werden. Ebenfalls mit Unterstützung von British Telecom nutzt eine in Europa führende Elektrofachmarkt-Kette Telepräsenz als länderübergreifende Meeting-Plattform. Auch hier waren Kosten- und Produktivitätsvorteile aufgrund eingeschränkter Reisetätigkeit die treibenden Motive. Darüber hinaus aber wollte der Konzern Entscheidungen und Vertragsverhandlungen im Zusammenhang mit Filialeröffnungen z. B. in Osteuropa schneller zum Abschluss bringen und auf diese Weise das Tempo bei der Erschließung neuer Märkte steigern. Vergleichbaren Zielen dient der Telepräsenz-Einsatz nicht zuletzt bei einem global führenden Anbieter von Standard-Software. Hier ging es speziell darum, die Zusammenarbeit in international zusammengesetzten Teams mit unterschiedlichen Kulturen zu verbessern, um die weltweite Markteinführung innovativer Softwareprodukte signifikant zu verkürzen. In allen drei Fällen generiert Telepräsenz-Collaboration – wie eingangs postuliert – klare Wettbewerbsvorteile in der globalisierten Wirtschaftswelt.

Chance für neue Geschäftsfelder

Inwiefern Telepräsenz-Lösungen auch neue Geschäftsfelder eröffnen, zeigt schließlich das Beispiel Swisscom: Anfang 2009 wurde in Zürich, Bern und Mailand eine Multipoint-TelePresence-Plattform errichtet – mit dem unmittelbaren Ziel, die Reisetätigkeit einzuschränken und die Zusammenarbeit im Top-Management zu intensivieren. Swisscom rechnet dabei mit einem durchschnittlichen Stundenpreis für Telepräsenz-Meetings von etwa 250 Schweizer Franken beziehungsweise 165 Euro. Setzt man dies in Relation zu den Kosten eines realen Meetings, etwa des Verwaltungsrats in einem Seminarhotel mit Reise- und ggf. Übernachtungskosten, wird das immense Einsparpotenzial deutlich. Inzwischen aber werden die Cisco TelePresence-Räume auch für Demonstrationszwecke genutzt. Denn Swisscom will diese Technologie künftig als Managed Service für andere Unternehmen betreiben. Zudem baut Swisscom weltweit TelePresence-Systeme auf, um sie Firmenkunden auf Mietbasis zur Verfügung zu stellen. Für den Telekommunikationsanbieter birgt diese Telepräsenz-Lösung also in mehrfacher Hinsicht Wachstumspotenzial.

Zu den Pionierkunden dieser Technologie zählen u. a. Procter & Gamble, EMC, die Stadtverwaltung der chinesischen Metropole Xiamen, die ANZ Bank sowie international führende Service Provider, darunter British Telecom, Deutsche Telekom, Sprint und Verizon. Bei Cisco selbst sind über 650 TelePresence-Räume eingerichtet. Die Einsparungen übertreffen die Investitionen in die Telepräsenztechnik um ein Vielfaches. Insgesamt fanden bisher mehr als 439 000 Telepräsenz-Meetings bei Cisco statt. 351 Mio. Euro an Reiskosten konnten eingespart werden.

Natürlich gilt für Telepräsenz in gleicher Weise wie für jede andere Form von Echtzeit-Collaboration: Virtuelle Meetings sind kein bloßer Ersatz für klassische Konferenzen mit physischer Anwesenheit am selben Ort. Denn per Telepräsenz werden im virtuellen Raum spontane Begegnungen möglich, die im realen Leben allein schon aus praktischen Gründen niemals hätten stattfinden können. Collaboration intensiviert auf diese Weise die standortübergreifende Zusammenarbeit, beschleunigt den Austausch von Meinungen, Fakten und Ideen – und befähigt Organisationen somit zu besser koordiniertem Handeln. Die Produktivität der Mitarbeiter steigt; Unternehmensziele werden mit höherer Effizienz umgesetzt. Und das mit verringertem Ressourcen- und Energieverbrauch.

Telepräsenz auch für den Mittelstand

Selbstverständlich kann es sich nicht jedes Unternehmen leisten, Konferenztechnik der Spitzenklasse in all seinen Zweigstellen anzuschaffen. Gleichwohl sind Telepräsenz-Effekte für Mittelständler keineswegs weniger wichtig als für Großunternehmen. Eine Alternative bieten hier öffentlich zugängliche Konferenzräume, die man stundenweise mieten kann. Eine große Hotelkette z. B. hat diesen Bedarf erkannt und stattet ihre Hotels sukzessive mit Cisco TelePresence aus. Die ersten Telepräsenzräume wurden in New York, Sidney, Toronto, Los Angeles und Chicago eröffnet. Als weitere Standorte sind Brüssel, Paris, Hong Kong, Singapur und Tokio im Gespräch.

Einen anderen Pfad in Richtung Mittelstand bahnen kleiner dimensionierte, vergleichsweise preisgünstige Telepräsenz-Systeme. Sie stellen geringere Ansprüche an die zugrunde liegende Vernetzung, verbrauchen ihrerseits weniger Strom und sind auch im Zusammenspiel mit herkömmlicher Konferenztechnik einsetzbar. Mit solchen Systemen dürfte Telepräsenz in naher Zukunft nicht mehr allein in großen Metropolen anzutreffen sein, sondern auch in kleineren Orten. Schon heute denken z. B. Kommunalpolitiker im Landkreis Lippe über die Voraussetzungen nach, unter denen die vorhandene Voice-over-IP-Infrastruktur der öffentlichen Verwaltung als Basis für Telepräsenz genutzt werden könnte. Ihnen geht es in erster Linie darum, die verwaltungsinterne Kommunikation zu verbessern. Darüber hinaus aber spielt die Idee eine Rolle, kommunale Telepräsenzräume für die ansässige Wirtschaft zu öffnen. Dies würde zweifellos die Attraktivität für Firmenneuansiedlungen steigern und brächte der Region einen zusätzlichen Standortvorteil.

Das Web als virtueller Konferenzraum

In vielen Situationen ist Telepräsenz weder erforderlich noch wirtschaftlich angemessen – etwa, wenn sich die beteiligten Akteure persönlich gut kennen oder wenn Ziel und Inhalt eines virtuellen Meetings auch ohne nonverbale Kommunikation Missverständnisse von vornherein ausschließen. Im Sinne höherer Effektivität der Teamarbeit kommt es stattdessen oftmals darauf an, im Verlauf einer Telefonkonferenz am PC oder unterwegs per Notebook gemeinsam elektronische Dokumente zu bearbeiten. Zusätzliche PC-Videoverbindungen, z. B. während einer Konferenz mit Kunden, können der Anbieterseite ein menschliches Gesicht verleihen und sorgen so für die persönliche Note der Kundenkommunikation.

Integrierte Audio-, Web- und Videokonferenzen sind ein Collaboration-Baustein, der sich wachsender Marktakzeptanz erfreut. Ein Grund dafür ist die sehr gute Kosten-Nutzen-Relation von Conferencing-Plattformen im Internet. Anwender brauchen hier weder mit Investitionen in Vorleistung zu gehen, noch müssen sie sich um Betrieb und Weiterentwicklung einer eigenen technischen Infrastruktur kümmern.

Mehr Kundennähe und weniger CO_2

Die Einsatzmöglichkeiten reichen von Projektarbeit aller Art über Kundenbetreuung und Support bis hin zum E-Learning. Die Heidelberger Druckmaschinen AG z. B. hat mit einer Cisco WebEx-Support-Lösung ihre Servicequalität entscheidend verbessert. Das Unternehmen betreut weltweit zirka 200 000 Kunden. Konnte früher ein chinesischer Servicetechniker einem Kunden vor Ort allein nicht weiterhelfen, musste er den zuständigen Produktspezialisten im Service-Zentrum Kiel kontaktieren. Geschah dies per E-Mail, kam die Lösung auf gleichem Weg bestenfalls am nächsten Tag zurück. Mit der neuen plattformunabhängigen Web-Fernwartungslösung hingegen können sich Ingenieure von Kiel aus direkt auf die Druckmaschine in China aufschalten und das Problem gemeinsam mit chinesischen Kollegen und Kunden in einer simultanen Audiokonferenz diagnostizieren. Heidelberger Druckmaschinen löst inzwischen 80 Prozent aller Supportfälle remote. Die Kommunikationsprozesse innerhalb der internationalen Serviceteams sind schlanker geworden; die Reaktionszeiten im Servicefall haben sich verkürzt.

Gleichfalls mit einer WebEx-Lösung erzielt der Frankfurter Reisedienstleister FCm DER Travel Solutions höhere Effizienz in der Kundenbetreuung bei gleichzeitiger Kostenreduktion: Statt Firmenkunden wie bislang persönlich in neue Funktionen der diversen FCm-Buchungssysteme einzuführen, werden Trainingsmaßnahmen heute vorzugsweise als virtuelles Meeting abgehalten – in der Summe etwa 10 Webkonferenzen pro Woche und Account Manager. Als Durchschnittskosten für derartige (nunmehr vermiedene) Geschäftsreisen hat der Verband Deutsches Reisemanagement knapp 500 Euro ermittelt. Daraus ergeben sich bei FCm DER Travel Solutions pro Kundenbetreuer rund 5 000 Euro wöchentliche Einsparungen. Hinzu kommt der Produktivitätsgewinn, weil auch der Arbeitszeitverlust während der Fahrten im Zug oder auf der Autobahn entfällt.

Mehr als 2,8 Mio. Menschen in aller Welt haben inzwischen ein WebEx-Konferenz-Abonnement. Die Gesamtzahl der User liegt jedoch weitaus höher, nämlich bei monatlich etwa 5 Mio. Denn Gastteilnehmer brauchen sich bei dieser Plattform nicht zu registrieren. Im Schnitt finden hier täglich 126 000 Konferenzen statt. Hintereinander gelegt summieren sich diese Einzel-Sessions Tag für Tag auf 60 Jahre virtuelle Meeting-Zeit.

Unified Communications: Das Ende alter Medienbrüche

Bestrebungen, die Kommunikationsfähigkeit und Erreichbarkeit der Mitarbeiter unabhängig vom jeweiligen Aufenthaltsort zu verbessern, zeigten in der Vergangenheit oftmals nicht den gewünschten Erfolg. Ursache war meist eine Vielzahl nicht hinreichend aufeinander abgestimmter Endgeräte und Anwendungen. Laut einer Umfrage von Sage Research aus dem Jahr 2006 scheiterten erste Kontaktversuche seinerzeit bei 36 Prozent der befragten Unternehmen – und dies, obgleich etliche der Mitarbeiter mit sechs verschiedenen Endgeräten ausgestattet waren, darunter IP- und Festnetztelefone, Mobilfunk-Handys, Notebooks sowie PDAs. Im gleichen Kontext fand Forrester heraus, dass mangelnde Erreichbarkeit entscheidungsbefugter Mitarbeiter bei 27 Prozent aller US-amerikanischen Unternehmen mehrfach in der Woche zu Terminschwierigkeiten und Stockungen von Geschäftsabläufen führte.

UC überwindet derartige Medienbrüche durch Bündelung von Voice-over-IP, PC-Anwendungen, Instant beziehungsweise Unified Messaging und anderen Kommunikationsfunktionen unter eine gemeinsame Oberfläche. Darüber hinaus bietet UC integrierte Präsenz- und Lokalisierungsfunktionen. UC-Funktionen sind nicht auf das Unternehmensnetzwerk limitiert, sondern lassen sich auch unterwegs beim Kunden oder im Home Office nutzen.

Flexibilität der Arbeitsorganisation

Unternehmen, die von der letztgenannten Option Gebrauch machen, flexibilisieren ihre Arbeitsorganisation beträchtlich. Mitarbeiter können sich ihre Zeit besser einteilen, sparen Wege ins Büro und bringen Beruf und Privatleben besser in Einklang. Wird Teleworking per UC in größerem Stil angewandt, sind zudem oftmals weniger Büroarbeitsplätze erforderlich. Mit der Zahl der Schreibtische wiederum verringert sich die Bürofläche, die beheizt, beleuchtet und anderweitig unterhalten werden muss. Neben den Kosten geht auch der Energieverbrauch zurück. Entsprechendes gilt für die CO_2-Emissionen, die für die betroffenen Geschäftsprozesse anfallen. Hinzu kommt die Emissionsreduktion aufgrund vermiedener Wege zwischen Wohn- und Arbeitsort.

Interessant sind solche UC-Effekte für Großunternehmen ebenso wie für den Mittelstand. Selbst kleinste Firmen und Freiberufler können die Effizienz ihrer Geschäftstätigkeit mit UC beträchtlich steigern – wie das Beispiel des selbstständigen Steuerberaters Jan Petersen aus Neumünster illustriert: In seinem Büro, in dem zwei Mitarbeiterinnen beschäftigt sind, arbeitet er mit einer UC-Komplettlösung von Cisco. Da ein deutlicher Akzent seiner Arbeit auf der Beratung liegt, kommt es ihm besonders auf den persönlichen Kontakt zu Mandanten an. Vor Ort bei einem Kunden oder im Home Office telefoniert Petersen heute mit einem Softwaretelefon, das auf seinem Notebook installiert ist. Als Netzanbindung dienen hierbei verschlüsselte VPN-Leitungen auf Basis von UMTS oder DSL. Die fest installierten IP-Telefone in seinem Büro werden per Power-over-Ethernet vom UC-System mit Strom versorgt, sodass keine zusätzlichen Telefon-Steckdosen erforderlich waren. Der Steuerberater ist zu Hause, unterwegs und im Büro stets unter derselben Rufnummer erreichbar. Er hat von überall her Zugriff auf sämtliche Mandanten-Daten. Anders als früher verliert Petersen keine Zeit mehr mit dem Kopieren von Daten zwischen Notebook und Bürocomputer. Höhere Effizienz geht in seinem Fall einher mit mehr Freiraum in der persönlichen Arbeitsorganisation. Nach eigener Aussage hat sich die Work-Life-Balance des jungen Familienvaters dank UC entscheidend verbessert.

UC-Mehrwert im öffentlichen Dienst

In deutlich größerem Maßstab baute die Stadtverwaltung Hamm ihr Datennetzwerk bereits 2004 zu einer IP-basierten UC-Plattform aus. Allein die Vereinheitlichung von Sprach- und Dateninfrastruktur erbrachte aufgrund vereinfachter Administration Einsparungen von mehreren Hunderttausend Euro pro Jahr, wobei Produktivitäts- und Flexibilisierungseffekte nicht eingerechnet sind. Daneben liefert Hamm ein instruktives Beispiel, inwiefern integrierte Anwendungen einem vorhandenen Collaboration-Netzwerk zusätzlichen Mehrwert abgewinnen können: Die Stadt setzt die Lösung Unified Contact Center von Cisco für automatisierte Benachrichtigungsdienste ein und verbessert damit ihr Reaktionsvermögen, z. B. bei Wintereinbruch oder Hochwasser. Die gleiche Contact-Center-Lösung ist übrigens auch im erwähnten Landkreis Lippe im Einsatz, der zu den Pilotregionen für die bundeseinheitliche Behörden-Rufnummer 115 gehört. Die Kommune verfolgt seit Längerem die Idee, den Zugang zu möglichst vielen Verwaltungsleistungen zu vereinfachen. Konkret geschieht dies in der Detmolder Servicestelle für Bürger und Unternehmen, wo das neue 115-Contact-Center mit 12 Beratungsplätzen angesiedelt ist. In die Lösung integriert ist neben einer Wissensdatenbank auch eine spezielle Fallbearbeitungssoftware. Gut 100 Anrufe pro Tag belegen das Interesse der Einwohner und ansässigen Firmen am 115-Service in Lippe (vgl. **Abbildung 16.3**).

Abbildung 16.3 Eine leistungsfähige Contact-Center-Lösung ist im Kreis Lippe die Basis für den Bürgerservice unter der Rufnummer 115. Quelle: Cisco

Web 2.0 und kollektive Intelligenz

Vorstehend kamen vorwiegend synchrone Collaboration-Formen, also virtuelle Zusammenarbeit in Echtzeit, zur Sprache. Im Folgenden geht es auch um asynchrone, also zeitversetzte Interaktionsformen, wie sie für Web 2.0-Collaboration typisch sind.

Der Begriff Web 2.0 wurde 2004 im Verlagshaus O´Reilly geprägt, dessen Inhaber Tim O´Reilly ihn 2005 mit einem vielbeachteten Zeitschriftenartikel populär gemacht hat [3]. Der Terminus Web 2.0 kennzeichnet weniger eine bestimmte Web-Technologie oder eine spezifische Kommunikationsform, sondern subsummiert stattdessen all diejenigen Elemente und Verhaltensweisen im Web, deren gemeinsamer Nenner Interaktivität heißt. Wikis und Blogs sind die bekanntesten Grundformen interaktiver Web 2.0-Collaboration. Bereits vor zehn Jahren wiesen John Hagel und Arthur Armstrong in ihrem Buch „Net Gain“ [1] auf den hohen Stellenwert hin, den Online-Communities für Unternehmen besitzen. Damalige Internet-Foren können als Urahnen heutiger Web 2.0-Communities angesehen werden.

Inzwischen zweifelt kaum noch jemand an der These von Hagel und Armstrong, dass Online-Communities eine Art kollektiver Intelligenz hervorbringen. Das eingangs erwähnte Non-Profit-Beispiel Wikipedia ist ein Beleg für die Bereitschaft vieler Menschen zur interaktiven Mitarbeit im Web – eine Bereitschaft, die sich auch immer mehr Wirtschaftsunternehmen zunutze machen: Social Networking (ein Begriff, der oft synonym für virtuelle Web 2.0-Collaboration gebraucht wird) dient ihnen nicht allein als zusätzliches Mittel der externen Kundenkommunikation (etwa um die Markenbindung in internetaffinen Kundensegmenten zu festigen), sondern auch um Kommunikationsprozesse zwischen Mitarbeitern und Partnern zu verkürzen und neue Formen der abteilungs- und standortübergreifenden Teamarbeit zu etablieren.

Web 2.0 als Innovationsmotor

Mit dem isolierten Aufbau einzelner Projekt-Wikis oder themenbezogener Blogs allein entsteht allerdings noch kein Business Social Network. Dafür ist vielmehr ein kultureller Wandel im gesamten Unternehmen notwendig. Vor allem muss die angesprochene Bereitschaft, Wissen zu teilen, offensiv gefördert werden. Hemmende Hierarchien sollten abgebaut werden, um Mitarbeitern wie auch externen Partnern oder Kunden die unkomplizierte Partizipation an Web 2.0-Ressourcen zu ermöglichen. Business Social Networks setzen demnach eine Öffnung von Prozessen voraus, und zwar sowohl nach innen wie nach außen. Erst unter dieser Prämisse kann kollektive Intelligenz entstehen und in den Innovationskreislauf von Unternehmen eingespeist werden. Social Business Networks sind ihrem Wesen nach offene Web 2.0-Communities, die einen freien Austausch von Wissen und Ideen unterstützen.

Öffnung für externe Innovationsanstöße

In ähnlicher Weise lassen sich Innovationsanstöße auch von externer Seite her akquirieren, vor allem natürlich aus Kunden-Communities, aber ebenso von Partnerunternehmen oder aus öffentlichen Online-Plattformen. Für die externe Akquise empfiehlt es sich, das Wiki-Modell um zusätzliche Collaboration-Elemente zu erweitern. Ziel sollte es sein, die virtuelle Teambildung über Länder- und Plattformgrenzen hinweg zu fördern und Online-Ressourcen auf möglichst effiziente Art bereitzustellen. Hilfreich wären z. B. Web-Conferencing-Tools sowie ein abgeschlossener Team-Workspace im Internet. Dokumente bräuchten dann nicht mehr nach jedem Bearbeitungsschritt per E-Mail an andere Teammitglieder verschickt zu werden. Damit reduziert sich signifikant die Zahl der E-Mails, und das aufwändige Handling der im Anhang versandten Dokumente entfällt.

Die Öffnung nach außen wirft selbstverständlich auch die Frage auf, welches intern entwickelte Wissen ein Unternehmen externen Marktteilnehmern via Web 2.0 zur Verfügung stellen will. Ein Zuviel bedeutet unter Umständen die Preisgabe eines Innovationsvorsprungs gegenüber dem Wettbewerb. Ein Zuwenig hingegen kann das eigene Innovationstempo bremsen. Offene Web 2.0-Plattformen stellen somit völlig neuartige Herausforderungen an den Umgang mit Intellectual Property Rights. Sie erfordern eine neue Art von Information Governance – was wohl immer eine Gratwanderung bleiben wird. In jedem Fall aber beschleunigt der Web 2.0-Einsatz Akquise-, Entscheidungs- und Evaluierungsprozesse in der externen Innovationskommunikation und führt damit zu einer schnelleren Umsetzung von Innovationen.

Festzuhalten bleibt: Web 2.0 vernetzt individuelle Intelligenzen Einzelner und generiert daraus eine höherwertige kollektive Intelligenz Vieler. Eben diese kollektive Intelligenz verbessert die Innovationskraft von Unternehmen und folglich auch ihre Wettbewerbsfähigkeit.

Collaboration rechnet sich

Nicht nur in wirtschaftlich schwierigen Zeiten müssen sich Investitionsentscheidungen in mindestens zweierlei Hinsicht rechtfertigen: Zum einen müssen sich die eingesetzten Mittel durch höhere Produktivität und/oder Geschäftszuwachs kurzfristig rentieren. Zum anderen aber muss sich jede Investition am Grundsatz der Nachhaltigkeit messen lassen. Um aufzuzeigen, in welcher Weise Collaboration-Investitionen beiden Forderungen gerecht werden, folgt an dieser Stelle eine Zusammenfassung der wichtigsten Refinanzierungsquellen:

- Wie oben dargestellt, amortisieren sich Video- und Web-Plattformen oftmals allein schon durch eingesparte Reisekosten innerhalb kürzester Zeit. Wie schnell, hängt von der Zahl und geografischen Entfernung der Mitarbeiter und Standorte ab.
- Collaboration fördert flexible Arbeitsformen, da Menschen praktisch überall, unterwegs oder im Home Office, produktiv sein können. Neben dem Produktivitätsgewinn lassen sich in vielen Fällen auch die Kosten für Büro- und Arbeitsplatzausstattung reduzieren.
- Gleichzeitig steigt die Effektivität der standortübergreifenden Zusammenarbeit, da Collaboration auf vielerlei Weise so genanntes Humankapital freisetzt. Die vorausgegangene Diskussion von Web 2.0 als Innovationsplattform machte deutlich, inwiefern Collaboration dabei hemmende Hierarchien und langwierige Entscheidungsprozesse durch eine neue Unternehmenskultur der Partizipation und Teilhabe ersetzt. Wikis, Blogs und andere Community-Plattformen werden zur Anlaufstelle für zusätzliche Innovationsideen. Sie sind zugleich die Basis für ein effizientes Innovationsmanagement, mit dem Innovationsanstöße auch außerhalb der eigenen Organisation erschlossen werden. Innovationskraft schafft in vielen Wirtschaftszweigen klare Wettbewerbsvorteile, die sich in wachsenden Marktanteilen, Geschäftszuwachs und steigenden Erlösen auszahlen.
- Wenn sich Mitarbeiter via Web 2.0 abteilungsübergreifend in Unternehmensbelange einbringen und mit ihren Anregungen und Ideen auf Resonanz stoßen, steigt ihre Mo-

tivation. Die Bindung an das eigene Unternehmen wird enger. Solche Effekte einer veränderten Unternehmenskultur mag man weiche Faktoren nennen – und doch sind es Faktoren, die handfeste Produktivitätsvorteile generieren.

- Collaboration bietet vielfältige Möglichkeiten, neue Markttrends und veränderte Kundenbedürfnisse frühzeitig zu erkennen. Marken- und produktbezogene Web 2.0-Communities festigen zudem die Kundenbindung. Verbesserte Loyalität wiederum steigert die Profitabilität von Kundenbeziehungen. Hinzu kommen qualitative Verbesserungen in der Kundenbetreuung, z. B. mit einem UC-basierten Contact Center. Höhere Servicequalität wirkt sich in aller Regel auf die Langlebigkeit der Kundenbeziehung aus. Collaboration spielt in diesem Kontext auch deshalb eine so große Rolle, weil Markenbewusstsein im digitalen Zeitalter nicht mehr allein aus Produktqualität und Firmenrenommee erwächst, sondern in immer stärkerem Maß auch vom multimedialen Anbieter-Kontakterlebnis abhängt.

Auf dem Weg zur eigenen Collaboration-Lösung

Technologisch basiert Collaboration auf konvergenten Informationsnetzwerken. Dieser Netzwerktypus eignet sich optimal als Plattform, um diverse Collaboration-Funktionen als bedarfsorientierten Managed Service bereitzustellen. Geschieht dies durch einen externen Dienstleister, vermeiden Unternehmen hohe Einstiegsinvestitionen. Anders als beim Infrastrukturbetrieb in Eigenregie sind technologische Innovationen meist kurzfristig nutzbar – ohne selbst in finanzielle Vorleistung gehen zu müssen und folglich auch ohne Investitionsrisiko. Generell wandelt das Managed-Service-Modell schwer kalkulierbare variable in planbare Fixkosten um. Bei Diensten wie IP-Telefonie können zusätzliche Endgeräte bei steigender Nutzerzahl ohne Weiteres hinzugebucht und im umgekehrten Fall wieder abbestellt werden. Bezahlt wird somit immer nur für den tatsächlichen Bedarf. Unternehmen brauchen keine ungenutzten Systemkapazitäten vorzuhalten, was die Kapitalbindung mindert und folglich die Liquidität verbessert. Die Collaboration-Plattform eines Service Providers, der mehrere Kundenorganisationen simultan versorgt, bindet aufgrund von Skaleneffekten zudem weniger Ressourcen und verbraucht weniger Energie als die entsprechende Anzahl einzelner Kundenplattformen. So gesehen reduzieren netzwerkbasierte Service-Modelle nicht nur laufende Kosten und Investitionsbedarf, sondern sind auch ein Beitrag zu ökologischer Nachhaltigkeit.

Die Frage, welche der hier vorgestellten Collaboration-Formen sich im konkreten Fall als Einstieg eignet, hängt von der jeweiligen Geschäftstätigkeit und den unternehmerischen Zielen ab. In jedem Fall aber kommt es darauf an, das Kommunikationsverhalten verschiedener Mitarbeitergruppen im Vorfeld zu analysieren. Insbesondere sollten die späteren Anwender frühzeitig in die Planung einbezogen werden. Selbstverständlich benötigt nicht jeder von ihnen die gleichen Collaboration-Tools. Sachbearbeiter in der Personalabteilung etwa haben ganz andere Kommunikationsbedürfnisse als ein Vertriebsmitarbeiter im Außendienst oder ein Ingenieur aus der Entwicklungsabteilung. Für Geschäftsstellenleiter verschiedener Niederlassungen sind Conferencing-Lösungen für virtuelle Meetings zweifellos wichtiger als eine Messenger-Funktion. Für einen Service-Techniker aus der IT-Abteilung hingegen ist Instant Messaging mit Präsenzanzeige empfehlenswert, um seine Erreichbarkeit und Reaktionsfähigkeit zu verbessern.

Neben der Analyse des jeweiligen Kommunikationsbedarfs dürfen auch bestehende Hierarchien und Entscheidungswege nicht außer Acht gelassen werden. Wie bereits angedeutet, lässt sich das Potenzial von Collaboration nur dann in vollem Umfang ausschöpfen, wenn sich im Unternehmen zugleich ein kultureller Wandel vollzieht in Richtung Partizipation und Teilhabe.

Das Netzwerk als Quelle von Nachhaltigkeit

Netzwerke seien technologische Basis für Collaboration, hieß es weiter oben. Gleichwohl tragen konvergente Netzwerke nicht nur vermittelt über Collaboration-Effekte zu höherer Umweltverträglichkeit bei. Sie sind vielmehr auch eine tragende Säule für „grüne" Technologien, mit denen IT-bedingter Ressourcenverbrauch und CO_2-Ausstoß signifikant abgesenkt werden können. Ein einfaches Beispiel dafür wäre die Netzwerkintegration von Sicherheitsfunktionen wie Datenverschlüsselung, Nutzerauthentifizierung oder Firewalls, für die bislang separate Server oder Appliances nötig waren. Zahlenmäßig weniger IT-Geräte reduzieren in Rechenzentren zum einen den direkten Stromverbrauch. Zum anderen aber sinken Platz- und Kühlungsbedarf, was zusätzliche Kosten- und Energieeinsparungen mit sich bringt.

Auch außerhalb von Rechenzentren erweist sich Netzwerkintegration zunehmend als Treiber ökologischer wie ökonomischer Nachhaltigkeit: Dieselben IP-Netzwerke, die als Collaboration-Plattform dienen, übernehmen vielerorts immer neue Aufgaben aus ganz anderen Bereichen, beispielsweise Steuerungs- und Überwachungsfunktionen im Gebäudemanagement. Extra Steuernetze für Überwachungskameras oder elektronische Zugangskontrollsysteme werden damit entbehrlich. Von verringertem Investitionsbedarf und Betriebsaufwand abgesehen, sind derart vereinheitlichte Infrastrukturen natürlich auch sparsamer im Energie- und Ressourcenverbrauch.

Selbst an den Energieversorgungsnetzen geht der Trend zu fortschreitender Netzwerkintegration in Zukunft nicht vorbei: Die Verzahnung von Informations- und Versorgungsinfrastruktur lässt intelligente Stromnetze, so genannte Smart Grids, entstehen. Mit Software ausgestattete Zähler liefern dann Daten, mit deren Hilfe der Verbrauch in Haushalten und Betrieben optimiert werden kann. Darüber hinaus schaffen Smart Grids die Voraussetzung, um erneuerbare Energien aus Wind- oder Solaranlagen dezentral in das Versorgungsnetz einspeisen und effizient abrechnen zu können. Im Energiemix mit konventionell erzeugtem Strom würden sich die wirtschaftlichen Prämissen regenerativer Energien bedeutend verbessern. Nicht zuletzt tragen Smart Grids auch zu höherer Versorgungssicherheit bei.

Ausblick in urbane Lebensräume

Mehr als die Hälfte der Menschheit lebt in Städten. Bis 2015, so Prognosen, wird es weltweit 22 Megastädte mit mehr als 10 Mio. Einwohnern geben. Schon heute verbrauchen urbane Lebensräume gut drei Viertel der auf der Erde verfügbaren Energie – und sind damit verantwortlich für einen Großteil der klimaschädlichen Treibhausgasemissionen. Inwieweit die hier dargestellten Collaboration-Technologien geeignet sind, den Emissionsanstieg in Ballungsräumen zu drosseln, zeigt sich u. a. im Großraum Amsterdam: In der gut 20 Kilometer entfernten Nachbarkommune Almere entstand ein so genanntes Smart Work Center, das den Berufsverkehr nach Amsterdam eindämmen soll. Das breitbandig vernetzte Zentrum kombiniert Telepräsenz- und andere Collaboration-Technologien mit Finanzierungs- und sozialen Angeboten, z. B. zur Kinderbetreuung. Die Kommunalverantwortlichen in Almere und Amsterdam streben zudem umweltverträgliche Beschäftigungsmodelle an, um einen veränderten Lebensstil herbeizuführen und energieeffiziente Geschäftsprozesse zu fördern.

Amsterdam ist Partnerstadt der Cisco-Initiative „Connected Urban Development" (CUD). Die Initiative fokussiert auf nachhaltige Stadtentwicklungskonzepte, die sich modellhaft auf andere Metropolen übertragen lassen. Als erste deutsche Großstadt schloss sich Hamburg dieser Initiative an. Dort ist die CUD-Partnerschaft Teil eines breitgefächerten Klimaschutzprogramms, mit dem die Hansestadt ihre jährlichen CO_2-Emissionen bis 2012 um zwei Mio. Tonnen senken will. Ein Schwerpunkt liegt dabei auf dem Einsatz von Informations- und Kommunikationstechnologien, vor allem um Emissionen im Hamburger Nahverkehr zu reduzieren.

In Hamburg wie Amsterdam zeichnet sich jetzt schon ab, dass Informationsbeschaffung und Kommunikationsbedarf bald keine zwingenden Gründe mehr sein werden für physische Mobilität von Mio. Menschen. Zeit- und Produktivitätsgewinn wären enorm. Städte, die ihren Bürgern auf diese Weise höhere Lebensqualität bieten können, verschaffen sich zudem einen Standortvorteil im Wettbewerb der Regionen. Zusammenfassend lässt sich sagen: Collaboration verändert die gesamte Arbeits- und Lebenswelt und leistet einen unverzichtbaren Beitrag zur Lösung der globalen Herausforderungen unserer Zeit.

Literatur

[1] Hagel, J./Armstrong, A. (1997): Net Gain – Profit im Netz, Wiesbaden, Gabler.

[2] Reichwald, R./Piller, F. (2006): Interaktive Wertschöpfung, Wiesbaden, Gabler.

[3] O'Reilly, T.: What is Web 2.0? in: www.oreilly.de/artikel/web20.html.

[4] The Psychology of Effective Business Communications in Geographically Dispersed Teams – Research Report, Executive Summary: Pearn Kandola 2006, in: newsroom.cisco.com/dlls/2006/eKits/psychology_business_comm.pdf.

17 Softwarelösungen für grünes Arbeiten - Unterwegs und im Büro

Frank Koch

Das „Büro" hat sich drastisch verändert: Millionen von Menschen arbeiten täglich weltweit in Büros, ob nun im privaten Büro zu Hause oder im mobilen Büro unterwegs, in der Universität oder in Cafés oder eben traditionell am Arbeitsplatz in einem Betrieb oder einer Verwaltung. Fast überall werden dabei elektronische Geräte als Hilfsmittel verwendet. Und auch wenn jedes Gerät für sich genommen nur einen kleinen Energieverbrauch aufweist, so summiert sich der weltweite Energiebedarf dieser Geräte auf einen stattlichen Betrag. Ein Szenario soll dies verdeutlichen. Ein moderner, sparsamer PC benötigt heutzutage kaum mehr als 50 Watt im Betrieb, weniger als die 60 Watt Glühbirne in der alten Schreibtischlampe.[1] Laut Analysten von Gartner wurden im dritten Quartal 2009 rund 80 Mio. PCs (von Netbooks bis Workstations) verkauft.[2] Nimmt man nun für diese 80 Mio. PCs an, dass sie im Jahr rund 200 Tage à 6 Stunden angeschaltet sind und dabei pro Rechner lediglich 40 Watt im Durchschnitt verbrauchen würden, ergäbe dies bereits mehr als 3800 Mio. kWh oder 3,8 Terawattstunden im Jahr. Und das alleine nur für die PCs von drei Monatsverkäufen. Alte PCs nehmen sogar leicht die dreifache Energiemenge auf; 120 Watt im Betrieb sind eher die Norm als die Ausnahme. Auch wird nicht jeder PC ausgeschaltet oder in den Stand-by-Betrieb versetzt, wenn er nicht benötigt wird. So ist diese obige Abschätzung vielleicht sogar zu optimistisch. Aber sie zeigt, dass das Thema Energieressourceneinsparung und -optimierung bei Bürocomputern mindestens so wichtig ist wie der in der letzten Zeit sehr oft diskutierte Punkt der Rechenzentrumsoptimierung.[3]

Microsoft als einer der wichtigsten Softwarelieferanten für Bürocomputer ist sich dieser Situation bewusst und versucht, das Problem zu adressieren.[4] Auch wenn Microsoft nur begrenzt Computerhardware herstellt, kann durch die Entwicklung von Energiesparfunk-

---

[1] Verbrauchsangaben finden sich bei den Herstellern oder auch unter http://www.energystar.gov.

[2] Angaben von Gartner für das dritte Verkaufsquartal 2009: „Gartner Says Worldwide PC Shipments Returned to Growth in Third Quarter of 2009", in: http://www.gartner.com/it/page.jsp?id=1207613 (12/2009)

[3] Die Problematik des Themas „Energieaufnahme von Rechenzentren" wurde weltweit besonders hervorgehoben durch den Bericht an den Kongress der USA vom amerikanischen Amt U.S. Environmental Protection Agency (US EPA): „Report to Congress on Server and Data Center Energy Efficiency, Public Law 109-431" aus dem Jahr 2007, in: http://www.energystar.gov/ia/partners/ prod_development/downloads/EPA_Datacenter_Report_Congress_Final1.pdf

[4] Microsoft fasst seine Aktivitäten im Bereich Umwelt auf seinen Webseiten zusammen. In Deutschland ist dies im Portal www.microsoft.de/umwelt zu finden. Für den Gesamtkonzern finden sich weitere Informationen auf den amerikanischen Seiten unter www.microsoft.com/environment.

tionen und die Optimierung von Softwarekomponenten viel Energie eingespart werden. Zusammen mit den Hardwareherstellern wurde so über die letzten Jahre der Gesamtenergiebedarf von PC-Systemen deutlich reduziert und gleichzeitig die eigentliche Rechenleistung vervielfacht. Neue Betriebssysteme laufen dabei auch problemlos auf leistungsschwächeren und energiesparsameren Systemen wie auf der neuen Geräteklasse der Netbooks. Durch Energiemanagementfunktionen in den Betriebssystemen können Organisationen ihre Rechner sehr einfach zentral verwalten sowie konfigurieren und so ihren Gesamtenergiebedarf reduzieren, wie viele Beispiele zeigen.[5] Aber Software kann für das grüne Büro noch viel mehr leisten. Der folgende Text soll daher neben den direkten auch die indirekten Einsparpotenziale aufzeigen, die oft um das Vielfache höher liegen. Sobald diese Lösungen für die breite Masse der Büroanwender zum Alltag gehören, ist man auf dem Weg zu einer grünen und nachhaltigen IT wieder einen Schritt vorangekommen.

Energiesparen am Arbeitsplatz

Bürorechner erfüllen heutzutage Anforderungen, die man vor einigen Jahren noch an Serversysteme stellte: Heutige Hochleistungsprozessoren bieten schon in Laptops eine Rechenkraft, die gar ältere Großrechner, so genannte Mainframes, in den Schatten stellen. Und auch wenn immer mehr Tätigkeiten am Rechner durchgeführt werden, wartet ein Computer trotzdem die meiste Zeit des Tages auf Eingaben seines Benutzers. Daher kommt häufig die Frage auf, ob PCs am Arbeitsplatz noch die richtige Wahl seien oder man nicht andere Technologien wie z. B. Terminal Server nutzen sollte.[6] Hier werden sparsame **Thin Clients** statt PCs verwendet. Die Anwendungen laufen auf gemeinsam genutzten Servern im Hintergrund.

Die Beratungsfirma BearingPoint Deutschland GmbH hat zu diesem Thema im Dezember 2009 eine Studie erstellt und aktuelle Rechnersysteme und Thin Clients miteinander verglichen.[7] Eine richtig konfigurierte PC-Umgebung ist dabei so energiesparend wie eine optimierte Thin Client-Umgebung mit nahezu identischem Energieverbrauch pro Jahr. Die Ergebnisse mögen überraschen, lassen sich jedoch leicht erklären: Während klassische PCs, die heutzutage in fast allen Büros der Welt stehen, noch rund 80 bis 150 Watt im Betrieb verbrauchen, kommen aktuelle Rechner lediglich mit 30 bis 45 Watt aus, ohne dabei mehr

---

[5] Einige Kundenreferenzen veröffentlicht Microsoft auf seinen Umweltseiten unter www.microsoft.com/environment/news_resources/case_studies.aspx#energyefficientcomputing, wie z. B. von Continental Airlines oder zusammen mit seinem Partner 1E auch unter www.microsoft.com/casestudies/Case_Study_Detail.aspx?CaseStudyID=4000001856.

[6] Eine der am häufigsten zitierten Studien ist vom Fraunhofer Institut Umwelt-, Sicherheits-, Energietechnik UMSICHT „PC vs. Thin Client" unter http://it.umsicht.fraunhofer.de/PCvsTC/ aus dem Frühjahr 2008.

[7] Zum Zeitpunkt des Redaktionsschluss dieses Textes war die zitierte BearingPoint Studie noch nicht im Internet verfügbar. Sie wird zusätzlich auf den Microsoft Umweltseiten unter www.microsoft.de/Umwelt veröffentlicht.

als ihre Vorgänger zu kosten. Die eigentliche Rechenkraft, gemessen durch synthetische Leistungsbenchmarks, ist dabei mindestens identisch, wenn nicht gar um das Vielfache besser geworden. Ohne Rechenleistung einzubüßen, kann man bei Bürocomputern in der Regel auch auf zusätzliche Grafikkarten oder Netzwerkkarten verzichten. Solche Zusatzkarten benötigen dabei nur mehr Strom, ohne echte Vorteile bei der Büroarbeit zu erzielen. Durch das Austauschen der Hardware und das Verzichten auf unnötige Komponenten kann so in der Zukunft direkt Geld und Energie eingespart werden, ohne Einbußen bei der Performance hinzunehmen.[8]

Ändert man jedoch gleichzeitig auch seine Betriebskonzepte und nutzt zusätzliche Softwarefunktionen, ist das Einsparpotenzial noch wesentlich größer. Hierzu müssen lediglich die Rechner bei Nichtverwendung wie nachts oder am Wochenende in den Energiesparmodus (Stand-by) versetzt werden, statt angeschaltet und betriebsbereit zu bleiben.[9] Moderne Betriebssysteme bieten entsprechende Einstellmöglichkeiten. Somit ist man bei dieser Energiesparmaßnahme nicht mehr auf die manuelle Mithilfe der Mitarbeiter angewiesen. Der Stand-by-Modus kann auf modernen Systemen problemlos verwendet werden: Programme und Anwendungen werden dabei nicht geschlossen, sodass kein ungewollter Datenverlust auftritt. Stattdessen wird der gesamte Arbeitsspeicher des Rechners quasi eingefroren und die meisten aktiven Komponenten abgeschaltet. Um zu verhindern, dass bei einem Stromausfall die Daten verloren gehen, wird unter Windows Vista und Windows 7 zur Sicherheit automatisch eine Kopie des Arbeitsspeichers auf der Festplatte abgelegt. So ist der Rechner für jede Situation gewappnet und die Anwender haben trotzdem ein schnell startendes System ohne lange Bootzeiten. Die Einsparpotenziale sind mit dieser einfachen Methode enorm: Im Stand-by-Modus verbraucht ein moderner PC heutzutage kaum mehr als zwei Watt.[10] Neue EU-Richtlinien schränken dies in Zukunft sogar auf unter ein Watt ein.[11] Über das Jahr gerechnet reduzieren sich somit die Leistungsver-

---

[8] Da jedoch auch bei der Herstellung von PCs Energie benötigt wird, sollten alte Rechner nicht zu schnell durch neue, sparsamere Modelle ersetzt werden. Ansonsten verschlechtert sich insgesamt die Energiebilanz über den gesamten Lebens- und Einsatzzyklus. Eine generelle Empfehlung über die Einsatzdauer ist schwer auszusprechen, jedoch stellen 3 bis 4 Jahre scheinbar einen guten Kompromiss dar. Die Hardware sollte in jedem Fall im Anschluss wieder einem Recycling-Kreislauf zugeführt werden. Größere Hersteller bieten dies heutzutage an.

[9] Die Nutzung des Stand-by-Modus anstelle von Ausschalten lässt sich begründen: Moderne PCs verbrauchen im Stand-by-Modus nur rund 0,5 Watt (max. 2 Watt) mehr als im ausgeschalteten Zustand. Dafür kann das System problemlos nachts z. B. zu Wartungszwecken über das Netz aktiviert werden. Laufende Anwendungen werden beim Stand-by nicht wirklich geschlossen, was zu größeren Datenverlusten führen könnte. Daher ist dieser Zustand wesentlich einfacher zu realisieren und das Sparpotenzial gegenüber dem Normalbetrieb trotzdem enorm.

[10] Verbrauchsangaben finden sich bei den Herstellern oder auch unter www.energystar.gov.

[11] Hintergrund ist die EU-Verordnung 1275/2008, unter der laut Bundesanstalt für Materialforschung und -prüfung auch typische Heimrechner und Notebooks für Privatkunden erfasst werden. Eine separate Verordnung für Bürocomputer für gewerbliche Nutzer ist in Planung. Die Verordnung findet sich auf den Seiten der EU, z. B. unter http://eur-lex.europa.eu/LexUriServ/LexUriServ.do?uri=OJ:L:2008:339:0045:0052:DE:PDF.

bräuche dank moderner Hardware und Stand-by-Nutzung auf rund 35 Prozent der Werte einer typischen Büroumgebung mit klassischen PCs ohne Energiemanagement.

Softwareprodukte von Microsoft und Partnern ergänzen die Möglichkeiten der Verwaltungsrichtlinien. Mit dem System Center Configuration Manager 2007 R3 bringt Microsoft eine Lösung für Unternehmen und Organisationen mit komplexen Anforderungen und erlaubt z. B. unterschiedliche Konfigurationen für Haupt- und Nebenzeiten oder verschiedene Gruppen von Rechnern. Auch erlaubt das Programm Analysen, welche Rechner bisher zwar angeschaltet blieben, jedoch keine Aktivitäten aufwiesen. Anhand dieser detaillierten Informationen können Optimierungsmöglichkeiten gezielt in Angriff genommen werden. Die folgende **Abbildung 17.1** zeigt eine Messung mit einer Vorabversion dieser Software und stellt die Ergebnisse einer Untersuchung innerhalb des Unternehmens Microsoft dar. Auf der x-Achse ist der Tagesverlauf dargestellt, auf der y-Achse die Anzahl der aktiven Objekte. Es gibt mehr Rechner als Benutzer, was typisch für Test- und Entwicklungsumgebungen ist. An der blauen Kurve erkennt man, dass nahezu alle Rechner über die betrachtete Zeitspanne angeschaltet blieben. Die Benutzer (rote Kurve) arbeiteten jedoch im Schnitt lediglich von 8 Uhr morgens bis 18 Uhr abends. Dazwischen erkennt man deutlich eine Mittagspause um 12 Uhr.

Abbildung 17.1 Rechneraktivität und Benutzeraktivität im Dauerbetrieb

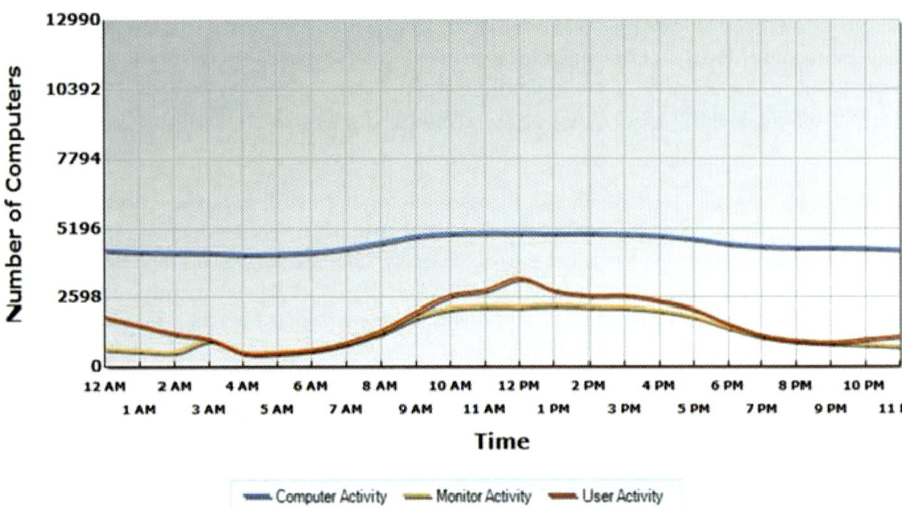

Würde man die Rechner in der Zeit bis 8 Uhr, ab 18 Uhr sowie während der Mittagszeit für eine Stunde in den Stand-by-Modus versetzen, würde man statt 24 Stunden nur 9 Stunden Energie verbrauchen. An Arbeitstagen könnte so der Energiebedarf um rund 60

Prozent reduziert werden (15h/24h). An Wochenenden und Feiertagen wäre das Einsparpotenzial sogar weit über 90 Prozent (im Stand-by werden weiterhin rund 2 Watt Energie aufgenommen). Bei 220 Arbeitstagen im Jahr ergäbe dies eine Ersparnis von rund 70 Prozent gegenüber der heutigen Situation des Dauerbetriebs.

Die Entwicklung stromsparender Hard- und Software hat dabei noch nicht das Ende des Möglichen erreicht. Ein Beispiel ist die Rechnerklasse der Netbooks[12] und Nettops[13]. Besonders stromsparende Prozessoren erlauben hier den Bau von Systemen mit einem Stromverbrauch im Bereich von wenigen Watt im vollen Betrieb. Microsoft unterstützt die Entwicklung dieser leistungsschwächeren Plattformen durch die Optimierung der eigenen Betriebssysteme wie Windows 7 auf die geringeren Systemressourcen.[14] So kann ein Windows 7 System sowohl auf einem Netbook mit Flash-Speicher als auch einer Hochleistungsworkstation mit Multicore-Architektur, parallelen Grafikkarten und RAID-Plattensystem betrieben werden. Auch wenn die Leistungsbenchmarks um Welten auseinander liegen, ist für das einfache Arbeiten im Büroalltag oft kaum ein Unterschied zu spüren. Wichtig ist daher, bereits bei der Beschaffung darauf zu achten, welche Anforderungen man an seine Rechner stellt. Neben der Rechenleistung über Leistungsbenchmarks sollten genauso Formfaktoren und mögliche Einsatzszenarien (fester oder mobiler Arbeitsplatz) berücksichtigt werden.[15]

Aber auch im Serverbereich, der mit seinen zentralen Funktionen zu jeder Büroumgebung gehört, kann Energie eingespart werden. Moderne Serverbetriebssysteme unterstützen die Möglichkeiten der Hardware, dynamisch Komponenten bei Nichtverwendung abzuschalten. Vielfach kann je nach Lastanforderung die Prozessortaktung angepasst werden. Neue Multicore-Prozessoren bieten zusätzlich hohe Rechenleistung bei verringerter Stromaufnahme des optimierten Gesamtsystems. Diese direkten Energiesparmaßnahmen werden durch weitere Softwarelösungen wie Virtualisierung ergänzt. Während durch Optimierung des einzelnen Servers vielleicht bis zu 15 oder gar 20 Prozent Energie eingespart werden kann[16], erlaubt Servervirtualisierung oft wesentlich größere Einsparungen[17]. Kön-

---

[12] Zu einem Versuch der Begriffsdefinition „Netbook" siehe den Artikel auf Wikipedia unter http://en.wikipedia.org/wiki/Netbook.

[13] Zu einem Versuch der Begriffsdefinition „Nettop" siehe den Artikel auf Wikipedia unter http://en.wikipedia.org/wiki/Nettop.

[14] Einige Netbooks mit Windows 7 finden sich unter http://www.microsoft.com/windows/pc-scout/laptop-set-criteria.aspx?cat=6&brands=all&addf=showmaxnumpcs.
Unter http://store.microsoft.com/win7netbooks findet sich eine Beschreibung, wie man Windows 7 auch nachträglich für Netbooks erwerben und installieren kann.

[15] Das Beschaffungsamt des Bundesministeriums des Innern, der Bundesverband Informationswirtschaft, Telekommunikation und neue Medien e. V. (BITKOM), das Bundesamt für Informationsmanagement und Informationstechnik der Bundeswehr und das Umweltbundesamts stellen detaillierte Hinweise unter http://www.itk-beschaffung.de/ zur Verfügung.

[16] Die Studie „Windows Server 2008 R2: Optimierte IT-Prozesse und Kosteneinsparungen mit Windows Server 2008 R2" zeigt den Energiespareffekt der dynamischen Prozessortaktung gegenüber nicht-dynamischen Systemen auf Seite 8 und kann unter http://download.microsoft.com/download/

nen z. B. acht physische Systeme virtuell auf einem Host betrieben werden, reduziert sich die Gesamtenergiemenge um einen entsprechenden Faktor.

Neben effizienter Hardware spielt Software also eine wichtige Rolle beim direkten Energiesparen in typischen Büroumgebungen. Es ist also nicht mehr eine Frage, ob man aus Energiegründen eine PC- oder Thin-Client-Umgebung betreiben sollte, sondern nur noch die Entscheidung, wann man das direkte Sparpotenzial moderner Hard- und Softwarelösungen verwenden möchte.

Indirekte Sparpotenziale moderner Bürolösungen

Auch wenn die direkten Einsparmöglichkeiten für Bürorechner bereits groß erscheinen, ist das indirekte Sparpotenzial noch um ein Vielfaches größer. Der weltweit viel zitierte Smart2020[18] Bericht liefert hierbei die entscheidenden Hinweise. Gemeint sind Einsparmöglichkeiten z. B. durch verringerten Papierverbrauch im Büro, weniger Reisen und Fahrten aufgrund veränderter Arbeitsprozesse oder Logistikkettenoptimierungen dank Software. Dieser Bereich ist dabei deutlich schwerer zu fassen als die direkten Einsparungen, da Ursache und Wirkung nicht immer klar zu erkennen sind.

Fahrten und Reisen reduzieren

Hatte man Anfang des Jahrtausends bereits ein Notebook als Arbeitsrechner, befand man sich in einer bevorzugten Situation. Damals war der geringere Stromverbrauch gegenüber Desktop-Rechnern sicherlich nicht der Hauptgrund für dessen Anschaffung, sondern die erhöhte Mobilität. So konnte man das Notebook vom Büro mit zum Kunden nehmen, um dort Texte oder Computerskripte zu schreiben oder Auftragsdaten zu erfassen. Jedoch fuhr man normalerweise für E-Mails oder Arbeiten im Firmennetz weiterhin ins Büro, da die damaligen VPN-Lösungen für die tägliche Arbeit noch zu langsam waren. Von echter Mobilität konnte man daher noch nicht wirklich sprechen.

Heutzutage hat sich das Bild gewandelt. Dank modernster Technik kann man nahezu überall einen Rechner ins Internet bringen, sei es über WLAN, UMTS, via DSL oder Ka-

E/5/1/E516ACDA-9632-42CE-8640-FB2AB5A4C609/Whitepaper_Windows_Server_2008_R2_Optimierte_ITProzent20Prozesse_und_Kosteneinsparungen.pdf bezogen werden.

[17] Die positiven Auswirkungen von Virtualisierung auf die Umwelt wurde in vielen Studien ausführlich behandelt und gilt als allgemein anerkannt. Das Potenzial dieser Technologie zeigt auch folgendes Whitepaper http://download.microsoft.com/download/D/A/3/DA3F0BAB-40FC-44F9-ACF2-1B1F4E157802/Econ_CTA_to_Tori_PDF_XPS/Customer Prozent20Whitepaper Prozent20Cost Prozent20Savings.pdf

[18] Der Smart 2020 Bericht kann im Ganzen oder als Zusammenfassung unter www.smart2020.org heruntergeladen werden. Eine Version, die die spezielle deutsche Situation betrachtet, ist dort ebenfalls zu finden.

belmodem. Durch intelligente Software[19] bauen PCs automatisch eine sichere Verbindung zum eigenen Firmennetzwerk auf und man arbeitet wo immer und wann immer wie im Büro. Seinen Arbeitsalltag kann man so der Zeit entsprechend anpassen. Die Technik erlaubt es dabei schon heute, wesentlich flexibler zu arbeiten als früher. Morgens synchronisiert man über sein Telefon zunächst E-Mails. So sieht man, ob ungeplante Ereignisse eine frühe Anwesenheit im Büro verlangen. Ansonsten kann noch schnell das Wichtigste per Smartphone direkt bearbeitet werden, während der Laptop weiter vor sich hin schlummert. Aus Energiesicht ist dies empfehlenswert, verbraucht ein Smartphone doch um den Faktor 10 weniger Leistung zum Lesen und Schreiben von E-Mails als ein Laptop.[20] Ob und wann man dann noch ins Büro fährt, ist danach zumindest keine Frage der Technik mehr.

Zu Heim- oder Telearbeit und deren positive Auswirkungen auf das Mobilitätsverhalten sind in den letzten Jahren viele Studien erschienen.[21] Die Technik ist dank Breitbandanschlüssen und einfach zu bedienender, wartungsleichter Komponenten im Hard- und Softwarebereich für den Einsatz bereit. Auch das sich ändernde Verhalten in der Bevölkerung durch verstärkte Nutzung von Online-Diensten unterstützt die prinzipielle Einführung von Telearbeit. Schon heute nutzen immer mehr Menschen für Einkäufe, Bestellungen, Bankgeschäfte oder Behördengänge Telefon- oder Internetdienste, bei denen der eigentliche Dienstleister überall sitzen kann. Moderne Call-Center oder Datenbearbeitungsplätze müssen dabei schon lange nicht mehr räumlich an einer Stelle aufgebaut werden, sondern sind bereits landes- oder gar weltweit verteilt. Der Schritt zum Heimarbeitsplatz selbst für öffentliche Verwaltungen[22] ist somit mehr eine Frage der Überwindung von Gewohnheiten und käme sicherlich vielen Menschen entgegen, um private und berufliche Bedürfnisse in Einklang zu bringen.

Allerdings wäre es falsch, jeweils den kompletten Arbeitsweg als eingesparten Fahrweg anzunehmen. So fallen auch weiterhin Fahrten zu Kunden an, nur nicht mehr über den Umweg ins Büro. Im bereits erwähnten Smart 2020 Report geht man von einer Reduzierung der Fahrten um insgesamt rund 60 Prozent aus. Bei einer täglichen Fahrt zur Arbeit und zurück von insgesamt 30 km können so im Schnitt 20 km eingespart werden. Bei nur

[19] Mit Windows 7 und Windows Server 2008 R2 führt Microsoft eine neue Technik ein, die klassische VPN-Lösungen überflüssig macht. Mittels Direct Access kann von unterwegs wie aus dem eigentlichen Firmennetz gearbeitet werden. Mehr Informationen findet sich unter www.microsoft.com/servers/directaccess.mspx.

[20] Eine Studie von HP betrachtet den Energieverbrauch von Laptops, Handhelds und Telefonen. Auch wenn die Studie bereits einige Jahre alt ist, hat sich an den prinzipiellen Verhältnissen bis heute nichts geändert. Die Studie ist unter www.hpl.hp.com/techreports/2003/HPL-2003-167.pdf einsehbar.

[21] Bereits 2001 veröffentlichte das Bundesministerium für Wirtschaft und Technologie die Broschüre „Telearbeit Leitfaden für flexibles Arbeiten in der Praxis", verfügbar unter www.bmwi.de/BMWi/Navigation/Service/publikationen,did=12200.html.

[22] So ist auch im BMWI als Verantwortlicher des Leitfadens für Telearbeit für Angestellte dieser Schritt prinzipiell möglich: www.bmwi.de/BMWi/Navigation/ministerium,did=308894.html.

110 Tagen im „Home Office" und durchschnittlich 153g CO_2 pro Kilometer ergibt das rund 336 kg CO_2 weniger im Jahr pro Mitarbeiter.[23]

In den gleichen Bereich fallen auch weitere Dienstreisen. Audio- und Videokonferenzen für jeden Mitarbeiter, einfach und leicht zu bedienen, können helfen, solche Reisen auf ein Mindestmaß zu reduzieren. Heute sieht die Situation ganz anders aus. Regelmäßige Besprechungen, das Durchschauen von Präsentationen oder das Diskutieren von Projektergebnissen können auch problemlos online erfolgen. Hierzu reicht ein Mausklick in Outlook, um aus der Terminanfrage eine Online-Konferenz mit allen Beteiligten zu machen. Eine kleine Webcam am Rechner erlaubt dabei den menschlichen Aspekt der Kommunikation: die direkte Sicht auf den Gesprächspartner. Dies ist ein kleiner, aber feiner Unterschied zur Telefonkonferenz. Statt mit dem Hörer zwischen Kopf und Schulter eingeklemmt E-Mails zu lesen oder andere Arbeit zu erledigen, liegt die Aufmerksamkeit für alle sichtbar beim Gespräch. Auch wenn die Kamera noch oft ausgeschaltet bleibt, ist das für wichtige Gesprächsrunden ein entscheidender Vorteil.[24]

Auch diese Technik funktioniert problemlos über das private WLAN von zu Hause. Die Übertragungstechnik passt sich dabei automatisch der jeweiligen Verbindungsqualität an und wird geschützt und gesichert. Wie viele Reisen dadurch eingespart werden, lässt sich schwer sagen. Vielleicht würden Reisen verschoben oder zusammengefasst oder noch andere Lösungen gefunden. Allerdings hat Microsoft als Firma festgestellt, dass nach der Einführung der beschriebenen Technologien 2008 bereits Reisekosten in Höhe von 212 Mio. US-Dollar und 17 000 Tonnen CO_2 weltweit eingespart werden konnten.[25]

Papier einsparen

Neben Reisen und Arbeitsfahrten lassen sich dank neuer Softwarelösungen noch weitere Ressourcen einsparen. Hier sei vor allem Papier genannt. Zwar ist allgemein akzeptiert, dass die Vision des papierlosen Büros grandios gescheitert ist. Noch immer werden neben E-Mails auch Briefe verschickt, Tagungsunterlagen nicht nur als PDF oder PowerPoint-Folien, sondern auch als Ausdruck zur Verfügung gestellt und Fachliteratur immer noch gerne als Buch gelesen, sei auch ihre „Halbwertszeit" noch so gering. Jedoch wurde dank Software auch vieles an Papier eingespart, welches ansonsten zusätzlich noch hergestellt und bedruckt worden wäre. Das Potenzial ist hier beachtlich. Für rund 1 kg Papier (was ca. 200 Blatt DIN A4 entspricht) werden rund 4 bis 10,7 kWh Strom und 20 bis 50 Liter Wasser

---

[23] Der Europäische Verband für Verkehr und Umwelt Transport & Environment berichtet, dass die im Jahr 2008 EU-weit verkauften Pkw im Schnitt 153 Gramm CO_2 pro Kilometer ausstießen. Die Pressemittelung des Verbands findet sich unter www.transportenvironment.org/News/2009/9/Carmakers-divided-on-CO_2-cuts/ (12/2009).

[24] Mehr Informationen zum Thema Microsoft Lösungen für E-mail, Audio- und Videokonferenzen, kurz Unified Communication genannt, findet sich unter www.microsoft.com/environment/unified_communications.aspx.

[25] Diese und weitere Einsparerfolge finden sich auf den Microsoft Umweltseiten unter www.microsoft.de/Umwelt.

benötigt.[26] Beim deutschen Strommix ergibt das rund 2,4 bis 6,4 kg CO_2. Jedes gesparte Kilogramm Papier ist damit auch gleichzeitig gespartes CO_2.

Ein gutes Beispiel, wie sich mit Software Papier einsparen lässt, sind die elektronischen Flugscheine (etix), die die Papiertickets abgelöst haben. Früher bestand das Papierticket aus einem kleinen Heft mit mehr als 10 Seiten, das man nach dem Flug direkt entsorgte. Das heutige Ticket besteht aus einer einzige Seite plus Beleg, welches man sich am Automaten holen kann oder gar aus einem echten elektronischen Ticket auch für Windows Smartphones ganz ohne Papierbedarf. Die Reduzierung um 80 Prozent (von 10 auf 2 Seiten) pro Ticket ist beachtlich, vor allem wenn man bedenkt, dass die Lufthansa von Januar bis September 2009 rund 55 Mio. Fluggäste mit entsprechenden Tickets transportierte.[27]

Papiervermeidung spart nicht nur Energie bei der Papierproduktion, sondern auch direkte Kosten bei der Beschaffung von Papier. Papierkosten gelten heutzutage als große Unbekannte in den meisten Unternehmen. Die US-Firma Nypro hat für sich ermittelt, dass aufgrund einer elektronischen Formularlösung basierend auf Microsoft InfoPath alleine an Papierkosten rund 2 Mio. US-Dollar pro Jahr eingespart werden konnten.[28]

Wie mächtig die Lösung ist, hat die Schweiz bewiesen. In Partnerschaft zwischen dem Bundesamt für Informatik und Telekommunikation BIT und Microsoft wurden die Office Extensions for Business Administration (OXBA) entwickelt.[29] Neben weiteren großen Vorteilen wird auch hier die Vermeidung unnötiger Papiererzeugung gesehen. Eine Abschätzung für deutsche Verhältnisse macht dies deutlich: Wird aufgrund von Office & SharePoint beziehungsweise intelligenter Softwarelösungen erreicht, dass jeder Beamte in Deutschland nur 1 Seite weniger pro Woche im Jahr ausdruckt, so sind dies bereits rund 73,6 Mio. Seiten Papier.[30] Umgerechnet ergäbe das Einsparungen von rund 1,54 bis 3,9 Mio. kWh Energie und 7,5 bis 19,2 Mio. Liter Wasser für dessen Herstellung.[31] Das zeigt, welches gewaltige Potenzial hier noch schlummert.

---

[26] Auf den Webseiten der Wirtschaftsallianz Papiernetz von 23 namhaften Unternehmen findet sich ein Nachhaltigkeitsrechner zur Ermittlung der Ressourcen unter www.papiernetz.de/index.php?page_id=29 (12/2009).

[27] Zahlen der Lufthansa wurden dem 3. Zwischenbericht Januar-September 2009 entnommen http://konzern.lufthansa.com/de/ (12/2009).

[28] Die Nypro Kundenreferenz und weitere Beispiele finden sich unter https://partner.microsoft.com/download/global/40105726.

[29] Informationen zu OXBA finden sich auf der OXBA Community Seite unter www.oxba.admin.ch.

[30] Die Berechnung basiert auf 44 Arbeitswochen im Jahr und der Anzahl von 1,672 Mio. Beamten. Stand 30.6.2008 basierend auf Daten des Statistischen Bundesamt Deutschlands unter www.destatis.de/jetspeed/portal/cms/Sites/destatis/Internet/DE/Content/Statistiken/FinanzenSteuern/OeffentlicherDienst/PersonalOeffentlicherDienst/Tabellen/Content75/OeffentlicherDienstDienstverhaeltnis, templateId=renderPrint.psml.

[31] Auf den Webseiten der Wirtschaftsallianz Papiernetz von 23 namhaften Unternehmen findet sich ein Nachhaltigkeitsrechner zur Ermittlung der Ressourcen unter www.papiernetz.de/index.php?page_id=29 (12/2009).

Bei Microsoft werden Urlaubsanträge seit Langem elektronisch gestellt. Zielvorgaben und Bewertungen der Mitarbeiter erfolgen ebenfalls papierlos. Sogar für einen weiteren klassischen Papierbereich gibt es inzwischen eine echte elektronische Alternative: für die Notizbücher. Wer häufig an mehreren Orten arbeitet, stellt schnell fest, dass man möglichst auch von überall Zugriff auf seine Notizen und Unterlagen haben möchte. So schrieb man früher Projektergebnisse oder Gesprächsnotizen in Ringbücher. Leider nahm man diese nicht immer überall hin mit, sodass häufig wichtige Informationen nicht griffbereit waren. Das ändert sich bei Umstellung auf elektronische Alternativen wie Microsoft OneNote. Per Stift auf einem Tablet PC, per Tastatur auf einem normalen Rechner oder per Spracheingabe oder Kamera mit einem Windows Smartphone erfasst man überall Notizen oder legt Rechercheergebnisse griffbereit an einer Stelle ab. Automatisch synchronisiert auf eine zentrale Ablage wie SharePoint stehen sie jederzeit und überall zur Verfügung. Mit einem Mausklick können die Informationen per E-Mail schnell an Kollegen weltweit weitergeleitet und ihre Kommentare und Meinungen eingeholt werden.[32] Und wenn ein Thema nach einiger Zeit erledigt ist und man es nicht archivieren will oder muss, ist es mit einem Mausklick gelöscht. Vielleicht bedeutet dies nur ein bis zwei Ringbücher weniger pro Jahr pro Person, was für sich betrachtet nicht viel ist. Microsoft jedoch spart bereits dank OneNote weltweit über 360 000 US-Dollar pro Jahr.[33]

Fazit

Ob durch zentrale Verwaltung der Energiesparfunktionen wie dem kontrollierten Stand-by-Modus aller PCs statt dem nächtlichen Laufenlassen, das Vermeiden von Reisen durch Online-Kommunikation oder der schrittweisen Reduzierung des Papierverbrauchs, das Potenzial zum Sparen von Energie und kostbaren Ressourcen wie Wasser durch Software ist enorm. Auch wenn es für jeden Einzelnen nur kleine Beiträge sind, so summieren sich diese bundes- oder gar weltweit auf stattliche Größen. Die hier aufgezeigten Beispiele sind schon heute überall und von jedem sofort nutzbar. Das ressourcenoptimierte Arbeiten im Büro ist dank Softwareergänzungen nur eine Frage der Zeit geworden; beschleunigt durch das eigene Wollen der Entscheidungsträger.

[32] 2003 erschien ein Artikel, wie OneNote außer Papier auch Zeit einsparen kann. Der Artikel ist unter http://office.microsoft.com/en-us/onenote/HA011436361033.aspx veröffentlicht. (12/2009)

[33] Die Microsoft Referenz zu OneNote findet sich unter www.microsoft.com/casestudies/casestudy.aspx?casestudyid=4000000613.

18 Nachhaltige und flexible Arbeitsumgebung bei den T-Labs

Erfahrungen aus einem GreenIT Projekt bei den Deutschen Telekom Laboratories.

Thomas Scheerbarth, Hermann Hartenthaler

Nachhaltigkeit und ICT

Der ursprüngliche Wortsinn von „Nachhaltigkeit" stammt aus dem forstwirtschaftlichen Nachhaltigkeitsdenken. Erstmals wurde die Grundidee 1560 in einer kursächsischen Forstordnung formuliert. Damals bestand ein hoher Holzbedarf für die Verbauung in Bergwerken. Und die Forstordnung regelte, dass nur so viel Holz geschlagen werden darf, wie mit einer „bleibenden und beharrlichen Nutzung" vereinbar ist. Der englische Fachbegriff „sustainable" taucht in diesem Zusammenhang 1972 im Bericht „Die Grenzen des Wachstums" an den Club of Rome an prominenter Stelle auf und wird dort in einem erweiterte Sinne als „Zustand des globalen Gleichgewichts" verstanden.

Bezug zwischen Nachhaltigkeit und ICT

Informations- und Kommunikationstechnik (ICT – Information and Communication Technology) kann einerseits einen enormen Beitrag zum nachhaltigen Umgang mit den Ressourcen auf unserem Planeten leisten. Auf der anderen Seite entwickelt sich die ICT aber auch zu einem immer größeren Verbraucher, insbesondere von elektrischer Energie. Daher ist es eminent wichtig, alles zu unternehmen, um die Gesamtbilanz möglichst positiv zu gestalten.

Aspekte der Nachhaltigkeit

Wenn man Nachhaltigkeit ganzheitlich betrachtet, dann werden üblicherweise drei Komponenten beschrieben:

- Ökologische Nachhaltigkeit, die darauf hinzielt, dass Natur und Umwelt für nachfolgende Generationen erhalten bleiben, dass also mit der Umwelt möglichst schonend umgegangen wird und bei der Energieversorgung vor allem erneuerbare Energieformen zum Einsatz kommen.
- Ökonomische Nachhaltigkeit, die eine solche Wirtschaftsform fordert, welche eine dauerhaft tragfähige Grundlage für alle ökonomischen Bedürfnisse der Menschheit bilden kann, also die wirtschaftlichen Ressourcen vor Ausbeutung schützt.

- Soziale Nachhaltigkeit, die alle Mitglieder der Gesellschaft bei ihrer Entwicklung einbezieht, sodass die sozialen Kräfte ausgeglichen sind und eine auf Dauer lebenswerte Gesellschaft erreicht wird.

Nachhaltigkeit betrifft alle Betrachtungsebenen, kann also regional, national oder auch global angestrebt werden. Praktische Ansätze zur Verwirklichung nachhaltiger Prozesse und Strukturen in Unternehmen betreffen etwa den Umgang mit Energie im Produktions- oder Betriebsprozess, den Einsatz erneuerbarer Ressourcen oder die Reduktion des Anfalls von nicht wieder verwertbaren Abfällen.

Die Deutsche Telekom hat in 2009, basierend auf Aktivitäten in den Jahren zuvor 0, eine Nachhaltigkeitsoffensive gestartet, bei der Produkte und Dienste des Unternehmens unter Nachhaltigkeitsaspekten betrachtet und für die Öffentlichkeit aufbereitet werden. Der Leitgedanke dabei ist „Große Veränderungen fangen klein an!". Drei grundlegende Fragestellungen sollen mit Bezug zu den oben genannten drei Säulen der Nachhaltigkeit beantwortet werden:

- Wie können ICT-Lösungen zu einem nachhaltigen Umgang mit Ressourcen beitragen?
- Wie können ICT-Infrastrukturen nachhaltig und effizient betrieben werden?
- Wie kann die Deutsche Telekom Nachhaltigkeit im eigenen Unternehmen vorleben?

In der Forschungs- und Entwicklungseinheit der Deutschen Telekom, den Telekom Laboratories (T-Labs), wurden diese Fragen aufgegriffen und in entsprechenden Projekten umgesetzt. Generell erlauben ICT-Lösungen häufig die Substitution von physischen Transportvorgängen durch den Transport von Informationen, was erheblich energieeffizienter ist. Beispielsweise kann man heute Musik und Filme von ihren physischen Trägern lösen und über Kommunikationsnetze transportieren oder das Verschicken von Rechnungen auf Papier per Post durch den Versand von Rechnungen per E-Mail ersetzen. Dies erlaubt eine erhebliche Reduktion des Energieverbrauchs beim Transport gegenüber dem Transport von herkömmlichen Datenträgern wie CD, Filmrolle oder Papier und macht diese Datenträger an sich überflüssig, was einen weiteren, nicht unerheblichen Beitrag zur Schonung von Ressourcen bedeutet.

Zur Beantwortung der zweiten Frage „Wie können ICT-Infrastrukturen nachhaltig und effizient betrieben werden?" wurde u. a. eine Lösung entwickelt und über ein Spin-off am Markt platziert, die es erlaubt, dass Rechenzentren ihre Kapazitäten effizienter untereinander ausgleichen können. Da der Energiebedarf eines schlecht ausgelasteten Rechenzentrums nicht viel geringer ist als der Bedarf eines gut ausgelasteten Rechenzentrums, ist diese Lösung ein wichtiger Beitrag zur Ressourcenoptimierung. In einem weiteren Projekt wird untersucht, wie die Übertragungsnetze für Daten aller Art effizient betrieben werden können. Der Bedarf nach immer größeren Bandbreiten von Fest- und Mobilnetzen steigt exponentiell an. Ohne besondere Maßnahmen würde auch der Energiebedarf dieser Netze exponentiell wachsen. Die Herausforderung liegt also darin, den Energiebedarf zum Transport eines Bits ständig zu senken, sodass die jeweils nächste Generation eines Übertragungsnetzes beim Betrieb nicht mehr Energie benötigt als die vorherige oder möglichst sogar weniger, obwohl die Leistungsfähigkeit des Netzes jeweils sehr stark ansteigt.

Um die dritte Fragestellung zu bearbeiten, wurde das Projekt GreenIT@T-Labs gestartet, das im Folgenden detailliert beschrieben wird. Im Sinne des Leitgedankens „Große Veränderungen fangen klein an!“ werden in diesem Vorhaben Überlegungen für eine nachhaltige Büroinfrastruktur vorangetrieben, die erst einmal die eigene Infrastruktur der T-Labs im Fokus haben und dann schrittweise auf immer weitere Konzernbereiche ausgedehnt werden sollen.

Ansatzpunkte für Nachhaltigkeit im Büro

Einer der Megatrends unserer Zeit ist der Umbau von einer Produktionsgesellschaft hin zu einer Wissensgesellschaft, bei der individuelles und kollektives Wissen und seine Organisation vermehrt zur Grundlage des sozialen und ökonomischen Zusammenlebens wird. Ein dabei wesentlicher Produktionsfaktor ist das Büro als wichtiger Arbeitsraum, in dem Informationen gesammelt, strukturiert, gespeichert und ausgetauscht werden. Über 50 Prozent der Erwerbstätigen in Deutschland arbeiten überwiegend in Büros. Vor dem Hintergrund von neuen flexiblen Arbeitsformen, die nicht mehr so stark an einen festen Ort, eine starre Arbeitszeiteinteilung und eine statische Hierarchie gebunden sind, wird dabei auch das Büro flexibler aufgefasst. Ein Büro muss nicht immer ein Raum in einem Firmengebäude sein, ein Büro kann sich auch zu Hause befinden oder mobil in einem Hotel oder Flugzeug aufgeschlagen werden. Neue Arbeitsformen wie etwa Co-working lösen das Büro völlig von der Bindung an ein Unternehmen. Vor allem Freiberufler nutzen dabei gemeinsam Büroräume in einer dynamischen Gemeinschaft ohne Festanstellung an ein Unternehmen, aber mit sozialen Kontakten, die bei der Arbeit zu Hause eventuell zu kurz kommen können.

Diese flexibleren Arbeitsformen können bereits an sich ein Beitrag für mehr Nachhaltigkeit sein, da Probleme in weltweit verteilt arbeitenden Projektteams effizienter gelöst werden können als zuvor. Reisetätigkeiten können ohne Nachteile durch Videokonferenzen oder Telepräsenz vermieden werden, Fahrten zum Arbeitsplatz können durch zeitweises Arbeiten von zu Hause reduziert werden. Bürokonzepte wie etwa Desksharing reduzieren den Flächenbedarf pro Mitarbeiter und kommen somit mit weniger Ressourcen aus.

Aber auch die im Büro eingesetzte Technik bietet noch immer große Potenziale für einen effizienteren Umgang mit Energie und anderen Ressourcen wie etwa bei der Optimierung des Verbrauchs von Papier, einem noch immer sehr wichtigen Informationsträger im Büro. Neben der technischen Infrastruktur im Büro spielt auch die bauliche Gestaltung der Büroräume eine große Rolle bei der Betrachtung von Nachhaltigkeitsaspekten. Auf Letzteres wird in den Teilen Green Building und Green Interior dieses Buches eingegangen, an dieser Stelle steht deshalb die Infrastruktur im Büro und die Art der Nutzung dieser Infrastruktur durch die Wissensarbeiter im Vordergrund.

Pilotprojekt GreenIT@T-Labs

Ende 2009 wurde das Projekt GreenIT@T-Labs bei den Deutschen Telekom Laboratories mit dem Ziel gestartet, verschiedene Nachhaltigkeitsaspekte im ICT-Umfeld der T-Labs zu untersuchen. Dazu gehören die Analyse des Energieverbrauchs[1] der eigenen informations- und kommunikationstechnischen Infrastruktur, die Ausarbeitung geeigneter Empfehlungen für effizientes und Ressourcen schonendes Arbeiten und damit verbunden die Erforschung und Implementierung intuitiver Visualisierungsformen, um den eigenen Energieverbrauch und die damit verbundenen CO_2-Emissionen anschaulich darzustellen.

Arbeitsumgebung bei den T-Labs

Bei den Deutschen Telekom Laboratories wurde ein ganzheitliches Bürokonzept entwickelt und eine Referenzinfrastruktur für eine zeitgemäße Büroumgebung geschaffen 0. Die reale und die virtuelle Arbeitsumgebung unterstützen dabei die besonderen Anforderungen einer Forschungs- und Entwicklungseinheit, in der Mitarbeiter aus aller Welt an vier Standorten in Deutschland interdisziplinär zusammenarbeiten. In einer Public Private Partnership arbeiten die Experten der Deutschen Telekom mit Wissenschaftlern der Technischen Universität Berlin (TU Berlin) zusammen.

Bürokonzept

Etwa 200 der 350 Mitarbeiter der T-Labs arbeiten am Hauptstandort in einer offenen Bürostruktur, in der Desksharing zum Einsatz kommt. Das heißt, dass nicht jeder Mitarbeiter einen festzugeordneten Arbeitsplatz hat, sondern für die 200 Mitarbeiter stehen 165 Arbeitsplätze zur Verfügung. Da die Mitarbeiter häufig unterwegs sind und immer jemand im Urlaub oder krank ist, reicht diese Anzahl aus. Die Suche nach einem freien Arbeitsplatz wird durch ein Buchungssystem komfortabel unterstützt. Die so gewonnene Flexibilität in der Nutzung erfordert wiederum ein Lokalisierungssystem, sodass sich Kollegen auch weiterhin finden können. Des Weiteren muss die Personalisierung eines Arbeitsplatzes sehr einfach möglich sein. Auf jedem Schreibtisch steht dafür ein IP-Telefon, über das sich der Nutzer per PIN oder RFID-Ausweiskarte einbuchen kann. Über das Telefon als Arbeitsplatz-Personalisierungssystem wird auch das persönlich gewünschte Lichtprofil der Arbeitsplatzleuchte ausgewählt.

Immer mehr Kommunikationsdienste und -systeme basieren auf dem Internet-Protokoll; dadurch lassen sich Netz- und Diensteübergänge einfacher gestalten. Bislang getrennte Technikbereiche wie Informations-, Kommunikations-, Medien-, Haus- und Sicherheitstechnik wachsen zusammen (vgl. **Abbildung 18.1**). Den Kern der Infrastruktur bildet daher ein integriertes Netz, das nicht nur für die Übertragung von Daten und Sprache zu-

---

[1] Mit dem physikalisch nicht korrekten Begriff „Energieverbrauch" ist der Übergang von einer gut nutzbaren Primärenergie, wie etwa elektrischer Energie, in eine nicht mehr so gut nutzbare Energieform, wie etwa der Abwärme, gemeint.

ständig ist, sondern über das auch mit der gesamten Gebäudetechnik sowie mit den Überwachungsfunktionen und Systemen der Zutrittskontrolle kommuniziert wird. Dieser Ansatz erlaubt einen energetisch optimierten Infrastrukturbetrieb, bei gleichzeitig hoher Nutzungsflexibilität und gutem Komfort für die Nutzer.

Abbildung 18.1 Einheitliche, IP-basierte Büroinfrastruktur. Quelle: T-Systems

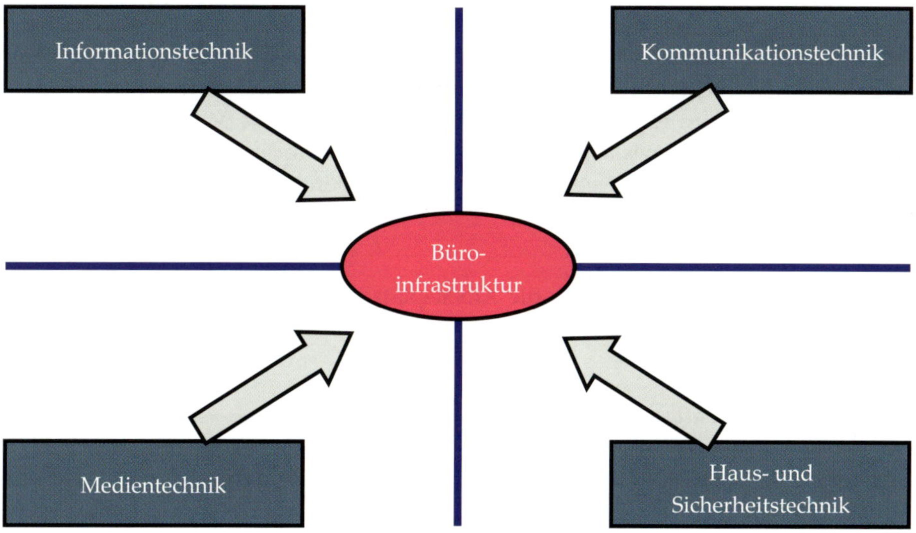

Für jeden Mitarbeiter ist in einer zentralen Nutzer-, Rollen- und Rechteverwaltung festgelegt, welche Ressourcen der Infrastruktur er wann nutzen kann. Dies stellt bezüglich der Analyse und Steuerung der Ressourcennutzung einen aus Nachhaltigkeitsgesichtspunkten sehr guten Architekturansatz dar, der die im Büro wichtigen übergreifenden Steuerungsmechanismen mit der wünschenswerten individuellen Beeinflussbarkeit in Einklang bringt. Alle drei Säulen der Nachhaltigkeit können somit optimiert werden.

Realität und Virtualität verschmelzen

Ein weiterer Aspekt beim Infrastrukturkonzept der T-Labs ist die Verschmelzung von realem und virtuellem Raum. Durch den Einsatz verschiedener Sensoren und Aktoren sowie die Integration diverser technischer Systeme kann der physische Raum mit den informationstechnischen Systemen der ICT verknüpft werden. Abläufe in der realen Welt können durch IT-gestützte Prozesse effizienter gestaltet werden. So findet die Planung von Besprechungen im virtuellen Raum, wie etwa dem Mitarbeiterportal, statt. Für die Durchführung einer Besprechung wird der reale Raum so konfiguriert, dass er die Abläufe optimal unterstützt. Die Verbindung zu externen Besprechungsteilnehmern wird über ein Telepräsenzsystem hergestellt, die Agenda wird angezeigt und interaktive Whiteboards unterstützen die Dokumentation von Besprechungsergebnissen.

Durch den Einsatz einer IP-basierten Gebäudeautomation 0 am Hauptstandort der T-Labs in Berlin lassen sich alle Gebäudefunktionen wie etwa Heizung, Beleuchtung oder Verschattung sehr einfach mit den ICT-Systemen verknüpfen. Dies erlaubt neben neuen Komfort- und Sicherheitsfunktionen auch eine energieeffiziente Gebäudeautomation, die zukünftig erprobt werden soll. Während ein herkömmliches Gebäudeautomationssystem z. B. die Temperatur in einem Besprechungsraum nach einem festen Zeitablauf steuert, also etwa ab 20 Uhr die Temperatur für die Nacht um einige Grad absenkt, kann ein integriertes System damit schon früher beginnen, wenn etwa nach Auswertung der Buchungsinformationen klar ist, dass der Raum bereits ab 16 Uhr nicht mehr genutzt werden wird. Wenn aufgrund der Buchungsinformationen für das Wochenende ein Bedarf zur Nutzung von etwa nur 10 Arbeitsplätzen besteht, dann müssen im Winter nicht mehrere Etagen geheizt werden, sondern es reicht eine geheizte Etage aus, da die Mitarbeiter durch das Desksharing-Konzept die Arbeitsplätze dann dort flexibel wählen können. Diese Aspekte werden derzeit noch untersucht und sind noch nicht vollständig umgesetzt.

Arbeitsplatzausstattung

Innerhalb der Büroumgebung stellen die Arbeitsplätze an sich das zentrale Element dar. Sie bestehen hauptsächlich aus folgenden hinsichtlich des Energieverbrauchs relevanten Komponenten:

- Arbeitsplatzrechner (Desktop oder Notebook)
- Monitor
- Telefon
- Arbeitsplatzleuchte

und den eher zentralen, gemeinsam genutzten Komponenten wie etwa

- Drucker/Kopierer
- ICT-Server

■ Arbeitsplatzrechner

Bei den T-Labs kommen überwiegend Notebooks als Arbeitsplatzrechner zum Einsatz, da die meisten Mitarbeiter nicht nur im Firmenbüro arbeiten, sondern auch von unterwegs und von zu Hause über den Rechner auf die Daten im Unternehmensportal zugreifen können müssen. An einigen wenigen Arbeitsplätzen stehen zusätzlich für Spezialanwendungen dedizierte Desktops zur Verfügung.

Bezüglich des Energieverbrauchs unterscheiden sich Desktops von Notebooks erheblich. So liegt die elektrische Leistung von Desktop-Rechnern heutzutage bei etwa 200 W bis 300 W, diejenige von Notebooks liegt deutlich darunter, etwa bei 35 W. Aus diesem Grund wurde innerhalb des GreenIT-Projektes die klare Empfehlung ausgesprochen, wenn irgend möglich, nicht nur bei den T-Labs, sondern konzernweit, mittelfristig Desktops durch Notebooks zu ersetzen.

■ Monitor

An allen Arbeitsplätzen bei den T-Labs ist ein TFT-Monitor installiert, wobei viele Mitarbeiter diesen Monitor und parallel den Notebook-Bildschirm nutzen. Unterschiede bei den TFT-Monitoren gibt es bei den verwendeten Produkten und generell in den Größen der Displays. Einige Arbeitsplätze sind mit zwei installierten Monitoren ausgerüstet. Dies liegt darin begründet, dass dort häufig mit mehreren Anwendungen parallel gearbeitet wird, die gleichzeitig nebeneinander auf den Bildschirmen dargestellt werden sollen.

Vom Standpunkt des Energieverbrauches entsteht bei der Nutzung mehrerer Monitore natürlich eine Dopplung, die vermieden werden könnte, wenn die entsprechenden Arbeitsplätze mit einem größeren Monitor ausgestattet würden, welcher zum einen der Anforderung, mehrere Anwendungen gleichzeitig sichtbar zu machen, genügen würde und außerdem eine bessere energietechnische Bilanz aufweisen würde (vgl. **Tabelle 18.1**). Allerdings sind sehr große Monitore im Vergleich zu zwei Monitoren überproportional teuer.

Aus der Sicht des Klimaschutzes ist zwar der Energieverbrauch von TFT-Monitoren im Betrieb gegenüber den früheren CRT-Monitoren viel geringer, aber die Flüssigkristallbildschirmfertigung ist durchaus problematisch, da bei der Produktion häufig große Mengen klimagefährdender Substanzen eingesetzt werden. So werden etwa beim Aufbringen der TFT-Steuermatrix auf die dünne Trägerglasscheibe diverse Treibhausgase verwendet und in die Atmosphäre freigesetzt 0. Bei einer ökologischen Gesamtbilanz muss das entsprechend berücksichtigt werden.

Tabelle 18.1 Monitorkonfigurationen und jeweilige Anschlussleistung

Konfiguration	Zwei kleinere Monitore	Ein großer Monitor

Beispielprodukt	Dell E1910 19-Zoll-Monitor	Dell ST2410 24-Zoll-Monitor
Betrieb	je 25 W	22,5 W
Stand-by	je 1,3 W	1, 2 W

■ Telefon

Prinzipiell lassen sich heutige firmeninterne Telefone über verschiedene Infrastrukturen betreiben:

1. IP-Telefone – Betrieb über IP-Infrastruktur
2. Herkömmliche Telefone – Betrieb über klassische TK-Anlage

Bei den T-Labs wurde die Infrastruktur für das Telefonsystem standortübergreifend komplett auf Basis von IP umgesetzt. Für den Einsatz von IP-Telefonen spricht, dass diese über eine ohnehin benötigte LAN-Struktur betrieben werden können und somit ein separates Telefonnetz entfällt. IP-Telefone können mittels Power-over-Ethernet aus dem Serverraum mit Energie versorgt werden. Die dort realisierte Spannungswandlung ist mit weniger Verlusten behaftet als eine alternativ denkbare Wandlung in jedem Endgerät.

Ein weiterer Vorteil der IP-Telefonie ist die Möglichkeit, die Telefone zentral zu steuern und so beispielsweise Energiesparmethoden wie das so genannte LAN-Wake-UP einzusetzen, um die Telefone nur bei Bedarf, d. h. nur im Falle der Anwesenheit von Mitarbeitern einzuschalten.

Die Tabelle 18.2 zeigt einige Beispiele von IP-Telefonen des Herstellers Cisco in verschiedenen Ausprägungen, die bei den T-Labs im Einsatz sind. Die Modelle unterscheiden sich hinsichtlich ihrer Leistungsmerkmale, des Displays und ihrer Anschlussleistung.

Tabelle 18.2 IP-Telefone und ihre Anschlussleistung. Quelle: Cisco

IP-Telefon	CISCO 7905G	CISCO 7940G	CISCO 7970G

Betrieb	5,0 W	6,3 W	10,3 W
Stand-by	2,3 W	3,8 W	6,3 W

■ Arbeitsplatzleuchte

Die Arbeitsplatzbeleuchtung erfolgt am Hauptstandort der T-Labs durch energieeffiziente dimmbare Leuchtstofflampen, die sowohl indirektes als auch direktes Licht erzeugen und damit auch für die allgemeine Raumbeleuchtung genutzt werden. Daneben kommen für die Verkehrsflächen und die sonstigen Räume diverse weitere Lampentypen zum Einsatz. Alle Lampen lassen sich zentral steuern, wobei Außen- und Innenhelligkeit, Bewegungsmelder sowie die Uhrzeit berücksichtigt werden. Die Lampen am Arbeitsplatz können auch von den Mitarbeitern über das Notebook oder über eine Anwendung auf dem IP-Telefon gesteuert werden. An den übrigen Standorten erfolgt die Arbeitsplatzbeleuchtung überwiegend durch die Deckenlampen, teilweise sind aber auch zusätzliche Tischlampen installiert. Die Steuerung erfolgt hier nur dezentral über herkömmliche Lichtschalter.

■ Drucker/Kopierer

Bei der Ausstattung der Arbeitsplätze werden in heutigen Büroumgebungen verschiedene Systeme genutzt:

- Arbeitsplatzdrucker
- Netzdrucker
- Kombinierte Netzdrucker und Kopierer

Bei den eingesetzten Druckern wird zwischen normalen Schwarz-Weiß-Laserdruckern und Farbdruckern unterschieden, die zunehmend als Farblaserdrucker zum Einsatz kommen. Für Büroanwendungen gibt es die Tendenz, netzbasierte Drucker zur Verfügung zu stellen, die von verschiedenen Arbeitsplätzen aus gemeinsam genutzt werden können. Dadurch ergibt sich ein Vorteil in Bezug auf Wartung und Betrieb.

Die **Tabelle 18.3** zeigt Beispiele von derzeit bei den T-Labs genutzten Druckern und Kopierern sowie ihren jeweiligen Anschlussleistungen.

■ ICT-Server

Die meisten ICT-Server im Büro sind heute vorwiegend als dedizierte Stand-Alone-Server im Einsatz. Diese Art der Serverstruktur hat einen vergleichsweise hohen Energiebedarf. Zukünftig lassen sich durch eine neue Art der Nutzung, etwa durch virtuelle Maschinen, in erheblichem Umfang Energie und Ressourcen sparen. Bei den T-Labs wird dies bereits bei einigen Servern genutzt.

Tabelle 18.3 Drucker und ihre Anschlussleistung. Quelle: HP, OKI

Typ	Beispiel	Anschlussleistung	
		Betrieb	Stand-by
Netzdrucker SW	 HP P2015N	350 W	7 W
Netzdrucker Farbe	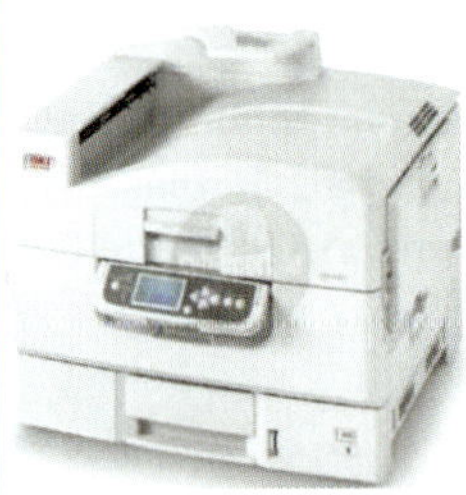 OKI 9650DN	700 W	200 W
Netzdrucker und Kopierer	 HP M5035	Drucken 600 W, Kopieren 1.265 W	Ready Mode 280 W, Sleep 24 W

Betrachtungen zum Energieverbrauch

Im Folgenden werden der Energieverbrauch unterschiedlicher Komponenten und der Gesamtverbrauch betrachtet. Grundlage sind die derzeit bei den T-Labs eingesetzten ICT-Geräte.

Zusammensetzung des Energieverbrauchs

Bei der Betrachtung der Zusammensetzung des Energieverbrauchs eines Standardarbeitsplatzes wurden die in den T-Labs vorhandenen Arbeitsplatzsysteme analysiert und der Energieverbrauch der Einzelkomponenten berechnet. Dabei wird angenommen, dass der

Standardarbeitsplatz im Wesentlichen aus den folgenden Komponenten besteht:

- Notebook und vereinzelt Desktops
- TFT Monitor
- Telefon

Die Anzahl der Arbeitsplatzrechner und sonstigen Komponenten bezieht sich auf die Ausstattung der T-Labs Ende 2009:

- 300 Notebooks und 70 Desktop
- 400 TFT-Monitore
- 341 IP-Telefone
- 44 Drucker
- 55 Server

Die **Abbildung 18.2** zeigt den prozentualen Anteil der Energieverbräuche für die Arbeitsplätze der T-Labs. Der höhere prozentuale Anteil der Notebooks gegenüber Desktops ergibt sich aus der absolut höheren Anzahl von Notebooks. In anderen Unternehmen, in denen etwa die Anzahl der Desktop-PCs überwiegt, werden sich die Anteile entsprechend verschieben.

Abbildung 18.2 Anteil der Einzelkomponenten am Gesamtenergieverbrauch für die Arbeitsplätze bei den T-Labs pro Jahr (2009). Quelle: T-Systems

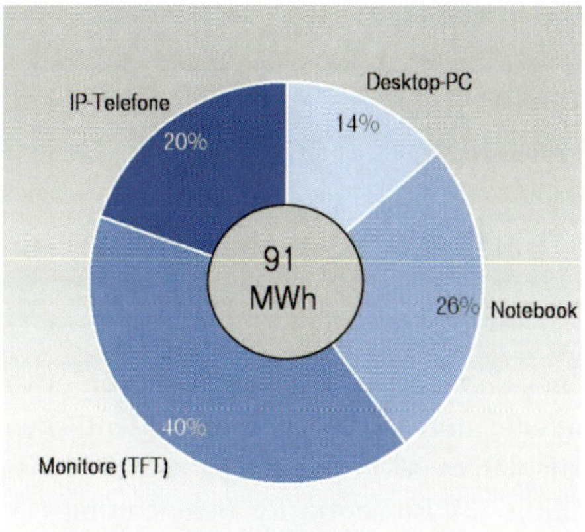

Insgesamt ergibt sich für die 321 Arbeitsplätze der 350 Mitarbeiter ein Energieverbrauch von etwa 91 MWh pro Jahr oder etwa 260 kWh pro Mitarbeiter und Jahr, was bei einer zeitlichen Gleichverteilung einer elektrischen Leistung von etwa 30 Watt pro Mitarbeiter direkt am Arbeitsplatz entsprechen würde.

Darauf aufbauend wurden zusätzliche Komponenten betrachtet, die zusammen mit dem Standardarbeitsplatz zu einem erweiterten Arbeitsplatz definiert wurden. Diese zusätzlichen Komponenten sind:

- Drucker und Kopierer
- Konferenzraumtechnik (vor allem Beamer und Fernseher)
- Beleuchtung am Arbeitsplatz und in den übrigen Flächen
- Server-Infrastruktur
- Küche (Kühlschrank, Geschirrspüler, aber vor allem Kaffeemaschinen)

Der Gesamtenergieverbrauch pro Jahr für den erweiterten Arbeitsplatz, d. h. unter Einbeziehung der oben genannten zusätzlichen Komponenten, und die prozentualen Beiträge der einzelnen Komponenten sind in **Abbildung 18.3** dargestellt.

Abbildung 18.3 Energieverbrauch für die erweiterten Arbeitsplätze pro Jahr (2009). Quelle: T-Systems

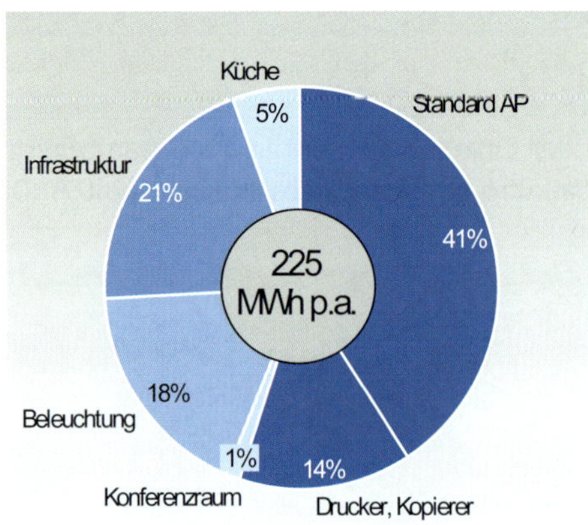

Der Energieverbrauch eines erweiterten Arbeitsplatzes von etwa 225 MWh pro Jahr oder etwa 650 kWh pro Mitarbeiter und Jahr besteht zu wesentlichen Teilen aus den Komponenten des Standardarbeitsplatzes (41 Prozent) und zu einem maßgeblichen Anteil aus der zentralen Serverinfrastruktur (21 Prozent), der Beleuchtung (18 Prozent) und dem Verbrauch durch Drucker und Kopierer (14 Prozent). Bei einer zeitlichen Gleichverteilung ergäbe das etwa 73 Watt pro Mitarbeiter für die gesamte ICT-Infrastruktur.

Bei einer gesamten Bürofläche von etwa 5 000 m^2 beträgt der spezifische Energieverbrauch der T-Labs alleine durch die ICT-Infrastruktur etwa 45 kWh/(m^2a) oder 5 W/m^2. Dazu kommt dann noch der noch nicht erfasste Energieeinsatz für Kühlung und Heizung. Ein allgemein angestrebtes Ziel ist es, den Primärenergieeinsatz für eine Bürofläche auf unter 100 kWh/(m^2a) oder 11,4 W/m^2 zu reduzieren. Dabei muss allerdings beachtet werden, dass bei einem Desksharing-Konzept die Betrachtung pro Mitarbeiter eventuell etwas besser passt als eine Betrachtung pro Quadratmeter und dass es sich bei den T-Labs um eine Forschungs- und Entwicklungseinrichtung handelt, bei der ICT-Technik in weit überdurchschnittlichem Maße genutzt wird.

Eine überschlägige Kostenberechnung ergibt für die T-Labs bei 45 kWh/(m^2a) Stromkosten durch die ICT-Infrastruktur von etwa 8 Euro/(m^2a). Dies ist im Vergleich zu den sonstigen Infrastrukturkosten nicht sehr viel (etwa 590 Euro/(m^2a) für das Facility Management, für Bau- bzw. Mietkosten und für den gesamten ICT-Betrieb.

Die Deutsche Telekom hat in 2008 in Deutschland insgesamt 2,98 TWh oder 10,7 Petajoule (PJ) Strom und 614 GWh oder 2,2 PJ Wärmeenergie verbraucht 0. Das bedeutet, dass nur etwa 3 bis 4 Prozent des gesamten Stromverbrauchs der Telekom in den Büroflächen verbraucht werden, sodass der größere Hebel bei den Betriebseinrichtungen besteht. Dennoch arbeiten die meisten Mitarbeiter der Telekom in Büros, sodass die Sensibilisierung für dieses Thema dort beginnen sollte.

Zum Vergleich kann auch der Jahresenergieverbrauch in 2009 für Deutschland dienen 0: Er lag bei insgesamt 13 281 PJ, d. h. der Energieverbrauch der Deutschen Telekom macht etwa 1 ‰ aus. Der Verbrauch der Privathaushalte (ohne Verkehr) lag in 2008 für alle 81,9 Mio. Bundesbürger zusammen bei 2 600 PJ oder aufgeteilt nach den Energieträgern bei:

- fossile Brennstoffe und Fernwärme: 2,0 10^{18} J oder 6,8 MWh pro Einwohner
- Strom: 5,02 10^{17} J oder 1,7 MWh pro Einwohner, wobei aber auch ein Teil des Stroms zur Heizung der Wohnungen verwendet wird (etwa 6 Prozent der Wohnungen werden so geheizt)

Äquivalente Darstellung des Energieverbrauchs als CO_2-Ausstoß

Die Angaben zum Energieverbrauch werden im Allgemeinen in Einheiten wie etwa kWh oder J, was gleichbedeutend mit 1 Ws ist, vorgenommen. Damit erhält man Zahlen, die von Nicht-Fachleuten schwer zu beurteilen sind. Um die Einschätzung zu verbessern, bietet es sich an, den Energieverbrauch in Relation zu anderen Systemen oder Faktoren zu setzen.

Eine solche Relation ist beispielsweise die Angabe des entsprechenden CO_2-Äquivalents. Jede verbrauchte kWh entspricht einem bestimmten Ausstoß an CO_2, der je nach Quellenangaben zwar etwas unterschiedlich ausfällt, aber dennoch eine interessante Darstellungsform ermöglicht. Um die Aussagekraft dieser Angaben noch weiter zu erhöhen, bietet es sich an, noch einmal eine Übersetzung in beispielsweise notwendige Maßnahmen zur Kompensation des CO_2-Äquivalents darzustellen.

Die **Abbildung 18.4** veranschaulicht exemplarisch die für den Stand-by von TFT-Monitoren verbrauchte Energiemenge und den damit verbundenen CO_2-Ausstoß. Damit auch die immer noch abstrakten Angaben in Tonnen CO_2 eine Vorstellung davon vermitteln, was dies eigentlich bedeutet, ist gleichzeitig angegeben, welcher Größenordnung an Bäumen bzw. Wald es bedarf, um diese Mengen in Sauerstoff und Kohlenstoff umzuwandeln. Beim Betrachten der Abbildung wird ein weiterer Fakt deutlich: Der Stand-by-

Verbrauch eines einzelnen Monitors ist an sich relativ gering, aber wenn man die Betrachtung etwas weiter fasst und die Frage stellt: „Wie groß sind die Auswirkungen gemessen an allen Arbeitsplätzen etwa im Konzern Deutsche Telekom“, dann ist die Gesamtmenge doch relevant.

Das Projekt GreenIT@T-Labs beleuchtet insofern nicht nur die Auswirkungen auf die T-Labs selbst, sondern betrachtet auch die konzernweite Bedeutung. Diese Betrachtungsweise zeigt sehr schnell, dass viele Green IT-Aspekte einen beachtlichen Skaleneffekt haben. Diesen gilt es herauszuarbeiten und verständlich zu machen.

Abbildung 18.4 Umrechnung des Energieverbrauchs in CO_2-Äquivalent und Darstellung der notwendigen Kompensationsmaßnahmen

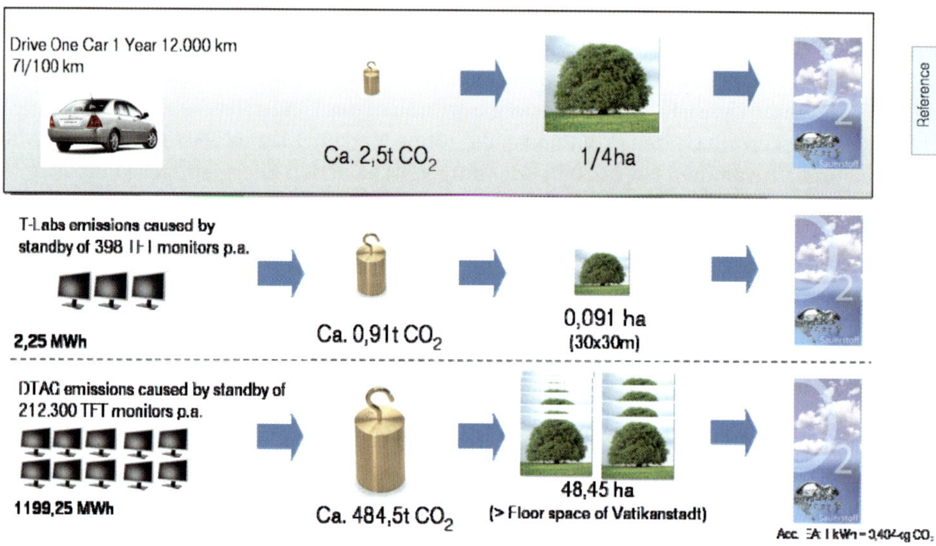

Empfehlungen für die Erzielung nachhaltiger Effekte

Öko-Label

Mittlerweile gibt es eine Reihe von unterschiedlichen Öko-Labeln, die national und international Verwendung finden. In den folgenden Abschnitten sind einige davon mit ihren wesentlichen Merkmalen dargestellt:

- „Blauer Engel"

Der Blaue Engel wurde 1978 das erste Mal vergeben. Er gilt mittlerweile für eine Vielzahl von Produktgruppen. Die Kriterien legen das Umweltbundesamt und das Deutsche Institut für Gütesicherung und Kennzeichnung e. V. (RAL) gemeinsam fest. Die Lizenzen, die sich die Hersteller alle drei Jahre erneuern lassen müssen, vergibt allein das RAL.

Derzeit gibt es das Gütesiegel für rund 10 000 Produkte und Dienstleistungen in 80 Produktkategorien. Eine Übersicht der derzeitig verwendeten Logos mit exemplarischen Anwendungen ist in **Tabelle 18.4** dargestellt.

Für die Nachhaltigkeitsbetrachtungen in der ICT sind insbesondere die Blauen Engel der Kategorien Klima und Ressourcen relevant. Das Gütesiegel Klima ist insbesondere auf Energieeffizienz, das Gütesiegel Ressourcen auf nachhaltige Herstellungs- und Verwertungsprozesse ausgelegt.

So kann sich beispielsweise ein Netbook-Hersteller seine Produkte mit einem Blauen Engel Klima und Ressourcen zertifizieren lassen, wenn er u. a. nachweist, dass neben einem jährlichen maximalen Energieverbrauch von 40 kWh das Netbook für Recyclingzwecke leicht zerlegbar ist und das Kunststoffgehäuse weder krebserzeugende noch erbgutschädigende oder fortpflanzungsgefährdende Stoffe enthält.

Tabelle 18.4 Übersicht der Öko-Siegel „Blauer Engel" des Umweltbundesamtes

	Klima	Ressourcen	Mensch und Umwelt	Wasser	Gesundheit
Siegel					
Verwendung (Beispiele)	Computer Telefon Drucker Fernseher	Flachbildschirme Laptops PCs	geplant	Schmierstoffe Schiffsbetrieb Streumittel	Farben Lacke Möbel Mobiltelefone

Innerhalb der nächsten Jahre sollen für bis zu 100 neue Produktgruppen Vergabegrundlagen entwickelt werden, damit der Blaue Engel für möglichst viele klimarelevante und energieeffiziente Produkte vergeben werden kann.

Insbesondere für die Ausstattung von Büroarbeitsplätzen hat das Umweltbundesamt so genannte Vergaberichtlinien erarbeitet. Diese wurden im September 2009 für elf Kategorien veröffentlicht. So schreiben die Richtlinien nun strengere Regeln für den Energieverbrauch sowie die Geräuschemission, auch bei Farbdruckern, vor. Darüber hinaus wurden vom Umweltbundesamt in Zusammenarbeit mit der Bundesanstalt für Materialforschung und -prüfung Verschärfungen hinsichtlich der Messung von chemischen Emissionen verabschiedet.

Alle Hersteller von IT-Equipment können sich für den Blauen Engel zertifizieren lassen, und ihre Produkte dann mit diesem Siegel versehen. Einige Hersteller wie etwa Dell und Fujitsu haben bereits verschiedene Geräte zertifizieren lassen.

- „Energy Star“

Der Energy Star ist eine von der US-amerikanischen Umweltbehörde EPA (Environmental Protection Agency) vergebene Produktkennzeichnung (vgl. **Abbildung 18.5**) für energiesparende Geräte, Baustoffe, öffentliche/gewerbliche Gebäude oder Wohnbauten, die 1992 eingeführt und im Jahr 2003 durch eine EU-Verordnung auch offiziell in Europa übernommen wurde.

Abbildung 18.5 Energy Star Logo

Insbesondere im EDV-Bereich gibt es viele Geräte (z. B. PCs, Monitore, Drucker, Faxgeräte, Kopierer, Scanner, Multifunktionsgeräte), die, wenn sie bestimmte Kriterien des Energieverbrauches erfüllen, mit dieser Kennzeichnung versehen sind. Derzeit gibt es die Richtlinien für den Energy Star in der Version 4.0 (ab 20. Juli 2007) und 5.0 (ab Sommer 2009).

Die generelle Kritik am Energy Star besteht hauptsächlich darin, dass jeder Hersteller dieses Logo verwenden kann, der glaubt, dass sein Gerät diesen Standard erfüllt. Es genügt eine Mitteilung an die EPA, eine Prüfung erfolgt jedoch nicht.

- EPEAT

EPEAT (Electronic Product Environmental Assessment Tool) ist ein System, welches 2006 ins Leben gerufen wurde, um IT-Komponenten mit nachhaltigen Maßstäben zu bewerten. Es definiert Umweltkriterien in acht verschiedenen Kategorien, die im Standard IEEE 1680 beschrieben sind.

EPEAT bewertet elektronische Produkte in Bezug auf insgesamt 51 Kriterien, wobei mindestens 23 Kriterien für ein entsprechendes Bronze-Zertifikat und 75 Prozent der 28 optionalen Kriterien für das Gold-Zertifikat erfüllt sein müssen (siehe **Abbildung 18.6**). Die Kriterien reichen dabei vom Herstellungsprozess über den Energieverbrauch bis zum End-of-Life-Zyklus, sprich der nachhaltigen Wiederverwertung der eingesetzten Rohstoffe.

Abbildung 18.6 EPEAT-Logo in der Kategorie GOLD

Um die Zuverlässigkeit und Vertrauenswürdigkeit des Labels zu gewährleisten, werden regelmäßig Stichproben durchgeführt und dabei wird geprüft, ob die bei EPEAT registrierten Produkte auch die angegebenen Kriterien erfüllen. Falls der Test nicht erfolgreich verläuft, wird das Produkt aus der Registrierung entfernt. Mittlerweile sind eine Vielzahl von Staaten, u. a. auch Deutschland, bei EPEAT registriert.

Im Vergleich der bisher untersuchten Öko-Label stellt sich heraus, dass das EPEAT-Siegel die bisher umfassendsten nachhaltigen Bewertungsmaßstäbe für Produkte aufweist. Durch zyklische Überprüfungen der Produkte entsteht außerdem eine hohe Vertrauenswürdigkeit in Bezug darauf, dass die ausgezeichneten Produkte tatsächlich die angegebenen Kriterien erfüllen. Aus diesem Grund wird innerhalb des GreenIT-Projektes der T-Labs eine klare Empfehlung zur Verwendung von Produkten mit dem EPEA-Gütesiegel ausgesprochen.

Exemplarische Darstellung von Energie-Einsparpotenzialen

- Einsparpotenzial im Umfeld von IT-Arbeitsplätzen

Im Folgenden sind beispielhaft Berechnungen zu möglichen Energie-Einsparpotenzialen für den Betrieb von TFT-Monitoren und Druckern bzw. Kopierern dargestellt. Die Betrachtungen basieren auf der Ausstattung mit diesen Geräten in den T-Labs im Dezember 2009.

Wie aus **Abbildung 18.7** ersichtlich wird, ist das Einsparpotenzial durch Stand-by-Reduktion relativ gering. Betrachtet man allerdings, wie im Abschnitt Energieverbrauch beschrieben, den Skaleneffekt, lassen sich bei großer Anwenderzahl auch erhebliche Potenziale einsparen.

Den größten Effekt (49 Prozent) bringt hier die Anschaffung neuer Gerätetypen, die einen deutlich niedrigeren Energieverbrauch aufweisen.

Abbildung 18.7 Einsparpotenziale bei TFT-Monitoren (2009). Quelle: T-Systems

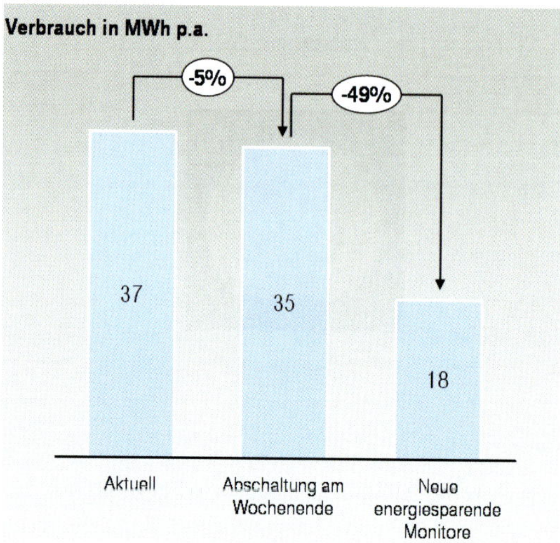

Abbildung 18.8 Einsparpotenziale bei Druckern/Kopierern (2009). Quelle: T-Systems

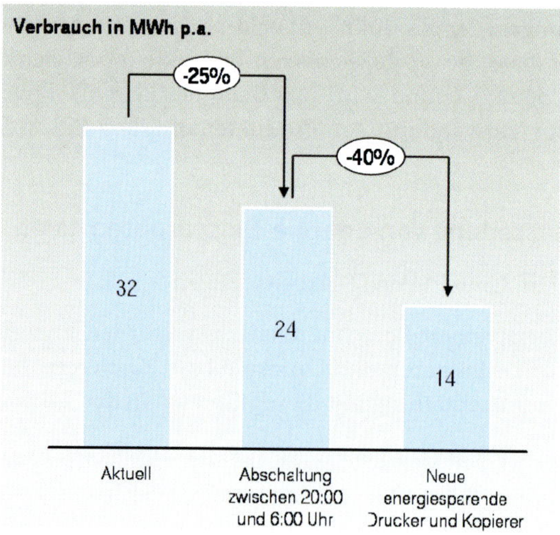

Die **Abbildung 18.8** macht deutlich, dass bei Druckern und Kopierern im Gegensatz zu TFT-Displays ein erwähnenswertes Einsparpotenzial von rund 25 Prozent durch Stand-by-Reduktion besteht. Diese Stand-by-Reduktion wurde auf der Grundlage berechnet, dass Drucker und Kopierer am Wochenende komplett und an Wochentagen von 20.00 Uhr bis 6.00 Uhr ausgeschaltet werden.

Ein weiteres Potenzial ergibt sich, ähnlich wie bei TFT-Displays, durch die Anschaffung neuerer, leistungsärmerer Gerätetypen. Aus wirtschaftlichen Gründen wird das Thema Neuanschaffung bei den meisten Firmen sicher nicht als Ad-hoc-Aktion, sondern als mittelfristiger Prozess verstanden.

Wie sich auch unter Verwendung der bestehenden Technik Energie sparen lässt, beispielsweise durch Maßnahmen zur Stand-by-Reduktion, beschreibt der nächste Abschnitt.

■ Umsetzungsvarianten zur Energieeinsparung

Derzeit prüfen die T-Labs, welche Energiesparmaßnahmen zum einen wesentliche Einspareffekte erzielen können und wie sich diese zum anderen möglichst optimal und kurzfristig umsetzen lassen, d. h. in die vorhandene Infrastruktur integrieren lassen. Darunter sollen aber natürlich auch der Komfort für die Nutzer oder die einfache Bedienbarkeit nicht leiden.

Aus jetziger Sicht erscheinen insbesondere folgende drei Maßnahmen als vielversprechend:

Zentrales Abschalten von Arbeitsplatz-Etagen im T-Labs/TU-Gebäude an den Wochenenden, Einschalten bei Bedarf

Aufgrund der Partnerschaft mit der TU Berlin nutzen auch Studenten, die in Forschungsprojekten der T-Labs beschäftigt sind, die Arbeitsplätze im Desksharing-Verfahren. Jeder Benutzer kann sich seinen Arbeitsplatz für eine gewünschte Zeit buchen.

Auch an Wochenenden sind diese Arbeitsplätze, so der Stand in 2010, verfügbar und alle Etagen werden betriebsbereit gehalten.

Ein wesentliches Einsparpotenzial besteht nun darin, diese Etagen standardmäßig am Wochenende abzuschalten und nur **bei Bedarf** einzuschalten. Um dieses Szenario zu realisieren, lässt sich die Buchungsinformation nutzen, die jeder berechtigte Nutzer eingibt, um einen Arbeitsplatz zu nutzen.

Aktivierung von Druckern und Kopierern on Demand

Für den täglichen Betrieb ist es erforderlich, dass Drucker und Kopierer betriebsbereit sind. Um aber einen durchgehenden Betrieb dieser Geräte während der Abwesenheit von Mitarbeitern zu vermeiden, ist es sinnvoll, Drucker und Kopierer nur im Bedarfsfall zu aktivieren.

Das bedeutet, dass beispielsweise am Wochenende oder während der Nacht die entsprechenden Geräte vollständig abgeschaltet werden und nur im Bedarfsfall aktiviert, d. h. hochgefahren werden. Dieser Bedarfsfall lässt sich, wie im oben genannten Beispiel beschrieben, aus den Buchungsinformationen ableiten.

Aktivierung von Arbeitsplätzen (Monitore, Desktops) on Demand

Ein weiterer Einsparfaktor ergibt sich, wenn es gelingt, auch die einzelnen Arbeitsplätze on Demand, d. h. nach Anforderung, zu aktivieren.

Dazu ist es erforderlich, jeden Arbeitsplatz getrennt steuerbar zu machen. Dies lässt sich beispielsweise durch eine fernsteuerbare Steckdosenleiste realisieren, über die die für jeden Arbeitsplatz erforderlichen Geräte wie Monitor und eventuell ein Desktop mit Strom versorgt werden.

Der Bedarfsfall lässt sich, wie in den zuvor genannten Beispielen beschrieben, aus den Buchungsinformationen ableiten.

Förderung nachhaltigen Verhaltens

- Motivation und Verhalten der Mitarbeiter

Ein wesentlicher Aspekt bei der gesamten Betrachtung des Themas Green Office ist das Thema Mitarbeitermotivation.

Eigene Umfragen bei den T-Labs haben ergeben, dass innerhalb der Belegschaft ein relativ ausgeprägtes Bewusstsein für die Themen Nachhaltigkeit und Umweltschutz vorhanden ist. Dieses Bewusstsein wird gespeist aus öffentlichen Debatten, der Thematisierung in den Medien und persönlichen Erfahrungen.

So sind Verhaltensweisen im privaten Umfeld entstanden wie beispielsweise die Bevorzugung regionaler Lebensmittelangebote oder das bewusste Vergleichen von Elektronikprodukten nach Energie- und Ökokriterien. Diese Vergleiche können besonders gut bei Produkten angestellt werden, die ein bestimmtes Label tragen, wie beispielsweise das Energielabel, mit dem heute die so genannte Weiße Ware nach Energieklassen gekennzeichnet ist.

Bei allen Betrachtungen ist jedoch anzumerken, dass im privaten Bereich der Kostenvergleich, also die Motivation, Kosten zu sparen, einen nicht unerheblichen Einfluss auf bestimmte Kaufentscheidungen ausübt. Dieses Kostenbewusstsein im privaten Bereich hat im beruflichen Büroumfeld meistens einen anderen Stellenwert, da die Kosten für Strom-, Wasser- oder Papierverbrauch für die Mitarbeiter nicht dargestellt werden können und schon gar nicht für den einzelnen Mitarbeiter aufgeschlüsselt werden.

Damit ergibt sich für den Mitarbeiter das Problem, dass er trotz eigener Motivation nur wenige Anhaltspunkte findet, die ihm sein nachhaltiges oder nicht so nachhaltiges Verhalten anzeigen. Dies wiederum befördert mitunter einen gewissen Gleichmut gegenüber dem Thema Nachhaltigkeit, da für den Einzelnen schwer ersichtlich ist, welche Auswirkungen sein ganz persönliches Verhalten hat.

Um die positive Grundeinstellung der Mitarbeiter zum Thema Nachhaltigkeit im privaten Bereich auf den beruflichen Bereich zu übertragen bzw. um auch Mitarbeiter zu motivieren, die sich der Thematik noch nicht so verbunden fühlen, sind also ganz bestimmte Maßnahmen oder Ideen gefragt, die genau diese Übertragung ermöglichen.

Eine durchaus förderliche Maßnahme liegt dabei im Bereich **Visualisierung**.

Das bedeutet konkret, bestimmte Kenngrößen für alle Mitarbeiter gemeinsam und für jeden Mitarbeiter individuell darzustellen, zu visualisieren und zu veranschaulichen. Solche Themen können beispielsweise sein:

- Darstellung des Stromverbrauchs einer Etage oder eines Bürobereichs
- Darstellung des Energieverbrauchs eines Besprechungsraumes während einer Besprechung
- Darstellung des Energieverbrauchs eines einzelnen Arbeitsplatzes
- Darstellung des täglichen Papierverbrauchs
- Darstellung des Wasserverbrauchs
- Darstellung des Heiz- bzw. Kühlungsenergiebedarfs
- Vergleichende Darstellung des Energieverbrauchs in bestimmten Zeiträumen
- Vergleichende Darstellung des Ressourcenverbrauchs in bestimmten Zeiträumen

Mit der optischen Darstellung dieser Themen lässt sich eine Übersicht zur momentanen Lage schaffen. Dies ist besonders wichtig, um im ersten Schritt das Bewusstsein der Mitarbeiter für die Nachhaltigkeit im Büroalltag bzw. im Arbeitsleben zu erhöhen.

Um dieses geschaffene Bewusstsein auch am Leben zu halten bzw. in konkrete Verhaltensstrategien zu überführen, kommt es darauf an:

1. den zeitlichen Verlauf und damit Änderungen von Ressourcen- und Energieverbrauch sichtbar zu machen und
2. für den einzelnen Mitarbeiter auch nachvollziehbare Darstellungen zu finden, die ihm den Einfluss seines persönlichen Verhaltens veranschaulichen.

Bei allen Visualisierungsformen kommt deshalb der Art und Weise der Darstellung eine besonders hohe Bedeutung zu. Aus diesem Grund beschäftigen sich die T-Labs intensiv mit der Frage, wie ein geeignetes Design dafür aussehen kann und wie man möglichst intuitiv die genannten Themen veranschaulichen kann.

Die **Abbildung 18.9** zeigt ein Beispiel, wie eine Visualisierung des Verbrauchs von Ressourcen möglicherweise aussehen könnte.

Abbildung 18.9 Roboter zur Übertragung aktueller Energieverbrauchswerte auf eine Tafel. Quelle: Sabrina Raaf, www.raaf.org

Die **Tabelle 18.5** zeigt, wie sich eine Gesamtressourcenbilanz darstellen lässt. Dabei werden bestimmte Parameter des Energie- und Ressourcenverbrauchs übersetzt und in eine grafische Darstellungsform überführt, welche sowohl farblich als auch in der Größe der Darstellung die Menge des Ressourcenverbrauchs widerspiegelt.

Derzeit werden unterschiedlichste Formen der Visualisierung und die damit verbundenen Parameter innerhalb des GreenIT-Projektes untersucht. Ziel ist es, geeignete Darstellungsformen zu finden und zu definieren. Durch die Anbindung an ein elektronisches Ressourcenerfassungssystem wird so ein innovatives Gesamtsystem geschaffen werden. Das Ergebnis, die visuelle Darstellung, soll dann sowohl über Infoterminals als auch für jeden Mitarbeiter über den eigenen PC abrufbar sein.

Tabelle 18.5 Visualisierungsformen zum Verbrauch von Ressourcen 0

Darstellung im Monatsformat	Darstellung im Jahresformat

Ausblick

Sobald die geplanten technischen Innovationen umgesetzt sind, sobald das Gebäude- und das ICT-Infrastrukturmanagement bedarfsbezogen und effizient arbeiten und die Visualisierungsformen die Mitarbeiter zu nachhaltigen Verhaltensweisen animieren, sollen natürlich Akzeptanzuntersuchungen Aufschluss zur Wirksamkeit der gewählten Darstellungsformen geben und weitere Impulse zur Verbesserung der Steuerung nachhaltigen Wirtschaftens liefern. Der Mensch steht dabei im Zentrum des Interesses.

Die Auswertung aller Daten über einen längeren Zeitraum soll natürlich auch die ökonomischen Aspekte beleuchten und zeigen, was wirtschaftlich umgesetzt werden kann und wie konkrete Handlungsempfehlungen aussehen können.

Die hier geschilderten Aktivitäten der T-Labs im Umfeld Green IT und Green Office sind ein erster kleiner Schritt hin zu einer langfristigen Etablierung nachhaltigen Verhaltens und hin zu neuen Technologien im Umfeld ökologisch geprägter Büroumgebungen. In einem ganzheitlichen Vorgehen, das auf dem Dreiklang Ökologie, Ökonomie und sozialer Verantwortung basiert, sollen kleine Anstöße gegeben werden, die getreu dem Motto „Große Veränderungen fangen klein an!" sich zu einer Welle aufschaukeln, die alle Mitarbeiter im Konzern erfasst und die Energie auch nach außen trägt. Wohl wissentlich, dass die am Ende wirklich entscheidenden Dinge nicht im Büro, sondern draußen im Verkehr, in den Rechenzentren, den Vermittlungsstellen, den Übertragungsstrecken und den Zugangsknoten in den Haushalten bewirkt werden müssen. Und im Bewusstsein, dass ICT-Innovationen einen sehr großen Beitrag zu einem nachhaltigen Wirtschaften auf unserem Planeten liefern können.

Die Zusammenhänge und Wirkungsgeflechte in unserer schnelllebigen Zeit mögen heute noch komplexer sein, als sie der Club of Rome in seinem Weltmodell 1972 aufgezeigt hat.

Die Anforderungen an Komfort, Sicherheit, Effizienz, Kostensenkung und Ressourceneinsatz mögen manchmal den Nachhaltigkeitsaspekten widersprechen, aber mit stetigen Bemühungen und ständiger Optimierung aller Kausalketten in Richtung mehr Nachhaltigkeit sollte es gelingen, dass wir noch lange mit unserer Umwelt in Frieden leben können.

Auf jeden Fall ist es unser Ziel, der gesellschaftlichen Verantwortung zum Erhalt unserer Umwelt für die nachfolgenden Generationen gerecht zu werden und einen Beitrag zu einer ganzheitlichen, umweltorientierten Wirtschafts- und Arbeitsweise zu leisten, bei dem jeder einzelne Mitarbeiter mit seinem persönlichen Einsatz zum Gesamterfolg beitragen kann.

Literatur

[1] Deutsche Telekom AG (2009): Wir leben Verantwortung. Corporate Responsibility Bericht 2009, www.telekom.com/cr-bericht2009.

[2] Hartenthaler, H. (2009): Merging Virtual and Real Worlds – Holistic Concepts for the Office of the Future, in: Proceedings of the International Conference on Ergonomics and Health Aspects of Work with Computers (EHAWC 2009), held as part of HCI International 2009 (San Diego, CA, USA, July 19 - 24, 2009), B. Karsh, Ed., Springer-Verlag, Berlin, Heidelberg, p. 49 55.

[3] Pfeifer, T./Micklei, A./Hartenthaler, H. (2001): Internet-integrated Building Control: Leaving the Lab – Robust, Scalable and Secure, in: 26th IEEE Workshop on Local Computer Networks (LCN 2001, Tampa, Florida, USA, November 14 - 16, 2001), Los Alamitos (USA): IEEE Computer Society Press, p. 306-315.

[4] Pfeifer, T./Hartenthaler, H. (2002): Internet Embedded Control Networks – A Reality Check, in: Proc. of 6th World Multiconference on Systemics, Cybernetics and Informatics (SCI 2002, Orlando, Florida USA, July 14 - 18, 2002), International Institute of Informatics and Systemics (IIIS): Proc. SCI 2002/ISAS 2002 VOLUME XII (Industrial Systems and Engineering II).

[5] Weiss, R. F./Mühle, J./Salameh, P. K./Harth, C. M. (2008): Nitrogen trifluoride in the global atmosphere, in: Geophys. Res. Lett. 35, No 20, p. L20821.

[6] Arbeitsgemeinschaft Energiebilanzen e. V. (2009): Energieverbrauch in Deutschland 1.-4. Quartal 2009 *und* Auswertungstabellen zur Energiebilanz für die Bundesrepublik Deutschland (1990 bis 2008), www.ag-energiebilanzen.de.

[7] Hahn, B./Zimmermann, C. (2009): Vorstudie zum GreenIT-Projekt von Barbara Hahn und Christine Zimmermann, Bern.

Nutzerverhalten - Green Behaviour

19 Arbeiten in den „Greentowers" - Eine ganzheitliche Betrachtung

Holger Hagge, Hermann Schnell

Immobilien der Deutschen Bank - Innovationsführerschaft und Klimaschutz

Im Selbstverständnis der Deutschen Bank ist der Anspruch auf Innovationsführerschaft fest verankert, verbunden mit dem Selbstbewusstsein, eigene Lösungswege auch abseits von Beratermoden zu finden, diese konsequent zu implementieren und klar zu kommunizieren.

Dies gilt auch für das bankinterne Real Estate Management der Bank. CRES (Corporate Real Estate Services) betreut mit 450 Mitarbeiterinnen und Mitarbeitern weltweit etwa 80 größere Bürogebäude bei über 1 900 Niederlassungen.

Die Bedeutung dieser Infrastruktureinheit zeigt sich auch in ihrem Beitrag, den sie für die Erreichung der Klimaschutzziele der Deutschen Bank leisten kann. Die Deutsche Bank hat sich zum Ziel gesetzt, ihre globalen CO_2-Emissionen um 20 Prozentpunkte jährlich gegenüber dem Basisjahr 2007 zu reduzieren und ihre weltweiten Geschäftsaktivitäten ab 2013 vollständig klimaneutral zu betreiben. Rund die Hälfte aller CO_2-Emissionen der Bank ist auf Energieverbrauch zurückzuführen. Entsprechend will die Bank die Energieeffizienz ihrer Gebäude in den nächsten Jahren kontinuierlich verbessern.

Die Bank hat eine „Global Green Lease Guideline", eine umfassende, an den LEED Standards orientierte Nachhaltigkeitsleitlinie zur Auswahl, zum Ausbau, zur Renovierung und zum Betrieb aller eigengenutzter Immobilien weltweit verbindlich etabliert. Für die Anmietung neuer Büros gilt LEED Gold als Zielsetzung, für alle anderen Immobilien LEED Silber.

Zwischen der CRES-Gruppe und den relevanten Geschäftsbereichen gibt es einen ständigen Wissenstransfer über Nachhaltigkeit. Weltweit informiert die Bank ihre Mitarbeiter regelmäßig über den schonenden Umgang mit Energie, Wasser und Papier sowie über eine umweltbewusste Abfallentsorgung und ergreift auch extern eine Vielzahl sichtbarer Maßnahmen, um die Bedeutung des Themas Nachhaltigkeit zu vermitteln.

Die neuen Deutsche Bank-Türme als weltweites Vorbild - intern und extern

Eine Maßnahme im Immobilienbestand ist die Modernisierung der Konzernzentrale der Deutschen Bank an der Frankfurter Taunusanlage mit der Zielsetzung einer CO_2-Reduktion um mehr als 50 Prozent. Dank des Umbaus zum umweltfreundlichsten Hochhaus in Europa werden die bekannten Doppeltürme auch als „Greentowers" bezeichnet. Für das Ende 2010 wieder bezugsfertige Gebäude strebt die Bank die erste weltweite Leadership in Energy and Environmental Design (LEED) Platinum-Zertifizierung einer Hochhausmodernisierung an. In Deutschland erhielt die Bank bereits ein Vorzertifikat in Gold der Deutschen Gesellschaft für Nachhaltiges Bauen (DGNB). Aus dem ursprünglich durch Brandschutzauflagen entstandenen Renovierungsprojekt wurde nach der Eignungsanalyse des Gebäudebestandes ein globales Vorbildprojekt entwickelt, das durch den Einsatz neuester Technologien und Raumnutzungskonzepte spektakuläre Einsparungen an Energie- und Ressourcenverbrauch erzielt, das sich attraktiver als bisher in den urbanen Raum einfügt und verbesserte Arbeitsmöglichkeiten bietet.

Die beiden 155 Meter hohen Doppeltürme mit ihren 38 bzw. 40 Obergeschossen bieten auf ca. 72 000 m^2 Mietfläche (nach GIF) neben den typischen Büroflächen auch Sondernutzungen wie Kundenfiliale, Business Center, Konferenzräume und Art Café. Nach der Renovierung wird das Gebäude auf vergleichbaren Flächen und Funktionen bei wesentlich gesteigerten Raumqualitäten einen um 89 Prozent reduzierten CO_2-Ausstoß aufweisen.

Durch die konsequente Modernisierung der Grundrisse auf der gleichen Fläche wird eine Steigerung der Arbeitsplatzzahl von rund 14 Prozent (von vorher 2 500 auf 2 800 Arbeitsplätze) erreicht und dank „DB New Workplace", ein von der Bank entwickeltes flexibles Arbeitsplatzkonzept, können die Türme zukünftig von bis zu 3 100 Mitarbeitern genutzt werden.

Wir erreichen damit pro Mitarbeiter insgesamt eine Reduktion des CO_2-Ausstoßes um über 90 Prozent. Dieser Wert wird ergänzt durch eine Verringerung des Umbau- und Umzugsaufwands um etwa 80 Prozent bezogen auf den gesamten Gebäudelebenszyklus. Dies wird durch eine weitgehende Standardisierung und Flexibilisierung der Bürogrundrisse und -möblierung („Generic Layout") sowie der Kommunikationstechnik möglich (vgl. **Abbildung 19.1**).

Alle Bürogrundrisse in den Regelgeschossen beider Türme sind nach der gleichen Grundstruktur, einem sogenannten „Generic Layout", ausgebaut. Jedes Regelgeschoss bietet zwei „Neighbourhoods", d. h. Open-Space-Büros mit jeweils etwa 25 bis 35 Arbeitsplätzen. Das Neighbourhood ist das Grundmodul aller neuen Büroflächen der Bank und ermöglicht je nach Geschäftsbereich eine Belegungsrate bis zu max. 120 Prozent.

Abbildung 19.1 „Generic Layout“. Quelle: Deutsche Bank

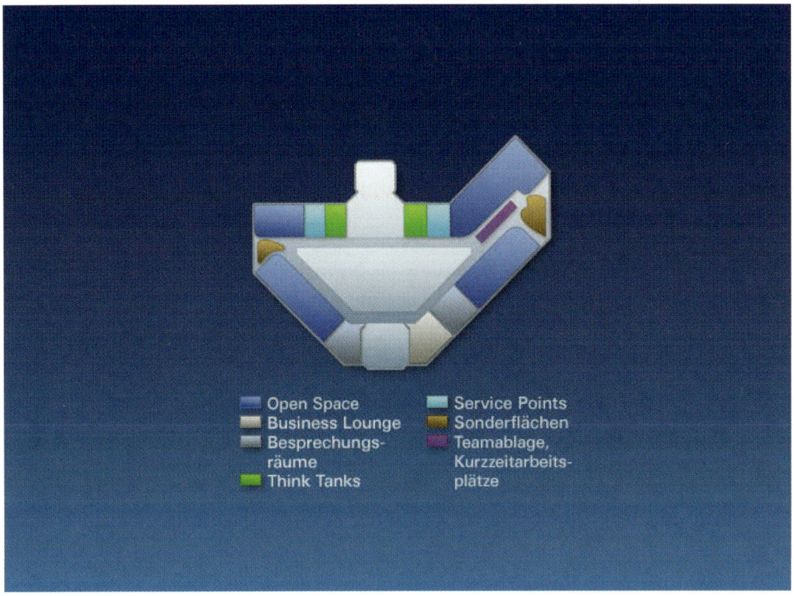

Jedes Neighbourhood bietet nahe der Erschließung aus der Liftlobby/dem Treppenhaus eine Business Lounge mit Kaffeeküche für die Etage und ein oder zwei Meetingräume für jeweils acht Personen. Direkt angrenzend an die Meetingräume fügen sich die Einzelbüros in nutzerspezifisch unterschiedlicher Anzahl, jedoch auf allen Geschossen an der gleichen Stelle angebaut, an. Durch diese Standardisierung auf allen Stockwerken kann nicht nur die Steuerung der Gebäudetechnik wesentlich vereinfacht werden. Auch bei der Neubelegung eines Neighbourhood mit anderen Nutzern werden maximal ein oder zwei Büros addiert oder entfernt, jedoch nicht wie früher der gesamte Bereich umgebaut. Die Bürotrennwände sind mit Stimmfrequenz-spezifischen Schallabsorbern ausgerüstet, können damit bei guter akustischer Qualität als rahmenlose Verglasungen ausgeführt ohne Verschraubung an Decke und Boden für Umbauten bei minimiertem Materialaufwand und – mit nur vier verschiedenen Elementen – minimierter Logistik bewegt werden.

Auch die Einzelbüros, die in der Regel Führungskräften mit Personalverantwortung zugeordnet sind, können ähnlich flexibel genutzt werden wie der Open Space. Die Einzelbüros stehen – ohne Türschlösser – bei Abwesenheit des Nutzers auch dem Team z. B. als Rückzugsraum aus dem Open Space zur Verfügung.

Zentral im Open Space gibt es in jedem Neighbourhood zwei Think Tanks, die kurzzeitig bis zu vier Personen für Besprechungen Platz bieten, sowie mindestens zwei „Touchdown“ (Kurzzeit-)Arbeitsplätze und den zentralen „Service Point“ mit Druckern, Postverteilung und Entsorgung.

Die Arbeitsplätze in den neuen Deutsche Bank-Türmen sind mit einem gemeinsam mit Herstellern weiterentwickelten, standardisierten Mobiliar ausgestattet. Es gibt zwei Tischtypen für den Standard- (160/80 cm) und den Touch-down-Arbeitsplatz (80/80 cm). Die Tische sind jeweils elektrisch höhenverstellbar, haben eine integrierte Arbeitsplatzleuchte und einen 23" oder 24" Bildschirm. Alle Standard-Tische und alle Besprechungstische haben Tisch-Tanks mit Netzanschlüssen und Platz für mehrere Netzgeräte mobiler Telefone und Laptops. Der Einsatz von individuell steuerbaren Leuchten mit einer gleichzeitigen Senkung der Grundbeleuchtung im Raum von 500 auf 300 Lux erlaubt eine Halbierung des Stromverbrauchs für künstliche Beleuchtung.

In einer Untersuchung der Nutzungsgewohnheiten und Mobilitätsprofile wurde festgestellt, dass drei Gruppen unterschieden werden können:

- Resident (Ortsgebundene Kern-Mitarbeiter im Team, die mehrheitlich prozessorientiert arbeiten und selten Team-übergreifend zusammenarbeiten)
- Mobile (Teams und Teammitglieder, deren Tätigkeit einen hohen Grad an Mobilität und eine bereichsübergreifende Zusammenarbeit erfordert. Arbeiten auch gelegentlich an anderen Standorten)
- Super Mobile (Einzelne Mitarbeiter mit einer hohen Reisefrequenz und einem hohen Grad an Autonomie, Kommunikation und Zusammenarbeit mit Dritten finden an jedem Standort und zu jedem Zeitpunkt statt, auch ad-hoc)

Residents haben persönlich zugeordnete Arbeitsplätze, nur Mobile und Super Mobile Nutzer bergen das Potential zum Desksharing.

Das Grundraster der Wandstellungen und der Möblierung ist in allen Neighbourhoods gleich („Plattform"), durch unterschiedliche Ausstattung mit Lounge Mobiliar, Displays, informelle Treffpunkte und Kunst können von den Nutzern jedoch drei verschiedene „Community"-Typen realisiert werden:

- Die „Management Community" ist geprägt durch eine höhere Anzahl von Einzelbüros, einer repräsentativen Innenzonen-Möblierung und Display-/Bibliotheks-Modulen.
- Die „Project Community" bietet mehr Treffpunkte für informelle Kommunikation und Displays für den Sachstand von Projekten.
- Die „Process Community" hat elektronische Displays zur aktuellen Information z. B. über Transaktionen sowie Plätze für individuelle und teamorientierte Coachings.

Für die Einschätzung der Mobilitätsprofile, die Belegungsplanung, Ablageplanung und die „Regelwerke" im Neighbourhood sind nutzerseitig „Fokus-Gruppen" mit einem delegierten Sprecher („Logistiker") zuständig. Diese erarbeiten und unterbreiten dem jeweiligen Management die Lösungsvorschläge gemeinsam mit einem kombinierten Expertenteam aus den Bereichen CRES und IT. Damit ist die größtmögliche, robuste Selbststeuerung und Optimierung der einzelnen Neighbourhoods im Betrieb gewährleistet.

Zur Erklärung der Funktionsweise des Gebäudes, insbesondere neuer Technologien sind Workshops und Town Halls vor Bezug vorgesehen. Ferner werden dem Nutzer zusätzliche Informationen zum Arbeitsumfeld sowie zu den Gerätefunktionen über ein Intranet-basiertes Tool auf eine spielerisch-intuitive Art vermittelt.

Die Grundlage des oben beschriebenen Raumkonzeptes ist eine weltweit seit 2007 an 18 Standorten durchgeführte umfassende Analyse von 8 000 Arbeitsplätzen hinsichtlich des Nutzungsprofils mit Befragung der Mitarbeiter (Time Utilisation Study).

Das Zusammenwirken der ökologischen Gebäudemerkmale, der effizienteren Nutzung, der Steigerung der Raumqualität sowie die stark vereinfachte Grundstruktur der Büros sind ein Vorbild auch für andere Büros weltweit.

Globaler Roll-out und Weiterentwicklung

Alle Erkenntnisse aus der Planung, der Diskussion und der Implementierung der hier beschriebenen Innovationen in den neuen Deutsche Bank-Türme sind in die weltweiten Regelwerke der Bank eingeflossen. Die „CRES Office Design Guideline" und „Global Furniture Guideline" bilden zusammen mit einem Monitoring- und Qualitätssicherungssystem die Grundlage für die Weiterentwicklung unseres globalen Immobilienportfolios.

Die von CRES betreuten Immobilien sind fast ausschließlich angemietet, mit einer durchschnittlichen Mietvertragsdauer von derzeit etwa fünf und maximal acht Jahren. Damit liegt – bei der kostensparenden Nutzung von „natürlichen" Eingriffen in unsere Gebäude durch auslaufende Mietverträge – die erwartete Realisierungszeit einer 80-Prozent-Durchdringung bei etwa vier Jahren.

Sowohl die ökologischen Elemente, die Belegungs- und Nutzungskonzepte sowie die grundlegend erneuerten Planungsprozesse und -werkzeuge werden weltweit – jedoch jeweils den regionalen kulturellen, regulatorischen und geschäftlichen Bedingungen angepasst – umgesetzt.

Diese nachhaltigen Veränderungen werden auch im Sinn eines Wissenstransfers gemeinsam mit den betreuten Geschäftsbereichen umgesetzt und die üblicherweise lediglich als Kostenfaktor betrachteten Immobilien dadurch zum aktiven Wertschöpfungsfaktor umgewandelt.

20 Soziale und ökologische Nachhaltigkeit von flexiblen Arbeits- und Raumkonzepten

Jürgen Golde, Iñaki Lozano-Ehlers, Sven Baade

Die weltweite ökologische, wirtschaftliche und soziale Entwicklung der letzten Jahrzehnte hat die Notwendigkeit eines Umdenkens und insbesondere Handelns für die nachhaltige Planung, Konzeption und Bewirtschaftung von Bürogebäuden eingeleitet. Wobei in diesem Zusammenhang unter Nachhaltigkeit ein Qualitätsanspruch zu verstehen ist, der nicht nur ökonomische und ökologische, sondern vor allem auch soziale und kulturelle Aspekte berücksichtigt.

Sehr hohe ökologische und ökonomische Einsparungspotenziale sind bei Bürogebäuden nicht nur im Bereich Konstruktion und bei der Nutzung von regenerativen Energien zu erzielen, sondern auch bei der Einführung von intelligenten und entsprechend verdichteten Nutzungskonzepten von Flächen und Räumen sowie im Nutzerverhalten der Mitarbeiterinnen und Mitarbeiter.

Schon nach sieben bis zehn Jahren übersteigen die Nutzungskosten die Investitionskosten eines Gebäudes.

Erfahrungen haben gezeigt, dass je länger und effizienter ein Bürogebäude genutzt wird, das Nutzerverhalten, die Arbeitsprozesse und das Arbeitsplatzkonzept optimiert sind, desto höher ist der Return on Investment, sowohl in ökonomischer, ökologischer Hinsicht wie auch an sozialer Nachhaltigkeit.

Am Beispiel der Standortkonsolidierung der Santander Consumer Bank in Mönchengladbach soll dies nachfolgend beschrieben werden.

Ausgangssituation

Im Jahre 2002 fusionierte die Santander Consumer Bank, damals noch als „CC-Bank AG“ mit Hauptsitz in Mönchengladbach, mit der „AKB Bank“ mit Hauptsitz in Köln.

Zu diesem Zeitpunkt waren die Mitarbeiterinnen und Mitarbeiter der fusionierten Bank in Mönchengladbach auf mehrere Standorte verteilt.

Die Post-Merger-Phase und räumliche Verteilung eines fusionierten Unternehmens auf mehrere Standorte bedingen in der Regel folgende Problematik:

Wirtschaftliche und räumliche Aspekte

Die Gebäude sind zumeist angemietet und stellen einen hohen jährlichen Kostenfaktor dar. Es gibt keine zentral gemeinschaftlich genutzten Funktionen wie Parkplätze, Mitarbeiterrestaurant, Cafeteria, Dienstleistungen etc. Diese müssen für jeden Standort individuell betrieben werden und stellen in der Summe einen hohen Kostenfaktor dar.

Der Bedarf an internen Besprechungen und somit an Besprechungsräumen ist durch die räumliche Verteilung höher. Es besteht im Vergleich zu Unternehmen, die an einem Standort zentralisiert sind, ein zusätzlicher Flächen- und Raumbedarf. Synergieeffekte sind nur in geringem Umfang möglich.

Kulturelle Aspekte

Bedingt durch die Fusion und zusätzliche Verteilung auf mehrere Standorte entstehen an jedem Standort unterschiedliche, lokale Unternehmenskulturen. Das Unternehmen präsentiert sich in der Außendarstellung nicht mit einem einheitlichen Image. Es gibt kein unternehmensweites einheitliches/standardisiertes Bürokonzept. Die Zuordnung von Arbeitsplatztypologien (geschlossenes Büro, Mehrpersonenbüro, offene Arbeitsplatzstrukturen etc.) zu den jeweiligen Nutzergruppen erfolgt willkürlich und/oder nach Hierarchie und nicht nach Funktion. Unterschiedliche Gebäudestrukturen führen zu verschiedenen Bürogrößen und damit verbunden zu „Statusneid".

Soziale Aspekte

Durch die Verteilung auf mehrere Standorte bestehen nur eingeschränkte Möglichkeiten zur informellen bereichsübergreifenden und internen Kommunikation. Arbeitsprozesse werden in erster Linie standortbezogen und nicht unternehmensweit gestaltet. Die Eigenverantwortung der Mitarbeiterinnen und Mitarbeiter für ihre Arbeitsumgebung erfolgt lokal.

Die hohen Mobilitätsanforderungen bewirken ein hohes Aufkommen an „Pkw-Pendelverkehr" zwischen den Standorten.

Vor diesem Hintergrund traf die Bank die Entscheidung eine Standortkonsolidierung in Mönchengladbach durchzuführen. Unterschiedliche Immobilienkonzepte wie Erstellung eines Neubaus in Eigenregie, Anmietung einer Bestandsimmobilie, Erstellung eines Neubaus durch einen Investor und langfristige Anmietung des Gebäudes sowie ein Leasingkonzept eines Neubaus, welches durch einen Bauträger erstellt wird, wurden geprüft und gegeneinander abgewogen. Die Entscheidung fiel zugunsten der Variante Neubau und Leasingkonzept aus.

Ziele

Wie eine aktuelle Studie von Cushman&Wakefield (European Landlord&Tenant Survey 2009) belegt, sind 70 Prozent von 750 befragten Unternehmen der Meinung, dass die von ihnen genutzte Bürofläche wesentlich effizienter genutzt werden könnte.

In der 2009 von CoreNet Global und Jones Lang LaSalle durchgeführten Befragung von Führungskräften im Immobilienbereich (Global Survey on Corporate Real Estate and Sustainability) gaben 60 Prozent der Befragten an, dass sie neue Arbeitsplatzkonzepte zur Erreichung von Nachhaltigkeitszielen einführen und somit wesentlich kostengünstigere Flächenkosten erzielen könnten.

Eine im Vorfeld der Planungsmaßnahmen in der Bank durchgeführte Studie konnte belegen, dass sich durch intelligente Raumplanung, einen grundlegenden Unternehmenskulturwandel und damit einhergehenden neuem nachhaltigem Nutzerverhalten mehr Arbeitsplätze auf geringerer Fläche unterbringen lassen. Das Ergebnis ist, langfristig betrachtet, eine größere Pro-Kopf-Energieersparnis, als bei Green-Building-Maßnahmen, die sich ausschließlich auf die Gebäudehülle beziehen.

Neben dem Ziel von größtmöglicher Flächeneffizienz und einer Optimierung des Raumprogrammes durch flexible Arbeitsplatzkonzepte wurde jedoch auch dem Thema soziale Nachhaltigkeit größte Bedeutung beigemessen. Durch die neue Arbeitsumgebung sollte auch eine deutliche Motivationssteigerung und soziale Nachhaltigkeit sowie eine Steigerung der Kommunikation und der sozialen Kontakte für die Mitarbeiterinnen und Mitarbeiter erzielt werden.

Da sich für die nahe Zukunft weitere Umorganisationen in der Unternehmensstruktur abzeichneten, war es das vordringlichste Ziel der Bank, für das neue Gebäude ein sehr flexibles, nachhaltiges Gebäudekonzept zu entwickeln und die Arbeitsformen neu zu definieren. Die große Herausforderung war es demzufolge, ein Gebäude zu planen, welches durch seine Struktur die hohen Flexibilitätsanforderungen seitens des Nutzers und die räumlichen Anforderungen, bedingt durch Einführung neuer Arbeitsformen, optimal erfüllt.

Die Santander Consumer Bank erkannte und nutzte die große Chance, sich bei der Planung, Konzeption und dem Bezug des Neubaus von Grund auf neu zu organisieren. Es wurde eine detaillierte Bedarfshinterfragung bezüglich zukünftiger Arbeitsprozesse, Nutzerverhalten, Nachhaltigkeit und den daraus resultierenden Gebäudeanforderungen durchgeführt. Die nachfolgend aufgeführten Ziele wurden im Detail formuliert.

Ökonomische Ziele

- Zentralisation an einem Standort und Reduktion der jährlichen Immobilienkosten
- Konzeption und Realisierung eines nachhaltigen Gebäude- und Betriebskonzeptes
- Flexibles Gebäude im Hinblick auf interne Umorganisationen und Umbauten
- Hohe Flächeneffizienz des Gebäudes, um die Gesamtgebäudekosten für Erstellung und Betrieb nachhaltig zu senken

Ökologische Ziele

- Reduktion der Pkw-Nutzung und Förderung der Nutzung von ÖPNV
- Ressourcen schonendes Flächen- und Parkplatzkonzept
- Einsatz energieeffizienter Gebäudetechnik, z. B. aktive Kühldecken und hoher Tageslichtanteil im Gebäude
- Gebäudeweite Reduktion von IT-Hardware durch zentrale Supportzonen
- Reduktion von Druckoutput durch Prozessoptimierung

Organisatorische Ziele

- Neuorganisation und Effizienzsteigerung der internen Arbeitsprozesse
- Einführung von nachhaltigem Nutzerverhalten durch Implementierung von neuen Arbeitsformen, um soziale Nachhaltigkeit sowie hohe Arbeitsplatzqualität (effizient) zu erreichen
- Gestaltung von unterschiedlichen Arbeitsplätzen und zugeordneter Infrastruktur für unterschiedliche Tätigkeiten im Sinne eines Multispace Office
- Pilotprojekte (Short Term Wins, heranführen und testen etc.)

Soziale und kulturelle Ziele

- Verbesserung von Kommunikation und der sozialen Kontakte – Mehrwertbereiche für die Mitarbeiterinnen und Mitarbeiter
- Schaffung einer einheitlichen Unternehmenskultur der fusionierten Banken
- Transparentes Gebäude mit hohem Kommunikationsanteil
- Grünflächen mit der Möglichkeit zum Arbeiten

Zur Erreichung der selbst formulierten Ziele wurde beschlossen, die vorgegebenen Aufgaben nicht in jedem Punkt isoliert, sondern in einem integrierten Prozess zu bearbeiten. Das Projekt „New Work" als koordinierende Funktion des gesamten Planungsprozesses wurde daraufhin initiiert.

Prozess

Der Begriff „neue Arbeitsformen" ist in der heutigen Arbeitswelt in aller Munde. Was versteht man jedoch genau darunter? Laut Forschungsergebnissen des Fraunhofer „OFFICE 21"-Projektes ist Büroarbeit jedoch immer mehr eine vernetzte Arbeitswelt mit Satellitenbüros, Telearbeitern und mobil angebundenen Beschäftigten. Die Mitarbeiterinnen und Mitarbeiter eines Unternehmens arbeiten in Zukunft vermehrt mobil, an unterschiedlichen Orten und zu unterschiedlichen Zeiten. Arbeit findet immer mehr vernetzt, in Teams und Wertschöpfungsnetzwerken statt.

Neue Arbeitsformen setzen sich demnach aus:

- flexiblen Bürolösungen
- flexiblen IT-Konzepten

- flexiblen Arbeitszeitmodellen
- Desksharing
- Telearbeit und
- neuen Arbeitsplatzformen (Teamspaces, Hot Desks, Think Tanks etc.)

zusammen.

Die Einführung von neuen Arbeitsformen stellt eine große Herausforderung an Planer und Mitarbeiter dar. Um eine größtmögliche Akzeptanz und damit den langfristigen Erfolg der neu einzuführenden Arbeitsformen zu gewährleisten, ist es unumgänglich, die Mitarbeiter eines Unternehmens aktiv in den Planungsprozess für ein neues Gebäude mit einzubeziehen.

Um alle mitarbeiterrelevanten Aspekte berücksichtigen zu können, wurde vor der Definition und Planung des neuen Gebäudes, demzufolge auch bei der Santander Bank, eine Analyse der Arbeitsformen und -weisen sowie eine Kommunikationsanalyse durchgeführt, um sie dann in einem strukturierten Prozess an die zukünftigen Anforderungen anpassen und optimieren zu können.

Alle relevanten Einflussfaktoren für das neu zu planende Gebäude, basierend auf den räumlichen und baulichen Anforderungen hinsichtlich des neuen Arbeitsplatzkonzeptes wurden identifiziert und als bindende Planungsanforderung definiert.

Die Vorgehensweise erfolgte in folgenden Prozessschritten:

1. Arbeitsformenanalyse
2. Entwicklung von Szenarien
3. Definition der Arbeitsformen und des finalen Arbeitsplatzkonzeptes
4. Pilotprojekt, Monitoring und Evaluation

Schritt 1: Arbeitsformenanalyse

In der ersten Projektphase wurde mittels Workshops mit Nutzern und Nutzervertretern sowie in Interviews (Vorstände, Vertreter der Bereiche und Experten) eine Analyse der aktuellen Arbeitsprozesse und -formen durchgeführt. Die Information wurde sowohl für den Ist-Zustand als auch für einen Planungshorizont von fünf Jahren erhoben.

Die Ergebnisse lieferten eine detaillierte Information über die jeweiligen Arbeitsdynamiken in den unterschiedlichen Organisationseinheiten, das Wissensmanagement im gesamten Unternehmen, die unternehmensweite Archivierungsstrategie, die erforderliche IT-Ausstattung für das zukünftige Arbeiten, die Kommunikationsbeziehungen zwischen den Bereichen und über die jetzige und zukünftige Arbeitskultur.

Synergie-Potenziale durch gemeinschaftlich in der Organisationseinheit oder mit anderen genutzte Ressourcen (z. B. Kopierer, Drucker, Meetingräume, Archive) und deren räumlich-prozesshafte Anforderungen von erforderlichen Funktionsflächen (Konferenz, Lager,

Postdienst, Mehrwertservices, Shop etc.) konnten identifiziert werden. Besondere Anforderungen und Wünsche der Mitarbeiter wurden aufgenommen und hinsichtlich des Realisierungspotenzials im neuen Gebäude bewertet.

Schritt 2: Entwicklung von Szenarien

Abgeleitet von den Ergebnissen der Arbeitsformenanalyse wurde ein neues Arbeitsformenkonzept entwickelt. Bestehende und neu realisierte Arbeitsprozesse sowie die daraus entstehenden Kommunikations- und Arbeitsbeziehungen wurden in drei Szenarien mit unterschiedlichen Schwerpunkten und Rahmendaten dargestellt. Nach intensiver Evaluierung wurde das Szenario zur Implementierung im neuen Hauptsitz bestimmt.

Das nach einheitlicher Entscheidung ausgewählte Szenario, das so genannte „Knowledge Network Szenario", beinhaltete folgende Schwerpunkte:

- Unternehmenskultur:

- Eine unternehmensweite Einführung von neuen, sehr innovativen Arbeitsformen findet statt.
- Kontrollmechanismen, welche fast ausschließlich erfolgsorientiert im Sinne eines Entrepreneurship-Modells erfolgen, werden eingeführt.
- Eine Veränderungsprozessbetreuung für die Mitarbeiter bedingt durch die Standortwechselthematik, nicht persönlich zugeordneter Arbeitsplatzstrategie, Einführung von Telearbeit sowie Management in flexiblen Arbeitsformen ist notwendig und wird durchgeführt.

- Kommunikationsbeziehungen:

- Eine Effizienzsteigerung der Kommunikationsbeziehungen zwischen den Bereichen, die Förderung des Wissensaustausches und die Arbeit in interdisziplinären Teams wird durch fließende Grenzen zwischen den Nachbarschaftsbereichen intensiviert.
- Das Risiko von eingeschränkter Kommunikation bei zu hohen Abwesenheitszeiten wird durch entsprechende Organisation der Kernarbeitszeiten minimiert.

- Arbeitsorganisation:

- Durch die Einführung einer geeigneten Mobilitätsstrategie und technologischen Infrastruktur wird in Zukunft die Arbeit sowohl im Büro (zentrale Anlaufstelle) und außerhalb stattfinden.
- Die meisten Arbeitsplätze werden nicht persönlich zugeordnet und können nicht individuell gestaltet werden.
- Die Grenzen zwischen den Einheiten werden zur Förderung des interdisziplinären Informationsaustausches fließend gestaltet.
- Der höhere Organisations- und Abstimmungsbedarf der Kommunikationsbeziehungen durch die Einführung von Telearbeit wird sowohl räumlich als auch organisatorisch berücksichtigt.
- Durch die Einführung einer so genannten „atmenden Struktur" in der Bürokonzeption werden externe Mitarbeiter und Wachstumspotenzial besser integriert.

- Die Mitarbeiter werden in Zukunft zwischen einer Vielfalt von unterschiedlichen Arbeitsplatzsituationen und Telearbeit wählen können.

■ IT-Konzept und Archivierung:

- Die Mitarbeiter werden mit nicht persönlich zugeordneten Desktops im Büro oder mit persönlichen Notebooks im Home Office arbeiten.
- Ein flächendeckendes WLAN in den Bürobereichen wird installiert.
- Die digitale Dokumentenarchivierung wird serverbasiert oder mit Replikation auf persönlichen Notebooks erfolgen.
- Eine deutliche Erhöhung der Digitalisierung von Dokumenten und deren Archivierung mit entsprechender Papierreduzierung wird durchgeführt.
- Der Einsatz elektronischer Workflows ohne Medienbrüche erfolgt.
- Externer Datenzugriff (Intranets, Remote Access, Portale, Chats etc.) und Prozessintegration wird eingerichtet.
- ECollaboration-Tools zur vereinfachten Kommunikation werden eingeführt.
- Eine Ausweitung der Bandbreite für performante Übertragung von Daten erfolgt.

■ Wirtschaftlichkeitsaspekte:

- Es erfolgt die, durch die unterschiedlichen Arbeitsplatztypologien bedingte, Anschaffung von neuem Büromobiliar.
- Starke Flächenreduzierungen werden durch den Einsatz von Telearbeit, die zur Verfügung gestellte geringere Anzahl von Arbeitsplätzen als Mitarbeiter und temporäre Arbeitsplätze erzielt.
- Umzugskosten werden durch das flexible Arbeits- und Bürokonzept drastisch reduziert.
- Wachstumspotenziale werden problemlos absorbiert.
- Zusätzliche Kosten durch Veränderungsprozessbetreuung und Investitionen in technologische Infrastruktur (Telefonie, evtl. Hardware, Digitalisierungsmaßnahmen, Home Offices, evtl. erweiterte Service Desks etc.) werden in der Gesamtkalkulation berücksichtigt.
- Eine Effizienzsteigerung durch Digitalisierung der Prozesse, geringere Papierkosten und Ablagefläche erfolgt.
- Eine effizientere Kommunikation und niedrigere Reise- und Telekommunikationskosten werden durch ECollaboration unabhängig von Offices erzielt.

Schritt 3: Definition der neuen Arbeitsformen und des finalen Arbeitsplatzkonzeptes

Auf Basis des zuvor beschriebenen Szenarios „Knowledge Network" wurde die Bedarfsplanung entwickelt, die Arbeitsplatzstrategie definiert, die einzelnen Arbeitsplatztypen entworfen und die Gesamtbüromodule festgelegt. Es erfolgte eine detaillierte Planung der Kommunikationszonen sowie aller weiteren zentralen Bereiche.

Schritt 4: Pilotprojekt, Monitoring und Evaluation

Um die Praxistauglichkeit der Arbeitsformen und des Arbeitsplatzkonzeptes zu überprüfen, wurde in einer repräsentativen Unternehmenseinheit der Bank in den zu diesem Zeitpunkt genutzten Räumlichkeiten ein Pilotprojekt durchgeführt.

Alle Arbeitsplatztypologien wurden prototypisch aufgebaut und man arbeitete in ihnen bereits nach den neu entwickelten Arbeitsprozessen. Durch ein ständiges Monitoring konnten Optimierungspotenziale identifiziert und das Arbeitsformenkonzept dementsprechend angepasst werden.

Das Ergebnis

Unter dem heutzutage genutzten Begriff „Green Behaviour" verstand und versteht man bei der Santander Bank in erster Linie soziale, wirtschaftliche und ökologische Nachhaltigkeit sowie umweltschonende und energie- und ressourceneffiziente Nutzung eines modernen Bürogebäudes, welches neue, mobile Arbeitsformen durch seine Architektur und Struktur optimal unterstützt.

Effekte der Standortkonsolidierung

Die gesamte Transportlogistik zwischen den ehemaligen Standorten konnte um ca. 50 Prozent reduziert werden. Die Zentralisierung hat verstärkt dazu beigetragen, dass vermehrt Fahrgemeinschaften gebildet werden. Die Nutzung des ÖPNV hat ebenfalls zugenommen. Hierzu beigetragen haben die Abstimmung der Fahrpläne und Haltepunkte mit den Anbietern sowie das Angebot eines Job-Tickets für alle Mitarbeiter.

Durch die Zentralisierung konnten auch Flächen, die bisher an jedem Standort vorgehalten werden mussten, zusammengefasst sowie effizienter gestaltet und genutzt werden.

Parkplätze werden nur noch im dafür vorgesehenen gesetzlichen Rahmen zur Verfügung gestellt und konnten im Gesamten deutlich reduziert werden.

Das Gebäudekonzept

- Organisation des Gebäudes

Das neue Gebäude wurde in einer Mäanderform entworfen und umschließt vier glasüberdeckte Atrien (vgl. **Abbildung 20.1** und **Abbildung 20.2**), die als Kommunikationszonen dienen und gestalterisch an die vier Elemente Luft, Wasser, Stein und Holz angelehnt sind. Sie gliedern das Gebäude zum einen in funktional einander zugeordnete Verwaltungsbereiche, zum anderen sollen sie durch ihre Gestaltung die Orientierung erleichtern und ein Höchstmaß an visueller Kommunikation im Gebäude ermöglichen.

Abbildung 20.1 Außenansicht des neuen Gebäudes. Quelle: Santander/BICG

Abbildung 20.2 Grundriss Erdgeschoss. Quelle: Santander/BICG

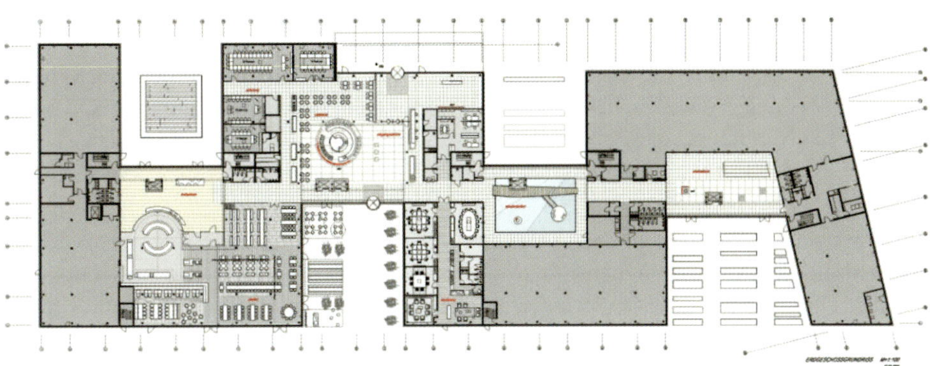

Alle Etagen des drei- bis viergeschossigen Gebäudes werden durch einen zentralen Verkehrsweg erschlossen, der auch die vier Atrien durchläuft.

Besonders an diesem Gebäude ist die ineinanderfließende Landschaft aus Empfang, Wartebereichen, einer großen zentralen Cafeteria und dem Restaurantbereich im Erdgeschoss.

Maßnahmen, die eine hohe Flächeneffizienz bei der Santander Consumer Bank gewährleisten, sind:

- gemeinschaftlich genutzte Ressourcen wie z. B. Archive, Technik etc.
- Reduzierung von Bürogrößen durch effiziente Grundrissgestaltung und Auslagerung von Archiven und Technik in die Mittelzonen.
- Möglichkeit zur Mehrfachnutzung von Flächen und Funktionen: Viele Räume können polyvalent genutzt werden, z. B. Projekträume können auch als Besprechungsraum genutzt werden, Restaurant- und Cafeteriabereiche als Arbeitszonen etc.

■ Das Beleuchtungskonzept unterstützt die flexiblen Arbeitskonzepte und -zeiten

Für die Beleuchtungskonzeption ergaben sich durch das flexible Arbeitskonzept folgende Grundanforderungen: möglichst hoher Tageslichtanteil, Flexibilität auch bei der Beleuchtung bei gleichzeitig differenzierter Steuerbarkeit, höchstmögliche Energieeffizienz, Möglichkeit zur Abbildung verschiedener Beleuchtungsstimmungen.

Abgeleitet aus diesen Grundanforderungen wurde folgendes Beleuchtungskonzept realisiert:

- Grundbeleuchtung der Verkehrswege über festeingebaute Deckenleuchten (präsenzgesteuert)
- Arbeitsplatzbeleuchtung über Stehleuchten (präsenz- und tageslichtgesteuert, dimmbar, individuell und zentral regelbar)
- Beleuchtung von Zonen mit besonderen Anforderungen (z. B. Lounges, Chill-outs, Cafeteria etc.) über Sonderleuchten entsprechend der gewünschten Lichtstimmung
- in allen Bereichen werden moderne Leuchtmittel mit hoher Effizienz und Lebensdauer eingesetzt

Durch diese Maßnahmen konnte der Energie- und Wartungsaufwand auf ein notwendiges Minimum reduziert werden bei gleichzeitig optimalen Arbeitsbedingungen und größtmöglicher Flexibilität bei der Arbeitsplatzanordnung.

■ Flexibilität durch Einsatz eines Modulbau-Trennwandsystems

Zur Darstellung von geschlossenen Räumen (Think Tank, Meetingräume, Projekträume und Einzelbüros) in den offenen Bürozonen wird ein modulares Trennwandsystem verwendet. Die Flexibilität des Systems ermöglicht es, mit geringem Kosten- und Störaufwand Ressourcen schonend Raumeinheiten zu verschieben oder abzuändern. Und dies sowohl in der Planungsphase, nachdem mit dem Bau bereits begonnen wurde, als auch während der gesamten Benutzungsdauer des Gebäudes. Die abgebauten Trennwände können wiederverwendet werden.

Nachhaltigkeit durch neue Arbeitsformen und Nutzerverhalten

Mehr als 95 Prozent der Mitarbeiter arbeiten heute nonterritorial in offenen Bürolandschaften, d. h., sie haben keine fest zugewiesenen Arbeitsplätze. Allein Vorstände und Bereichsleiter arbeiten funktionsbedingt in zugewiesenen Zellenbüros. Dadurch kann die vorhandene Kapazität der Arbeitsplätze in den offenen Bürobereichen optimal genutzt werden. Nonterritoriales Arbeiten setzt eine weitestgehende Standardisierung der Arbeitsplatztypologien voraus. Räumliche und organisatorische Veränderungen können oft ohne Umbaumaßnahmen realisiert werden. Größere Um- und Neustrukturierungen können mit einem Minimum an Material- und Logistikaufwand realisiert werden.

■ Arbeitsplatzformen

Im Gegensatz zu früher können sich die Mitarbeiter in den offenen Bürolandschaften des neuen Gebäudes in ihren zuvor festgelegten Bereichen aussuchen, welcher Arbeitsplatz am besten zu den Arbeitsaufgaben passt, die gerade anstehen.

Für individuelle Arbeit steht der Standardarbeitsplatz aus je vier zu einer Gruppe zusammengestellten Tischen zur Verfügung. Alle Arbeitstische sind höhenverstellbar und können an unterschiedliche Körpergrößen und Staturen ergonomisch angepasst werden. Zusätzlich gibt es so genannte Denkerzellen, die nicht persönlich zugewiesen sind und allen Mitarbeitern temporär für vertrauliche und konzentrierte Einzelarbeit zur Verfügung stehen. Für Teamarbeit stehen Projekträume zur Wahl. Hier lassen sich vier rollbare Arbeitstische zu einer großen Arbeitsfläche kombinieren oder sie werden, je nach Arbeitsaufgabe, als Einzelarbeitsplätze genutzt. Um informelle Kommunikation zu fördern, wurden an allen Verkehrsknotenpunkten in den Bürobereichen so genannte Touch-down-Zonen installiert – das sind Stehtische mit Netzanschluss zum kurzen Verweilen und Arbeiten sowie für das „schnelle Gespräch" zwischen Mitarbeitern, ohne die anderen Mitarbeiter bei der Arbeit zu stören. Darüber hinaus gibt es die Business Lounges, die einladende Sitz- und Arbeitsmöglichkeiten für denselben Zweck vorhalten.

Formelle Besprechungen und Telefonkonferenzen finden in den Meetingräumen statt.

■ Verhältnis von Arbeitsplätzen zu Mitarbeitern

Das Arbeitsplatzkonzept sieht vor, dass für elf Mitarbeiter zehn Arbeitsplätze zur Verfügung gestellt werden. Dies ist möglich, da sich ständig eine gewisse Anzahl an Mitarbeitern auf Schulung oder Dienstreisen befinden oder krank sind.

In der eingangs erwähnten bankinternen Studie wurde sogar davon ausgegangen, dass für vierzehn Mitarbeiter zehn Arbeitsplätze zur Verfügung gestellt werden müssten. Diese Zahl verdeutlicht, wie mobil die Mitarbeiter schon zu diesem Zeitpunkt arbeiteten und welch hohes Flächeneinsparungspotenzial für den Neubau gegeben war.

■ Mitarbeiterprofile

Um die nonterritoriale Arbeit bestmöglich zu unterstützen, wurden die Mitarbeiter bezüglich ihrer Mobilität in drei Profile kategorisiert:

1. Arbeitsplatz-orientiert „inhouse/standard" – Mitarbeiter, die vorwiegend an ihrem Arbeitsplatz tätig sind.
2. Mobile „inhouse"-Mitarbeiter, die im Bürogebäude hochmobil sind.
3. Mobile „inhouse/outdoor"-Mitarbeiter, die im Gebäude hochmobil sind und auch einen hohen Anteil an Außendiensttätigkeit haben.

Diese Profile definieren zum einen die technische Ausstattung, die einem Mitarbeiter zur Verfügung steht, und zum anderen die Anzahl von Arbeitsplätzen pro Mitarbeiter (je mobiler die Mitarbeiter, desto weniger Arbeitsplätze müssen pro Mitarbeiter vorgehalten werden).

- Telearbeit für mobile Mitarbeiter wurde im Unternehmen etabliert.
- Zentralisiertes IT-Support-Konzept. Es wurde eine maximale Anzahl an Arbeitsplatzdruckern abgeschafft und in zentralen Supportzonen installiert. Mit dieser Maßnahme konnten bis zu 40 Prozent der bisher genutzten Drucker eingespart werden. Ziel ist es, hier weiter zu optimieren und schließlich den Einsatz von diesen Geräten um ca. 50 Prozent im Vergleich zur Situation vor dem Einzug in das neue Gebäude zu reduzieren.
- Installation und intensive Nutzung von Videokonferenzsystemen am Arbeitsplatz und in Besprechungsräumen führten zu einer deutlichen Reduktion von Reisen – speziell im Hinblick auf Reisen zum Konzern-Hauptsitz nach Madrid.
- Insbesondere sind die Fortschritte im papierarmen Büro zu nennen. Es erfolgt eine Digitalisierung von Prozessen, wo immer es möglich und sinnvoll war (z. B. digitale Personalakten, digitale Verarbeitung von Neugeschäften im gesamten Filialbereich, elektronische interne administrative Prozesse wie Reisebüro und Materialversorgung, elektronische Abwicklung von Anträgen/Aufträgen, digitale Archivierung und Verwaltung von Daten, Workflowlösungen, CRM etc.).

Durch die Einführung von neuen Arbeitsformen und das umgesetzte Bürokonzept konnten bis zu 20 Prozent an Flächeneinsparung im Vergleich zu einem herkömmlichen Zellenbürogebäude erzielt werden – und das einhergehend mit einer sehr hohen Arbeitsplatzqualität für alle Mitarbeiter.

Evaluierung des realisierten Konzeptes

Zirka ein halbes Jahr nach dem Bezug des neuen Gebäudes wurde der „Status quo" der neuen Arbeitsumgebung und -formen abgefragt und das Optimierungspotenzial identifiziert.

Anhand von teilstrukturierten Fragebögen wurden die Mitarbeiter nach folgenden Erfolgsfaktoren befragt:

- Konzeption des Neubaus und Einführung neuer Arbeitsformen
- Identifikation mit dem Unternehmen
- Motivation der Mitarbeiter
- Interne und bereichsübergreifende Kommunikation

- Arbeitseffizienz
- Umgang mit Ressourcen (Energie, Papier etc.)

In folgenden Punkten konnte ein eindeutiger Mehrwert für die Mitarbeiter durch die neuen Arbeitsformen und des nachhaltigen Gebäudekonzeptes erzielt werden:

- Die Mitarbeiter werden besser in ihrer Arbeit durch die neuen Arbeitsformen unterstützt.
- Bessere Unterstützung der Teamarbeit durch die Disposition von zahlreichen Besprechungs- und Projekträumen, Think Tanks und über informelle Kommunikationszonen.
- Flachere Hierarchien (räumlich) durch weniger Einzelbüros und standardisierte Ausstattungen der Arbeitsplätze im Gebäude.
- Mehr Transparenz durch offene Büroformen und Glaswände.
- Deutliche Senkung von Material- und Betriebskosten.
- Zusätzliche Flexibilität durch flexible IT-Infrastruktur, standarisierte Arbeitsplätze und nonterritoriale Arbeitsformen.
- Beschleunigung der Arbeitsprozesse durch Digitalisierung papiergebundener Akten und von Dokumenten sowie Reduktion von Archiven.
- Effiziente Gestaltung der Arbeitsplätze durch modularen Aufbau des Gebäudes und effiziente Layoutplanung.
- Schaffung einer motivierenden Arbeitsumgebung durch die Disposition einer Vielfalt von Arbeitsplätzen, Business Lounges, Chill-outs, thematische Atrien, Cafeteria und Betriebsrestaurant mit unterschiedlichem Ambiente sowie Außenanlagen mit Grünflächen.

Abbildung 20.3 zeigt, dass ca. 90 Prozent der Mitarbeiter die Einführung der neuen Arbeitsformen als sehr gut bewerteten und im Vergleich zu früher die Arbeitsweise im neuen Gebäude viel besser ist.

Abbildung 20.3 Portfolio Nutzerbewertung der neuen Arbeitsformen. Quelle: BICG

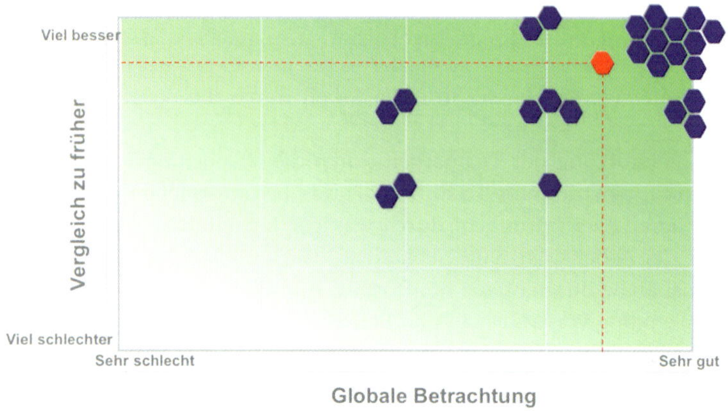

Zukunftsperspektive

Ein Jahr nach Bezug des Gebäudes konnten zusätzliche 175 Mitarbeiter durch das flexible Bürokonzept in dem neuen Gebäude ohne bauliche Umstrukturierung und bei gleichbleibender Arbeitsplatzqualität untergebracht werden.

Nach dieser ersten Nachverdichtungsmaßnahme und entsprechender Effizienzerhöhung entstand eine neue Herausforderung durch den Zukauf von zwei Bankensparten durch die Santander Gruppe.

Es wurde im Jahr 2008 eine weitere Potenzialanalyse durchgeführt, um die Möglichkeiten zur Integration zusätzlicher Mitarbeiter im Gebäude zu untersuchen. Mit den qualitativen und quantitativen Kenngrößen, die aus dieser Studie resultierten, realisierte man ein Portfolio möglicher Verdichtungsmaßnahmen und entwickelte das neue Arbeitsszenario für die Zukunft.

Schlussbetrachtung

Durch eine integrierte Planung von Arbeitsformen und Gebäude konnte eine sehr Ressourcen schonende Grundflexibilität des Gebäudes, basierend auf dem neu entwickelten Arbeitsplatz- und Arbeitsformenkonzept, erzielt werden. Es war dadurch möglich, ca. 15 bis 20 Prozent mehr Mitarbeiter (als ursprünglich für den Bezug vorgesehen) im Gebäude – ohne bauliche Umstrukturierung und bei gleichbleibender Arbeitsplatzqualität – unterzubringen. Keine zusätzlichen Gebäude mussten angemietet bzw. neu erstellt werden

Die Einführung von neuen Arbeitsformen konnte jedoch nicht von einem Tag auf den anderen erfolgen. Die Mitarbeiterinnen und Mitarbeiter mussten vor Bezug des Gebäudes umfassend über das Konzept informiert werden und mit einem so genannten Change Management – unter Change Management, auch als Veränderungsmanagement bezeichnet, versteht man die Koordination einer planvollen Übergangsphase von Situation A zu Situation B mit dem Ziel einer nachhaltigen Veränderung innerhalb einer Organisation – schrittweise auf die Änderung ihres Nutzerverhaltens vorbreitet werden.

Alle diese Verdichtungsmaßnahmen lassen sich natürlich nicht beliebig fortsetzen. Die entwickelten Arbeitsprozesse und nachhaltigen Arbeitsformenkonzepte gewährleisten jedoch die problemlose Integration von neu zu erstellenden oder zusätzlich anzumietenden Gebäuden in das Gesamtkonzept der Bank.

Die Einführung der neuen Arbeitsformen, die Entwicklung eines nachhaltigen flexiblen Bürokonzepts und die Möglichkeit der Partizipation der Mitarbeiterinnen und Mitarbeiter im Gestaltungsprozess des neuen Gebäudes zeigten Erfolg:

Das unabhängige Research-Unternehmen CRF hat die Santander Consumer Bank mit dem Gütesiegel „Top-Arbeitgeber Deutschland 2009" ausgezeichnet.

21 Betriebliches Gesundheitsmanagement - Gesundes und kreatives Arbeiten im Büro

Michael Barth, Tobias Joeres, Hannes Kleinschmidt

Wir leben in einer Epoche rasanter Veränderungen. In einer immer komplexer werdenden Gesellschaft sind verschiedene langfristige Entwicklungsprozesse zu beobachten. Aus ökonomischer und sozialer Sicht sind vor allem Prozesse wie die zunehmende Globalisierung, die gesteigerte Bedeutung von Wissen und die Verbreitung von Informationstechnik in allen Arbeits- und Lebensbereichen, eine zunehmende Flexibilisierung und Individualisierung, der demografische, politische, kulturelle und technologische Wandel und eine allgemeine Beschleunigung der Prozesse für den Umbruch entscheidend.

Erhöhung des Wettbewerbsdrucks

Eine Zunahme der Wettbewerber auf dem globalen Markt mit neuartigeren, technologisch ausgefeilten und effizient hergestellten Produkten und Dienstleistungen verursacht in kürzeren Zyklen steigende Kundenanforderungen. Ein sich kontinuierlich erhöhender Kosten- und Innovationsdruck ist die Folge. Verschärfend kommt hinzu, dass unvorhersehbare politische, kulturelle und klimatische Ereignisse Investitionsrisiken für die Organisationen erhöhen.

Es ist für Organisationen unerlässlich geworden, sich ständig neu zu orientieren, anzupassen und zu wandeln. Wettbewerbsvorteile zu schaffen und zu sichern, ist zur Überlebensfrage geworden. Qualitäts- und Produktivitätsdefizite müssen aufgearbeitet sowie Arbeitsprozesse ständig optimiert werden, um im Wettbewerbsdruck zu bestehen. Die betriebswirtschaftlichen Auswirkungen mangelnder Produktivität sind enorm: Eine globale Studie der Unternehmensberatung Proudfoot Consulting gibt an, dass 34,3 Prozent der Arbeitszeit unproduktiv verschwendet wird [1, S. 8].

Das wahre Kapital: Die Mitarbeiter

Der Wert von Unternehmen bemisst sich in sinkendem Maße an deren technischer Ausstattung und in zunehmenden Maße an immateriellen Werten: Hinter Produkten und Dienstleistungen stehen Beschäftigte. Sie sind es, die mit ihrem Wissen, ihrem Können und ihrer Kreativität Wertschöpfung erzielen und Produktivität gewährleisten. Sie bilden das wahre Kapital – und sie bieten zugleich das größte Potenzial, nachhaltig Wertschöpfung und Effizienz zu erhöhen. Um die Wertschöpfung und Effizienz einer Organisation zu steigern, ist neben rein professionellen Kompetenzen vor allem wichtig, dass deren Beschäftigte:

- kreativ, motiviert und engagiert sind
- sich mit ihrer Arbeit und dem Unternehmen identifizieren
- mit ihrer Arbeit zufrieden sind
- gesund sind und Leistung erzielen

Die genannten Faktoren sind zugleich **Frühindikatoren** im Rahmen eines Betrieblichen Gesundheitsmanagements.

Betriebliches Gesundheitsmanagement ist eine Investition, die sowohl aus sozialer Verantwortung als auch aus betriebswirtschaftlicher Notwendigkeit auf die Steigerung dieser **Frühindikatoren** setzt – denn diese sind die Basis für **Spätindikatoren** wie Innovation, Qualität, Produktivität, Umsatz und Image – und somit limitierende Faktoren für die Wettbewerbsfähigkeit der Organisation.

Die Frage muss demnach lauten, durch welche **Treiber** diese Frühindikatoren positiv beeinflusst werden können. Hierfür wird in **Abbildung 21.2** ein Modell vorgestellt, welches diese Treiber in sechs **Handlungsfeldern** beschreibt. Doch bevor wir zu diesem Modell kommen, müssen wir uns die Frage stellen, warum gerade diese Frühindikatoren oftmals bedroht sind – mit entsprechend negativen Auswirkungen auf die Wettbewerbskraft und Produktivität der Wirtschaft.

Mega-Trends haben die Arbeitswelt verändert

Die Bedrohung wird durch gesamtgesellschaftliche, individuelle und betriebswirtschaftliche Veränderungen und deren Auswirkungen hervorgerufen. Unternehmen im Wettbewerb konkurrieren heute um die besten Organisations- und Führungskonzepte, wie z. B. Lean Production, KAIZEN, Business Reengineering oder Total Quality Management. Diese Konzepte haben in ihrer Umsetzung neue Arbeitsbedingungen hervorgebracht. Diese **neuen Arbeitsbedingungen** prägen eine Arbeitskultur, die sowohl durch **veränderte Belastungen** als auch **veränderte Anforderungen** an Mitarbeiter gekennzeichnet ist. Verschärfend kommt hinzu, dass sich im privaten Bereich auch individuelle **Lebensstile** verändert haben (vgl. **Abbildung 21.1**).

Abbildung 21.1 Zusammenhang zwischen gesamtgesellschaftlichen, individuellen und betriebswirtschaftlichen Veränderungen und deren Auswirkungen. Quelle: B·A·D/Joeres

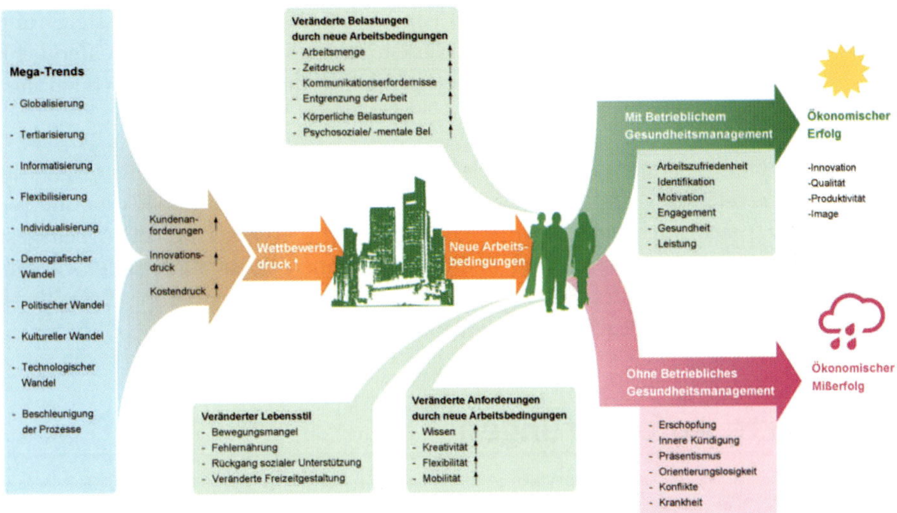

Veränderte Belastungen

Mit beispielsweise vermehrter Teamarbeit und der Erweiterung des Tätigkeits-, Entscheidungs- und Kontrollspielraums haben die neuen Arbeitsbedingungen per se durchaus Potenzial, zur Humansierung der Arbeit beizutragen. Arbeitnehmer können ihren individuellen Bedürfnissen z. B. durch flexiblere Arbeitszeiten und vermehrt selbstständiges Arbeiten besser Rechnung tragen.

Die räumlichen, zeitlichen und strukturellen Veränderungen werfen in vielen Fällen – insbesondere bei einer kulturinadäquaten Implementierung von Konzepten – wirtschaftsethische Diskussionen auf, da sie die Arbeitskultur auch auf inhumane Weise verändern können.

So kann eine „Kultur ständiger Verbesserung“ auch die Verabsolutierung einer Ergebnisorientierung bedeuten, da diese den Menschen zum Rationalisierungsobjekt reduzieren kann. Selbstständigkeit und Verantwortung werden zwischenzeitlich in Unternehmen weit auf Mitarbeiterebene herunter delegiert. Eine kontinuierliche Erhöhung der Arbeitsmenge, Leistungsanforderungen und des Zeitdrucks bei gleich bleibenden oder sogar sinkenden Ressourcen führt zu gesteigerten psychomentalen und psychosozialen Belastungen sowie zu systematischen Überforderungssituationen. Mitarbeiterinnen und Mitarbeiter spüren den Druck, sich „rechnen zu müssen", was verstärkt wird durch Kundenorientierung als oberste Maxime („*Dürfte ich Sie noch bitten anzukreuzen, wie zufrieden Sie mit meiner Beratung waren?*"), Outsourcing oder prekäre Arbeitsverhältnisse. Räumliche und zeitliche Flexibilität führt zur Auflösung von Grenzen zwischen Erwerbsarbeit und Privatleben und somit zur Entgrenzung der Arbeit. Wenn trotz guter Unternehmensergebnisse Personal abgebaut wird und zugleich das Top-Management hohe Gehaltssteigerungen erfährt, sind nicht mehr nur innerhalb der Werkstore, sondern auch in der Öffentlichkeit die Galionsfiguren einer allzu profitorientierten Management-Generation schnell ausgemacht.

Eine Gegenströmung ist die zunehmende systemtheoretische Erkenntnis der Organisationen, dass die verstärkte Übernahme sozialer Verantwortung durch sie („Corporate Social Responsibility") sich auch betriebswirtschaftlich auszahlt. Wirtschaftliche Arbeitsgestaltung und humane Eigenschaften und Bedürfnisse können dann miteinander verknüpft werden und somit eine kulturadäquate und humanisierte Implementierung dieser Organisationskonzepte verstärkt Beachtung finden.

Veränderte Anforderungen

Umweltkomplexität und -dynamik haben zugenommen und werden noch weiter zunehmen. In einer von Unsicherheit und Veränderung geprägten Welt komplexe Tätigkeiten nur durch Anweisung und Kontrolle zu steuern, ist nicht mehr effektiv. Streng hierarchisch, arbeitsteilig organisierte Unternehmen erreichen deshalb ihre Grenzen.

Anpassungsfähige, auf äußere und innere Reize reagierende, lernende Organisationen können über die Summe der Individuen besser auf diese Veränderungen reagieren. Dabei lernen Menschen als Individuen, in Gruppen, in der gesamten Organisation (im Sinne von geteiltem Wissen) sowie durch „das Lernen des Lernens". Zusammenfassend ist es das Ziel, eine lernförderliche Organisationskultur zu schaffen. Büroarbeit ist in erster Linie Wissensarbeit.

Demzufolge haben sich auch die individuellen Anforderungen, die heute an Mitarbeiter gestellt werden, durch neue Arbeitsbedingungen verändert. Organisationales Lernen erfordert Lernbereitschaft, Kreativität, Methodenkompetenz, Sozialkompetenz, Initiative, Selbstständigkeit, Lernbereitschaft, Flexibilität und auch Mobilität. Ziel sind mündige Mitarbeiter, die Wissen aktiv erwerben, entwickeln, teilen, nutzen und bewahren.

Lebenslanges Lernen ist sowohl die Basis für Beschäftigungsfähigkeit als auch die Grundlage für die Wettbewerbsfähigkeit von Unternehmen geworden – die Entwicklung und Nutzung der zugrunde liegenden individuellen Kompetenzen kann als eine der Hauptdeterminanten zur Bestimmung der Innovationsfähigkeit von Organisationen angesehen werden. Dies stellt die Bedeutung einer vorausschauenden, normativen und strategischen Personalentwicklung heraus.

Lernende Organisationen benötigen eine Kultur, in der mit Fehlern offen umgegangen, Wissen bereitwillig geteilt und Lernen gefördert wird. Dies erfordert mündige Mitarbeiter und eine systematische Auseinandersetzung mit Fragen der Unternehmenskultur. In einer innovationsfreundlichen, mitarbeiterorientierten Unternehmenskultur wird das normative und strategische Management von Strukturen, Aktivitäten und Verhalten im Gegensatz zum operativen Management an Bedeutung gewinnen – das Management von Veränderungen wird der Schlüssel zum Erfolg. Darüber hinaus gilt es, auch den übrigen Stakeholdern wie z. B. Bewerbern die zunehmend immateriellen Vermögenswerte transparent zu machen: In Zeiten regelmäßig veröffentlichter Unternehmensrankings nehmen sich Bewerber heute die Freiheit, die Arbeitgeber nach der Unternehmenskultur zu selektieren.

Veränderter Lebensstil

Die erwähnten veränderten individuellen Anforderungen können Mitarbeiter nur effektiv erfüllen, wenn sie gesund und leistungsfähig sind – in biologischer, aber auch in psychosozialer Hinsicht. Der „gesunde Mitarbeiter" scheint jedoch immer mehr zur Ausnahme zu werden:

- 28 Prozent aller Arbeitnehmer haben stressbedingte Gesundheitsprobleme [2, S. 10]. Ca. 32 Prozent der Arbeitnehmer leiden unter allgemeiner Erschöpfung, 26 Prozent unter Kopfschmerzen und 22 Prozent unter Schlafstörungen [3, S. 8].
- 15 Prozent der Frauen und 8 Prozent der Männer durchleben innerhalb eines Jahres eine depressive Phase [4, S. 3].
- 30 Prozent aller Arbeitnehmer leiden unter Rückenschmerzen [2, S. 10], jede fünfte Frau und jeder siebte Mann leiden unter chronischen Rückenschmerzen [4, S. 3-9].

Auch im Falle der Rückenschmerzen – insbesondere bei chronischem Verlauf – spielen personenabhängige psychische, emotionale und soziale Einflussfaktoren eine bedeutende Rolle. Psychische und physische Gesundheit sind dabei nicht voneinander zu trennen, sondern bedingen sich gegenseitig.

Riskante Verhaltensweisen verschärfen die Situation: 87 Prozent aller Erwachsenen bewegen sich zu wenig, jede zweite Frau und zwei von drei Männern sind übergewichtig bis stark übergewichtig. Jeder dritte Erwachsene raucht, jede sechste Frau und jeder dritte Mann trinkt zu viel Alkohol [4, S. 3-9].

Private Bedingungen wirken sich so betrieblich aus: Gesundheitliche Ressourcen stehen dadurch oft in einem Missverhältnis zu den täglichen Arbeitsbelastungen. Hinzu kommt, dass sich auch diese Belastungen selbst verändert haben: Physische Belastungen nehmen ab, psychosoziale Belastungen nehmen zu.

Bringt der veränderte Lebensstil die Wirtschaft in eine Ressourcenkrise? Mitarbeiter, die krankheitsbedingt der Arbeit fernbleiben, verursachen jedenfalls beträchtliche Kosten – ohne weitere Wertschöpfung. Doch es geht nicht nur um den Krankenstand. In den letzten

Jahren wurde der Begriff „Präsentismus" geprägt: Viele Mitarbeiter sind krank (z. B. Migräne, Depressionen, Rückenschmerzen), aber anwesend bei der Arbeit. Die Krankheit wirkt sich auf die Leistung und Konzentration aus – und so gehen, verglichen mit krankheitsbedingter Abwesenheit, deutlich mehr produktive Tage verloren, wenn Mitarbeiter krank am Arbeitsplatz sind. Kommunikationsdefizite, fehlende Motivation, innere Kündigung und Konflikte erhöhen die verlorene Wertschöpfung zusätzlich.

Betriebliches Gesundheitsmanagement

Für Unternehmen gilt es, im Zuge der gewandelten Erwerbsarbeit die Bedeutung des „Humankapitals" zu erkennen und verstärkt in dieses zu investieren, um die Arbeitszufriedenheit, Gesundheit, Motivation, Kreativität und Leistung der Beschäftigten – **Frühindikatoren** für ein gelingendes Gesundheitsmanagement – zu fördern. Als „soziales System" sind Unternehmen derart gestaltbar, dass sie Potenziale für die Gesunderhaltung und Gesundheitsförderung der Mitarbeiter entfalten können. Von einer verbesserten Gesundheit profitieren nicht nur Mitarbeiter, sondern auch das Unternehmen. Diese Frühindikatoren sind die Basis für **Spätindikatoren** wie Innovation, Qualität, Produktivität, Umsatz und Image.

Ziel muss es sein, über den „Faktor Mensch" die Wettbewerbsfähigkeit zu erhalten und zu fördern. Betriebliches Gesundheitsmanagement versucht, in der Organisation **Treiber** zur Optimierung dieser Frühindikatoren herauszufinden, um Spätindikatoren positiv zu verändern.

Hierfür braucht es ein systematisches Vorgehen, denn die anschließende Praxis kann nur so gut sein wie die Modelle, die wir im Kopf haben. Die folgende **Abbildung 21.2** zeigt **sechs Handlungsfeldern** zugeordnete Treiber, die Frühindikatoren und somit auch Spätindikatoren positiv beeinflussen können:

Abbildung 21.2 Treiber eines betrieblichen Gesundheitsmanagements in sechs Handlungsfeldern, Früh- und Spätindikatoren. Quelle: B·A·D/Joeres

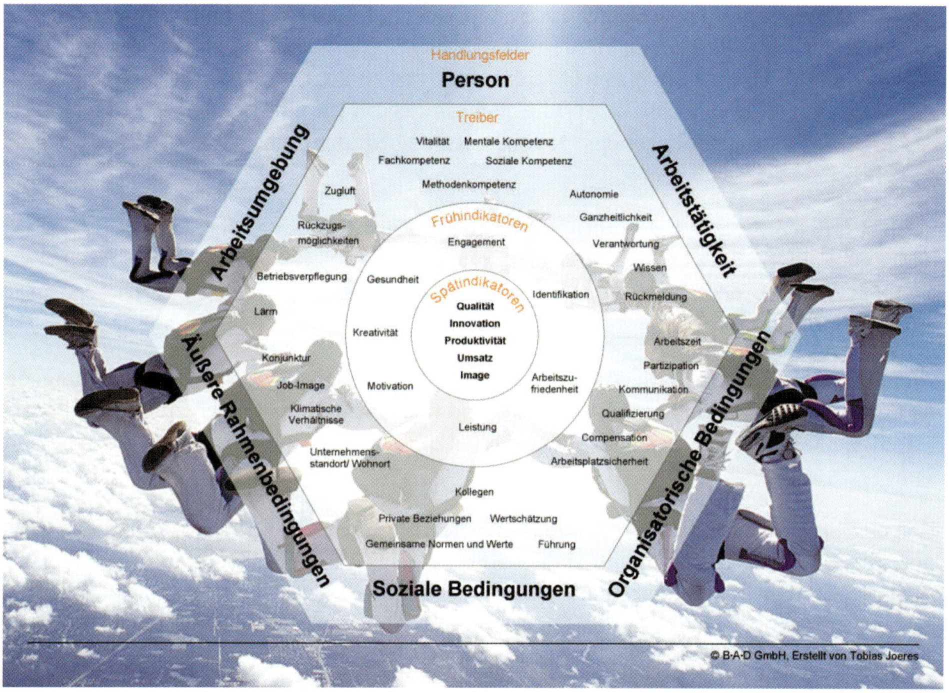

Hebel, das System gezielt zu verändern, ergeben sich z. B. im Bereich der **Arbeitstätigkeit**. Inwiefern können Mitarbeiter selbst entscheiden, wie und wann sie welche Aufgaben ausführen? Welche Wissensanforderungen stellt die Aufgabe? Welchen Beitrag hat ihre Arbeit im gesamten Wertschöpfungsprozess? Bekommen die Mitarbeiter schon durch ihre Arbeitsergebnisse selbst Rückmeldung darüber, ob sie ihre Arbeit gut machen?

Durch geeignete **organisatorische Bedingungen** sollten Mitarbeiter an betrieblichen Entscheidungsprozessen und Entwicklungen beteiligt werden. Dazu gehören eine transparente Kommunikationskultur, zielgruppengenaue Qualifizierungskonzepte und Karriereperspektiven sowie eine angemessene, leistungsgerechte Vergütung und Arbeitsplatzsicherheit als wichtige Kompensationsfaktoren. Diese Kompensation sollte nicht nur monetär erfolgen. Es kommt ebenfalls darauf an, inwiefern Mitarbeiter im Handlungsfeld der **sozialen Bedingungen** Wertschätzung durch Führungskräfte und Kollegen erfahren und anhand gemeinsamer Normen und Werte handeln. Auch private Beziehungen können eine erhebliche Rolle spielen, da sie der Person Stabilität geben – aber auch nehmen können wie z. B. durch Krankheit oder Tod von Partnern oder Angehörigen. **Äußere Rahmenbedingungen** sind nur bedingt durch Veränderungen in der Organisation zu beeinflussen, können aber dennoch erhebliche Bedeutsamkeit für die Ausprägung der Frühindikatoren haben – man denke z. B. an die zurückzulegende Fahrtstrecke durch einen weit entfernten Wohnort, das Ansehen der ausgeübten Tätigkeit in der Öffentlichkeit sowie die Angst vor Arbeitslosigkeit durch konjunkturelle Entwicklungen.

Die **Arbeitsumgebung** sollte – gemessen an einer eher klassischen Betrachtungsweise mit der Direktive der Belastungsminimierung – unter einer erweiterten, stärker ressourcenorientierten Perspektive betrachtet werden. So greift es zu kurz, sich auf die Messung physikalischer Größen und die Bekämpfung von als risikoreich eingestuften Dimensionen zu beschränken. Ein grundlegendes Normenwerk wird dadurch selbstverständlich nicht entbehrlich.

Doch erst der Blick auf Anforderungen an die Arbeitsumgebung, die sich aus den besonderen Charakteristika von Wissensarbeit ergeben, und das Ziel, diese unter Stärkung geeigneter Ressourcen zu beantworten, stellen einen adäquaten Zugang dar. Dieser Ansatz wird im **Spotlight Arbeitsumgebung** vertieft.

Auf Ebene der **Person** schließlich sind neben einer möglichst optimalen Erfüllung des Anforderungsprofils in Hinblick auf Fach- und Methodenkompetenzen zunehmend soziale und mentale Kompetenzen sowie individuelle physiologische Voraussetzungen bedeutsam.

Wie ersichtlich wurde, können **Treiber** sehr vielfältig sein, von Organisation zu Organisation sehr unterschiedliche Relevanz besitzen und sich wechselseitig beeinflussen. Um die richtigen Treiber in richtiger Weise zu verbessern, bedarf es der Kooperation wichtiger betrieblicher Funktionsträger und einer Verknüpfung von Bottom-up- und Top-down-Ansätzen.

Im betrieblichen Gesundheitsmanagement gilt es, Vision, Mission und Strategie zu entwickeln und im moderierten Dialog Hypothesen über die im obigen Modell vorhandenen Wirkzusammenhänge zu entwickeln. Diese können dann im Rahmen von Analysen überprüft und angepasst werden, sodass ein unternehmensspezifisches Modell entsteht, welches handlungsleitend für alle weiteren Aktivitäten ist. Ziel sollte es dabei stets sein, strategisch vorausschauend zu handeln.

Spotlight: Arbeitsumgebung

Raum, Licht, Klima, Mobiliar und Arbeitsmittel sowie deren individuelle Anpassung haben unmittelbare Wirkung auf die Zufriedenheit, das Wohlbefinden und somit die Leistungsfähigkeit der darin bzw. damit arbeitenden Menschen. Es ist dabei nur konsequent, den grundsätzlich erhöhten Anforderungen an räumliche, zeitliche und organisatorische Flexibilität der arbeitenden Menschen durch flexible und individualisierbare Gestaltungskonzepte der physikalischen und gegenständlichen Arbeitsumgebung Rechnung zu tragen. Dafür müssen anerkannte arbeitsmedizinische und arbeitswissenschaftliche Erkenntnisse sowie ein gesetzliches Regelwerk zunächst den Rahmen bilden. Gleichwohl ist das

Ausnutzen von sich bietenden Freiräumen zur Gestaltung und Anpassung kein Selbstzweck, sondern kann über eine dadurch geschaffene Verbindung der Menschen mit ihrer Arbeitsumgebung zur Identifikation mit der Arbeit an sich beitragen. Dies trägt zur Freilegung von Potenzialen bei, die bei der bloßen Erfüllung gesetzlicher Aufgaben oftmals unerschlossen bleiben.

Kommunikation und Kreativität, ohne die Wissensarbeit kaum möglich ist, finden in einer angenehmen und angenommenen Atmosphäre ein wachstumsförderliches Klima. Möglichkeiten zur Kompensation von Bewegungsarmut, die Wissensarbeit in der Regel mit sich bringt, können unterstützend und ausgleichend in der Selbstregulation wie auch der sozialen Interaktion wirken. Sie haben aber vor allem auch durch die vielfach nachgewiesenen präventiven Effekte von Sport auf viele somatische und psychische Erkrankungen einen hohen Stellenwert.

Räumliche, zeitliche und organisatorische Flexibilisierung der Arbeit macht auch die Ernährung zum Thema – auf einer Wissensebene, aber auch auf der praktisch infrastrukturellen Ebene. Neben der mittel- bis langfristigen Gesunderhaltung durch eine ausgewogene Ernährung steht auch der Erhalt der Leistungsfähigkeit über den Arbeitstag durch entsprechende Nahrungsaufnahme im Fokus.

Der Raumbedarf orientiert sich an dem Aufgabenspektrum der Mitarbeiter und an der Zusammensetzung einzelner Projektteams. Vielfalt und Art der Aufgaben bestimmen das Raumkonzept. Flächen und technische Möglichkeiten für das Ausleben der Kreativität jedes einzelnen Mitarbeiters oder des Teams sollten zur Verfügung gestellt werden. Dabei ist der Mensch in den Mittelpunkt zu stellen. Jeder entwickelt seine volle Kreativität in einem individuell unterschiedlichen Umfeld. Farbwechsel und auch Raumgrößenwechsel setzen weitere Impulse. Die Gesamtatmosphäre sollte angenehm und freundlich sein und dafür beispielsweise auch Kunstwerke oder Pflanzen nutzen.

Die Steuerung von Licht, Raumklima und Luftqualität über Sensoren passt diese an die Bedürfnisse der Mitarbeiter an. Das natürliche Licht kann durch entsprechende Lichtanpassungen großflächiger Fenster, die automatisch abdunkeln, bei veränderter Sonneneinstrahlung reguliert werden, um eine gleichmäßige Helligkeit im Raum zu halten.

Das Mobiliar ist in dieses Gesamtkonzept zu integrieren. Die automatische Veränderung von Höheneinstellungen der Stühle, Schreibtische und Bildschirmneigungen bringt den Mitarbeiter ohne großen Aufwand in ein gewohntes, ergonomisch günstiges Arbeitsumfeld. Die Informations- und Kommunikationstechnologie unterstützt durch einen flexiblen und nutzerfreundlichen Zugriff auf Daten und Kommunikationskanäle.

Ruhe-, Kommunikations- und Trainingszonen ermöglichen, von Power-Napping und meditativem Rückzug über informelle Kommunikation und spielerischen Austausch bis hin zu gezielter sportlicher Aktivität zum Ausgleich einseitiger Belastungsmuster, Regeneration und Fitness. Die Aktivitäten sollten idealerweise von einem innerbetrieblichen Netzwerk aus Betriebsärzten, Trainern und Therapeuten begleitet werden, um entsprechende Ziele klar zu definieren und effektiv zu verfolgen.

Gesunde Ernährung kann zu Aktivität und Fitness bei der Arbeit und im Privatbereich bis ins hohe Alter beitragen. Zudem stärkt sie das Immunsystem und kann helfen, chronische Erkrankungen wie Herzinfarkt, Schlaganfall, Krebserkrankungen und auch Alzheimer zu verhindern.

Ein Betriebsrestaurant bietet dafür im Idealfall eine abwechslungsreiche und vollwertige Ernährung an. Das Angebot an Mahlzeiten und die Öffnungszeiten berücksichtigen die flexiblen Arbeitszeiten, ggf. lange Arbeitszeiten bzw. die notwendige Zusammenarbeit mit Mitarbeitern in anderen Zeitzonen. Gleichwohl verführen gespreizte Öffnungszeiten natürlich dazu, gegen die ernährungsphysiologische Empfehlung zur regelmäßigen Nahrungsaufnahme zu handeln.

Zusammenfassend ist ein Setting wünschenswert, das einerseits durch arbeitsplatznahe Angebote die praktische Organisation des täglichen Lebens und die Verwirklichung eines belastungsausgleichenden, gesundheitsförderlichen Lebensstils unterstützt. Auf der anderen Seite gilt es, einen – kulturell zwischen unterschiedlichen Unternehmen variierenden – Grenzverlauf zu finden, der die Trennung von Kernverantwortlichkeiten des Arbeits- und Privatbereiches immer noch erkennen lässt. Unterschiedliche Ansichten, Bedürfnisse und Motive hinsichtlich der Grenzziehung, die durch den Status im Unternehmen, die private und insbesondere gesundheitliche Situation, allgemeine Lebenseinstellungen und charakterliche Eigenschaften begründet sein mögen, erschweren es, diese Balance zu finden. Gleichwohl liegt in der allgemeinen Akzeptanz einer Verhältnismäßigkeit zwischen den Anforderungen einer Tätigkeit und den in diesem Rahmen als angemessen und ausgleichend empfundenen Angeboten ein Schlüssel zum Erfolg.

Spotlight: Familienfreundlichkeit

Familienfreundlichkeit ist ein Querschnittsthema, welches sich in nahezu allen Handlungsfeldern wie z. B. organisatorischen Bedingungen, sozialen Bedingungen oder der Arbeitsumgebung wiederfindet.

Die gewandelte Erwerbsarbeit wirkt sich neben der Gesundheit auch auf die Balance zwischen beruflichen und privaten Anforderungen und somit auf das Familienleben der Beschäftigten aus. Jugendliche und junge Erwachsene reagieren auf arbeitsmarktbedingte Unsicherheiten, indem sie länger im Bildungssystem bleiben und/oder die Familiengründung aufschieben oder ganz aufgeben. In Verbindung mit oben erwähntem demografischen Wandel ist eine derartige Entwicklung als kritisch einzustufen. Neben dem Aspekt der zukünftigen Finanzierung des Sozialstaates werden Arbeitgeber aus allen Branchen in der Zukunft stärkere Probleme haben, Fachkräfte zu finden. Schon jetzt sind die gegenwärtigen Bedingungen, eine Familie zu haben oder zu gründen, bereits für viele Beschäftigte nicht optimal. Mobilitätserfordernisse und zunehmender Zeitdruck zwingen Arbeitnehmer zum Pendeln und/oder zu Mehrarbeit. Gesteigerte Flexibilitätsanforderungen vonseiten des Arbeitgebers sind konträr zum Stabilitätswunsch in der Familie.

Ein Hauptproblem ist diesbezüglich vielfach die fehlende Familienfreundlichkeit des Arbeitgebers, die eine Vereinbarkeit von Beruf und Familie erschwert. In vielen Fällen ergeben sich hieraus: „[…] negative Folgen für die Zufriedenheit und damit langfristig auch für die Gesundheit der [Arbeitnehmer]" [5, S. 26]. Für Unternehmen sind derartige Vereinbarkeitskonflikte selbstverständlich kontraproduktiv. Eine Studie des FFP (Forschungszentrum Familienbewusste Personalpolitik) in Kooperation mit der berufundfamilie GmbH zeigt, dass bei den teilnehmenden Unternehmen im gleichen Zeitraum der signifikanten Steigerung der Familienfreundlichkeit von 2005 gegenüber 2006 eine signifikante Reduktion der Fehlzeiten um 34 Prozent und eine Verkürzung der Elternzeit um 13 Prozent zu beobachten ist [6, S. 17].

Dementsprechend ist das Thema Familienfreundlichkeit ein Handlungsfeld, das aus Arbeitgebersicht eine Beachtung lohnt – einerseits durch den mittelbaren Einfluss auf die langfristige Arbeitnehmergesundheit, andererseits durch das verbesserte Unternehmensimage, das es erleichtert, Fachkräfte zu rekrutieren und zu binden.

Maßnahmen zur Verbesserung der Familienfreundlichkeit von Unternehmen können in verschiedene Handlungsfelder eingeteilt werden [vgl. Audit berufundfamilie, aufgegriffen in 5, S. 89]:

1. Bei der Arbeitszeit bietet sich eine flexible Gestaltung an. Denkbare Modelle sind: Gleitzeit-, Teilzeit-, Jobsharingangebote, familienbedingte unbezahlte Freistellungen und flexible Pausenregelungen.
2. Hilfreich aus Sicht der Arbeitsorganisation sind die flexible Gestaltung und Verteilung von Aufträgen mit Teamarbeits-, Vertretungs- und Mitspracheregelungen.
3. Ein flexibler Arbeitsort wie beispielsweise die Möglichkeit der Teleheimarbeit hat ebenfalls Einfluss auf eine verbesserte Vereinbarkeit von Familie und Beruf. Weiterhin können Satellitenbüros – dezentrale, wohnortnahe Arbeitszentren, in die Aufträge ausgelagert werden – eingerichtet werden.
4. Finanzielle Unterstützung von Mitarbeitern mit Familienpflichten in Form von Entgeltbestandteilen (Geburtsbeihilfen, Übernahme von Betreuungskosten, Stipendien für die Kinder der Beschäftigten) sind ebenfalls denkbar.
5. Die Personalentwicklung bietet die Möglichkeit, Förderungsmaßnahmen für Mitarbeiter mit Familienpflichten einzuführen. Kontakthalte- und Wiedereingliederungsprogramme für Beschäftigte in Elternzeit wie Rückkehrgespräche und Weiterbildungsmaßnahmen erleichtern den Rückkehrprozess in den Beruf.
6. Ein entscheidender Faktor ist die Führungskompetenz. Führungskräfte müssen ihrer Vorbildfunktion gerecht werden und sich familienfreundlich verhalten. Entsprechende Maßnahmen sind z. B. das Formulieren und Leben von Unternehmensleitsätzen.
7. Service für Familien kann auf vielfältige Weise angeboten werden. Die Maßnahmen können von Versorgungsangeboten wie Kinderbetreuung, Ferienangeboten, Vermittlung von Tagesmüttern, Eltern-Kind-Zimmer im Unternehmen für Ausnahmefälle und Pflegeangeboten bis hin zum Hemdbügelservice reichen.
8. Familienfreundliche Maßnahmen müssen im Unternehmen bekannt sein, dementsprechend kommt der Informations- und Kommunikationspolitik eine entscheidende Rolle

zu. Sowohl die interne als auch die externe Informations- und Öffentlichkeitsarbeit zu familienunterstützenden Aktivitäten sind zu berücksichtigen. Hier bieten sich Broschüren, Internetangebote, Benennung eines Familienbeauftragten und lokale Bündnisse an.

Organisationen haben weit reichende Möglichkeiten, das Thema Familienfreundlichkeit anzugehen. Um eine erfolgreiche Umsetzung von Maßnahmen zu gewährleisten, sollte es das Ziel eines Unternehmens sein, den Aspekt der Familienfreundlichkeit in die Unternehmenskultur zu verankern. „Ein Unternehmen, welches im Wettbewerb erfolgreich sein will, muss in die ‚Ressource Mensch' investieren. […] Der Mensch bleibt trotz des großen technischen Fortschrittes der wichtigste Akteur" [7, S. 38].

Spotlight: Betriebliches Gesundheitsmanagement als Management-Prozess in der Praxis

Betriebliches Gesundheitsmanagement hat das Ziel, einen Beitrag zum Unternehmenserfolg zu leisten. Eine Verankerung in der Unternehmensstrategie ist dafür Voraussetzung. So unterschiedlich wie Unternehmensstrategien sind können daher auch Ziele und Wege des Gesundheitsmanagements sein.

Für viele Unternehmen ist es im Gesundheitsmanagement z. B. ein wichtiges Ziel, eine hohe Personalverfügbarkeit sicherzustellen. Die Anzahl der Arbeitsunfähigkeitstage ist hier ein häufig verwendeter Indikator. Neben der reinen Anwesenheit sind auch Produktivitätskennzahlen im Fokus. Unternehmen, die vorrangig die Reduktion von Fehlzeiten und die Steigerung der Produktivität als wichtigste Ziele anvisieren, stammen oftmals aus dem industriellen Sektor.

Unternehmen, deren Produkte und Dienstleistungen eher immaterieller Art sind (z. B. im Bereich der Informationstechnologie), bevorzugen vielfach, das Betriebliche Gesundheitsmanagement als Teil einer nachhaltigen, innovationsförderlichen Personalstrategie zu implementieren. Sich nach außen z. B. als Technologieführer etablieren zu wollen, kann nach innen erfordern, in innovationsförderliche Strukturen zu investieren, um Kommunikation, Kreativität sowie die Identifikation mit dem Unternehmen zu verbessern.

In diesem Zusammenhang ist es für eine steigende Zahl von Unternehmen wichtig, qualifizierte Fach- und Führungskräfte zu gewinnen und zu binden. Um als Arbeitgeber attraktiv zu sein, gibt es „zusätzliche" Leistungen wie z. B. das unternehmenseigene Fitness-Studio, Kinderbetreuung bis hin zum Hemdbügelservice.

Ein nachhaltiges Konzept des Betrieblichen Gesundheitsmanagements muss als Management-Prozess abgebildet sein und gleichzeitig an der Unternehmensstrategie anknüpfen (vgl. **Abbildung 21.3**).

Abbildung 21.3 Prozessschritte des Betrieblichen Gesundheitsmanagements. Quelle: B·A·D

Erst nach Zielstellung unter dem Dach einer klar formulierten Unternehmensstrategie können Instrumente des Betrieblichen Gesundheitsmanagement in den einzelnen Prozessschritten sinnvoll ausgewählt werden.

Folgende Aufgaben ergeben sich u. a. während der vier Prozessphasen:

1. Phase: Strategie

Aufgaben	Instrumente
■ Unternehmensstrategie und BGM-Strategie abstimmen ■ Strukturen aufbauen ■ Ziele und Meilensteine definieren ■ Risiken managen ■ Projektplanung durchführen	■ Interdisziplinäre Workshops durchführen (z. B. Strategieworkshop Betriebliches Gesundheitsmanagement) ■ Steuerkreis Gesundheitsmanagement

2. Phase: Analyse

Aufgaben	Instrumente
■ Ist-Situation erfassen ■ Quantitative und qualitative Analysen durchführen ■ Mitarbeiter einbinden	■ Fehlzeitenstrukturanalyse ■ Strukturierte Interviews ■ Arbeitssituationsanalysen ■ Mitarbeiterbefragung ■ Fokusgruppen

3. Phase: Umsetzung

Aufgaben	Instrumente
■ Multiplikatoren gewinnen ■ Mitarbeiter sensibilisieren ■ Zielgruppen erreichen ■ Effekte erzielen ■ Mit lokalen Strukturen vernetzen	■ Events, Gesundheitstage ■ Maßnahmen der Gesundheitsförderung ■ Workshops, Seminare für Mitarbeiter und Führungskräfte ■ Psychosoziale Beratung ■ Medizinische Vorsorge

4. Phase: Evaluation

Aufgaben	Instrumente
■ Effekte ermitteln ■ Indikatoren zur Verbesserung des Arbeitssystems identifizieren, Kennzahlen generieren ■ Ökonomische Bewertung und Integration in bestehende Management-Instrumente (z. B. Balanced Scorecard) durchführen	■ Externe Beratung ■ Workshops ■ Einsatz von Steuerungs- und Evaluationsmodellen

Spotlight: Betriebliches Gesundheitsmanagement in der Praxis am Beispiel eines papierverarbeitenden Unternehmens

Ausgangslage

- Expansion der skandinavischen Unternehmensgruppe in Europa (mehr als 3 000 Mitarbeiter)
- Erhöhte physische und psychosoziale Belastungen von Führungskräften und Beschäftigten durch Umstrukturierung und Personalveränderungen an den deutschen Standorten

Ziel

- Durchführung eines kostengünstigen, leicht in die Arbeitsroutine integrierbaren Gesundheitsprogramms als ein Bestandteil eines Change-Management-Qualifizierungsprogramms für deutsche Führungskräfte mit den Zielen:

– Früherkennung gesundheitlicher Risiken
– Aktive Unterstützung des körperlichen, psychischen und sozialen Wohlbefindens (Work-Life-Balance)
– Aufbau von Motivation sowie Handlungs- und Effektwissen zu den Themen Selbstmanagement, Umgang mit Stress, Umgang mit Veränderungen, Kommunikation und Mitarbeiterführung
– Abbau von Bewegungshemmschwellen durch die Vermittlung von Körpererfahrung, positiven Bewegungserlebnissen in der Gruppe und Kennenlernen eines Gesundheitsstudios

Umsetzung

- Definition der gemeinsamen Mission, Vision, Werte und Strategie als Grundlage für den Unternehmenserfolg durch das Headquarter
- Überprüfung durch eine unternehmensweite Mitarbeiterbefragung
- Identifikation und Qualifizierung von deutschen Schlüsselpersonen zum Change Management im Rahmen des „Unifier"-Programms
- Durchführung eines Gesundheitsprogramms:

1. Durchführung von medizinischen Check-ups mit Ableitung individueller Empfehlungen zum gezielten Training der Ausdauerleistungsfähigkeit
2. Durchführung eines eintägigen, durch Psychologen und Sportwissenschaftler geleiteten, verhaltensorientierten, theoretisch-praktischen Incentives „Health Day" mit zahlreichen interaktiven Bestandteilen, u. a.:

- Bestandteile gesunder Lebensführung und Beeinflussbarkeit von Gesundheit, Wohlbefinden und Belastbarkeit
- Umgang mit Veränderungen in Beruf und Freizeit
- Bedeutung gemeinsamer Unternehmenswerte für den gemeinsamen Erfolg
- Chancen gesunder Mitarbeiterführung

Ergebnisse

- Identifikation gesundheitlicher Risiken und Vermittlung von Möglichkeiten der Gegensteuerung
- Stärkung gemeinsamer Werte, Förderung von Vertrauen (z. B. durch Teilnahme der Geschäftsführung)
- Verbesserte Kommunikation
- Verbesserte Mitarbeiterbindung
- Hohe Teilnehmer- und Unternehmenszufriedenheit

Ausblick

Das Betriebliche Gesundheitsmanagement hat sich emanzipiert – aus dem einstigen „Bauchtanz auf Krankenschein" ist ein Konzept geworden, welches als Ergänzung der Personalentwicklung praktikable Ansätze zur Unternehmenssteuerung bietet, handfeste wirtschaftliche Vorteile erzielt und sich deshalb weiter verbreiten wird.

Veränderten Belastungen und Anforderungen kann ohne ein systematisches Gesundheitsmanagement in Unternehmen nicht mehr optimal begegnet werden. Die Veränderungen („Mega-Trends") in Gesellschaft und Arbeitswelt sind nicht aufzuhalten – Unternehmen, die nicht mit der Zeit gehen, müssen mit der Zeit gehen.

Literatur

[1] Proudfoot Consulting (Hrsg.) (2008): Globaler Produktivitätsbericht 2008, London.

[2] European Agency for Safety and Health at Work (Hrsg.) (2000): Report-Research on Work-Related Stress, Luxemburg.

[3] Vetter, C./Redmann, A. (2005): Arbeit und Gesundheit – Ergebnisse aus Mitarbeiterbefragungen in mehr als 150 Betrieben, Bonn.

[4] Robert Koch-Institut (Hrsg.) (2006): Gesundheit in Deutschland. Zusammenfassung. Gesundheitsberichterstattung des Bundes, Berlin.

[5] König, H. (2008): Familienbewusste Personalpolitik in Unternehmen. Theoretische Ansätze und empirische Analysen, Hamburg.

[6] Schneider, H. (2007): Hat familienbewusste Personalpolitik betriebswirtschaftliche Effekte? Erste Ergebnisse und Ausblick, Berlin.

[7] Wilke, C./Biallas, B./Froböse, I. (2008): Zeitgemäße Betriebliche Gesundheitsförderung, in: Froböse, I./ Wellmann, H./Weber, A. (Hrsg.): Betriebliche Gesundheitsförderung, Wiesbaden.

22 Entwickeln nachhaltigen Verhaltens am Arbeitsplatz

Aneignen von Haltungen und Verhaltensweisen, die gleichzeitig ökonomische, ökologische und soziale Effekte berücksichtigen.

Jürgen Wilke

Ausgangssituation und Kontext

Mit den Beschlüssen der Vereinten Nationen zu Umwelt und Entwicklung wurde 1992 in Rio de Janeiro der globale Prozess **zur nachhaltigen Entwicklung der Gesellschaft** politisch initiiert. Dass Lernen und Entwickeln eines entsprechenden Verhaltens eine zentrale Rolle für die Umsetzung des Programms spielen würde, war von Anfang an klar. Bereits das Schlussdokument der Konferenz, die Agenda 21, enthält ein **Aktionsprogramm für die Bereiche Bildung, Bewusstseinsbildung und Ausbildung**. Die Agenda 21 wurde von rund 180 Staaten angenommen und alle Bundesregierungen Deutschlands haben sich seither die damit übernommenen Verpflichtungen als Orientierungspunkte für ihre Politik zu eigen gemacht. Ebenso haben die Bundesländer entsprechende Programme installiert.

Um die Prinzipien nachhaltiger Entwicklung weltweit in den nationalen Bildungssystemen zu verankern, haben die Vereinten Nationen (UN) im Jahr 2002 für die Jahre von 2005 bis 2014 die Weltdekade **„Bildung für nachhaltige Entwicklung"** ausgerufen. In Deutschland steht die Dekade unter der Schirmherrschaft von Bundespräsident Horst Köhler. Inzwischen ist Bildung für nachhaltige Entwicklung mit dem Kürzel BNE zum feststehenden Begriff geworden, allerdings weitgehend mit schulischer Bildung verbunden.

Im Rahmen dieser Dekade wurden in Deutschland im Bereich der beruflichen Bildung einige Wirtschaftsmodellversuche durchgeführt, von denen wir den Modellversuch „Nachhaltiges Wirtschaften als Innovationsmanagement – Nachhaltige arbeitsorientierte berufliche Aus- und Weiterbildung in kleinen und mittleren Unternehmen"[1] umgesetzt haben. Aus unserer Arbeit mit vier Unternehmen als Praxispartnern dieses Modellversuchs haben wir die Praxisbeispiele entnommen, die im Folgenden vorgestellt werden.

---

[1] Der Wirtschaftsmodellversuch *Nachhaltiges Wirtschaften als Innovationsmanagement – Nachhaltige arbeitsorientierte berufliche Aus- und Weiterbildung in kleinen und mittleren Unternehmen* wurde von der Winkler Bildungszentrum GmbH, dem Fraunhofer-Institut für Arbeitswirtschaft und Organisation IAO und dem Institut für Arbeitswissenschaften und Technologiemanagement IAT der Universität Stuttgart bearbeitet, vom Bundesministerium für Bildung und Forschung gefördert (Förderkennzeichen D 2550.00, Laufzeit: 01.09.2005-31.05.2009) und vom Bundesinstitut für Berufsbildung fachlich begleitet.

Voraussetzung für die nachhaltige Entwicklung der Gesellschaft ist, das komplexe und ganzheitliche Konzept verständlich zu machen. Es wurde dazu beispielsweise von der Bund-Länder-Kommission für Bildungsplanung und Forschungsförderung (BLK) durch fünf Dimensionen[2] umrissen: die ökonomische, die ökologische, die soziale, die kulturelle und die globale Dimension, die jeweils durch Unterpunkte weiter erläutert wurden (vgl. **Abbildung 22.1**).

Abbildung 22.1 Fünf Dimensionen der Nachhaltigkeit: Sichtweise der Bund-Länder-Kommission für Bildungsplanung und Forschungsförderung 1998 [1]

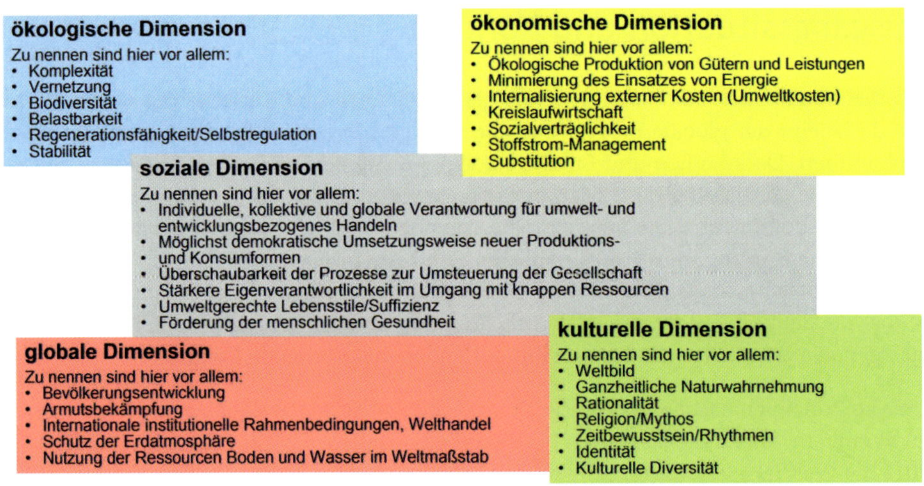

Die Bund-Länder-Kommission für Bildungsplanung und Forschungsförderung (BLK) definiert damit ein **Nachhaltigkeits-Bildungskonzept** als Grundlage für die im Bildungsbereich Schaffenden, **das deutlich über Umweltbildung hinausgeht** [1].

Im Rahmen der **beruflichen Bildung** und mit Blick auf die Arbeit, für die qualifiziert werden soll, beinhaltet dieses Konzept neben den ökologischen Zielen auch Forderungen nach:

- Globalen Arbeitsgestaltungsprinzipien, die den langfristigen Erhalt der Gesundheit – einschließlich der psychischen Gesundheit und der Entwicklung der Persönlichkeit – gewährleisten und die ein aktives Gesundheitsverhalten ermöglichen.
- Systemen der Entgeltgestaltung, die ein kontinuierliches Grundeinkommen und eine materielle Versorgung über das gesamte Leben sicherstellt.

[2] Es gibt eine Vielzahl von Indikatorensystemen. Eine Übersicht gibt beispielsweise [2].

- Einer Arbeitszeitgestaltung, die eine aktive Teilhabe an der Gesellschaft – insbesondere auch der kulturellen Angebote – ermöglicht.

Im landläufigen Sprachgebrauch sind die fünf Dimensionen zu drei Dimensionen zusammengefasst worden: der ökologischen, der ökonomischen und der sozialen[3], auf die wir uns ebenfalls im Folgenden beschränken.

Potenziale und Herausforderungen nachhaltigen Verhaltens für Unternehmen

Nachhaltiges Leben und Wirtschaften hat inzwischen einen breiten Konsens auf der Ebene von Einstellungen und Erwartungen gefunden. In jüngster Zeit hat insbesondere die dramatische Klimaerwärmung eine hohe mediale Präsenz erreicht und wird als persönliche Bedrohung erlebt: 55 Prozent der deutschen Bevölkerung glauben, dass der Klimawandel mindestens eine mittelgroße Auswirkung auf die Gesundheit der eigenen Familienmitglieder haben wird. Aber auch monetäre Gefahren werden gesehen: 57 Prozent der deutschen Bevölkerung glauben, dass der Klimawandel mindestens eine mittelgroße Auswirkung auf den persönlichen Wohlstand haben wird [3, S. 28], wie auch auf den sozialen Wohlstand: „Die zu erwartenden hohen Kosten für die Behebung von Schäden durch den Klimawandel sowie die hohen Kosten für Schutzmaßnahmen stehen an der Spitze der Gefahren, welche weit über 80 Prozent der Bevölkerung auf Deutschland zukommen sehen“ [3, S. 7].

Entsprechend der hohen gesellschaftlichen Akzeptanz findet man auch bei den Akteuren in Unternehmen eine große Offenheit für ökologische und soziale Ziele. Für Unternehmen gilt allerdings das marktdiktierte Primat der **ökonomischen Dimension** für die Auswahl von Projekten. Jedes Projekt, das positive ökologische und soziale Ergebnisse hervorbringt, muss auch ökonomisch positive Effekte haben. Den Zielen der Agenda 21 ist am stärksten gedient, wenn die Unternehmen, die ökologische und soziale Ziele verfolgen, auch wirtschaftlich die erfolgreichsten sind.

Für Unternehmen[4] bietet die Entwicklung nachhaltigen Verhaltens zwei Perspektiven: Das wachsende nachhaltige Verhalten der Kundinnen und Kunden bietet **neue und zusätzliche Marktchancen** und nachhaltiges Verhalten der eigenen Mitarbeiterinnen und Mitarbeiter bietet neue Chancen zum **effizienten Einsatz der Ressourcen**.

---

[3] Dabei ist die kulturelle Dimension weitgehend unter der sozialen Dimension subsumiert worden. Die globale Dimension überlagert sich stark mit den drei verblieben Dimensionen, der ökologischen, der ökonomischen und der sozialen, und ist entsprechend dort subsumiert.

[4] Analog gilt das Gesagte für Organisationen generell. Gerade Non-Profit und Non-Governmental Organizations sollten auf den effizienten Einsatz der Ressourcen achten, da sie in der Regel ihre Einnahmen nicht kontinuierlich aus eigenen organisationalen Leistungen beziehen.

Neue Chancen, die eigenen Marktanteile zu erhöhen, bieten sich durch die anders akzentuierte Bewertung von Produkten und Dienstleistungen durch Kunden. Die Neubewertungen müssen vom eigenen Personal schneller als bei Wettbewerbern aufgegriffen und in Leistungen umgesetzt werden.

Zusätzliche Chancen ergeben sich durch die Bereitschaft der Kunden, höhere Kosten für nachhaltige Produkte in Kauf zu nehmen: 35 Prozent der deutschen Bevölkerung sind persönlich bereit, präventiv Aufpreise von bis zu 10 Prozent für klimaverträglichere Produkte zu akzeptieren. 7 Prozent sind bereit, Aufpreise bis zu 20 Prozent zu akzeptieren [3, S. 32].

Entsprechend hat **Nachhaltigkeit als Produktmerkmal**, als **Merkmal von Dienstleistungen** oder **von Unternehmen** im Kontext des Marketings eine große Bedeutung erlangt und steht für hohe Qualität und Corporate Social Responsibility. Die Automobilbranche wirbt zunehmend mit **Labeln** wie BlueEFFICIENCY (Mercedes-Benz) oder Blue Motion (Volkswagen). Große Discounter bieten Lebensmittel und Reinigungsprodukte mit **Öko-Gütesiegeln** an. Büroartikel tragen häufig den „Blauen Engel". Ökoeffiziente Dienstleistungen wie beispielsweise Car-Sharing haben eine wachsende Bedeutung.[5]

Betrachtet man die **in Büros arbeitenden Personen**, dann findet man hier vorwiegend Personen mit **hoher Umwelt-Affinität** und mit **einer hohen gesellschaftlichen Leitfunktion**: vorwiegend hoch qualifiziertes Personal, mit relativ hohen Einkommen [3, S. 21]. Aus dieser Perspektive ist es in mehrfacher Hinsicht besonders lohnenswert, diese Personen zu adressieren:

- Sie sind im Vergleich zu anderen Bevölkerungsgruppen relativ offen für die Berücksichtigung des Nachhaltigkeitskonzeptes.
- Sie sind im Vergleich zu anderen Bevölkerungsgruppen deutlich überdurchschnittlich überzeugt davon, dass eine konsequente Politik zum Schutze der Umwelt sich zukünftig positiv auf die Wettbewerbsfähigkeit der Wirtschaft auswirken wird [3, S. 25].
- Sie sind persönlich relativ wohlhabend.
- Sie haben aufgrund ihrer Arbeit und hierarchischen Position in Unternehmen einen starken Einfluss auf die Gestaltung von Produkten und Dienstleistungen.
- Sie haben aufgrund ihrer Arbeit einen starken Einfluss auf den Kauf von Werkstoffen, Zulieferteilen, Verkaufsgütern und Produktionsmitteln.
- Sie wirken durch ihre Leitfunktion als Multiplikatoren für nachhaltiges Verhalten.

[5] Der Zuwachs aller bei deutschen Car-Sharing-Anbietern gemeldeten Teilnehmer und Teilnehmerinnen betrug 2008 18,1 Prozent. 21 000 neue Nutzer erwarben die Berechtigung zum Nutzen eines Car-Sharing-Fahrzeuges. Die Gesamtzahl beträgt nur 3 900 Fahrzeuge, der Großteil davon aber verbrauchsgünstige Kleinwagen (Jahresbericht: Bundesverband CarSharing e. V. 2008/2009).

Dennoch sind für Lernen und Verhaltensänderungen zunächst Aufwendungen nötig. Es sind vor allem Personalaufwendungen nötig, die dann Veränderungen in Strukturen oder Prozessen nach sich ziehen. Hier ist unternehmerisches Entscheiden nötig, das selbst wiederum zum Lerngegenstand werden muss, wenn man kontinuierliches nachhaltiges Denken und Verhalten etablieren will.

Umsetzungsbeispiele

Im Folgenden werden einige **Aktionen zum Etablieren nachhaltigen Denkens und Verhaltens** dargestellt, die in kleineren Mittelbetrieben im Rahmen des eingangs erwähnten Modellversuchs durchgeführt wurden. Der Bericht bezieht sich zwar auf zwei produzierende Unternehmen, aber es wird deutlich, dass die vorgestellten Ansätze nicht produktionsspezifisch sind. Die durchgeführten Aktionen sind im Sinne des Nachhaltigkeitskonzeptes so ganzheitlich, dass Büro und Produktion bewusst nicht getrennt, sondern absichtlich gemischt wurden.

Nachhaltigkeit durch Integration von Mitarbeitervisionen in die Unternehmensentwicklung

Die Hugger GmbH[6], ein Unternehmen mit 30 Mitarbeiterinnen und Mitarbeitern, baut als umfassender Dienstleister Präzisionsformen für die kunststoffverarbeitende Industrie. Die Hugger GmbH verkauft nicht nur Spritzgießwerkzeuge, sondern Produktivität. Die kontinuierliche Verbesserung der Wirtschaftlichkeit bei der Erstellung von Formen soll gleichzeitig die **Produktivität bei den Kunden und deren Zukunftsfähigkeit** erhöhen. Bei der Kundenberatung und der Werkzeugentwicklung wird die mächtige Software Mouldflow eingesetzt, mit der die komplexen Kunststoff-Fließvorgänge simuliert und visualisiert werden können.

Vor den inhaltlichen Arbeiten wurde das Nachhaltigkeitskonzept der fast vollständig anwesenden Belegschaft im Rahmen der „Hugger-Akademie" vorgestellt, einer internen Veranstaltungsreihe, die regelmäßig allen Mitarbeiterinnen und Mitarbeitern angeboten wird.

Ziel des hier beschriebenen Projektes war es, die Mitarbeiterinnen und Mitarbeiter zunehmend aktiv in die Gestaltung von Arbeitsabläufen, der eigenen Arbeitsplätze und der Arbeitsumgebung einzubeziehen, um einen **Wandel zum sich selbst steuernden, kreativen und produktiven Unternehmen** voranzubringen.

Die Mitarbeiterinnen und Mitarbeiter wurden in individuellen Gesprächen dazu angeregt, eigene Ideen und Vorstellungen auf der Basis ihrer Erfahrungen und Wünsche zu formulieren, zu bewerten und Aktionen vorzuschlagen.

---

[6] www.huggergmbh.de

Mit 20 Mitarbeiterinnen und Mitarbeitern wurden je zwei Gespräche geführt. Dabei waren Auszubildende, Facharbeiter, Anlernkräfte, Abteilungsmeister und Verwaltungskräfte beteiligt, alle erhielten eine schriftliche Vorabinformation zur Gesprächsserie. Die Gespräche wurden in kleinen Gruppen durchgeführt, die maximal aus drei Personen bestanden: der befragten Person, der externen gesprächsleitenden Person und einer Führungskraft, die nicht gleichzeitig Führungskraft der befragten Person war. Die befragten Personen konnten sich aber auch dafür entscheiden, das Gespräch ohne eine Führungskraft zu führen. Diese Wahlmöglichkeit wurde genutzt.

Die Erstgespräche sind eng an der vorher festgelegten Gesprächsstruktur entlang geführt worden, die eine Annäherungsstrategie verfolgte: von eher oberflächlichen Fragen am Anfang zu sehr persönlichen Fragen am Ende. Mit dem Gesprächsaufbau sollten die Mitarbeiterinnen und Mitarbeiter motiviert werden, auch solche Ideen gegenüber Betriebsfremden zu formulieren, die im normalen Arbeitsalltag für „unaussprechbar" gehalten wurden.

Die Gesprächsergebnisse der ersten Gesprächsrunde wurden auf Flipchart-Bögen während der Gespräche mitgeschrieben, sodass die Inteviewten simultan verfolgen konnten, was dokumentiert wurde. Die Flipcharts wurden anschließend fotografiert, in Word-Dokumente eingefügt und auf DIN A4-Bögen ausgedruckt. Die möglichen Projekte und Lösungsansätze wurden von der externen gesprächsleitenden Person aus diesen Mitschrieben extrahiert und in persönliche Listen übertragen.

Nach der ersten Gesprächsrunde erhielten alle Interviewten persönlich – und nur sie persönlich – eine Dokumentation ihrer Aussagen und ihre Liste der möglichen Projekte und Lösungsansätze, die in einer zweiten Gesprächsrunde besprochen und ergänzt wurde. Dabei wurden die individuellen Projekte anhand von Kriterien von den einzelnen Mitarbeiterinnen und Mitarbeitern bewertet und klassifiziert in persönliche Projekte oder Projekte, die öffentliche Teamprojekte werden sollten, weil das Thema auch Kolleginnen und Kollegen betrifft (vgl. **Abbildung 22.2**).

Abbildung 22.2 Abstrahierte Liste mit Projektvorschlägen. Quelle: Fraunhofer IAO

Aus dem Gespräch mit ………. am 26.3.2007

Nr.	Veränderungsidee	geschätzte **Sachkosten** für die Verwirklichung der Idee (in Euro)	geschätzte **Arbeitszeit** für die Verwirklichung der Idee (z.B. in Stunden)	geschätzte **Arbeitszeit** für den "Betrieb der Idee", nachdem sie realisiert wäre (z.B. in Minuten pro Woche)	geschätzte **Dauer**, bis die Idee verwirklicht sein kann (z.B. in Wochen)	**persönliche Wichtigkeit** der Veränderung (gring, hoch sehr hoch)	**Priorität** der Veränderung (persönliche Reihenfolge)	**Nutzen** der Idee	
4		25,00 €	1	0	sofort	sh	**1**	produktivere Arbeit, qualitativ bessere Arbeit, Wohlfühlen	Persönliche Projekte
8		400,00 €	4	0	2	sh	**2**	Zeitsparen, Ordnung	
10		200,00 €	1	0	2	sh	**3**	sicheres Arbeiten, Arbeitssicherheit	
6		2.000,00 €	10 Tage	0	3 Monate	h	**4**	stabiles System	
9		1.000,00 €	2	0	2 Monate	h	**5**	weniger Stromkosten, sicheres Arbeiten, weniger Ausschuß	
2		20,00 €	1	2	sofort	g	**6**	produktivere Arbeit, qualitativ bessere Arbeit, Wohlfühlen	
3				0		g	**7**	produktivere Arbeit, qualitativ bessere Arbeit, Wohlfühlen	
1		0,00 €	1	4 Personen je 15	2	sh	**1**	weniger Ausschuss, sichereres Arbeiten, Zeitersparnis: 2h/Woche	Gemeinsame Projekte
5		0,00 €	3	5	sofort	sh	**2**	Zeitersparnis (man muss keine anderen Lösungen suchen.); sicheres Arbeiten	
7		0,00 €	5-6 Leute je 3	0	2 Monate	h	**3**	produktivere Arbeit, qualitativ bessere Arbeit, Wohlfühlen	

Aus den Gesprächen gingen 20 Listen mit über 100 unterschiedlichen Ideen hervor, die in verschiedene Handlungsfelder gruppiert wurden:

- Organisationsentwicklungsprozesse
  - Arbeitsplanung
  - Arbeitsablauf/Organisation/Fehlerbehandlung
  - Informationen leichter verfügbar machen
- Informations- und Kommunikationstechnologie
  - Computer-/Softwareausstattung
  - Computervernetzung und Koordination
- Maschineninfrastruktur
  - Wartung/Reparatur/Pflege
  - Maschinenpark
  - Maschinenbestückung
- Sonstige Infrastruktur
  - Infrastruktur (nicht produzierend)
  - Organisationsklima/Wohlbefinden
  - Ergonomie/Arbeitsschutz/Ökologie

- Personalentwicklungsmaßnahmen
  - Ausbildungsqualität verbessern
  - Personalentwicklung systematisieren
  - Entgeltsystem/Benefit-System überarbeiten

Die Ideensammlung wurde anonymisiert allen Mitarbeiterinnen und Mitarbeitern vorgestellt. Sukzessive wurden Projekte bearbeitet und bearbeitete Projektideen ausgestrichen.

Parallel zu dem Prozess der Ideenfindung wurde ein Verfahren zur Priorisierung und zum Vorgehen bei der Auswahl der für eine Umsetzung geeigneten Projekte vereinbart, das auf der Nutzwertanalyse basiert.

Verbunden mit der Umsetzung der Projekte wurde ein neues Modell zur Verteilung der jährlichen Investitionsmittel erstellt und eingeführt, das aus vier Komponenten besteht:

1. Einen großen Teil (60 Prozent), der beispielsweise auch Maschinenanschaffungen enthält, über den der Führungskreis entscheidet
2. Einen Teil (30 Prozent), über den ein jährlich neu zusammengesetztes Team entscheidet, das für diese Aufgabe eine jährliche finanzielle Zulage erhält
3. Einen Teil (10 Prozent) für persönliche Projekte für die eigene Arbeit, die mehr als 50 Euro kosten und die beantragt werden müssen
4. Einen Teil für persönliche Projekte aller Mitarbeiterinnen und Mitarbeiter, die jährlich weniger als 50 Euro kosten. Die Projekte brauchen nicht begründet werden und die Mittel sind über Jahre kumulierbar.

Ergebnisse des Projektes bei der Hugger GmbH

- Nachhaltigkeit

Das Nachhaltigkeitskonstrukt wurde nahezu der ganzen Belegschaft vorgestellt und in individuellen Gesprächen intensiviert angesprochen und über potenzielle Projekte greifbar gemacht und realisiert.

Es wurde das systematische Vorgehen mit verschiedenen Instrumenten und Handlungsanleitungen zur Integration von Ideen und Wünschen von Mitarbeiterinnen und Mitarbeitern in die Unternehmensentwicklung erprobt und strukturell implementiert. Das jährlich wechselnde Investitionsteam führt zu einer höheren Beteiligung der Belegschaft und Verantwortung für größere Investitionsentscheidungen. Die Budgets für die individuelle Gestaltung des Arbeitsplatzes realisieren einen Bereich der vollständigen Selbstbestimmung für alle Mitarbeiterinnen und Mitarbeiter. Aspekte, die das Wohlbefinden und die Gesundheit betrafen, wurden realisiert.

Als erstes Projekt wurde das Teamprojekt „Besseres Licht am Arbeitsplatz“ durchgeführt, das zu deutlichen Verbesserungen der Beleuchtungsverhältnisse in der Produktionshalle führte. Durch neue Leuchtmittel wurde eine unmittelbare Betriebskostensenkung von jährlich etwa 1000 Euro erreicht. Gleichzeitig führte die deutlich bessere Beleuchtung zu einem verbesserten Wohlbefinden und entsprechend den Aussagen der Mitarbeiterinnen und Mitarbeiter zur Erleichterung der Arbeit. Zu erwarten ist, dass die Arbeitsergebnisse besser werden, soweit die vorher als unzureichend empfundene Beleuchtung tatsächlich gelegentlich zu schlechten Arbeitsergebnissen geführt hat. In dem Maße, wie die alte Beleuchtung Mitursache für Verletzungen war, sollte auch der Gesundheitsschutz von der besseren Beleuchtung profitieren. Natürlich sind die beiden zuletzt aufgeführten Punkte schlecht oder nur aufwändig sicher zu belegen.

Über viele einzelne Projekte wurden die Aspekte Ökologie, Soziales und Ökonomie in unterschiedlichem Maße bedacht und verwirklicht. Die meisten Projekte befassten sich mit sozialen und ökonomischen Elementen. Es gab auch Projekte mit starken ökologischen Aspekten, beispielsweise Ölnebel reduzierende Maßnahmen, die auch einen großen sozialen gesundheitsschützenden Anteil hatten, aber zunächst ökonomisch betrachtet relativ viele Kosten verursachen und vermutlich erst langfristig Kosten ersparen, die durch Gesundheitsschäden entstanden wären. Aber auch dieser Zusammenhang würde nur mit großem Aufwand kausal nachzuweisen sein und wird aus Kostengründen nicht systematisch evaluiert.

■ Berufliche Bildung

An dem gesamten Projekt bei der Hugger GmbH waren Büro und Werkstattpersonal, Auszubildende, Facharbeiter, angelernte Kräfte und Abteilungsmeister beteiligt, sodass die Aktionen sowohl Teil der Ausbildung als auch Teil der nicht-formalen arbeitsintegrierten Weiterbildung waren.

Lerngegenstand war die eigene Arbeit. Alle Teilnehmenden haben intensiv ihre Arbeit sprachlich reflektiert: im Kontext mit anderen Abteilungen wurden Schwachstellen am eigenen Arbeitsplatz sowie in unternehmensweiten Abläufen identifiziert. Die Mitarbeiterinnen und Mitarbeiter haben dazu Qualitätskriterien entwickelt und Lösungsansätze entworfen, die Lösungsansätze aus unternehmerischer Perspektive bewertet (Kosten und Nutzen abgewägt), soziale Auswirkungen bedacht und soziale Veränderungen geplant. Mit dem neu kennengelernten Bewertungsinstrument wurde das Projektsteuerteam als eine organisationale Struktur neu entworfen und die Arbeit in dem Team aufgenommen.

Aus der Perspektive der Kompetenzentwicklung sind in diesem Projekt vorwiegend personale, soziale und methodische Kompetenzen weiterentwickelt worden, alles sehr arbeitsnah und mit sprachlicher Präzisierung, was neben der Verbesserung der Kommunikation auch zur verbesserten Handlungsregulation und somit verbesserten fachlichen Kompetenz führt.

Nachhaltig Wirtschaften entwickeln über das Management von Nachhaltigkeitsprojekten

Die Touratech AG[7], mit 180 Mitarbeiterinnen und Mitarbeitern, ist 1999 aus der 1990 gegründeten Touratech Motorradausrüstung GbR hervorgegangen. Die Kernkompetenz liegt in der Herstellung von Motorradzubehörteilen für BMW Enduros sowie die Ausrüstung mit Koffersystemen und Equipment für den Outdooreinsatz von Motorrädern im Gelände und auf der Straße. Ein weiteres Betätigungsfeld liegt in der Herstellung von Navigationsgeräten für Motorräder und Fahrräder. Navigationssoftware und elektronische Navigationshilfen werden bei der Touratech AG selber entwickelt. Auch komplette Umbauten werden für BMW Enduros angefertigt. Die Touratech AG bietet in einer Outdoorabteilung vielfältige Accessoires für das Leben in und mit der Natur an. Inzwischen werden mehr als 50 Prozent der Touratech-Produkte elektronisch über das Internet vertrieben, mit entsprechend veränderten Anforderungen an Logistik und Dienstleistungen.

Ziel dieses durch den Ausbildungsverantwortlichen und kaufmännischen Leiter der Touratech AG initiierten Projektes war, die **Projektmanagement-Kompetenz** der Auszubilden zu erhöhen. Das sollte **verbunden mit einer Nachhaltigkeits-Betriebsrallye** realisiert werden.

Inhaltliche Teilziele des Projektes sind:

- Allen neun gewerblichen und kaufmännischen Auszubildenden das Nachhaltigkeitskonzept zu vermitteln
- Alle Auszubildenden in der Teamarbeit und in den Arbeitsweisen zu unterstützen
- Allen Auszubildenden Projektmanagementmethoden zu vermitteln
- Allen Auszubildenden Präsentationstechniken zu vermitteln

Das Projekt wurde in fünf Phasen eingeteilt, die über fünf Monate verteilt wurden. Zu jeder Phase gehörte ein gemeinsames Treffen, an dem alle Auszubildenden des Unternehmens teilnahmen sowie die für die Ausbildung verantwortlichen vier Personen. Jedes Treffen dauerte jeweils etwa eineinhalb Stunden. Zwischen den Treffen sollten Aufgaben bis zum jeweils nächsten Treffen bearbeitet werden. Jede Phase beinhaltete mit unterschiedlichem Gewicht Themen des Projektmanagements und der Nachhaltigkeit (vgl. **Abbildung 22.3**).

[7] www.touratech.de

Abbildung 22.3 Projektplan Touratech AG Projektmanagement mit Betriebsrallye. Quelle: Fraunhofer IAO

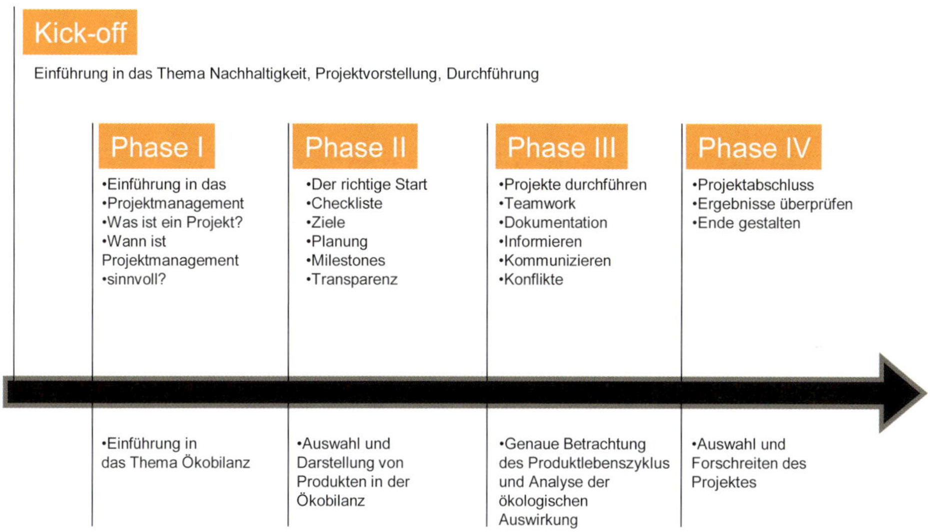

Zuerst erfolgte bei einem Kick-off-Meeting die Einführung in die Bedeutung des Begriffs Nachhaltigkeit.

Beim zweiten Treffen wurden nach einer kurzen Einführung in einige Arbeits- und Präsentationsmethoden Gruppen gebildet und Brainstormings zu möglichen nachhaltigen Projekten durchgeführt. Es wurde das „**Magische Dreieck**: ökonomisch, ökologisch, sozial" vorgestellt, das zur Bewertung von möglichen Projekten dienen sollte. Ein gleichseitiges Dreieck war auf ein Flipchart gezeichnet worden und die drei Ecken waren entsprechend beschriftet. Beide Gruppen hatten die Aufgabe, nach dem Brainstorming Ideen durch einen Gruppensprecher zu präsentieren. Die Ideen wurden gesammelt und anschließend bewertet. Sie wurden in dem Dreieck verortet, um sichtbar zu machen, welcher der drei Aspekte von dem jeweiligen Projekt am stärksten erfüllt wird. Projekte im Zentrum erfüllen alle drei Aspekte gleich stark, Projekte an einer Ecke erfüllen jeweils weitgehend nur den an der Ecke genannten Aspekt des Nachhaltigkeitsbegriffs (vgl. **Abbildung 22.4**).

Abbildung 22.4 Mögliche Projekte im „Magischen Nachhaltigkeitsdreieck“. Quelle: Fraunhofer IAO

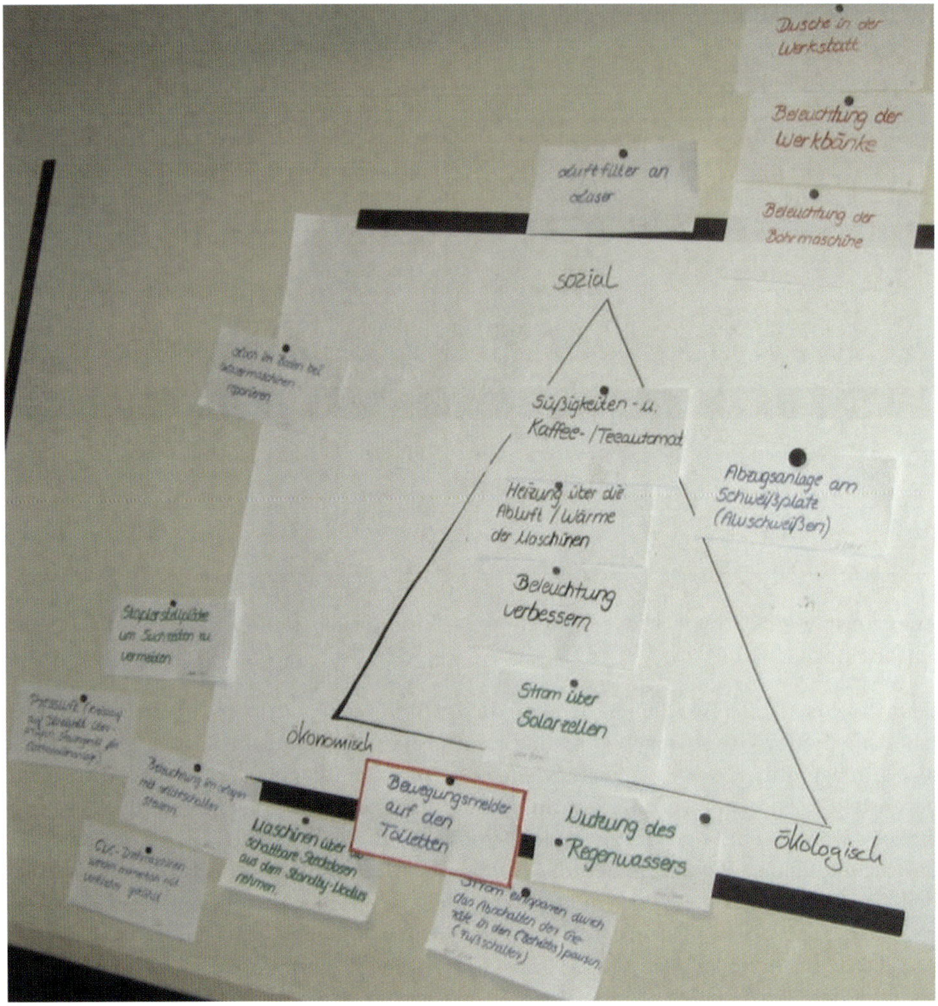

Nach diesem Schritt, der Verortung von per Brainstorming gewonnenen **Projektideen im Nachhaltigkeitsdreieck**, wurden die Auszubildenden in drei Gruppen eingeteilt. Jeder Gruppe wurde ein anderer Gebäudebereich des Unternehmens zugeordnet und die Jugendlichen haben eine **Nachhaltigkeits-Betriebsrallye** durchgeführt, d. h., nach weiteren konkreten nachhaltigen Projekten gesucht. Dabei haben sie sich in den Gebäudeteilen umgesehen und die dort arbeitenden Menschen befragt.

Zur Vorbereitung der Entscheidung, welches der Projekte tatsächlich umgesetzt werden soll, wurden zur Bewertung die zwei Dimensionen Kosten und schnelle Umsetzbarkeit ausgewählt und die Projektideen wurden durch Schätzungen aller Beteiligten in diesem **Kosten-Nutzen-Portfolio** verortet (vgl. **Abbildung 22.5**).

Abbildung 22.5 Bewertung der zusammengetragenen Projektideen im Kosten-Realisierungsdauer-Porfolio. Quelle: Fraunhofer IAO

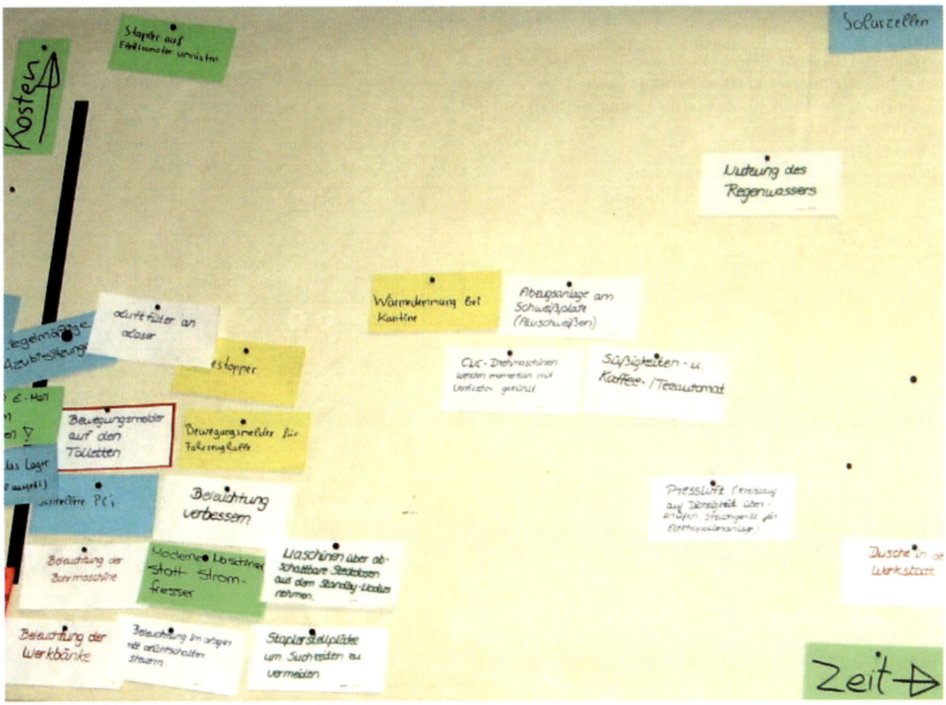

Unter Berücksichtigung der zwei gewählten Kriterien wurden aus diesen Vorschlägen fünf Projektideen per Abstimmung ausgewählt, die dann genauer bewertet und priorisiert werden sollten. Dazu wurde wiederum die **Nutzwertanalyse** verwendet, die den Auszubildenden unmittelbar zuvor vorgestellt worden war. Es wurden gemeinsam weitere Bewertungskriterien festgelegt, die Ideen wurden über die gemeinsame Diskussion bewertet und ihnen wurden rechnerisch ermittelte Prioritäten zugeordnet (vgl. **Abbildung 22.6**).

Abbildung 22.6 Ausgewählte Projektideen bei der Touratech AG, die näher untersucht und bewertet wurden. Quelle: Fraunhofer IAO

Kriterien und Ziele, die für das Projekt sprechen	Gewichtung des Kriteriums	Projekt 1		Projekt 2		Projekt 3		Projekt 4		Projekt 5		Erfüllungs-grad Summen
		Erfüllungsgrad	Gewicht X Erfüllungsgrad	Erfüllungsgrad	Gewicht X Erfüllungsgrad	Erfüllungsgrad	Gewicht X Erfüllungsgrad	Erfüllungsgrad	Gewicht X Erfüllungsgrad	Erfüllungsgrad	Gewicht X Erfüllungsgrad	
Von den Kolleginnen/-en als sehr wichtig eingeschätzt	8	9	72	10	80	3	24	2	16	9	72	33
niedriger Geldaufwand (Beschaffung)	5	9	45	9	45	8	40	3	15	9	45	38
Schnelle Umsetzbarkeit: Zeitaufwand (Installation)	10	8	80	6	60	3	30	3	30	6	60	26
niedrige Betriebskosten	10	5	50	4	40	6	60	4	40	4	40	23
direkte Ertragschancen	8	7	56	8	64	5	40	8	64	9	72	37
Synergie zum bisherigen Kerngeschäft	5	2	10	4	20	9	45	6	30	6	30	27
Beitrag zur strategischen Neuausrichtung	5	5	25	6	30	8	40	9	45	8	40	36
Entwicklungsmöglichkeiten für die MA	7	9	63	8	56	3	21	9	63	6	42	35
Marktchancen	9	5	45	7	63	5	45	8	72	4	36	29
Motivierbarkeit der Mitarbeiter/-innen (MA)	7	5	35	7	49	8	56	6	42	5	35	31
Niedriges Konfliktpotential mit Kooperationspartnern	7	5	35	8	56	6	42	10	70	9	63	38
Beitrag zur Gesundheit der MA	11	3	33	5	55	7	77	8	88	6	66	29
Beitrag zum positiven Anbieter-Image	8	7	56	6	48	7	56	7	56	7	56	34
Gesamtpunkte	100		605		666		576		631		657	
Priorität nach Gesamtpunkten			4		1		5		3		2	
Gewählte Priorität			4		2		5		3		1	

Drei Projektideen wurden von der Gesamtgruppe ausgewählt. Anschließend wurden mit Hilfe eines Flipcharts drei Gruppen zu je drei Personen gebildet und ein Ansprechpartner je Gruppe festgelegt. Über eine Interessenabfrage wurde jeder Gruppe eine der vorausgewählten Projektideen zugeordnet und mit der Aufgabe verbunden, aus der jeweiligen Projektidee einen **Projektauftrag** zu formulieren. Die drei Projektaufträge wurden zur genaueren **Projektplanung** (Aufgabe 2) an ein anderes Team übergeben.

Nach der Projektplanung hatte jedes Team eine Präsentation vorzubereiten und ihren Projektplan mit den internen Projektauftraggebern abzustimmen, also jeweils einem anderen Team von Auszubildenden, das den Projektauftrag formuliert hatte.

Bei einem weiteren Treffen wurden Möglichkeiten der **Wirkungsmessung für die Effekte aus den Nachhaltigkeits-Projekten** gemeinsam erarbeitet und mit Hilfe des Mind Managers interaktiv als Mind Map per Beamer visualisiert und dokumentiert.

Ergebnisse des Projektes bei der Touratech AG

■ Nachhaltigkeit

Das Nachhaltigkeitskonstrukt wurde allen Auszubildenden und allen für die Ausbildung zuständigen Personen – dabei der kaufmännische Leiter der Touratech AG – vorgestellt, über die Diskussion potenzieller Projekte und die Einordnung in das „magische Nachhaltigkeitsdreieck" greifbar gemacht sowie über einige nachhaltige Projekte realisiert.

Die bei der Betriebsrallye, der Diskussion und Umsetzung von Nachhaltigkeitsprojekten zusammenarbeitenden Auszubildenden gehörten unterschiedlichen Ausbildungsjahren, unterschiedlichen Berufen und Berufsfeldern an, was den Dialog untereinander wie auch mit den anderen im Unternehmen Arbeitenden verbessert hat. Sie lernten systematisches Vorgehen mit verschiedenen Instrumenten und Handlungsanleitungen zur partizipativen Realisierung von Ideen von Mitarbeiterinnen und Mitarbeitern in die Unternehmensentwicklung kennen.

Bei der Schlussbesprechung wurde vom internen Projektleiter bei der Touratech AG und den für die Ausbildung der kaufmännischen Auszubildenden Zuständigen festgehalten, dass das Projekt – neben den Beiträgen zur inhaltlichen Umsetzung der ausgewählten Projekte – einen großen Beitrag dazu geleistet hat, dass die Auszubildenden bestens in das Unternehmen integriert sind. Besonders die Mischung von gewerblichen und kaufmännischen Auszubildenden war für das Verständnis füreinander sehr wirksam.

■ Berufliche Bildung

An dem Projekt bei der Touratech AG waren Büro und Werkstattpersonal, Auszubildende, Facharbeiter, angelernte Kräfte und Abteilungsmeister beteiligt, sodass die Aktionen hier zum großen Teil die Berufsausbildung betrafen, aber auch Teil der nicht-formalen arbeitsintegrierten Weiterbildung waren.

Lerngegenstand war die eigene Arbeit. Alle Teilnehmenden reflektierten intensiv ihre Arbeit sprachlich und betrachteten sie im Kontext mit anderen Abteilungen stark dialogorientiert. Es wurden viele Ansatzpunkte für nachhaltige Veränderungen im eigenen Unternehmen identifiziert.

Die Auszubildenden lernten viele Methoden zur gruppenorientierten Identifikation, Bewertung und Umsetzung von Veränderungen kennen, entwarfen faktisch Lösungsansätze, bewerteten sie aus unternehmerischer Perspektive und bedachten und planten soziale Auswirkungen und soziale Veränderungen.

Nachhaltigkeit ist als Prinzip stärker im Unternehmen verankert, was sich beispielsweise auch daran zeigt, dass neuerdings Transfair-Kaffee ausgeschenkt wird und die ökologische Ausrichtung an vielen Stellen verstärkt wurde.

Bedingungen und Perspektiven für das Aneignen von nachhaltigen Verhaltensweisen

Das Nachhaltigkeitskonzept bietet Mitarbeiterinnen und Mitarbeitern **immanenten Nutzen** auf jeder der drei Dimensionen und in der Summe – die hier tatsächlich größer ist als die Summe der Teile – so viele Vorteile, dass kaum weitere extrinsisch motivierende Anreize notwendig erscheinen. Insbesondere wenn die Identifikation, Auswahl und faktische Umsetzung von Nachhaltigkeitsprojekten so **partizipativ** realisiert werden kann wie in unseren Beispielen dargestellt, dann **entspricht die Prioritätensetzung dem maximalen Nutzen** aus der multiplen Nutzenbewertung aller Beteiligten.

Auch das **Primat des ökonomischen Nutzens** des Nachhaltigkeitskonstrukts für Unternehmen wird nach unserer Erfahrung durchgehend akzeptiert, weil unmittelbar einsichtig ist, dass langfristig auch die sozialen und ökologischen Vorteile verloren wären, wenn das Unternehmen sich Wettbewerbsnachteile schafft. Hier erhalten mit der Nachhaltigkeitsdiskussion aber **auch andere Bewertungsobjekte** eine größere Bedeutung, beispielsweise die **monetäre Bewertung von sozialen Verbesserungen**, die allerdings bisher noch unzureichend oder zu aufwändig ist.

Notwendig ist allerdings der **Freiraum** zur Identifikation, Auswahl und faktischen Umsetzung von Nachhaltigkeitsprojekten. Der damit verbundene Innovations-Mehraufwand für die Organisation und die beteiligten Individuen muss geringer sein als der Gesamtnutzen, der aus der Perspektive des Nachhaltigkeitskonzeptes mehr als nur den monetären Nutzen umfassen muss.

Notwendig erscheint uns für das **Aneignen von nachhaltigen Verhaltensweisen** in der Arbeit eine externe Anleitung von Teams. Das betrifft den Aufbau eines klaren Verständnisses von Nachhaltigkeit, wie es eingangs formuliert worden ist, die Verbesserung der Methodenkompetenz und der Kommunikationsfähigkeiten.

Die **Implementation von Strukturen**, die für die dauerhafte Orientierung am Nachhaltigkeitskonstrukt sorgen, bedarf der aktiven Unterstützung durch die Geschäftsleitung und sollte mit externer Unterstützung durchgeführt werden, die Erfahrung mit entsprechenden strukturellen Veränderungen mitbringt.

Literatur

[1] Bund-Länder-Kommission für Bildungsplanung und Forschungsförderung (BLK, Hrsg.) (1998): Ein neues Leitbild: Nachhaltige Entwicklung, Heft 69, 1998.

[2] Morosini, M. u. a. (2001): Umwelt- und Nachhaltigkeitsberichte. 61 Profile. Band 3. Akademie für Technikfolgenabschätzung in Baden-Württemberg, Nr. 185/August 2001.

[3] Wippermann, C./Flaig, B. Bodo/Calmbach, M./Kleinhückelkotten, S. (2009): Umweltbewusstsein und Umweltverhalten der sozialen Milieus in Deutschland, Umweltbundesamt (Hrsg.), 2009.

23 Kompensation

Sandra Banholzer, Kathrin Dellantonio, Stefanie Gründl

Klimawandel - eine zentrale Herausforderung im 21. Jahrhundert

Der Klimawandel ist eine der größten Herausforderungen des 21. Jahrhunderts. Bisher sind die ärmsten Länder im Süden der Erdkugel von der Klimaerwärmung am stärksten betroffen. Das Abschmelzen der Gletscher, heftige Stürme oder Überschwemmungen weisen jedoch auch auf der nördlichen Hemisphäre auf die Auswirkungen der Klimaveränderung hin.

Der Treibhauseffekt

Zu den wichtigsten Treibhausgasen zählen neben Kohlendioxid (CO_2) auch Methan (CH_4) und Lachgas (N_2O). Durch ihre spezielle Eigenschaft lassen Treibhausgase die einfallende, kurzwellige Strahlung der Sonne nahezu ungehindert passieren, halten hingegen die von der Erde emittierte langwellige Strahlung zurück. Diesen Vorgang bezeichnet man als natürlichen Treibhauseffekt[1]. Ohne diesen natürlichen Effekt läge die globale Durchschnittstemperatur bei minus 18 Grad und nicht bei angenehmen 15 Grad Celsius. Steigt die Treibhausgaskonzentration aufgrund menschlicher Aktivitäten gesamthaft gesehen jedoch an, so hat dies Auswirkungen auf das globale Klima und führt zu einer zusätzlichen Erwärmung. In diesem Zusammenhang spricht man von dem anthropogenen, also vom Menschen verursachten, Treibhauseffekt [16].

Der Konzentrationsanstieg des CO_2-Gehaltes in der Atmosphäre lässt sich mittels antarktischen Eisbohrkernen bis zu rund 650 000 Jahren zurückverfolgen. Die Zeitreihe zeigt, dass die CO_2-Konzentration sowie die damit in Zusammenhang stehende Temperatur starken natürlichen Schwankungen unterlegen sind. Nichtsdestotrotz beweisen die Ergebnisse auch, dass der Anstieg der anthropogenen Treibhausgasemissionen in den letzten 50 Jahren deutlich die historischen Schwankungen überschritten hat und die heutige Konzentration der Treibhausgase in der Atmosphäre höher liegt als je zuvor [12].

Bis zur Industrialisierung schwankten die CO_2-Werte zwischen 180 und 280 ppm[2].

---

1 Die Abdeckung aus Glas oder Folie eines Treibhauses lässt ebenfalls kurzwelliges Licht passieren, hält die langwellige Wärmestrahlung aber gefangen.

2 ppm= Parts per Million, auf Deutsch: Teile pro Million. Relative Maßangabe für die Konzentration von Gasen in der Luft.

Die aktuelle CO_2-Konzentration gemessen auf Mauna Loa (Hawaii) im Jahr 2008 beläuft sich bereits auf 385.57 ppm [17] und liegt somit weit über dem vorindustriellen Wert [1]. Diese Konzentration lässt sich eindeutig nicht mehr durch den Einfluss natürlicher Faktoren erklären. Der vermeintliche Anstieg der Kohlendioxidkonzentration ist primär auf den Verbrauch fossiler Brennstoffe und auf Änderungen in der Landnutzung zurückzuführen [7].

Ähnlich verhält es sich mit den Konzentrationen von Methan und Lachgas, beides ebenfalls sehr klimaschädliche Treibhausgase. Die Konzentration von Methan stieg von 715 ppb[3] in der vorindustriellen Zeit auf 1 788 ppb [18] im Jahre 2008. Die Lachgaskonzentration stieg gleichermaßen von 270 ppb (vorindustrieller Wert) auf 325 ppb im Jahr 2009 [20]. Die nachfolgenden Grafiken zeigen den zeitlichen Verlauf der Treibhausgaskonzentrationen über die letzten 650 000 und 10 000 Jahre (**Abbildung 23.1**, **Abbildung 23.2**).

Abbildung 23.1 Die Grafik zeigt die Zeitreihe des atmosphärischen CO_2-Gehalts (blaue Kurve) über die letzten 650 000 Jahren. Die rote Kurve stellt den Verlauf der Temperatur dar. Quelle: Stocker (2007)

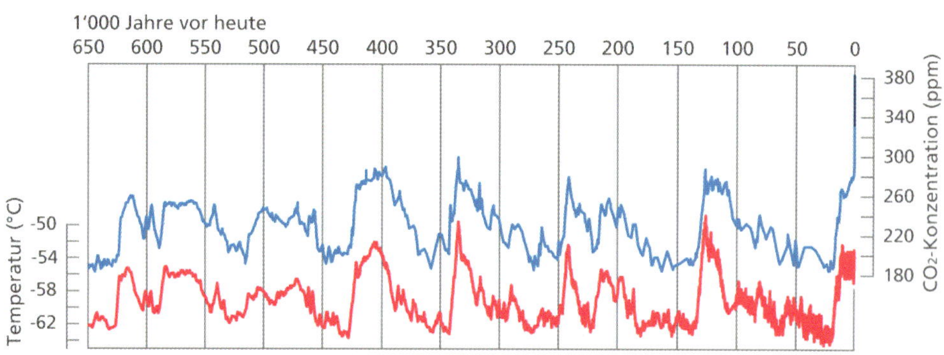

Abbildung 23.2 zeigt die Konzentrationen der drei Treibhausgase Kohlendioxid, Methan und Lachgas während der letzten 10 000 Jahre sowie – in der kleinen eingefügten Grafik – seit 1750. Dargestellt sind Messungen aus Eisbohrkernen (Symbole mit verschiedenen Farben für unterschiedliche Studien) und atmosphärischen Proben (rote Linien). Die entsprechenden Strahlungsantriebe[4] sind auf der rechten Achse der großen Grafiken angegeben.

[3] ppb= Parts per Billion, auf deutsch: Teile pro Milliarde. Relative Maßangabe für die Konzentration von Gasen in der Luft.

[4] Strahlungsantrieb = Radiative Forcing (RF) = beschreibt den Einfluss eines Treibhausgases auf die Energiebalance. Treibhausgase „fangen" die Sonnenenergie z. B. in Form von Wärme. Somit beschreibt RF die Fähigkeit der Treibhausgase, die Temperatur in der Atmosphäre zu ändern [11].

Abbildung 23.2 Treibhausgas-Konzentrationen während der letzten 10 000 Jahre. Quelle: IPCC (2007a)

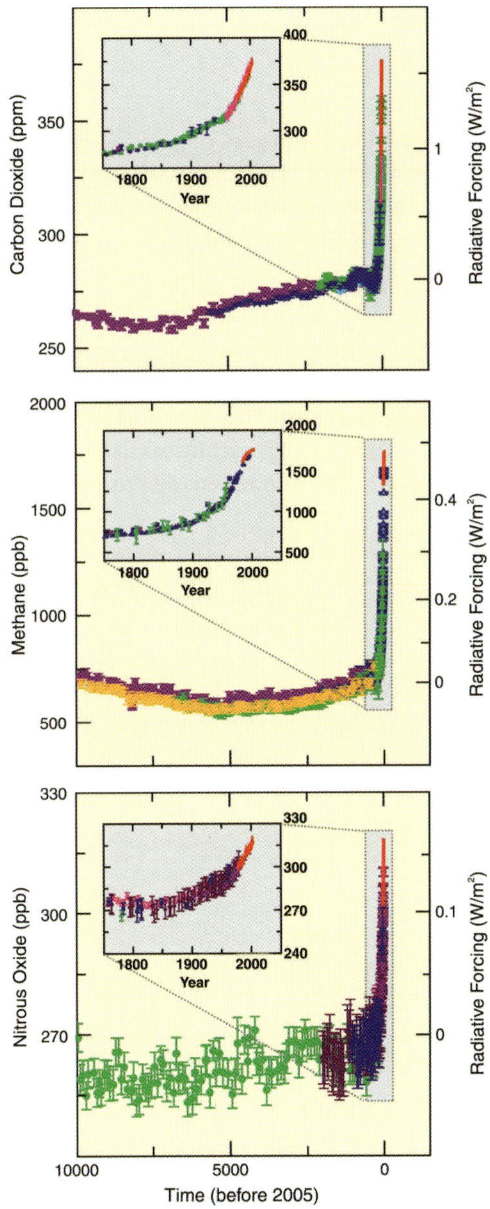

Das internationale Forschungsgremium IPCC[5] (Intergovernmental Panel on Climate Change) geht aufgrund dieser Forschungsergebnisse davon aus, dass der beobachtete Anstieg der globalen Durchschnittstemperatur seit Mitte des 20. Jahrhunderts zu einem Großteil sehr wahrscheinlich[6] auf die Zunahme der durch Menschen verursachten Treibhausgase zurückzuführen ist [12; 7].

Reduktionsziele

Zahlreiche Berechnungen und Modelle zeigen, dass sich die globale Durchschnittstemperatur um nicht mehr als 2 Grad Celsius erwärmen darf, um schlimmere Folgen der Klimaerwärmung zu verhindern [15]. Die Reduktion der weltweiten Treibhausgase ist demzufolge eine immer dringlicher werdende Notwendigkeit.

Diese Grenze nicht zu überschreiten, stellt ein sehr ehrgeiziges Ziel dar: Es bedeutet nämlich, dass die globalen Treibhausgasemissionen spätestens bis 2015 ihren Maximalausstoß erreicht haben und bis 2050 um 50 bis 85 Prozent gegenüber den Emissionswerten von 2000 sinken müssen [8]. Die Industriestaaten müssten im gleichen Zeitraum ihre Emissionen sogar um 80 bis 95 Prozent senken [9]. Die Dringlichkeit wurde auch von der Politik erkannt, wurde doch im Rahmen eines G8-Beschlusses in 2009 das Ziel aufgenommen, die Emissionen in den Industriestaaten um mindestens 80 Prozent zu senken.

Der Klimawandel in Deutschland

Laut dem Umweltbundesamt[7] [21] werden in Deutschland die meisten klimawirksamen Treibhausgase durch die Verbrennung fossiler Brennstoffe in Kraftwerken und im Verkehr verursacht. Ebenso wird bei industriellen Prozessen eine große Menge CO_2 ausgestoßen. Mit einem etwas geringeren Anteil folgt die Landwirtschaft, die hauptsächlich bei der Tierhaltung sowie der Nahrungsproduktion klimaschädliche Emissionen verursacht. Als weitere Emittenten können die Abfall- und die Forstwirtschaft sowie die Lösemittel- und Produktverwendung genannt werden (vgl. **Abbildung 23.4**).

---

[5] Der Zwischenstaatliche Ausschuss für Klimaänderung (IPCC) wurde 1988 durch das Umweltprogramm der Vereinten Nationen (UNEP) sowie der Weltorganisation für Meteorologie (WMO) gegründet. Der IPCC ist ein führendes, wissenschaftliches Gremium, welches die aktuelle Sichtweise des Klimawandels und dessen Konsequenzen in international anerkannten Berichten festhält.

6 Das IPCC spricht von einer 90-prozentigen Wahrscheinlichkeit.

[7] Das Umweltbundesamt wurde 1974 gegründet und ist die größte Umweltbehörde in Deutschland. Gemeinsam mit dem Bundesamt für Naturschutz (BfN) und dem Bundesamt für Strahlenschutz (BfS) bildet das UBA das wissenschaftliche Fundament der Umweltpolitik des Bundes (www.uba.de).

Abbildung 23.3 Emissionen der sechs im Kyoto-Protokoll genannten Treibhausgase in Deutschland. Quelle: UBA (2009c)

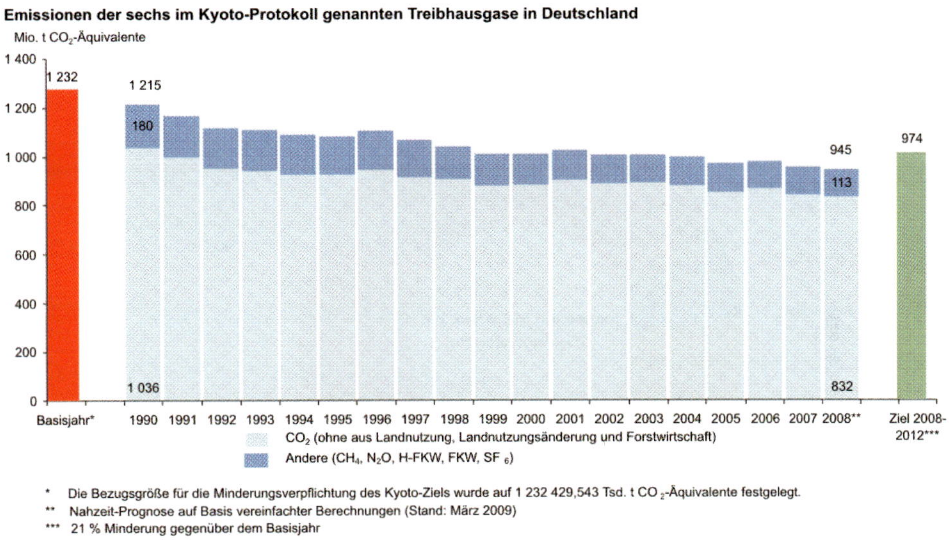

Insgesamt gesehen konnten in der Bundesrepublik die Treibhausgasemissionen seit 1990 deutlich vermindert werden (vgl. **Abbildung 23.3**). Dies ist einerseits auf die wirtschaftliche Umstrukturierung innerhalb den neuen Bundesländer mit reduziertem Braunkohleeinsatz, andererseits auf die Klimaschutzpolitik zurückzuführen. Die erreichte Emissionsminderung gegenüber dem Bezugsjahr 1990 hat gemäß den Berechnungen vom Umweltbundesamt die im Rahmen des Kyoto-Protokolls gestellten Anforderungen erfüllt. Deutschland ging mit der Ratifizierung des Protokolls die Verpflichtung ein, die Emissionen bis 2012 um 21 Prozent zu senken, die EU gesamthaft um acht Prozent.

Die Notwendigkeit weiterer Reduktionsmaßnahmen ist jedoch nach wie vor gegeben. Im Jahr 2009 einigten sich die Mitgliedsstaaten der EU darauf, die Treibhausgasemissionen bis 2020 um 20 Prozent unter das Niveau von 1990 zu senken. Deutschland selbst setzt sich zum Ziel, die Emissionen bis 2020 um 40 Prozent zu senken [23].

Um dieses Ziel zu erreichen, sind eine klare Abwendung von fossilen Brennstoffen sowie eine weitere Effizienzsteigerung im Energiesektor nötig (vgl. **Abbildung 23.4**). Doch auch jeder einzelne Bürger muss einen Anteil dazu beitragen. Gemäß dem Umweltbundesamt belaufen sich die jährlichen Emissionen eines Deutschen heute auf durchschnittlich rund 11 Tonnen CO_2eq [22]. Auch im Privaten ist daher ein Wandel hin zu einer „Low Carbonat society“ nötig.

Abbildung 23.4 Anteile der Quellkategorien an den Treibhausgasemission. Quelle: UBA (2009c)

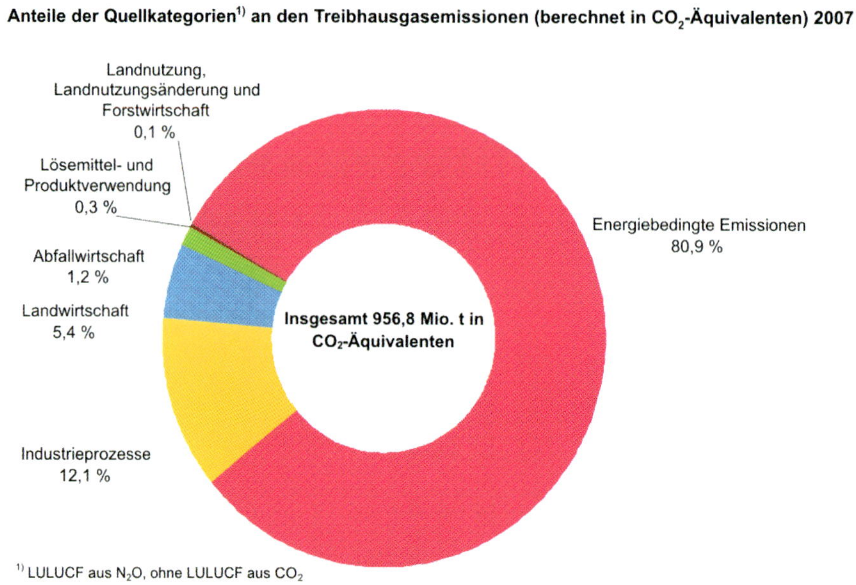

Um die globalen Kosten dieser massiven Senkung der Emissionen niedrig zu halten, bietet sich der Emissionshandel an. Bei richtiger Ausgestaltung ermöglicht dieser, dass die Treibhausgase dort reduziert werden, wo es am kostengünstigen ist. Dies ist vor allem in Entwicklungsländern der Fall.

Bevor jedoch zur Kompensation gegriffen wird, sollte versucht werden, die individuellen Emissionen möglichst niedrig zu halten. Wo immer möglich sollten daher Treibhausgasemissionen vermieden oder reduziert werden.

Klimaschutz im (Büro-)Alltag

Die ökologische und soziale Verantwortung von Organisationen und Unternehmen ist in den letzten Jahren immer stärker in den Fokus der öffentlichen Wahrnehmung gerückt und gehört heute fast schon „zum guten Ton". Die Bekämpfung des Klimawandels ist dabei ein zentrales Thema. Ein Engagement für den Klimaschutz steigert außerdem die Markensympathie und Kundenloyalität und ist ein bedeutendes Verkaufsargument. In die Klimaschutzstrategie sollten alle Bereiche des Unternehmens miteinbezogen werden. Nachfolgend ein paar Beispiele innerhalb eines Unternehmens:

- Energieversorgung: Falls möglich auf erneuerbare Energien umstellen und Ökostrom kaufen
- Produktionsprozesse: Steigerung der Energieeffizienz sowie gezieltes Abfangen von Treibhausgasen
- Gebäudebereich: Verbrauchsminderung durch Steigerung der Energieeffizienz (z. B. Dämmung, Austausch der Heizungsanlage, Gebäudemanagementsysteme, effiziente Elektrogeräte und Beleuchtung)
- Installation von Solarzellen
- Transportbereich: Technische Optimierung, Einsatz von Biokraftstoffen und Hybridfahrzeugen

Es sind jedoch nicht nur kapitalintensive Investitionen notwendig, um dem Klimawandel zu begegnen. Klimaschutz beginnt mit dem täglichen Verhalten und Handeln im Büro. Die nachfolgende Liste zeigt exemplarisch einige einfach umsetzbare Maßnahmen, erhebt jedoch keinen Anspruch auf Vollständigkeit:

- Abschalten von Geräten, anstatt diese im Stand-by-Modus laufen zu lassen
- Am Abend bei elektronischen Geräten den Stecker herausziehen
- Verwendung von Recyclingpapier
- Effizientes Bedrucken von Papier (beidseitig, einfarbig)
- Einkauf von ökologischem Büromaterial
- Nutzung von Treppen statt des Aufzuges
- Benutzung des Fahrrades oder öffentlicher Verkehrsmittel für den täglichen Arbeitsweg, Einführung eines Carsharings
- Reduktion von Geschäftsreisen: Telefon- oder Videokonferenzen, Benutzung von öffentlichen Verkehrsmitteln für kürzere Distanzen
- Wahl von saisonalen Lebensmitteln und von Produkten aus der Region bzw. Fair-Trade-Produkten

Diese Beispiele demonstrieren, dass Klimaschutz bereits mit einfachen Mitteln und Maßnahmen im Büroalltag möglich ist. Zum Beispiel können Unternehmen mit einem Klimawettbewerb oder einer Klimakampagne ihre Mitarbeiterinnen und Mitarbeiter zum Klimaschutz motivieren.

Ausgleich von Restemissionen durch Kompensation

Selbst durch ein vorbildliches Verhalten zugunsten des Klimaschutzes ist es unmöglich, keine Emissionen zu verursachen. Mit der freiwilligen Kompensation von Treibhausgasemissionen gibt es jedoch ein Instrument, um die Restemissionen auszugleichen und gleichzeitig zur nachhaltigen Entwicklung in den Projektregionen beizutragen (vgl. **Abbildung 23.5**).

Abbildung 23.5 Emittierte, unvermeidbare Emissionen werden an einer anderen Stelle auf der Erde durch Klimaschutzprojekte reduziert. Quelle: myclimate

Das Prinzip der Kompensation

Neben der Vermeidung und Reduktion kompensieren immer mehr Privatpersonen und Unternehmen ihre Emissionen.

Die Idee hinter dem Mechanismus ist einfach: Einzelpersonen, Unternehmen, Organisationen bis hin zu Regierungen können ihre Emissionen berechnen und für die resultierende Menge CO_2-Emissionsreduktionen kaufen. Das gesammelte Geld fließt in Projekte, die Emissionen verhindern, reduzieren oder absorbieren (siehe S. 344). Mit Hilfe dieses Geldbetrags werden z. B. klimabelastende, fossile Energiequellen durch erneuerbare Energien ersetzt oder Energieeffizienzmaßnahmen realisiert. Mit den Kompensationsgeldern werden die zusätzlichen Kosten gedeckt, die entstehen, wenn anstelle von fossilen Energiequellen erneuerbare, saubere Energien eingesetzt werden. So wird dieselbe Menge an klimawirksamen Emissionen an anderer Stelle eingespart.

Dabei kommt es, im Unterschied zur Luftverschmutzung, nicht darauf an, wie weit die beiden Vorgänge räumlich voneinander entfernt sind, sprich wo die Treibhausgase in die

Atmosphäre gelangen und wo sie kompensiert werden. Der Ort einer Emission ist für die globale Klimawirkung von Treibhausgasemissionen unerheblich [4]. Wichtig ist, dass die weltweiten Emissionen in der Summe abnehmen.

Die Ursprünge der freiwilligen Emissionskompensation

Die Basis für die freiwillige Emissionskompensation bildet das Kyoto-Protokoll, welches ein Zusatzprotokoll zur Klimarahmenkonvention (UNFCCC) der Vereinten Nationen ist. Im Kyoto-Protokoll wurde ein „Cap and Trade"-System definiert. Dies bedeutet, dass eine bestimmte Höchstmenge an erlaubten Gesamtemissionen festgesetzt werden darf (Cap), die dann auf die einzelnen Staaten heruntergebrochen wird. Im Falle des Kyoto-Protokolls heißt dies, dass alle Länder des Annex 1[8], die das Protokoll ratifiziert haben, im Schnitt ihre Emissionen um 5,2 Prozent gegenüber den Emissionen von 1990 im Zeitraum zwischen 2008 und 2012 reduzieren müssen. Obwohl es sich bei diesen Werten um nationale Reduktionsziele handelt, werden in der Praxis die Verpflichtungen von den Ländern an einzelne, nationale Wirtschaftsbranchen weitergegeben.

Die Emissionsrechte können gehandelt werden (Trade). Ein Land kann daher seine Emissionen über seine Reduktionsziele hinaus einschränken und die übrigen Emissionsrechte an ein anderes Land verkaufen.

Innerhalb des Kyoto-Protokolls können sich Annex 1-Länder zusammenschließen, um ihre totalen Emissionsreduktionsziele gemeinsam zu erreichen. Dies ist beispielsweise bei den Ländern der Europäischen Union (EU) im Rahmen des EU-Emissionshandels (EU-Emission Trading System kurz EUETS), welcher 2005 in Kraft getreten ist [14], der Fall.

Neben der Möglichkeit, mit Emissionsreduktionen zu handeln, enthält das Kyoto-Protokoll zwei weitere Mechanismen, die den Staaten bei der Erreichung ihrer Reduktionsziele zusätzliche Flexibilität ermöglichen: den Clean Development Mechanism (CDM) und den Joint Implementation (JI).

Der CDM erlaubt Annex 1-Ländern sowie Unternehmen in diesen Ländern, in Klimaschutzprojekte in Entwicklungs- und Schwellenländern zu investieren. Dafür erhalten sie handelbare Zertifikate, so genannte Certified Emissions Reductions, kurz CERs. CERs können z. B. innerhalb des EUETS gehandelt und von Firmen und Staaten gekauft werden, um die bindenden Reduktionsziele gemäß dem Kyoto-Protokoll zu erreichen. CERs können aber auch zur freiwilligen Kompensation von CO_2-Emissionen verwendet werden [4; 14; 6].

---

[8] Annex 1 = Industrialisierte Länder, die das Kyoto-Protokoll ratifiziert haben und somit bindende Reduktionsverpflichtungen haben.

Im Gegensatz zum CDM werden Joint-Implementation-Projekte (JI) in Industriestaaten oder Schwellenländern durchgeführt, die ebenfalls bindende Reduktionsziele haben. Das Projekt-Gastland stellt die Zertifikate aus und muss diese von den staatseigenen Emissionen abziehen. Da somit nur ein Transfer von einem Land in das andere stattfindet, bleiben die total zugelassenen Emissionen gleich. Meistens ist das „JI-Gastland" ein Schwellenland und weist geringere Kosten zur Emissionsreduktion auf als das Land, das investiert. Zertifikate aus JI-Projekten werden Emission Reduction Units (ERUs) genannt.

Klimaschutzprojekte, die unter dem CDM oder dem JI laufen, unterliegen spezifischen Anforderungen und durchlaufen einen international festgelegten Anerkennungsprozess beim Klimasekretariat der Vereinten Nationen.

Projektstandards im freiwilligen Markt

Parallel zum verpflichtenden Markt (Compliance-Markt) unter dem Kyoto-Protokoll hat sich der so genannte freiwillige Markt außerhalb des Kyoto-Protokolls entwickelt. Dort kaufen Unternehmen, Organisationen und Individuen freiwillig Emissionsreduktionen, um die Treibhausgase aus bestimmten Bereichen auszugleichen. Dafür können ebenfalls CERs verwendet werden, zusätzlich aber auch so genannte Verified Emission Reductions (VERs). Die Projekte werden analog zu CDM-Projekten auch von Dritten überwacht, aber es existiert kein dem CDM ähnlicher übergeordneter Standard [4; 14].

Arten von Klimaschutzprojekten

Immer mehr Organisationen und Unternehmen bieten seit einigen Jahren die freiwillige Emissionskompensation an. Daher ist das Angebot an Klimaschutzprojekten inzwischen sehr groß. Die Anbieter, die teils auf gemeinnütziger, teils auf gewinnorientierter Basis wirtschaften, investieren in unterschiedliche Projekte. Generell lassen sich drei Hauptgruppen beobachten [14]:

- Erneuerbare Energie
- Energieeffizienz
- CO_2-Senkung

Alle Projekte basieren auf dem Grundprinzip, klimaschädliche Emissionen zu reduzieren, zu verhindern oder zu absorbieren. Nachfolgend werden die einzelnen Projektarten genauer beschrieben.

Erneuerbare Energieprojekte

Bei diesen Projekten werden Energieformen genutzt, die in unerschöpflichen Massen vorhanden sind. Dazu zählen z. B. Wind-, Solar- oder Biomasseprojekte. Die Einführung von erneuerbaren Technologien und die gleichzeitige Abkehr von fossilen Energieträgern ist entscheidend für den langfristigen Schutz des globalen Klimas [14].

Oftmals benötigt diese Art von Projekten hohe Investitionen zu Beginn, um die Technologie zu implementieren. Dies kann tendenziell dazu führen, dass die generierten Reduktionszertifikate seltener und teurer sind [6]. Dafür liefern sie, sofern sie umgesetzt werden konnten, nach der kostenintensiven Implementierung hohe Effizienzraten [20]. Nebst den generierten qualitativ hochwertigen Emissionsreduktionszertifikaten liefern diese Projekte oft zusätzliche Vorteile. So tragen sie zur nachhaltigen Entwicklung in der Projektregion bei. Dies wird z. B. durch neue Arbeitsstellen, verbesserte Luftqualität oder die generelle Wissensvermittlung erreicht [6]. Oftmals werden erneuerbare Energieprojekte in Entwicklungsländern durchgeführt, da sie dort kosteneffizienter umgesetzt werden können und dadurch mit demselben Mitteleinsatz mehr Emissionsreduktionen erzielen als in Industriestaaten. Gleichwohl erschweren die fehlenden lokalen Kapazitäten sowie die teilweise nicht adäquate Infrastruktur die Umsetzung [20].

Energieeffizienzprojekte

Die Grundidee dieser Projekte ist es, fossile Energieformen effizienter zu nutzen. Das Ziel ist, klimaschädliches Verhalten von Individuen zu verändern. Dies wird erreicht, indem neues Equipment mit effizienterer Technik bereitgestellt wird. Gleichzeitig werden die Zielpersonen geschult, um eine richtige Anwendung der neuen Technik sicherzustellen. Beispiele sind der Einsatz von Energiesparlampen, effizientere Motoren oder neu entwickelte Kocher. Effiziente Kocher können in Entwicklungsländer sowohl den Kohle- als auch den Holzkonsum reduzieren.

Durch die Schulung und die erzielte Verhaltensänderung erhalten die Projekte einen nachhaltigen Entwicklungseffekt und verbessern die Lebensbedingungen der lokalen Bevölkerung. Da sie oft einen begrenzten und dezentralen Charakter aufweisen, sind ständiges Überwachen und Evaluieren erschwert. Gleichermaßen gestaltet sich das Erstellen einer Baseline (Referenzszenario für die Berechnungen der Emissionseinsparungen) sowie die Schätzung der Reduktionen selbst als schwierig [6; 14].

CO_2-Senkung

Senkungsprojekte speichern bereits freigesetzte Emissionen. Diese Projekte werden oft auch LULUFC (Land Use, Land Change and Forestry) genannt. Zu den Senkungsprojekten zählen jegliche Landschaftsveränderungen, die zu Vegetationswachstum oder Bodenveränderungen führen und somit Kohlendioxid absorbieren.

Diese Projektart ist jedoch die von den drei Haupttypen am meisten umstrittene. Denn der effektive Nutzen als Senkung ist nicht gewährleistet. Dies hat vielerlei Gründe: Erstens ist die absorbierte Menge Kohlendioxid von verschiedenen Faktoren wie z. B. dem Baumalter, der Wachstumsrate, den lokalen Klima- sowie Bodenkonditionen abhängig. Zusätzlich kann sich die CO_2-Absorbtionsrate je nach Temperatur- und Kohlendioxidänderung in der Atmosphäre über die Zeit durch die globale Erwärmung ändern. So kann erhöhter CO_2-

Gehalt das Wachstum erhöhen, jedoch können größere Wolkenbedeckungen den Lichteinfall reduzieren und somit das Wachstum wieder einschränken [3; 2; 10]. Weiter können Gefahren wie Feuer oder Insektenbefall das Wachstum be- oder sogar verhindern. Nebst den naturwissenschaftlichen Unsicherheiten ist es schwierig, schlussendlich die genaue Absorptionsrate sowie die Bindungszeiträume zu bestimmen [14; 6]. Dies ist für die Berechnungen eines Klimaschutzprojekts jedoch essenziell.

Zusammenfassend kann gesagt werden, dass diese Projektart besonders bezogen auf die Anforderungen der Permanenz und Zusätzlichkeit Unsicherheiten oder Mängel aufweist. Demzufolge ist es gemäß [14] nicht empfehlenswert, in Senkungsprojekte zu investieren.

Klimaneutralität in der Praxis

Alle Vorgänge, die Treibhausgase freisetzen, können klimaneutral gestaltet, also die Emissionen kompensiert werden. Dies gilt einerseits für Emissionen aus Pkw-, Bahn- oder Flugreisen, Gas- und Stromverbrauch oder Heizung [4]. Andererseits können auch Waren, Veranstaltungen oder Dienstleistungen kompensiert und klimaneutral gestellt werden. Wichtig für eine glaubwürdige Kompensation ist, dass bei der Berechnung sämtliche Emissionen des gesamten Lebenszyklus eines Produktes oder eines Prozesses berücksichtigt werden. Somit müssen auch die indirekten Emissionen in die Berechnung einbezogen werden. Nach der Berechnung erwirbt der Kunde die entsprechende Anzahl an Emissionszertifikaten.

Generell gilt: Zuerst sollten die Möglichkeiten zur Vermeidung und Reduzierung von Treibhausgasen genutzt und erst dann die unvermeidbaren Emissionen kompensiert werden [4].

Qualitätskriterien bei der Kompensation

Bei der Wahl der Kompensationsprojekte sind vor allem drei Kriterien wichtig: Permanenz, Additionalität und Nachhaltigkeit. Permanenz bedeutet, dass Emissionen dauerhaft reduziert und nicht, wie im Fall von Senkungsprojekten, nur temporär gespeichert werden. Die Additionalität besagt, dass für die Kompensation nur solche Projekte verwendet werden dürfen, die ohne die Kompensationsgelder nicht realisiert würden. Drittens sollten Klimaschutzprojekte neben der CO_2-Reduktion weitere Nachhaltigkeitsaspekte beinhalten. Dadurch wird sichergestellt, dass das Projekt insgesamt positive Auswirkungen auf die Bevölkerung und die Umwelt in der Region hat.

Genauso wichtig ist die korrekte und einmalige Stilllegung der Zertifikate in einem anerkannten Register. Dies verhindert, dass Zertifikate mehrmals gehandelt werden können.

Weitere wichtige Faktoren sind die Transparenz des Kompensationsangebots sowie die externe Verifizierung der Projekte und der CO_2-Register. Sind all diese Anforderungen erfüllt, so handelt es sich um qualitativ hochwertige Kompensationen [5].

Der Gold Standard ist ein unabhängiges Label, welches hochwertige Kompensationsprojekte und die daraus entstehenden Emissionsreduktionszertifikate auszeichnet. Er bietet daher einen guten Anhaltspunkt, empfehlenswerte Klimaschutzprojekte zu erkennen.

Der Gold Standard kann auf Projekte des Clean Development Mechanism (CDM), Joint Implementation (JI) und auf VER-Projekte (Verified Emission Reduction) angewendet werden.

Die Kriterien des Gold Standards sind strikter als die des CDM, da sie zusätzlich zur CO_2-Reduktion den Beitrag zur nachhaltigen Entwicklung in den Projektregionen in den Vordergrund stellen.

Kompensation mit myclimate

myclimate[9] ist eine Schweizer Non-Profit-Stiftung, die sich für den Klimaschutz engagiert. Die Organisation investiert vorwiegend in Klimaschutzprojekte in Entwicklungsländern, aber auch in Europa und Neuseeland. Klimabelastende, fossile Energiequellen werden durch erneuerbare Energien ersetzt oder Energieeffizienzmaßnahmen realisiert.

Die Klimaschutzprojekte von myclimate richten sich nach international anerkannten Kriterien, die aus dem Kyoto-Protokoll stammen. Die Projekte werden gemäß Clean Development Mechanism (CDM) oder – in Anlehnung an dessen Abläufe, Kriterien und Methoden – als VER-Projekte umgesetzt. Alle VER- und ein Großteil der CDM-Projekte werden zusätzlich auch unter dem Gold Standard registriert.

Die Organisation unterstützt ausschließlich Projekte, die direkt Emissionen reduzieren. Darunter fallen die Kategorien „Erneuerbare Energien", „Energieeffizienz" und „Reduktion von Methanemissionen in Kombination mit energetischer Nutzung".

Senkungsprojekte (z. B. Aufforstungsprojekte), die CO_2 nur vorübergehend binden, werden von der Organisation zurzeit nicht gefördert.

Die Emissionsreduktionen aus den myclimate-Klimaschutzprojekten werden während der gesamten Projektdauer gemessen und von unabhängigen Instanzen überprüft.

---

[9] myclimate = Die Non-Profit-Stiftung myclimate – The Climate Protection Partnership ist eine internationale Klimaschutzorganisation mit Schweizer Wurzeln. myclimate fördert den Aufbau von Wissen zur CO_2-Reduktion, sensibilisiert und motiviert zum langfristigen Klimaschutz. Des Weiteren engagiert sich die Stiftung mit verschiedenen Management-Tools wie CO_2-Bilanzierung, CO_2-Reporting oder einem Performance-Management-Tool für optimale Entscheidungsgrundlagen in Firmen. Zudem fördert myclimate die Klimaneutralität über das Prinzip der freiwilligen CO_2-Kompensation (www.myclimate.org).

Alle Klimaschutzprojekte der Organisation müssen einen positiven Beitrag zur nachhaltigen Entwicklung in der jeweiligen Region leisten. Es werden alle drei Dimensionen der Nachhaltigkeit – Ökologie, Wirtschaft und Gesellschaft – berücksichtigt. Zu den positiven Nachhaltigkeitseffekten gehören z. B. die Verminderung von Luft- und Gewässerverschmutzung, die Verbesserung der Lebensqualität der lokalen Bevölkerung, der Transfer von Wissen und Technologie sowie die Schaffung von Arbeitsplätzen. Die Nachhaltigkeitskriterien des Gold Standards gelten als Richtlinie für alle Klimaschutzprojekte der Organisation.

Die Projekte werden stets durch unabhängige Organisationen überprüft. Die aktuellen ausländischen Projekte werden von UNO-akkreditierten Prüfungsinstitutionen wie SGS, TÜV oder DNV validiert. Bei Schweizer Projekten wird die Zertifizierung von denselben Instanzen oder von gleichwertigen, anerkannten Institutionen übernommen. Die Emissionsreduktionen werden jährlich durch die Prüfungsinstanzen verifiziert. Dieses Monitoring erfolgt während der gesamten Projektdauer.

Beispiel eines Klimaschutzprojektes

In Indien fallen jährlich viele Mio. Tonnen Biomasseabfälle aus der Wald- und Landwirtschaft sowie aus der industriellen Produktion an. Aufgrund der geringen Dichte und dem zu hohem Wasseranteil können diese Abfallstoffe nicht direkt weiterverarbeitet werden und verursachen nicht selten bedrohliche Waldbrände.

Die lokale Organisation Rural Renewable Urja Solutions Pvt. Ltd. (RRUSPL) macht diesen brachliegenden Rohstoff als Brennstoff nutzbar. Es werden Biomasse-Briketts hergestellt, die anschließend an die Produktionsfirmen von Tonziegeln und Stabeisen in die Bundesstaaten Uttarakhand und Uttar Pradesh im Norden Indiens geliefert werden. Der klimafreundliche Energieträger ersetzt somit die treibhausgasintensive Kohle als Brennstoff in der Ziegel- und Eisenproduktion. Die Brikettiermaschine wird bereits in weiten Teilen Indiens erfolgreich eingesetzt und verringert die Abhängigkeit der lokalen Bevölkerung von fossilen Brennstoffen. Arbeitsplätze entstehen nicht nur bei der Produktion der klimafreundlichen Briketts, sondern auch bei der Sammlung der Biomasse (vgl. **Abbildung 23.6**, **Abbildung 23.7**, **Abbildung 23.8**).

Abbildung 23.6 Frauen aus der lokalen Bevölkerung sammeln Tannennadeln für das Biomasse-Projekt. Quelle: myclimate

Abbildung 23.7 Die fertigen Biomasse-Briquettes als Pellets. Quelle: myclimate

Abbildung 23.8 Die Biomasse-Briquettes werden u. a. in effizienten Kochern, so genannte Chulhas, klimafreundlich zum Kochen eingesetzt. Quelle: myclimate

Das Projekt im Norden Indiens beinhaltet sowohl die Herstellung des erneuerbaren, sauberen Brennstoffs als auch die Verbreitung eines effizienten und rauchfreien Kochers (Chulha) für Restaurants, Tempelanlagen, Tagesschulen und Krankenhäuser. Diese ländlichen Institutionen in Indien waren bisher sehr stark auf Flüssiggas zum Kochen angewiesen. Die effizienten Kocher wurden vom indischen Energy and Resource Institute (TERI) entwickelt und sparen im Vergleich zu konventionellen Kochern etwa 50 Prozent des Brennstoffes.

Das Projekt wurde im Januar 2008 gestartet. Während sieben Jahren werden insgesamt rund 130 000 Tonnen CO_2 vermieden.

Pro und Kontra des Kompensationsmechanismus

Die Diskussion über die Kompensation von Treibhausgasemissionen ist sehr breit gefächert. Von den Befürwortern wird sie als Teil der Maßnahmen gegen den Klimawandel gesehen, die Gegner sehen Kompensation als reinen Ablasshandel oder „Greenwashing". Im Folgenden werden die Argumente des jeweiligen Standpunktes näher beleuchtet.

Kontra

Die größte kritische Angriffsfläche bieten die Qualitätsstandards der Klimaschutzprojekte und der vermeintliche Klimanutzen der Kompensation. Hier geht es u. a. um die angezweifelte Validität und Integrität der Kompensation sowie die Motivation der Kompensationsanbieter selbst [6].

Eine von vielen Seiten empfundene Schwachstelle ist, dass Kompensation netto keine Emissionen reduziert [6].

Weiter argumentieren die Gegner, dass die Möglichkeit zur Kompensation eine Gleichgültigkeit gegenüber einem klimafreundlichen Verhalten fördert. Die Kompensation suggeriere, dass man sich nicht um ein klimaschonendes Verhalten bemühen muss, sondern sich mit etwas Geld „Klimaneutralität" erkaufen kann [4].

Pro

Nebst den Kritikpunkten gibt es eine Vielzahl an Argumenten, die für die Kompensation sprechen.

Einerseits stellt die Kompensation eine Möglichkeit dar, Eigenverantwortung zu übernehmen und eine nachhaltige Entwicklung zu fördern. Durch den Kompensationsmechanismus können z. B. Unternehmen ihre unvermeidbaren Emissionen ausgleichen und so eine nachhaltige und klimafreundliche Strategie verfolgen.

Andererseits kommen die Gelder, die in die Klimaschutzprojekte fließen, nicht nur dem Klimaschutz zugute, sondern leisten zusätzlich einen wesentlichen Beitrag zur nachhaltigen Entwicklung am Projektstandort. Dabei führen die Projekte in allen drei Dimensionen der Nachhaltigkeit – Ökologie, Wirtschaft und Gesellschaft – zu positiven Auswirkungen. So stellt z. B. der Wissenstransfer von klimafreundlichen Technologien eine positive Auswirkung dar. Genauso gehören die Generierung von Arbeitsplätzen oder die Verbesserung der Luftqualität z. B. durch die Verringerung von schädlichen Emissionen zu den positiven Nachhaltigkeitseffekten [4].

Zudem werden mit den Kompensationserträgen zusätzliche Emissionsreduktionen generiert (Additionalität). Es werden also Projekte umgesetzt, die sonst aufgrund der hohen Kosten für innovative, saubere Technologien nicht umgesetzt werden würden. Weiter darf nicht vergessen gehen, dass, was in den Industrienationen „nur" als Kompensation erscheint, in den Projektregionen eine deutliche Verbesserung der Lebensbedingungen ist.

Ausblick

Es ist klar: Der Kompensationsmechanismus allein wird nicht das Problem des Klimawandels lösen. Die Kompensation kommt keiner käuflichen Versicherung gleich, die uns vor den Gefahren des Klimawandels beschützen kann [14]. Doch die Kompensation und hochwertige Klimaschutzprojekte, zusammen mit Energiesparmaßnahmen durch jeden Einzelnen und jedes Unternehmen, liefern die Basis, um die Entwicklung hin zur „Low Carbon Society" zu beschleunigen, indem sie die erforderlichen Technologien fördern und verbreiten [13].

Literatur

[1] Bundesamt für Umwelt BAFU (2007): Klimaänderung in der Schweiz: Indikatoren zu Ursachen, Auswirkungen, Maßnahmen.

[2] Brown, S./Burnham M./Delaney, M./Vaca, R./Powell, M./Moreno, A. (2000): Issues and Challenges for Forest-Based Carbon-Offset Projects: A Case Study of the Noel Kempff Climate Action Project in Bolivia. Mitigation and Adaptation Strategies for Global Climate Change 5, S. 99-121.

[3] Clark, D. A./Piper, S. C./Keeling, C. D./Clark, D. B. (2003): Tropical Rain Forest Tree Growth and Atmospheric Carbon Dynamics Linked to Interannual Temperature Variation During 1984-2000. Proceedings of the National Academy of Sciences of the United States of America, 100:10, S. 5852-5857.

[4] DEHSt (Deutsche Emissionshandelsstelle im Umweltbundesamt) (2008): Leitfaden zur freiwilligen Kompensation von Treibhausgasemissionen. Berlin.

[5] Ends Carbon Offsets 2009: Who do you trust to oversee voluntary carbon emissions reporting? London.

[6] Ends Carbon Offsets 2008. London.

[7] IPCC (2007a): Zusammenfassung für politische Entscheidungsträger. In: Klimaänderung 2007: Wissenschaftliche Grundlagen. Beitrag der Arbeitsgruppe I zum Vierten Sachstandsbericht des Zwischenstaatlichen Ausschusses für Klimaänderung (IPCC), Solomon, S./Qin, D./Manning, M./Chen, Z./Marquis, M./Averyt, K. B./Tignor, M. und H. L. Miller Eds., Cambridge University Press, Cambridge, United Kingdom und New York, NY, USA. Deutsche Übersetzung durch ProClim-, österreichisches Umweltbundesamt, deutsche IPCC-Koordinationsstelle. Bern/Wien/Berlin.

[8] IPCC (2007b): Summary for Policymakers. In: Climate Change 2007: Mitigation. Contribution of Working Group III to the Fourth Assessment Report of the Intergovernmental Panel on Climate Change. Cambridge University Press, Cambridge, United Kingdom and New York, NY, USA.

[9] IPCC (2007c): Gupta, S./Tirpak, D. A./ Burger, N./Gupta, J./Höhne, N./Boncheva, A. I./Kanoan, G. M./Kolstad, C./Kruger, J. A./Michaelowa, A./Murase, S./Pershing, J./Saijo, T./Sari, A. (2007): Policies, Instruments and Co-operative Arrangements. In Climate Change 2007: Mitigation. Contribution of Working Group III to the Fourth Assessment Report of the Intergovernmental

Panel on Climate Change. Cambridge University Press, Cambridge, United Kingdom and New York, NY, USA.

[10] Osborne, T./Kiker, C. (2005): Carbon Offsets as an Economic Alternative to Large-Scale Logging: A Case Study in Guyana. Ecological Economics, 52(4), S. 481-496.

[11] SEI (Stockholm Environment Institute) (2009): Carbon Offsetting&Air Travel, Part 2, Non-CO_2 Emissions Calculations, Stockholm.

[12] Stocker T. (2007): Die Erde im Treibhaus: Eine Herausforderung für das 21. Jahrhundert. Universität Bern.

[13] Tufts Climate Initiative (2007): Flying Green: How To Protect the Climate&Travel Responsibly.

[14] Tufts Climate Initiative (2006): Voluntary Offsets For Air-Travel Carbon Emissions: Evaluations and Recommendations of Voluntary Offset Companies.

[15] UBA (Umweltbundesamt) (2009a): Klimaänderung: Wichtige Erkenntnisse aus dem 4. Sachstandsbericht des Zwischenstaatlichen Ausschusses für Klimaänderungen der Vereinten Nationen (IPCC), Berlin-Brandenburg.

[16] UBA (Umweltbundesamt) (2009b): Climate Change: Berichterstattung unter der Klimarahmenkonvention der Vereinten Nationen 2009, Nationaler Inventarbericht zum Deutschen Treibhausgasinventar 1990-2007, Dessau-Roßlau.

Internetquellen:

[17] ESRL (Earth System Research Laboratory): Global Monitoring Division, in: www.esrl.noaa.gov/gmd/ccgg/trends/ (Stand 20.11.2009a).

[18] ESRL (Earth System Research Laboratory): Global Monitoring Divisionin, in: www.esrl.noaa.gov/news/quarterly/summer2009/2008_greenhouse_gas_index.html (Stand 21.11.2009b).

[19] ESRL (Earth System Research Laboratory): Global Monitoring Division, in: www.esrl.noaa.gov/news/quarterly/fall2009/nitrous_oxide_top_ozone_depleting_emission.html (Stand 21.11.2009c).

[20] Martinot, Eric&McDoom, Omar (2000): Promoting Energy Efficiency and Renewable Energy: GEF Climate Change Projects and Impacts, in: Global Environment Facility, www.martinot.info/Martinot_McDoom_GEF.pdf (Stand 21.11.2009).

[21] UBA (Umweltbundesamt) (2009c): Treibhausgas-Emissionen in Deutschland, in: www.umweltbundesamt-daten-zur-umwelt.de/umweltdaten/public/theme.do?nodeIdent=3152 (Stand 23.11.2009).

[22] UBA (Umweltbundesamt) (2009d): Der CO_2-Rechner, in: www.uba.klima-aktiv.de/?cat=result (Stand 23.11.2009).

[23] UBA (Umweltbundesamt) (2009e): Climate Change: Konzeption des Umweltbundesamtes zur Klimapolitik. Notwendige Weichenstellungen 2009, Kurzfassung: www.umweltdaten.de/publikationen/fpdf-k/k3762.pdf (Stand 27.Nov.2009).

Autoren und Organisationen

24 Autoren

Sven Baade, Dipl.-Ing. (Architektur), Universität Stuttgart, arbeitet als Director Space Management and Architecture bei der BICG – The Business Innovation Consulting Group in Madrid. Sven Baade ist seit 1999 im Bereich strategische Beratung und Forschung sowie Entwicklung und Gestaltung von neuen Arbeitswelten tätig. Er begleitete das Neubauprojekt der Santander Consumer Bank von Beginn an in den Teilprojekten Entwicklung und Implementierung der neuen Arbeitsformen und des Arbeitsplatzkonzeptes.

Jörg Bakschas ist Inhaber der HEADROOM Consult, die 2009 gegründet wurde und ihren Fokus auf „Sustainable Development“ legt. Jörg Bakschas, seit mehr als 15 Jahren in der Büromöbelindustrie tätig, war zuletzt bei dem global operierenden Büromöbelhersteller Haworth als Europachef für Produktentwicklung und Marketing verantwortlich. In dieser Funktion begleitete er in den letzten neun Jahren als Partner das Verbundforschungsprojekt OFFICE 21 des Fraunhofer IAO.

B. Sc. **Sandra Banholzer** absolviert derzeit ein Masterstudium an der University of British Columbia in Vancouver. 2009 war sie als Praktikantin bei der Schweizer Non-Profit-Stiftung myclimate – The Climate Protection Partnership in Zürich in der Abteilung Sales, Marketing und Kommunikation tätig. Ihren Bachelor-Abschluss machte sie in Geographie an der Universität Zürich.

Dr. **Michael Barth** ist Facharzt für Arbeitsmedizin. Nach mehrjähriger internistischer Tätigkeit wechselte er 1998 in die Arbeitsmedizin. Bei der ThyssenKrupp Stahl AG, der Deutschen Telekom AG und seit 2007 bei der B·A·D GmbH stand für ihn von Beginn an eine moderne Interpretation der Arbeitsmedizin im Fokus. Das Betriebliche Gesundheitsmanagement nahm dabei früh eine zentrale Rolle ein. Seit 2009 ist er als Leiter Forschung und Entwicklung für die Weiterentwicklung des Produktportfolios der B·A·D GmbH zuständig.

Professor Dr.-Ing. **Michael Bauer** studierte an der Universität Stuttgart und promovierte über die Simulation von energiesparenden Heizanlagen. Ehrenamtlich arbeitet er in Ausschüssen von VDI und DIN. Seit 1999 ist er bei Drees&Sommer tätig, seit 2003 Geschäftsführer der DS-Plan GmbH und der Drees&Sommer Advanced Building Technologies GmbH. Er verantwortet die Bereiche Energiedesign und -management, Gebäudetechnik und Green Building mit Schwerpunkt gewerkeübergreifende Systemplanung, Energieoptimierung, innovative Energiekonzepte und Inbetriebnahmemethoden. Michael Bauer ist Honorarprofessor der Universität Stuttgart, lehrt am Institut für Gebäudeenergetik und ist Mitautor des Buches „Green Building“.

Dr. **Wilhelm Bauer** ist Mitglied der Institutsleitung am Fraunhofer-Institut für Arbeitswirtschaft und Organisation IAO, Stuttgart, und Lehrbeauftragter für Arbeitsgestaltung im Büro an den Universitäten Stuttgart und Hannover. Er verantwortet am Fraunhofer IAO den Bereich „Unternehmensentwicklung und Arbeitsgestaltung“ und ist u. a. Projektleiter im Verbundforschungsprojekt OFFICE 21 mit den inhaltlichen Schwerpunkten Arbeitsforschung, New Work, Arbeits- und Bürogestaltung, Virtual Reality und Rapid Product Design. Wilhelm Bauer ist Autor von mehr als 200 wissenschaftlichen und technischen Veröffentlichungen.

Andrea Cato, Dipl.-Betriebswirt VWA, kam 2006 als Business Development Manager Digital Health zu Intel nach München. 2009 übernahm sie zusätzlich die Rolle eines Energy Efficiency Program Managers und betreibt diese Aktivitäten in Deutschland. Zuvor war Andrea Cato als Key Account Manager für Dokumenten Scanner bei der Fujitsu Deutschland GmbH tätig.

Dipl.-Ing. **Peter Dehoff** betreut den Bereich Strategische Lichtanwendungen sowie die internationale Verbands- und Normungsarbeit bei Zumtobel mit den aktuellen Kernthemen Energieeffizienz sowie Lichtqualität und Lichtwirkung auf den Menschen (Humanergy Balance). Er ist Vorsitzender und Mitarbeiter in zahlreichen internationalen Fachverbänden und Normungsgremien. Er ist Vorsitzer des AK licht.de und Projektleiter des Forschungsprojekts St. Katharina, Wien. Zudem ist er Lehrbeauftragter für Lichtanwendung an der Universität Graz und der HS Liechtenstein.

Mag. Phil. **Kathrin Dellantonio** ist seit 2006 Leiterin der Abteilung Sales, Marketing und Kommunikation bei der Schweizer Non-Profit-Stiftung myclimate – The Climate Protection Partnership in Zürich. Vorher arbeitete sie als Projekt- und Kommunikationsassistentin im internationalen Programm des WWF Schweiz in Zürich zum Thema nachhaltige Soja- und Palmölproduktion sowie als Projektleiterin eines internationalen Umweltbildungsprojekts für ETHsustainability in Zürich. Neben der Tätigkeit bei myclimate ist sie aktuell auch noch als Kommunikationsberaterin für das Waldprogramm des WWF International tätig.

Nikolay Dreharov ist Master of Science in Wirtschaftsinformatik. Er ist als wissenschaftlicher Mitarbeiter des Competence Teams Information Work Innovation des Fraunhofer-Instituts für Arbeitswirtschaft und Organisation IAO in Stuttgart tätig. Sein Fokus liegt auf den technischen Innovationen im Bereich der physischen und digitalen Arbeitsplatz- und Meetingraum-Umgebungen auch in Bezug auf Green IT. Weitere Arbeitsschwerpunkte sind die Einführung und Weiterentwicklung von neuartigen mobilen und webbasierten Systemen sowie die kreative Technikkonzeption und -integration für Showcases und innovative Spezialumgebungen.

Jürgen Golde, Dipl.-Betriebswirt (FH Köln), ist Direktor Zentrale Verwaltung bei der Santander Consumer Bank AG Mönchengladbach. Herr Golde arbeitet seit 15 Jahren in dieser Funktion für die Bank und war verantwortlicher Gesamtprojektleiter für das Neubauprojekt in Mönchengladbach.

Mag.a rer. soc. oec. **Stefanie Gründl** arbeitet als Beraterin für das Nachhaltigkeits-Beratungsunternehmen plenum in Wien. Von 2007 bis Anfang 2010 war sie Projektleiterin im Bereich Marketing bei der Schweizer Non-Profit-Stiftung myclimate – The Climate

Protection Partnership in Zürich. Im Rahmen ihrer Diplomarbeit arbeitete sie mit Ernst and Young in Wien zusammen und war vorher als Praktikantin für Henkel KGaA in Düsseldorf tätig.

Professor **Holger Hagge**, Dipl.-Ing. Architekt, ist seit September 2006 bei der Deutschen Bank in Frankfurt tätig. Als Global Head of Building&Workplace Development verantwortet er neben Projekten in Hong Kong, Indien, USA und Europa insbesondere die Sanierung des Hauptsitzes der Deutschen Bank. Ebenso ist er global für die Konzeption und Einführung neuer Arbeitsplatzgestaltungen der Bank verantwortlich. Zuvor war Holger Hagge sechs Jahre beim niederländischen Investor MAB als Managing Director Deutschland beschäftigt, wo er eine Reihe von Großprojekten entwickeln und realisieren konnte. Seit Mai 2004 ist er an der Universität für angewandte Kunst Wien als Professor anerkannt und unterrichtet „Real Estate Management-Strategien" im Fachbereich Architektur. Zudem ist Professor Hagge Mitglied der Architektenkammer, des gif-Arbeitskreises, ULI und im ZIA der DGNB aktiv sowie Mitglied des „GeSBC" German Sustainable Building Council.

Dipl.-Wi.-Ing. **Udo-Ernst Haner** M.B.A. ist Leiter des Competence Teams Information Work Innovation am Fraunhofer-Institut für Arbeitswirtschaft und Organisation IAO in Stuttgart. Mit seinem Team entwickelt er Konzepte und Anwendungslösungen für die Arbeitsinfrastruktur von Wissensarbeitern: Die persönliche Ausstattung des Einzelnen mit Arbeitsmitteln gehört ebenso zum thematischen Umfang der Forschungsaktivitäten wie die Kooperationsinfrastruktur am Arbeitsplatz und die systemische Unterstützung durch die Gebäudeinfrastruktur. Haner ist zudem Lehrbeauftragter für Technologie- und Innovationsmanagement an den Universitäten Stuttgart und Linz.

Hermann Hartenthaler studierte Physik in Freiburg und arbeitete danach bei Siemens an der Entwicklung von B-ISDN-Software. Anschließend war er in verschiedenen Unternehmen als Projektleiter tätig und führte ab 1996 als Abteilungs- und Bereichsleiter bei Berkom u. a. den Bereich „Infrastruktur, Usability, Qualität und Akzeptanz". Ab Ende 2003 leitete er eine Arbeitsgruppe bei der Toll Collect GmbH und wechselte nach dem erfolgreichen Abschluss zu den neu gegründeten T-Labs. Dort war er für die Planung der realen und virtuellen Infrastruktur auf dem Campus der TU Berlin zuständig. Derzeit verantwortet er das Informations- und Kommunikationsmanagement bei den T-Labs.

Dr.-Ing. **Winfried Heusler** studierte an der TU München Maschinenbau und promovierte an der TU Berlin auf dem Gebiet „Tageslicht". Er war als Entwicklungsingenieur, Leiter Forschung&Entwicklung und Leiter des Bereiches Alu-Fassaden bei der Fa. Gartner in Gundelfingen beschäftigt. Seit 1998 ist er bei der SCHÜCO International KG in Bielefeld tätig. Schwerpunkte waren Systemweiterentwicklung bei Fenstern und Fassaden, später Sonderkonstruktionen und innovative Lösungen für komplexe Fassadenprojekte. Dr. Winfried Heusler ist durch zahlreiche weltweite Fachvorträge und Veröffentlichungen zum Thema Fassaden bekannt.

Christian Hinsch studierte Maschinenbau mit Schwerpunkt Luft- und Raumfahrttechnik an der Technischen Universität Braunschweig. Anschließend war er vier Jahre wissenschaftlicher Mitarbeiter beim Deutschen Windenergie-Institut in Wilhelmshaven. Von

Januar 1998 bis April 2003 leitete er die Redaktion der Magazine „Neue Energie" und „New Energy". Seit Mai 2003 ist er bei der juwi-Gruppe in Rheinland-Pfalz für den Bereich Unternehmenskommunikation zuständig.

Jens Jacobsen hat Industriedesign studiert und ist seit 20 Jahren in den Entwicklungsabteilungen verschiedener Branchen tätig. Er leitet bei Bene die Abteilung Research + Design. Hier werden in der ersten Phase der Produktentwicklung innovative Konzepte für künftige Bedürfnisse von Menschen und Organisationen in der Arbeitswelt entwickelt und erprobt. Das Designteam, bestehend aus internen und externen Designern, betreut die Produkte während der technischen Entwicklung bis zur Serienreife.

Sabine Jenull hat sich als Innenarchitektin auf die Entwicklung zukunftsweisender Bürowelten spezialisiert. Für Bene arbeitet sie in den Bereichen Trendscouting, Research und Konzeptentwicklung. Alle Informationen und Tendenzen rund um das Thema „Arbeitswelt der Zukunft" laufen in ihrer Abteilung zusammen. Das hierbei generierte Wissen liefert Bene Input für neue Produkte und Strategien. Einer ihrer aktuellen Forschungsschwerpunkte ist das Thema Nachhaltigkeit und daraus entstehende Potenziale für Bene.

Tobias Joeres studierte Personalentwicklung, Sportwissenschaften und Englisch. Sein besonderes Interesse galt schon früh der Organisationspsychologie und -soziologie in Verbindung mit betriebswirtschaftlichen Fragestellungen. Tobias Joeres ist seit mehr als zehn Jahren in der Organisationsberatung tätig. Nach einiger Zeit als Unternehmensberater stieß er 2002 zur B·A·D GmbH, bei welcher er seitdem mit der strategischen Entwicklung und der Beratung von Großkunden zum Produktbereich „Betriebliches Gesundheitsmanagement" betraut ist.

Mitja Jurecic, M. Sc., hat Immobilienwirtschaft und Innovationsmanagement studiert. Er ist wissenschaftlicher Mitarbeiter am Fraunhofer-Institut für Arbeitswirtschaft und Organisation IAO in Stuttgart. Seine Arbeitsschwerpunkte sind die Konzeption, die Planung, die Vorbereitung und die Durchführung von Projekten der angewandten Forschung im Bereich Workspace Innovation. Hierbei stehen die Entwicklung von Methoden und Vorgehensweisen im Arbeitsgebiet „Green Office" als Verknüpfung der Themen Organisation, Arbeitsform, Gebäude, Technologien, Innenausstattung, Möblierung und Nutzerverhalten im Fokus.

Dipl.-Kfm. **Heinzpeter Kärner** studierte Betriebswirtschaftslehre an der Universität Regensburg und Aston Business School, Birmingham. Als wissenschaftlicher Mitarbeiter der Universität Stuttgart leitete er Projekte zu strategischem Einkauf, Marketing und Prozessberatung in Industrie und Handel. Später arbeitete er als Unternehmensberater und Business Coach (IHK). Seit 2006 ist er Vorstandsassistent der DS-Plan AG, heute Drees&Sommer Advanced Building Technologies GmbH. Sein Aufgabengebiet umfasst seit 2009 auch Business Development. Seit 2001 hat er Lehraufträge an diversen Hochschulen, internationale Fachvorträge und Publikationen, u. a. Mitautor der 4. Auflage 2010 der AHO 16 „Facility Management Consulting".

Hannes Kleinschmidt studierte an der Universität Bielefeld Sportwissenschaften und Betriebswirtschaftslehre mit dem Fokus auf „Gesundheit&Management" und „Intervention&Prävention". 2008 schrieb er seine Masterarbeit zum Thema „Beruf und Familie." Seit 2008 ist er bei der B·A·D GmbH im Bereich „Betriebliches Gesundheitsmanagement" tätig. Als BGM-Experte bilden die Entwicklung innovativer Produkte und der direkte Kundenkontakt bei der Durchführung von Projekten die Tätigkeitsschwerpunkte.

Frank Koch ist Diplom-Physiker und arbeitet seit 1998 bei Microsoft. Nach einigen Jahren im Europäisch-Afrikanischen (EMEA) Telekommunikationsteam in Paris wechselte er in die schweizerische Niederlassung in Bern, um dort u. a. die Bundesverwaltungen zu betreuen. Mit seinem Wechsel im Sommer 2008 nach Berlin trat er die Rolle als einer von weltweit zehn Infrastrukturarchitekten bei Microsoft an und übernahm die technische Verantwortung für die Themen Nachhaltigkeit bzw. Green IT.

Dr. **Bernd Kosch** ist Head of Environmental Technology bei Fujitsu Technology Solutions. In dieser Rolle ist er für die Koordination aller Green IT-Aktivitäten verantwortlich – im Bezug auf Produkte, Technologien, Marketing oder interne Prozesse. Zudem gleicht er die Green IT-Strategien mit dem Fujitsu-Hauptquartier in Japan und anderen Tochterfirmen ab. Dr. Kosch hat langjährige Erfahrung im Bereich Anlagentechnik, Entwicklung sowie Sales- und Business-Development, die er u. a. in Senior-Management-Positionen bei IBM, Siemens und Fujitsu sammeln konnte.

Dipl.-Ing. **Daniel Krause** studierte Bauingenieurwesen in Darmstadt und Barcelona mit dem Fokus auf Baumanagement und Informatik im Bauwesen. Seit 2004 ist er als wissenschaftlicher Mitarbeiter am Fraunhofer-Institut für Arbeitswirtschaft und Organisation IAO tätig. Als Themenbeauftragter für Bauinnovation liegt dort sein Forschungsschwerpunkt in der Entwicklung und Umsetzung zukunftsfähiger Lösungsansätze für einen effizienteren und nachhaltigen Wertschöpfungsprozess am Bau.

Iñaki Lozano-Ehlers, Dipl.-Betriebswirt (FH) ESB. Grad. Sup. CCEE Europeas, ist Managing Director bei BICG – The Business Innovation Consulting Group, Madrid. Iñaki Lozano ist seit 1994 im Bereich strategische Beratung und Forschung mit Schwerpunkt neue Arbeitsformen und Arbeitsprozessgestaltung international tätig. Er begleitete als Leiter des BICG Teams das Neubauprojekt der Santander Consumer Bank von Beginn an in allen Teilprojekten.

Dr.-Ing. **Peter Mösle** studierte Maschinenbau mit Fachrichtung Energietechnik an den Universitäten Stuttgart und Arizona, USA. Seit 1996 ist er bei Drees&Sommer Advanced Building Technologies tätig und verantwortet als Mitglied der Geschäftsleitung die Bereiche Energiedesign und Green Building. Peter Mösle ist Mitglied des Präsidiums und Sprecher des Fachausschusses der DGNB, Mitautor des Buchs „Green Building" und doziert seit April 2008 an der Hochschule Esslingen. 2009 promovierte er an der Universität Stuttgart zur „Entwicklung einer Methode zur Internationalisierung eines Zertifizierungssystems für Nachhaltige Gebäude".

Stefan Rief, Dipl.-Ing., ist Leiter des Competence Center Workspace Innovation am Fraunhofer-Institut für Arbeitswirtschaft und Organisation IAO. Herr Rief erforscht und entwickelt mit seinem Team neue produktionsförderliche Arbeitsumgebungen. Die Schwerpunkte liegen auf Büro-, Labor- und Lernwelten sowie branchenspezifischen Lösungen für Finanzdienstleister, Hotels, Gesundheits- und Pflegeeinrichtungen. Zudem ist Stefan Rief Lehrbeauftragter für Arbeitsgestaltung im Büro an der Universität Stuttgart.

Jan Roschek ist seit August 2009 Direktor Marketing Cisco DACH (Deutschland, Österreich, Schweiz). Seit 1. Februar 2008 war er in dieser Position für Deutschland zuständig. Er ist verantwortlich für die Kommunikation von Ciscos Vision, Strategie, Lösungen und Produkten in allen Marketingdisziplinen in der DACH-Region. Jan Roschek ist Mitglied der Geschäftsleitung und Vorsitzender des GreenBoard von Cisco Deutschland. Er war zuvor eineinhalb Jahre als Direktor Large Enterprise verantwortlich für den Großkundenvertrieb bei Cisco.

Thomas Scheerbarth studierte Informationstechnik und arbeitet seit den 90er Jahren im Forschungs- und Technologieumfeld innerhalb der Deutschen Telekom. 2008 wechselte er zu den T-Labs wo er sich im Themenfeld Intuitive Usability mit der Vereinfachung von Bedienkonzepten für verschiedene Dienste und Anwendungen auf der Basis von multimodalen Interaktionsformen beschäftigt. 2009 initiierte er maßgeblich das Projekt Green-IT@T-Labs, welches sich das Ziel gesetzt hat, im Zusammenwirken mit der Nachhaltigkeitsstrategie des Konzerns, ökologische Aspekte bei den T-Labs selbst zu untersuchen, darzustellen und darauf basierend die Erfahrungen im Umfeld von Büroumgebungen konzernweit nutzbar zu machen.

Dipl.-Ing. **Diana Schlebe** studierte an der Universität Stuttgart und Universidad de Chile Architektur und Stadtplanung. Schlüsselthemen ihrer Diplomarbeit waren die Integration von erneuerbaren Energien und neuen Materialien sowie parametrische Planung am Beispiel eines Forschungsgebäudes für die Fraunhofer-Gesellschaft. Seit 2004 beschäftigt sie sich am Fraunhofer IAO in Stuttgart im Competence Center Workspace Innovation mit der Entwicklung von zukunftsweisenden Bürokonzepten und innovativen Ansätzen im Bauprozess.

Professor **Hermann Schnell** war von 2007 bis 2009 bei der Deutschen Bank als Global Head of Workplace Strategy mit der Entwicklung und Erprobung von Innovationen rund um den Arbeitsplatz betraut – in einem ganzheitlichen Ansatz unter den Aspekten Architektur, Interior Design, Gebäudetechnologie, Möblierung, Computer und Kunst. Professor Schnell hat ein innovatives, kostensparendes und die Markenwerte der Bank transportierendes Raumkonzept eingeführt und weitere Initiativen zur Optimierung von Nachhaltigkeit, Nutzereinbindung und Effizienzsteigerung auf den Weg gebracht. Zuvor hat er in verschiedenen Consulting-Unternehmen komplexe Raum- und Architekturplanungen für Großkunden erarbeitet. Seit 2006 ist er Professor an der GJU German Jordanian University, wo er Architektur Projektmanagement und nutzerorientiertes Entwerfen unterrichtet. Professor Schnell ist Mitglied der Bayrischen Architektenkammer, der gif, des Münchner Architekten- und Ingenieurvereins sowie des Gropius-Instituts Dessau und anderer Berufsverbände.

Herbert Schreiber ist Diplom-Ingenieur Elektrotechnik (FH) mit dem Schwerpunkt Nachrichtentechnik. Nach seinem Studium begann Herbert Schreiber seine berufliche Laufbahn 1998 bei Digital Equipment GmbH im Vertrieb von IT Lösungen. Seit Januar 2006 und dem Wechsel zu Intel ist Herr Schreiber im Bereich Business Development tätig und verantwortlich für die Partnerschaft zu Fraunhofer IAO im Verbundprojekt „OFFICE 21".

Siegfried Schulte ist Ingenieur, Gründer und Inhaber der Firma Schulte Elektrotechnik. Er besitzt mehr als 300 internationale Patente, ausgezeichnet mit Design- und Ingenieurpreisen wie dem „red dot award" sowie der Diesel-Medaille in Gold. Schulte beschäftigt sich mit seinem Entwicklungsteam seit vielen Jahren mit der Dezentralisierung von Schalt- und Schutzprozessen in elektrischen Systemen mit herausragenden Ergebnissen bei Investitionen und für die Umwelt.

Professor Dr. **Dieter Spath** ist Leiter des Fraunhofer-Instituts für Arbeitswirtschaft und Organisation IAO und des Instituts für Arbeitswissenschaft und Technologiemanagement IAT der Universität Stuttgart. Dieter Spath begann seine Industrielaufbahn nach der Promotion bei der KASTO-Firmengruppe, deren Geschäftsführer er 1988 wurde. Als Leiter des Instituts für Werkzeugmaschinen und Betriebstechnik (wbk) der Universität Karlsruhe (TH) war er 1996 bis 1998 Dekan der Fakultät Maschinenbau, 1996 bis 2001 Mitglied des Senatsausschusses und des Bewilligungsausschusses für Sonderforschungsbereiche bei der Deutsche Forschungsgemeinschaft (DFG). Professor Spath ist Mitglied des acatech-Konvents und Kuratoriumsmitglied des Georg-Schlesinger-Preises und erhielt 2003 die Verdienstmedaille der Universität Danzig für seine Bemühungen einer akademischen Zusammenarbeit.

Dipl.-Ing. (FH) **Josef Steretzeder** ging nach dem Ingenieurstudium an der FH Rosenheim zur Firma Lindner AG nach Arnstorf. 1988 begann er in der Produktion und ist seit 1994 verantwortlich für die Einführung, Aufrechterhaltung und Weiterentwicklung von integrierten Managementsystemen für Qualität, Sicherheit, Umwelt und Risiko in der Lindner Gruppe. Zudem ist Josef Steretzeder auch als Referent für die TÜV Akademie tätig. Seit 2007 ist er bei Lindner, in Verbindung mit dem Bauvorhaben „Project Blue" der Deutschen Bank, der Hauptansprechpartner für die Einführung und Umsetzung von Zertifizierungsanforderungen an „Green Buildings" nach LEED und DGNB.

Dipl.-Ing. (FH) **Peter Tzeschlock** studierte Versorgungstechnik an der Hochschule für Technik Stuttgart. Bei Fläkt Lufttechnik war er stellvertretender Niederlassungsleiter, später Niederlassungsleiter Stuttgart der Firma Kranz-TKT. 1996 wurde er Geschäftsführer der Drees&Sommer FM und Gebäudeconsulting GmbH, 1997 Geschäftsführer der DS-Plan GmbH und der Drees&Sommer Advanced Building Technologies GmbH. Seit 1997 leitet Peter Tzeschlock die Fachgruppe Projekt- und Facility Management im VBI, aus der die AHO Nr. 16 „Facility Management Consulting" entstand. Seit 1999 hat er Lehraufträge an diversen Hochschulen, z. B. im Fachbereich Immobilienwirtschaft der Universität Stuttgart. 2008 wurde er in den Vorstand der Drees&Sommer AG berufen.

Wilfried Vorlop hat 40 Jahre globale Branchenerfahrung in der Büroeinrichtungsindustrie bei der Haworth GmbH (vormals comforto GmbH) mit dem Schwerpunkt Bürositzmöbel sowohl im Vertrieb und Marketing als auch in der Produktentwicklung. Zurzeit ist er als Leiter verantwortlich für den Bereich Produktmarketing Sitzmöbel in Europa.

Heinz Wagner ist seit 2001 bei Fujitsu Technology Solutions (FTS) und der entsprechenden Vorgängerorganisation Fujitsu Siemens Computers beschäftigt. Nachdem er anfangs als IT-Spezialist für Mobility Solutions Kunden strategisch beraten hatte, wurde er ab 2003 zum Business Development Manager berufen. Kurz danach übernahm Heinz Wagner die Steuerung der Kooperation mit Fraunhofer IAO im Verbundforschungsprojekt OFFICE 21. Vor FTS hatte Heinz Wagner die Geschäftsführung von microSTORE Systems inne.

Dipl.-Psych. **Jürgen Wilke** ist wissenschaftlicher Mitarbeiter des Competence Teams Kompetenzmanagement im Geschäftsfeld Dienstleistungs- und Personalmanagement des Fraunhofer-Instituts für Arbeitswirtschaft und Organisation IAO in Stuttgart. Seine Arbeitsschwerpunkte sind Arbeitsorientiertes Lernen, Gestalten von Lernaufgabensystemen, Selbstorganisierte Weiterbildung für Teams in kleinen und mittleren Unternehmen, Nachhaltig Wirtschaften, Lernverfahren für ältere Mitarbeiterinnen und Mitarbeiter, Gender Diversity Management und systematische Entwicklung von Interventionsdienstleistungen in der Rehabilitation.

25 Organisationen

B·A·D Gesundheitsvorsorge und Sicherheitstechnik GmbH. Die B·A·D Gesundheitsvorsorge und Sicherheitstechnik GmbH ist mit rund 2200 Mitarbeitern einer der führenden Anbieter im Arbeits-, Gesundheits- und Umweltschutz in Deutschland und Europa. Gemäß dem Motto „Unser System für Ihre Sicherheit" bietet sie in Deutschland an 190 und im Ausland an 50 Standorten ganzheitliche Gesundheitsprävention.

www.bad-gmbh.de

Bene AG – Bene. Eine führende, international tätige Unternehmensgruppe, die Trends im Büro mitgestaltet und mit ihren Konzepten, Produkten und Dienstleistungen prägt. Ein Name, der für Raum, Design, Professionalität und Kompetenz steht. Gemeinsam mit Kunden und Partnern entwickelt Bene innovative Büroraumlösungen, die Arbeitsprozesse, Kultur und Identität von Unternehmen räumlich erlebbar abbilden. Ökologisch denken und handeln ist bei Bene selbstverständlich. Das Unternehmen hat eine Vorreiterrolle im verantwortungsbewussten Umweltmanagement. Bene ist Marktführer in Österreich und Nummer sechs in Europa.

www.bene.com

BICG – The Business Innovation Consulting Group. BICG ist ein Beratungsunternehmen mit Sitz in Spanien, Schweiz, Deutschland und Mexico. Die Schwerpunkte der BICG liegen in der Beratung, Forschung und Entwicklung von ganzheitlichen Arbeitsformen und Innovationsstrategien. Das Team der BICG bestehet aus internationalen und multidisziplinären Mitarbeitern, die weltweit führende Unternehmen und Organisationen in Projekten in mehr als 20 Ländern und 4 Kontinenten unterstützt haben. BICG, als strategischer Kooperationspartner und Spin-off des Fraunhofer IAO, bearbeitet seit 1999 verschiedene Teilprojekte im Rahmen Forschungsprojekts OFFICE 21.

www.bicg.com

Cisco Systems GmbH. Netzwerke sind heute ein nicht mehr wegzudenkender technologischer Bestandteil des Geschäftslebens und des öffentlichen Lebens, aber auch unseres Alltags. Sie stiften kontinuierlich neuen Nutzen für Unternehmer, die öffentliche Hand, Mitarbeiter, Kunden, Menschen in Ausbildung und private Haushalte. Cisco gestaltet diese Zukunft des Internets entscheidend mit. Als der weltweit führende Anbieter von Netzwerk-Lösungen für das Internet verändert Cisco die Art und Weise, wie Menschen miteinander verbunden sind, kommunizieren und zusammenarbeiten.

www.cisco.com

Deutsche Bank AG. Die Deutsche Bank ist eine weltweit führende Investmentbank mit einem starken und erfolgreichen Privatkundengeschäft sowie sich gegenseitig verstärkenden Geschäftsfeldern. Führend in Deutschland und Europa, wächst die Bank verstärkt in

Nordamerika, Asien und anderen Wachstumsmärkten. Mit 77 053 Mitarbeitern in 72 Ländern bietet die Deutsche Bank weltweit einen umfassenden Service. Der bankinterne Bereich Corporate Real Estate Services betreut mit 450 Mitarbeitern weltweit etwa 80 größere Bürogebäude bei insgesamt über 1900 Niederlassungen.

www.deutsche-bank.de

Deutsche Telekom Laboratories – Wir gestalten Zukunft. Die Deutsche Telekom Laboratories sind das Forschungs- und Entwicklungsinstitut der Deutschen Telekom. Als An-Institut der Technischen Universität Berlin verbinden sie Wirtschaft und Wissenschaft, um neue Informations- und Kommunikationstechnologien zu erforschen und zu entwickeln. Daraus entstehen innovative Dienste, Produkte und Lösungen für die Kunden der Deutschen Telekom.

www.laboratories.telekom.com

Drees&Sommer Advanced Building Technologies GmbH. Drees&Sommer ist seit 40 Jahren die erste Adresse für Projektmanagement, Immobilienberatung und Engineering. Mit einem Netzwerk von 27 nationalen und internationalen Standorten und über 1050 Mitarbeitern sind wir immer für unsere Kunden präsent. Drees&Sommer ist marktführend in Deutschland bei Projektmanagement, Facility Management Consulting und Green Building. Drees&Sommer Advanced Building Technologies GmbH ist das Expertencenter für Facility Management Consulting, Energiedesign und Energiemanagement, Gebäudetechnik, Bauphysik, Bauökologie, Fassadentechnik und technisch wirtschaftliche Bauberatung.

www.dreso.com

Fraunhofer IAO. Das Fraunhofer-Institut für Arbeitswirtschaft und Organisation IAO beschäftigt sich mit aktuellen Fragestellungen rund um den arbeitenden Menschen. Insbesondere unterstützt das Institut Unternehmen dabei, die Potenziale innovativer Organisationsformen sowie zukunftsweisender Informations- und Kommunikationstechnologien zu erkennen, individuell auf ihre Belange anzupassen und konsequent einzusetzen. Durch die enge Kooperation mit dem Institut für Arbeitswissenschaft und Technologiemanagement IAT der Universität Stuttgart verbindet das Fraunhofer IAO universitäre Grundlagenforschung, anwendungsorientierte Wissenschaft und wirtschaftliche Praxis.

www.iao.fraunhofer.de

Fujitsu Technology Solutions GmbH. Fujitsu ist der führende europäische IT-Infrastruktur-Anbieter und bietet mit seiner strategischen Ausrichtung auf „Dynamic Infrastructures“ ein umfassendes Portfolio an IT-Produkten, Lösungen und Services. Gleichzeitig besitzt das Unternehmen eine zwanzigjährige Geschichte in der Green IT, wobei Entwicklung und Fertigung zu großen Teilen in Deutschland erfolgen. Das Unternehmen war der erste weltweit operierende Hersteller, der einen mit dem Umweltlabel

„Blauer Engel" zertifizierten Green PC auf den Markt brachte (1993), und eines der ersten, die ein komplettes Produktrecyclingprogramm realisierten (1988). Fujitsu Technology Solutions beschäftigt rund 10 000 Mitarbeiter und ist Teil der globalen Fujitsu Gruppe, die mit mehr als 175 000 Mitarbeitern in 70 Ländern weltweit IT-basierte Geschäftslösungen bereitstellt.

http://ts.fujitsu.com

Haworth GmbH. Haworth ist die Schnittstelle zwischen Raum und Mensch in der Arbeitswelt. Als einer der größten Büromöbelhersteller weltweit ist Haworth auf allen Kontinenten in 120 Ländern mit 83 Showrooms vertreten. Haworth wurde 1948 durch G.W. Haworth in Michigan/USA gegründet und befindet sich im Besitz der Familie Haworth. Das Produktportfolio in Deutschland umfasst die Marken comforto und castelli. Haworth beschäftigt in Deutschland mehr als 500 Mitarbeiter im Dienste ganzheitlicher Bürolösungen und ist somit in der Lage, den unterschiedlichen Wünschen von nationalen und internationalen Kunden gerecht zu werden. Ein besonderes Anliegen ist nicht nur, die Produkte unter aktuellen umweltfreundlichen Gesichtspunkten zu entwickeln, sondern auch die Unternehmenskultur, die Fabrikationsstätten und die Showrooms weltweit auf dieses wichtige Thema einzurichten und entsprechend zu gestalten.

www.haworth.de

Headroom Consult. HEADROOM Consult wurde 2009 gegründet und legt den Fokus auf „Sustainable Development".

www.headroom-consult.com

Intel GmbH. Intel, das weltweit führende Unternehmen im Bereich Halbleiterinnovation, entwickelt Technologien, Produkte und Initiativen, um Leben und Arbeit der Menschen laufend zu verbessern.

www.intel.de/pressroom und http://blogs.intel.com.

juwi-Gruppe. Die 1996 gegründete juwi-Gruppe aus Wörrstadt zählt zu den führenden Unternehmen im Bereich erneuerbarer Energien. Mit rund 750 Mitarbeitenden bietet das internationale agierende Unternehmen alle Dienstleistungen von der Planung über die Errichtung bis hin zur Finanzierung und der Betriebsführung von regenerativen Energieanlagen an. Die juwi-Gruppe hat weltweit mehr als 400 Windenergie-Anlagen, rund 1 200 Photovoltaik-Anlagen sowie verschiedene Bioenergie-Anlagen realisiert und ist auch in den Bereichen Geothermie, Wasserkraft und solare Mobilität aktiv.

www.juwi.de

Lindner AG. Die Lindner Gruppe ist Europas führendes Unternehmen in den Bereichen Innenausbau und Fassadenbau. Mit weltweit 5 000 Mitarbeitern betreibt Lindner Produktionsstätten und Tochtergesellschaften in mehr als 20 Ländern. Seit Beginn der Geschäftstätigkeit der Lindner Unternehmensgruppe lautet der Leitsatz: Bauen mit neuen Lösungen. Die Ausrichtung zur Nachhaltigkeit fällt definitiv auch unter diesen Leitsatz.

www.lindner-group.com

Microsoft Deutschland GmbH. Die Microsoft Deutschland GmbH ist die 1983 gegründete Tochtergesellschaft der Microsoft Corporation/Redmond, USA, des weltweit führenden Herstellers von Standardsoftware, Services und Lösungen. Neben der Firmenzentrale in Unterschleißheim bei München ist die Microsoft Deutschland GmbH bundesweit mit sechs Regionalbüros vertreten und beschäftigt mehr als 2200 Mitarbeiter. Im Verbund mit rund 31 500 Partnerunternehmen betreut sie Firmen aller Branchen und Größen. Im Mai 2003 wurde in Aachen das European Microsoft Innovation Center (EMIC) mit Forschungsschwerpunkten in IT-Sicherheit, Datenschutz, Mobilität, mobile Anwendungen und Web-Services eröffnet.

www.microsoft.com

myclimate – The Climate Protection Partnership. Die Non-Profit-Stiftung ist eine internationale Initiative mit Schweizer Wurzeln. myclimate zählt heute zu den weltweit führenden Anbietern von Kompensationsmaßnahmen im freiwilligen Markt. Wissenschaftlich fundiert und wirtschaftsorientiert bietet myclimate gemäß den Grundsätzen „Vermeiden – reduzieren – kompensieren" sowie „Do the best and offset the rest" ein umfassendes Dienstleistungspaket für den Klimaschutz. Neben der CO_2-Kompensation fördert myclimate mit innovativen Klimabildungsprojekten den Aufbau von Wissen zur CO_2-Reduktion, sensibilisiert und motiviert zum langfristigen Klimaschutz. Zur Reduktion von CO_2 trägt myclimate außerdem durch Dienstleistungen wie Carbon Footprinting und Lebenszyklusanalysen bei, die zu Betriebs- und Produktoptimierungen führen.

www.myclimate.org

Santander Consumer Bank. Die Santander Consumer Bank ist mit 6 Millionen Kunden ein profilierter Anbieter von Finanzdienstleistungen im Privatkundengeschäft. Ihre Stärke ist die Absatzfinanzierung von Kraftfahrzeugen und Konsumgütern. Die Santander Consumer Bank ist der größte herstellerunabhängige Finanzierer in den Bereichen Auto, Motorrad und (Motor-) Caravan in Deutschland. Auch bei der Finanzierung von Konsumgütern ist das Institut die Nummer 1. Darüber hinaus bietet die Santander Consumer Bank über ihr bundesweites Filialnetz und ihr TeleCenter sowie via Internet eine umfassende Palette klassischer Bankprodukte an, die da, wo es sinnvoll ist, noch durch Spezialprodukte leistungsstarker Partner ergänzt werden. Die Santander Consumer Bank ist eine hundertprozentige Tochter der spanischen Banco Santander mit Sitz in Madrid. Santander hat weltweit mehr als 90 Millionen Kunden und über 13 000 Filialen – das sind mehr Filialen als bei jeder anderen international tätigen Bank.

www.santander.de

Schüco International KG. Die Schüco International KG ist weltweit Marktführer bei Aluminium-, Solar-, Stahl- und Kunststoffsystemen für innovative Gebäudehüllen. Mit mehr als 5000 Mitarbeitern und 12 000 Partnerunternehmen in mehr als 75 Ländern bietet Schüco modernste Fenster- und Fassadentechnologie, effiziente Solarlösungen und individuelle Beratung für Architekten, Planer, Investoren und Bauherren. Das Unternehmensleitbild „Energy² – Energie sparen und Energie gewinnen" setzt schon heute Maßstäbe für morgen: zum nachhaltigen und energieeffizienten Bauen.

www.schueco.de

Schulte Elektrotechnik GmbH&Co KG. Der Inhaber Siegfried Schulte besitzt mehr als 300 internationale Patente, ausgezeichnet mit Design- und Ingenieurpreisen wie dem „red dot award" oder der Diesel-Medaille in Gold. Schulte beschäftigt sich mit seinem Entwicklungsteam seit vielen Jahren mit der Dezentralisierung von Schalt- und Schutzprozessen in elektrischen Systemen mit herausragenden Ergebnissen bei Investitionen und für die Umwelt.

www.schulte.com

Zumtobel Lighting. Zumtobel ist der international führende Anbieter ganzheitlicher, zukunftsweisender Lichtlösungen in sämtlichen Anwendungsbereichen professioneller Gebäudebeleuchtung. LED-Beleuchtung und Lichtsteuerung sind die stärksten Wachstumsfelder. Die einzigartige Kombination von Innovation, Technologie, Design, Emotion und Energieeffizienz, vermittelt durch einen qualifizierten Verkaufs- und Kundendienst, gewährleistet einen einzigartigen Kundennutzen. Mit eigenen Vertriebsorganisationen in 22 Ländern und Vertretungen in über 50 weiteren zählt Zumtobel zu den Global Playern der Lichtindustrie.

www.zumtobel.com